大飞机出版工程

总主编　顾诵芬

飞机气动设计与计算

Aircraft Aerodynamic Design with Computational Software

［瑞典］亚瑟·里奇　杰斯帕·奥佩尔斯特鲁普　著
（Arthur Rizzi）　　　　（Jesper Oppelstrup）

张宇飞　符　松　译

U0295244

上海交通大学出版社
SHANGHAI JIAO TONG UNIVERSITY PRESS

内容提要

本书汲取了瑞典皇家理工学院的实践经验,旨在通过应用计算流体力学(CFD)工具,培养读者对飞机设计的深刻理解;提供丰富的案例研究,覆盖低速、亚声速、跨声速和超声速等多个领域,帮助读者深入了解飞机气动设计的各个方面。书中采用"边做边学"的教学方法,读者可以通过网站提供的软件和实践项目,深度参与设计过程,实践所学知识。作者强调实用性,鼓励读者自主探索设计空间,通过计算结果直观地理解飞机形状与性能之间的关系。

本书适合具备基本的飞行原理和数值方法相关知识的人员阅读,可作为空气动力学、飞行器设计等专业的本科高年级和研究生教材,也可作为相关工程技术人员的参考资料。

This is a simplified Chinese edition of the following title published by Cambridge University Press: Aircraft Aerodynamic Design with Computational Software ISBN 9781107019485 Edited by Arthur Rizzi, Jesper Oppelstrup 2021. Copies of this book sold without a Cambridge University Press sticker on the cover are unauthorized and illegal.

This simplified Chinese edition for the People's Republic of China (excluding Hong Kong, Macau and Taiwan) is published by arrangement with the Press Syndicate of the University of Cambridge, Cambridge, United Kingdom.

© Cambridge University Press and Shanghai Jiao Tong University Press 2021

This simplified Chinese edition is authorized for sale in the People's Republic of China (excluding Hong Kong, Macau and Taiwan) only. Unauthorised export of this simplified Chinese edition is a violation of the Copyright Act. No part of this publication may be reproduced or distributed by any means, or stored in a database or retrieval system, without the prior written permission of Cambridge University Press and Shanghai Jiao Tong University Press.

上海市版权局著作权合同登记号:图字:09-2023-513

图书在版编目(CIP)数据

飞机气动设计与计算/(瑞典)亚瑟·里奇(Arthur Rizzi),(瑞典)杰斯珀·奥佩尔斯特鲁普(Jesper Oppelstrup)著;张宇飞,符松译. 一上海:上海交通大学出版社,2024.5
(大飞机出版工程)
书名原文:Aircraft Aerodynamic Design with Computational Software
ISBN 978-7-313-30371-4

Ⅰ.①飞… Ⅱ.①亚…②杰…③张…④符… Ⅲ.①飞机—气动技术 Ⅳ.①V211.4

中国国家版本馆 CIP 数据核字(2024)第 050621 号

飞机气动设计与计算
FEIJI QIDONG SHEJI YU JISUAN

著　　者:	[瑞典]亚瑟·里奇(Arthur Rizzi) [瑞典]杰斯珀·奥佩尔斯特鲁普(Jesper Oppelstrup)	译　　者:	张宇飞　符　松
出版发行:	上海交通大学出版社	地　　址:	上海市番禺路 951 号
邮政编码:	200030	电　　话:	021-64071208
印　　制:	上海颛辉印刷厂有限公司	经　　销:	全国新华书店
开　　本:	710 mm×1000 mm　1/16	印　　张:	30.25
字　　数:	523 千字		
版　　次:	2024 年 5 月第 1 版	印　　次:	2024 年 5 月第 1 次印刷
书　　号:	ISBN 978-7-313-30371-4		
定　　价:	128.00 元		

版权所有　侵权必究
告读者:如发现本书有印装质量问题请与印刷厂质量科联系
联系电话:021-56152633

大飞机出版工程

丛书编委会

总主编

顾诵芬（中国航空工业集团公司科技委原副主任、中国科学院和中国工程院院士）

副总主编

贺东风（中国商用飞机有限责任公司董事长）

林忠钦（上海交通大学原校长、中国工程院院士）

编委会（按姓氏笔画排序）

王礼恒（中国航天科技集团公司科技委主任、中国工程院院士）

王宗光（上海交通大学原党委书记、教授）

刘　洪（上海交通大学航空航天学院教授）

任　和（中国商用飞机有限责任公司原副总工程师、教授）

李　明（中国航空工业集团沈阳飞机设计研究所研究员、中国工程院院士）

吴光辉（中国商用飞机有限责任公司首席科学家、C919飞机总设计师、中国工程院院士）

汪　海（上海市航空材料与结构检测中心主任、研究员）

张卫红（西北工业大学副校长、教授）

张新国（中国航空工业集团原副总经理、研究员）

陈　勇（中国商用飞机有限责任公司工程总师、ARJ21飞机总设计师、研究员）

陈迎春（中国商用飞机有限责任公司CR929飞机总设计师、研究员）

陈宗基（北京航空航天大学自动化科学与电气工程学院教授）

陈懋章（北京航空航天大学能源与动力工程学院教授、中国工程院院士）

金德琨（中国航空工业集团公司原科技委委员、研究员）

赵越让（中国商用飞机有限责任公司原总经理、研究员）

姜丽萍（中国商用飞机有限责任公司制造总师、研究员）

曹春晓（中国航空工业集团北京航空材料研究院研究员、中国工程院院士）

敬忠良（上海交通大学航空航天学院教授）

傅　山（上海交通大学电子信息与电气工程学院研究员）

总　序

国务院在 2007 年 2 月底批准了大型飞机研制重大科技专项正式立项,得到全国上下各方面的关注。"大型飞机"工程项目作为创新型国家的标志工程重新燃起我们国家和人民共同承载着"航空报国梦"的巨大热情。对于所有从事航空事业的工作者,这是历史赋予的使命和挑战。

1903 年 12 月 17 日,美国莱特兄弟制作的世界第一架有动力、可操纵、比重大于空气的载人飞行器试飞成功,标志着人类飞行的梦想变成了现实。飞机作为 20 世纪最重大的科技成果之一,是人类科技创新能力与工业化生产形式相结合的产物,也是现代科学技术的集大成者。军事和民生对飞机的需求促进了飞机迅速而不间断的发展和应用,体现了当代科学技术的最新成果;而航空领域的持续探索和不断创新,为诸多学科的发展和相关技术的突破提供了强劲动力。航空工业已经成为知识密集、技术密集、高附加值、低消耗的产业。

从大型飞机工程项目开始论证到确定为《国家中长期科学和技术发展规划纲要》的十六个重大专项之一,直至立项通过,不仅使全国上下重视我国自主航空事业,而且使我们的人民、政府理解了我国航空事业半个多世纪发展的艰辛和成绩。大型飞机重大专项正式立项和启动使我们的民用航空进入新纪元。经过 50 多年的风雨历程,当今中国的航空工业已经步入了科学、理性的发展轨道。大型客机项目产业链长、辐射面宽、对国家综合实力带动性强,在国民经济发展和科学技术进步中发挥着重要作用,我国的航空工业迎来了新的发展机遇。

大型飞机的研制承载着中国几代航空人的梦想,造出与波音公司波音 737 和空客公司 A320 改进型一样先进的"国产大飞机"已经成为每个航空人心中奋斗的目标。然而,大型飞机覆盖了机械、电子、材料、冶金、仪器仪表、化工等几乎所有工业门类,集成数学、空气动力学、材料学、人机工程学、自动控制学等多种学科,是一个复杂的科技创新系统。为了迎接新形势下理论、技术和工程等方面的严峻挑战,迫切需要引入、借鉴国外的优秀出版物和数据资料,总结、巩固我们的经验和成果,编著一套以"大飞机"为主题的丛书,借以推动服务"大飞机"作为推动服务整个航空科学的切入点,同时对于促进我国航空事业的发展和加快航空紧缺人才的培养,具有十分重要的现实意义和深远的历史意义。

2008 年 5 月,中国商用飞机有限责任公司成立之初,上海交通大学出版社就开始酝酿"大飞机出版工程",这是一项非常适合"大飞机"研制工作时宜的事业。新中国第一位飞机设计宗师——徐舜寿同志在领导我们研制中国第一架喷气式歼击教练机——歼教 1 时,亲自撰写了《飞机性能及算法》,及时编译了第一部《英汉航空工程名词字典》,翻译出版了《飞机构造学》《飞机强度学》,从理论上保证了我们的飞机研制工作。我本人作为航空事业发展 50 多年的见证人,欣然接受上海交通大学出版社的邀请担任该丛书的总主编,希望为我国的"大飞机"研制发展出一份力。出版社同时也邀请了王礼恒院士、金德琨研究员、吴光辉总设计师、陈迎春总设计师等航空领域专家撰写专著、精选书目,承担翻译、审校等工作,以确保这套"大飞机"丛书具有高品质和重大的社会价值,为我国的大飞机研制以及学科发展提供参考和智力支持。

编著这套丛书,一是总结整理 50 多年来航空科学技术的重要成果及宝贵经验;二是优化航空专业技术教材体系,为飞机设计技术人员的培养提供一套系统、全面的教科书,满足人才培养对教材的迫切需求;三是为大飞机研制提供有力的技术保障;四是将许多专家、教授、学者广博的学识见解和丰富的实践经验总结继承下来,旨在从系统性、完整性和实用性角度出发,把丰富的实践经验进一步理论化、科学化,形成具有我国特色的"大飞机"理论与实践相结合的知识体系。

"大飞机出版工程"丛书主要涵盖了总体气动、航空发动机、结构强度、航电、制造等专业方向,知识领域覆盖我国国产大飞机的关键技术。图书类别分为译著、专著、教材、工具书等几个模块;其内容既包括领域内专家们最先进的理论方法和技术成果,也包括来自飞机设计第一线的理论和实践成果。如:2009 年出版的荷兰原福克飞机公司总师撰写的 *Aerodynamic Design of Transport Aircraft*(《运输类飞机的空气动力设计》);由美国堪萨斯大学 2008 年出版的 *Aircraft Propulsion*(《飞机推进》)等国外最新科技的结晶;国内《民用飞机总体设计》等总体阐述之作和《涡量动力学》《民用飞机气动设计》等专业细分的著作;也有《民机设计 1 000 问》《英汉航空缩略语词典》等工具类图书。

该套图书得到国家出版基金资助,体现了国家对"大型飞机"项目和"大飞机出版工程"这套丛书的高度重视。这套丛书承担着记载与弘扬科技成就、积累和传播科技知识的使命,凝结了国内外航空领域专业人士的智慧和成果,具有较强的系统性、完整性、实用性和技术前瞻性,既可作为实际工作指导用书,亦可作为相关专业人员的学习参考用书。期望这套丛书能够有益于航空领域里人才的培养,有益于航空工业的发展,有益于大飞机的成功研制。同时,希望能为大飞机工程吸引更多的读者来关心航空、支持航空和热爱航空,并投身于中国航空事业做出一点贡献。

2009 年 12 月 15 日

中 文 版 序

作为本书作者,我们对张宇飞、符松教授精心翻译本书表示非常高兴,这样可使这本书供中国读者使用。

本书的指导原则是介绍如何使用已有计算软件进行学习。作为数字工程的一部分,气动设计是一个连续优化形状的过程,读者需要在这个过程中分析问题并提出创新性的建议。通过练习、学习教程和扩展项目,以及在指导下使用计算工具等多种方式,我们希望读者能够掌握在"实践中学习"的方法,并使用该方法进行气动设计。本书同时为读者提供了计算所需的所有软件、附加教程、手册以及包含各种分析工具的脚本。在完成练习时,通过复习问题并分析推导,学生能够更好地掌握这些学习内容。

该书的每一章在结尾处都为读者提供了一项需要独立完成的空气动力学任务挑战。这些任务的学习资料没有包含在本书内,读者可以在如下网址找到这些学习资料:http://airinnova.se/education/aerodynamic-design-of-aircraft。该网址按照书中的章节组织,为读者提供了完成学习任务所需的全部资源。该网址也包含了 GitHub 上不同软件包的主页和开发者页面的链接,目前这个列表还在不断更新。

我们提供软件 CEASIOMpy 的目标是在课程学习环境中,能够通过其自动地产生飞机概念设计所需的高可信度 CFD 结果。本书 1.4.2 节"CFD 工作流程和用户须知"概述了该软件需要帮助读者完成的任务。正如第 5 章所述,描述机体的几何形状并在其周围创建计算网格对开始进行气动设计至关重要。因此我们的软件可以执行自动和半自动的网格划分功能,这样可以减轻工作流程的负担,并帮助读者自动进行气动数据计算,以用于飞行力学和飞行仿真分析。

本书涉及的教育软件所能处理的任务范围与行业标准还存在一定的差距,并且不能使用 CAD 软件系统(如 CATIA)。例如,我们的软件只处理干净的几何构型,因此我们没法考虑一些额外的部件,如伸出的起落架和减速板等。此外,也不考虑对控制面或襟翼处的间隙进行建模,而是通过渗透条件处理控制面偏转,或者通过改变几何形状(如前缘或后缘)进行处理。

本书的英文版于 2021 年全球新冠疫情流行的高峰期问世,这意味着我们需要在学生没有到场的情况下进行远程教学。然而,远程教学以计算为基础的实践方法是极为困难的,特别是实际操作环节。尽管如此,我们从这一过程中吸取了宝贵的经验,目前正努力改进软件和实际操作的教学方法。

我们期望本书能够对您有帮助,并在您未来的学习和工作中发挥作用。

亚瑟·里奇 和 杰斯珀·奥佩尔斯特鲁普

2023 年 11 月

译　者　序

　　飞机气动设计是一门实践性很强的学科,其课程讲授有别于空气动力学的基本理论教学,也有别于综合论文训练那样的研究与实践。译者之一张宇飞在清华大学从事"飞机空气动力设计"课程教学十余年,教学用书以自己编撰的课程讲义为主,一直缺乏一本全面、系统的课程教材。瑞典皇家理工学院的亚瑟·里奇教授和杰斯珀·奥佩尔斯特鲁普教授的这本书让译者眼前一亮,其"边做边学"的教学理念和气动设计的实际可操作性,与译者多年的教学研究思路非常一致,因此决定将此书译为中文版供中国读者参考。

　　本书内容涉及飞机气动设计的概念设计和初步设计阶段,主要针对翼型、机翼等主要部件进行设计、计算和分析。书中既包含对数值计算分析的基本理论模型的概略介绍,又有对实际计算分析软件的应用和讨论,从气动设计的应用层面完美地将理论与实践结合起来。同时还为读者提供了相应的计算工具和教程,让读者在学习课程的同时可以直接进行操作练习。因此,本书的特点是将整个气动设计从理论、建模、计算、分析、优化的全流程完整地串起来,避免了传统教学中理论与实践脱节的问题。作者在各个章节中都插入了具体的设计案例,这些案例都是从真实的飞机型号设计实践中提炼出来的,有助于读者更深入地学习和理解书中的内容。

　　希望通过本书的翻译出版,能够让更多的人了解飞机气动设计,尤其是帮助空气动力学专业的初学者快速地入门,实现从抽象的空气动力学理论向具体的气动外形设计学习的过渡。同时也希望本书能够帮助气动设计专业的从业人员提升技术水平,促进国内飞机气动设计领域的发展。

　　在本书翻译过程中,原作者亚瑟·里奇和杰斯珀·奥佩尔斯特鲁普两位教授对翻译给予了很多的指导，并亲自为中文版作序，译者在此特别表示感谢。同时，还要感谢参与本书翻译工作的所有团队成员：吴辰禹、谭祖玮、张绍广、肖阳、陈佳伟、刘恭言、周姿谕，他们分别完成了部分章节的初稿翻译和编辑工作。

译　者

2023 年 12 月

致　　谢

想要列出所有帮助我们扩大知识视野并最终让我们走完漫长写作旅程的人和事是一项艰巨的任务。冒着有失公允的风险,我们重点介绍其中一些多年来在众多项目中与我们密切合作的人。

乌普萨拉大学科学计算学院的 Heinz Kreiss、Björn Engquist、Bertil Gustafsson、Per Lötstedt 和 Bernhard Müller 用友谊和数学点亮了我们的理论道路。

萨博公司的 Roger Larsson 和 Yngve Sedin 等人提供了飞机设计工业流程的第一手资料,并在欧洲合作项目中与我们有良好的合作,将学术界和工业界联系在一起。

我们的老朋友,瑞士洛桑CFS工程公司的同事 Jan Vos 总是愿意提供帮助,他与我们合作了 30 多年,共同开发应用于工业或学术领域的计算流体力学方法和软件。多年前,美国 Conceptual Research 公司的 Daniel Raymer 向我们介绍了飞机概念设计,并为其制定了教学标准。法国 CERFACS 公司的 Denis Darracq、Thierry Poinsot 和 Jean-Francois Boussuge,连同法国图卢兹空中客车公司的 Eric Chaput 和 Loic Tourrette 一起,与我们在许多欧洲项目中密切合作,开发了 Navier-Stokes 方程求解器,并将其引入民用飞机设计。

同样,位于德国奥托布伦的 EADS 军用飞机公司的 Ernst Hirschel 一直是我们军用飞机空气动力学设计课题的长期伙伴,尤其是在分离涡流动方面。通过他的 AGILE 项目,DLR 的 Björn Nagel 带领我们进入了多学科优化的世界,Björn 还与不来梅空中客车公司的同事 Klaus Becker 和 Markus

Fischer 一起,带领我们将多学科优化应用于民用飞机设计。

30 多年来,我们与美国麻省理工学院的 Mark Drela 进行了多次交流,尤其是在空气动力学设计的教学课题方面。我们还非常感谢他与我们分享他的 MSES 软件,以供瑞典皇家理工学院的学生使用。多年来,NASA 兰利的 James Luckring 曾在多个 STO - NATO 任务组和 NASA 赞助的关于 F - 16XL 飞行试验机的 CAWAPI 项目中指导我们的博士生,为他们的博士研究增添了更多的维度。

与学生一起工作是一项挑战,但同时也是力量的源泉。他们的热情、好奇心、参与度和梦想具有感染力,并时刻影响着我们,将我们推向更高的水平。这种协同作用的具体表现就是,博士生和硕士生慷慨地向我们提供了他们的论文的大部分内容。将这些材料编入教科书的强烈初始动机是,我们感到有责任将他们努力的成果传递给更多的年轻一代。其中一些名字出现在了书中,每个人都应该被我们铭记,我们由衷地向他们所有人表示感谢,感谢他们让我们的教师生涯如此充实。

更确切地说,我们首先非常感谢 Peter Eliasson 和 Zhang Mengmeng 对本书的直接投入,感谢他们应我们要求进行了许多新的计算。没有他们,这本书是不可能完成的。

还要感谢所有那些慷慨地允许我们使用他们在其他出版物中刊出,或是在私下交流中分享给我们成果的人。

Fritz Bark、Mark Voskuijl、Aaron Dettman、Kenneth Nilsson、Tord Jonsson 和 Bernhard Müller 审阅了我们的部分初稿,并提供了宝贵意见。这个支持小组的反馈促成了许多改进和修订,感谢你们所有人。本书其余的错误全部都由我们自己负责。

非常感谢 Ellen Rizzi 为一些插图进行了专业的润色。Kerstin Assarsson-Rizzi 用她敏锐的眼光校对了初稿,提高了可读性,使大家受益。

感谢剑桥大学出版社的编辑团队:感谢 Peter Gordon,他从我们的课程汇编中看到了这本书的雏形;感谢 Steven Elliot,即使是在最黑暗的时刻,他也从未对我们失去信心;以及要感谢 Julia Ford,她让我们坚持完成任务。

最后,我们要特别感谢我们的配偶。为了本书的完成,她们忍受了许多漫长的夜晚和周末,这漫长的等待实在是极大地考验了她们的耐心。

前　　言

　　瑞典皇家理工学院(KTH)是斯堪的纳维亚半岛航空教育的主要基地，一个多世纪以来一直在授予航空方向的学位。一代又一代工程师在这里接受了航空航天工业领域的专业培训，并在萨博公司以及其他飞机制造商处设计和制造出色的飞机。

　　这本书的起源可以追溯至 20 世纪 80 年代末，当时作者在 Heinz Kreiss 和 Mårten Landahl 教授的指导下加入了 KTH 的计算数学和力学中心。我们贡献了一系列飞机空气动力学和计算流体力学(CFD)课程。开设空气动力学设计课程的出发点是 20 世纪 70 年代 Ryle 和 Küchemann 等人关于这一主题的经典论述。在我们的研究工作中，我们将当时刚刚兴起的 CFD 工具与飞机设计任务联系起来了。

　　我们用计算软件讲授空气动力学设计任务的长期经验证明，这是学期制课程的一种有效教学方法。这种方法得到了学生的认可，并通过每年的建设性意见反馈得以改进。多年来，计算空气动力学工具和计算机硬件的成熟推动了这种教学方法的发展。如今，学生们在笔记本计算机上就可以运行有意义的 CFD，并将其应用于空气动力学设计。

　　我们选择的示例涵盖了传统飞机设计的大部分领域，如低速和高速情况下的平直翼和细长翼。这样做的目的是激发学生的好奇心，鼓励他们自主探索，并在主动的计算分析中学习。学生借助手头的软件，可以围绕这些问题自由探索设计空间，并定量地理解飞机形状与飞行性能的对应关系。学生可以勇敢尝试自己的想法，并在合理的反应时间内看到计算结果，从而通过他们自己的行动而不是仅仅阅读别人的工作来学习。

CFD 是包含一系列技术的处理工具,任何工具的表现都取决于使用者驾驭该工具的能力。因此本书有两个目的,一是向学生介绍 CFD 在空气动力学设计中的应用(我们称之为将工具应用于设计任务的用户意识),二是解释在运用 CFD 工具时的注意事项。

我们坚信,CFD 的教学不应该是一项观赏性运动,只展示那些由专业人士计算出来的博人眼球、令人眼花缭乱的例子,毕竟他们非常了解自己的代码并在网格生成方面有着丰富的经验。相反,我们鼓励初学者、学生和业余爱好者可以从专业人员的工作中得到启发。拿体育运动打比方,就像是给学生一个球和一双球鞋,然后让他们去运动场里边练边学。我们希望他们能够模仿专业的空气动力学家使用 CFD 的方法,并从使用基本的工具开始自己的学习。实际上,本书展示的所有示例都是学生利用本书网站上提供的软件,从绘制几何构型三视图开始做,就能最终得到结果的例子。

从这个意义上说,我们的做法是少听"台上的圣人"的话,多听"场边的教练"的话,毕竟教练能指导队伍取得更好的成绩。这种边做边学的讲授空气动力学设计的方法,是通过在指导下使用计算工具完成练习、教程和拓展项目来实现的。在这些实践中获得的经验将有助于学生完成学期项目和顶点设计课程,或是撰写本科、硕士或博士毕业论文。这些动手作业没有在书中提供,而是放在了本书的相关网站上: www. cambridge. org/rizzi。另外在下面这个网址可以找到有用的公共领域软件: http://airinnova. se/education/aerodynamic-design-of-aircraft,本书中很多例子都是用这些软件计算得到的。网站上提供了下载链接以及不同软件包的主页和开发者页面的链接。

本书内容适合本科生最后一年的课程或是研究生一年级的课程。在学习本书前,学生应当具有飞行原理的基础知识和基本数值方法的入门知识。我们希望这本书将持续作为学生手边的一本指导手册,甚至可以用到他们未来的工作岗位。

符 号 与 定 义

符 号 表

符　号	概　念　定　义	公　式　定　义
$\dfrac{\mathrm{D}(\cdot)}{\mathrm{D}t}$	物质导数	$\dfrac{\partial(\cdot)}{\partial t} + (\boldsymbol{u} \cdot \nabla)(\cdot)$
S	机翼面积	—
AR	展弦比	$\mathrm{AR} = \dfrac{b^2}{S}$
λ	梢根比	$\dfrac{c_{\mathrm{t}}}{c_{\mathrm{r}}}$
p	压强或绕 x 轴的角速度	—
C_p	压力系数	$C_p = \dfrac{p - p_\infty}{q}$
C_f	摩擦系数	$C_f = \dfrac{\tau}{q}$
Re	雷诺数	$Re = \dfrac{\rho V l}{\mu}$
W	重量	$W = mg$
$V,\ V_\infty,\ \mathrm{TAS}$	速度,真实空速	—
EAS	当量空速	$\mathrm{EAS} = \mathrm{TAS}\sqrt{\dfrac{\rho_{\mathrm{air}}(\mathrm{Alt})}{\rho_{\mathrm{air}}(0)}}$
L	升力	—
D	阻力	—
q	动压或绕 y 轴的角速度	$q = \dfrac{1}{2}\rho_{\mathrm{air}}V^2$

续　表

符　号	概　念　定　义	公　式　定　义
C_L	升力系数	$C_L = \dfrac{L}{qS}$
C_D	阻力系数	$C_D = \dfrac{D}{qS}$
Ma，Ma_∞	马赫数	$Ma = \dfrac{V}{a}$（a 是声速）
Ma_{crit}	临界马赫数	—
Ma_{dd}	阻力发散马赫数	—
MAC	平均气动弦长	见参考长度

机翼平面几何形状

图 0.1 给出了机翼平面几何及其特征物理量。

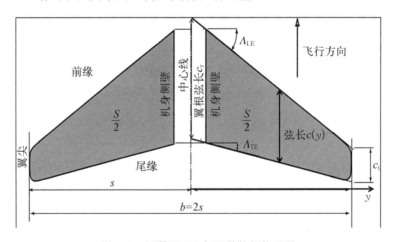

图 0.1　机翼平面几何及其特征物理量

坐标系定义

图 0.2 给出了常用的几个坐标系定义（均为右手系）：

- 机体坐标系(空气动力学)：用于几何形状的定义是 x 轴从机头指向机尾，z 轴向上，y 轴沿右侧机翼向外。
- 机体坐标系(飞行力学)：x 轴从机尾指向机头，z 轴向下，y 轴保持沿右侧机翼向外。

● 风轴坐标系：在这里记作(X,Y,Z)，X轴与飞机速度方向一致，因而与阻力方向相反；升力L与叉乘$D\times y$方向一致，因此Z轴指向升力的相反方向；侧向力和Y轴与叉乘$Y=L\times D$方向一致。

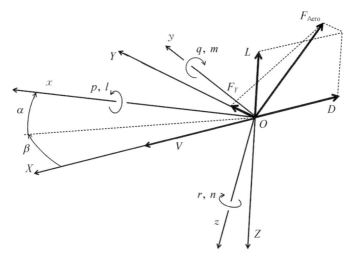

图 0.2　机体坐标系(x,y,z)和风轴坐标系(X,Y,Z)

飞机的速度是在机体坐标系下表示的。用u、v、w分别表示x、y、z轴方向的速度。用p、q、r分别表示绕x、y、z轴的转速，用右手螺旋法则判断转速的符号：$p>0$表示右机翼向下滚动，$q>0$表示上仰，$r>0$表示向右偏航。

攻角（一般用 AoA 或 α 表示）由 $\alpha=\arctan\left(\dfrac{w}{u}\right)$ 计算，侧滑角由 $\beta=\arcsin\left(\dfrac{v}{\sqrt{u^2+v^2+w^2}}\right)$ 计算。在飞行模拟中需要用到飞机在地球参考系 G 中的位置，通常 X_G 轴正方向指向北，Y_G 轴正方向指向东，Z_G 轴正方向与海拔增加的方向相反。

欧拉角用来描述飞机在全局坐标系下的刚体朝向。飞机姿态可以用一组参数序列表示，这组参数包括 3 个围绕定义方向的旋转角度，旋转的顺序很重要。正方向的选取与右手坐标系下的选取方法一致。飞机从正北方往正东方转向时偏航角 ψ 为正，机头上仰时俯仰角 θ 为正，滚转角 ϕ 则表示机翼平面绕 x 轴的旋转。

力和力矩系数

6 个力和力矩的分量通常用 6 个无量纲的力和力矩系数 $C_{(.)}$ 表示[（·）表示通用，后文同理]，相对应的转角和角速度的定义如图 0.2 所示。无量纲化可以排除飞机速度和整体尺寸对力和力矩的影响，从而将形状的影响分离出来。在风轴坐标系下三维系数的定义如下：

$$C_L = \frac{L}{(q_\infty S)}, \quad C_D = \frac{D}{(q_\infty S)}, \quad C_Y = \frac{F_Y}{(q_\infty S)} \tag{0.1}$$

$$C_m = \frac{m}{(q_\infty S c_{\text{ref}})}$$
$$q_\infty = \frac{1}{2}\rho_\infty V_\infty^2 \tag{0.2}$$

式中，q_∞ 为自由来流的动压；S 为弦长或机翼参考面积；c_{ref} 为参考长度，通常是平均气动弦长（MAC，见下文）或翼展 b。我们通常用小写的 c 表示二维流动系数。只要我们在计算中采用相同的参考量数值，参考量的实际数值就并不重要。根据对机身的不同处理方式，有几种常用的机翼参考面积定义。需要记住的是，尽管这些系数非常有用，但最终重要的是升力和阻力，而不是这些系数。

压力中心 (CP) 和气动中心 (AC)

压力中心 (CP)$(X_{\text{cp}}, Y_{\text{cp}})$ 是压力分布的合力作用点。现在考虑作用于右侧机翼上的，以点 AC$(X_{\text{ac}}, Y_{\text{ac}})$ 为参考点的总力矩。如果随着攻角 α 的变化，气动力对该点的力矩保持不变，则称该点为（半）机翼的气动中心，也称为中性点。类似地，也可以定义机翼截面的气动中心为 $x_{\text{ac}}(y)$。当力矩对 α 的一阶导数为 0 时，力矩也就不随 α 变化。可以给出如下式子：

$$X_{\text{ac}} \cdot \frac{S}{2} = \int_0^{\frac{b}{2}} c(y) x_{\text{ac}}(y) \mathrm{d}y$$
$$Y_{\text{ac}} \cdot \frac{S}{2} = \int_0^{\frac{b}{2}} y c(y) \mathrm{d}y \tag{0.3}$$

假设截面升力系数斜率 $c_{L,\alpha}$ 沿展向保持不变。对于薄截面，气动中心位于

1/4 弦长处，$x_{ac} = x_{LE}(y) + \dfrac{1}{4}c(y)$，因此参考机翼气动中心由平面几何形状唯一确定。我们还可以通过下面的方式定义平均气动弦长 MAC：

$$\mathrm{MAC} \cdot \frac{\mathrm{S}}{2} = \int_0^{\frac{b}{2}} c(y)^2 \mathrm{d}y \tag{0.4}$$

对完整的对称机翼而言，气动中心的 X_{ac} 与前文所述相同，且显然 $Y_{ac} = 0$。

阻力极曲线

升力和阻力系数随攻角（AoA）的变化关系，通常可以画成阻力极曲线中的升力-攻角曲线，以及升力-阻力曲线。力矩曲线则是横坐标为 α 的毗连着的第三条曲线。图 0.3 给出了一个示例。

在小攻角下，升力曲线是线性的。随着攻角增大，曲线随之弯曲，达到最大值。对于更大的攻角，升力随机翼失速而下降，而阻力持续上升。$C_{L,\,\max}$ 为 1～2，部署了高升力装置的机翼则可以更大。以阻力单位（如 10^{-4}）来计量，阻力系数可以在几十到几千单位的范围内。受诱导阻力作用（见第 2 章），C_L-C_D 阻力极曲线近似抛物线，最小阻力出现在 C_L 接近 0 时。但如果这是机翼截面的阻力极曲线图，则没有诱导阻力的作用。$C_{D0} > 0$ 是因为还存在表面摩擦阻力和分离损失（见第 2 章）。图 0.3 中的机翼截面有正的弯度（换句话说是上凸的），因此在零攻角时有不为 0 的升力。

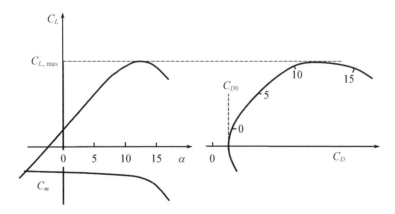

图 0.3　低速有弯度机翼情况下，升力和力矩系数与攻角的关系以及升力系数与阻力系数的关系

空气的热力学性质

飞行器在大气层内以中等马赫数飞行时,空气不发生电离,表现为理想气体。这意味着空气的状态可以由两个量确定,例如压力 $p(\mathrm{N/m^2})$ 和热力学温度 $T(\mathrm{K})$。比内能 $e(\mathrm{J/kg})$ 由温度唯一确定:

$$e = c_v T \tag{0.5}$$

式中, $c_v[\mathrm{J/(K \cdot kg)}]$ 为定容比热容。理想气体状态方程为

$$p = \bar{R}\rho T \tag{0.6}$$

式中, $\rho(\mathrm{kg/m^3})$ 为密度; $\bar{R}$ 为理想气体常数[对于空气, $\bar{R} = 287.058\ \mathrm{J/(K \cdot kg)}$]。定压比热容 c_p 和定容比热容 c_v 的比值 γ 和差值分别为

$$\frac{c_p}{c_v} = \gamma = \frac{7}{5}, \; c_p - c_v = \bar{R} \tag{0.7}$$

总比能是比内能和动能之和,即 $E = e + \dfrac{1}{2}V^2$,比总焓 $H = E + \dfrac{p}{\rho}$。忽略热交换时,气体状态的变化是绝热的,一个运动的空气微团的比总焓是常数,这样的流动称为等焓流动: $\dfrac{\mathrm{D}H}{\mathrm{D}t} = 0$。流场中总焓处处相等的流动称为均焓流动。

如果气体状态的变化是光滑的,则该过程也是等熵的,因此 $\dfrac{\mathrm{D}\left(\dfrac{p}{\rho^\gamma}\right)}{\mathrm{D}t} = 0$。对于既等焓又等熵的流动,气体状态可以由一个物理量唯一确定。处于"滞止"状态 $(\cdot)_0$ 时 $Ma = 0$;处于临界状态 $(\cdot)^*$ 时 $Ma = 1$;自由来流性质记为 $(\cdot)_\infty$。

例如, C_p^* 是临界压力系数,则有

$$C_p^* = \frac{2}{\gamma Ma_\infty^2}\left[\left(\frac{1 + \dfrac{\gamma-1}{2}Ma_\infty^2}{1 + \dfrac{\gamma-1}{2}}\right)^{\frac{\gamma}{\gamma-1}} - 1\right] \tag{0.8}$$

激波的特征是气体状态不连续,并且通过激波时熵也是不连续的。第 4 章将更详细地讨论激波。

声波是一种低振幅的等熵压力波,其传播速度为声速:

$$a = \sqrt{\gamma \frac{p}{\rho}} \ (\text{m/s}) \tag{0.9}$$

耗散过程是动量的黏性[①]耗散和热传导。黏性可以用动力黏性系数 μ(kg/ms)来表征。运动黏性系数 $\nu = \dfrac{\mu}{\rho}$(m²/s)。 傅里叶定律中出现的导热系数是 κ(W/mK)。

边界层参数

第 2 章将讨论边界层的数学模型,第 7 章将讨论它的数值模型。无论是层流还是湍流,边界层都可以用它的厚度 δ、动量厚度 θ 和形状因子 H 来表征,这些都将在第 7 章给出定义。这些参数可以粗略地描述从壁面到自由流区的速度剖面。

在湍流模型中,下面这些概念也非常重要:

- 摩擦速度 $u_\tau = \sqrt{\dfrac{\tau_w}{\rho}}$,其中 τ_w 是壁面应力。

- 无量纲壁面距离 $y^+ = \dfrac{y u_\tau}{v}$。

y^+ 是一个由壁面距离 y 和摩擦速度计算得到的雷诺数。当 $y^+ > 50$ 时,平均流的黏性对切应力的影响 $\mu \dfrac{\mathrm{d}\bar{u}}{\mathrm{d}y}$ 可以忽略;此时雷诺应力贡献了主要的应力(见第 2 章)。$\bar{u}$ 是时间平均的平行于壁面的速度分量。

---

① "黏性"即为相关标准中的"粘性",按照最新规范用法,均应使用"黏"字,"黏度"等词同理。——译注

目　　录

第1章　飞机空气动力设计导论

科学家研究已有的世界，而工程师创造未有的世界。

——Theodore von Kármán

像许多其他机器一样，一架成功的飞机也是一个巨大的妥协。

——Howard T. Wright，早期的英国飞行器制造者、设计者

本书的主题——飞机空气动力设计——是整个飞机设计过程中不可或缺的一环，它的主要关注点是飞机各个升力面的布局。本章除了介绍本书的主题外，还将带领读者欣赏和从基础层面了解，机翼是为何朝着今天我们所看到的几何外形发展的。一种新的飞机总是从一系列的设计循环中进化演变而来的，这是新飞机研发的固有特点。本章将描述并解释飞机早期设计过程的三个设计循环。正如西奥多·冯·卡门所说，创造性是像飞机设计这样的工程活动的核心。虽然创造性是人脑认知领域的一部分，而非科学技术的一部分，但我们还是会说明，创造性将在这三个设计循环中的何处、以何种方式体现，并且我们也鼓励读者们跳出固有的思维模式。

空气动力学中的基本量——升力与阻力——是性能的关键。确定机翼翼面的尺寸以满足飞行任务的需求，是确定基准构型的关键一步。基准构型将在后续的第二设计循环和第三设计循环中进一步发展。本章将介绍这三个设计循环的任务、使用的工具以及工作流程，还会介绍这些设计循环中涉及的计算流体力学(CFD)和优化手段。本章还会指出上述内容在之后的哪些章节中将进一步深入阐释。

1.1　引言

在飞机设计过程中，气动团队最主要的任务是提出飞机的飞行构型(即飞机暴露在气流中时外表的形状)。但是，飞机的整体形状也必须反映诸如结构完整

性、重量、发动机特性和性能等方面的考虑。我们可以把这一设计过程称为构型开发。

本章主要描述飞机的开发过程和空气动力学的作用，并着重介绍计算工具。我们将特别考虑不断修改提出的空气动力学外形以更好地适应其任务要求的迭代过程。这一过程可以抽象为一个优化问题。多学科分析与优化（MDAO）工具可以突破学科界限，解决我们所抽象的优化问题。我们写这本书时，这些工具正在快速发展。MDAO 也通常简写为 MDO。本书**并不会**完整地介绍 MDO 的内容，只是介绍其中有 CFD 参与的环节。我们也将举例说明飞机的任务要求如何影响飞机的基本特征，比如机翼的水平投影，即它的平面形状（见图 0.1）。

空气动力学包含两个表面上看似独立但实则相关的学科方向。**基础空气动力学**关心对运动空气的定性、定量分析，如空气的位移、速度和加速度。**应用空气动力学**则关心空气因相对于浸没在其中的物体的运动而对物体产生的力。有 4 个主要问题需要解决：

（1）维持飞机不落地的气动力是如何产生的？这个气动力又如何随着飞机外形、高度和飞行速度改变？这是**升力**问题。

（2）保持飞机在空气中运动需要多大的推力？这个问题与空气对物体的阻碍作用，也即**阻力**有关，它是对飞机性能研究的基础。

（3）气动力及气动力在飞机上的分布在飞行过程中如何变化？这是有关稳定性与飞行控制的问题。

（4）飞行过程中的气动载荷如何使得飞行器变形成它的**飞行构型**？这是（静）气动弹性问题。

有些人认为空气动力学是应用数学的分支；另一些人则认为它主要是一门实验学科。一方面，单纯的数学上的分析往往是无效的，因为做数学分析必须进行一些简化假设，但这些假设仅仅在某些情况下才成立，在其他情况下则不成立。另一方面，单从实验角度研究，又会让研究者只了解某些特殊情况，并使他们难以对实际问题做出可靠的预测。

因此，空气动力学家需要足够好的理论来结合上述两种方法，使用分析来加深、拓展他们的知识；还需要不断地进行实验，以检验假设的正确性，并提升对物理问题的理解。问题的答案在某种程度上往往是近似的，得出的结论也经常只适用于某些特定的情况。

对初学者来说，这一切都变成了理论与工程经验的混合物。在理论的指导下构建出数学模型，又通过曲线拟合来完善。所有这些产生了密密麻麻的公式，但每个公式的适用性都很有限。事实上,从主要是统计和基于经验的模型到完全基于物理学理论的方法,都可以是解决问题的方法。高性能计算机和高效的CFD软件大大减少了基于物理的方法的应用限制,但这些计算工具在现在和今后的一段时间里,都无法使用基于第一性原理的,对于任何典型飞行雷诺数均适用的模型来求解问题。因此,应用空气动力学仍然做出了许多假设,以使得计算方法能够实现。也正是因为这些假设,上面提到的警告仍然有效。在这里,我们可以类比工程和医学:工程师在某个领域的工程经验,就如同医生的临床经验一样重要。

理想流体理论

以下三个有关流动的简化假设有时非常有用:

(1) 不可压缩流动。假设流体的密度是一个常数,这将会使问题大大简化,即热力学与流体运动学的解耦。在流体速度不太大的情况下,不可压缩流动假设可以给出较好的结果,但是该假设在高速流动下完全失效。

(2) 无黏流动。这里我们假设流体的黏性消失。从这个假设出发可以得到一个能很好地解决升力问题的理论,但在此假设基础上无法计算阻力。

(3) 无旋流动。这里假设流体微团不做刚体旋转。用数学公式来表示,就是速度场的旋度($\boldsymbol{\omega} = \nabla \times \boldsymbol{v}$)为 0。

"理想流体"的流动满足上面三条假设,但是导出了达朗贝尔佯谬,即流体作用在物体上的合力为 0。这使得理想流体的理论看似完全无用,但是它由路德维希·普朗特及其追随者修改后成了普朗特-格劳特机翼流动计算工程数学工具。

1.1.1　空气动力设计是飞机设计的一个环节

设计一架飞机是工程中最复杂的任务之一。不计螺母、螺栓和铆钉那样最细小的零件,一架飞机也可能有数十万个部件,涉及超过百万的重要设计参数,以及更多数不胜数的次要设计参数。设计团队在不断执行他们承担的设计任务,在构型通过大量迭代、重新设计达到一个令人满意的解决方案的过程中,还需要不断地汇总数据和设计参数。大量数据和设计参数需要复杂、先进的仿真和数据管理软件系统的支持。在设计过程中,**构型**指的是总体布局和飞机外部形状、尺寸以及其他与设计相关的特征。

每家飞机研发公司都有自己独特的设计结构和流程,这也反映了构思新飞机的多样性和复杂性。

例如,有大约3 000人参与了波音777飞机的初步设计,这些人的工作通过25名首席工程师的每周设计会议进行协调,每名首席工程师都代表着本专业的100多名工程师。空气动力设计只是这一庞大事业中的一部分。

有许多很好的飞机设计教材[19,23,29]讲述了众多学科是如何在一个分为概念设计、初步设计和详细设计阶段的过程中共同协作设计一架飞机的。图1.1是概念设计和初步设计阶段的流程图,它大致介绍了空气动力设计是在何处以及

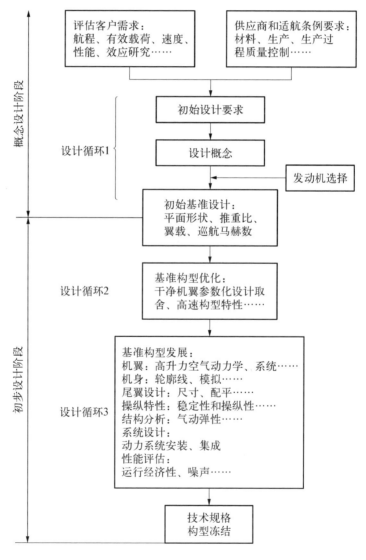

图1.1 一个典型的运输类飞机在经历第一、第二和第三设计循环的
过程中构型设计的发展与演化

如何进入飞机的整体综合设计的。新飞机的整个研发过程是在一系列的设计循环中进行的。

在每轮设计循环中,飞机都需要进行整体设计,对所有的主要系统分组、机身系统和各个设备都需要做同等详细的研究。一个设计循环接着一个设计循环地增加研究的详细程度,直到最终整架飞机的每个细节都考虑到为止。

使用 Torenbeek[29] 的术语,我们进一步定义以后会提到的如下基本设计阶段:

(1) 设计循环 1 为概念设计,也称为前瞻设计,该设计循环探索巨大的基础设计参数空间。

(2) 设计循环 2 为基准细化设计,该设计循环证明前瞻设计的可行性。

(3) 设计循环 3 为基准构型发展,该设计循环将在所有被认为足够成熟的可行方案中确定最可接受的那一个。该循环将最终冻结构型方案,结束初步设计阶段。

(4) 包括最终构型硬件设计循环的详细设计阶段是在原型样机试飞后,详细设计阶段得到的飞机设计方案将会用于量产。这些设计循环不在本书的讨论范围之内。

本书将会详细地说明和讨论前三个设计循环的某些方面。第一个设计循环,也即概念设计阶段,将会得到一个初始的基准构型。本章将会讨论该设计循环。第 8 章和第 9 章介绍初始基准构型演化过程中遵循的第二设计循环的流程,这些内容是本书的主要内容。第 9、10、11 章则给出与第三设计循环中细化和发展基准构型相关的几个主题的研究。

为了让读者对初步设计的工作量有一些认识,我们可以告知,为完成一架运输机的初始基准构型设计,设计团队每个人的工作时间加起来可以达到数千工时。而随后有关变量和参数的研究阶段将会需要数倍于此的工作量。

Torenbeek[29] 引用洛克希德 L - 1011 项目,给出了一些构型设计的进一步发展所需的工作量信息。在 L - 1011 构型发展的 2 年间,设计团队在研究各种构型和方法以确定最优设计上花费的时间,加起来达到了 200 万工时。

显然,一本书不可能阐明一家飞机公司要做的所有工作。本书包括以下内容:

(1) 概述现代分析和优化软件的使用方法。

(2) 较为详细地描述外形和气动力之间的映射关系。

(3) 讨论能够使用教学软件工具完成的技术和设计任务。

飞机的分层分解：凯利范式

将飞机的构型看作构成它的组件的层次结构，有助于我们处理设计空间（设计参数的集合）和模拟各个部件的功能，让我们能够更好地面对设计任务的复杂性。

传统的分层设计方法遵循乔治-凯利爵士的设计范式［见图 1.2(b)］。它将升力、推力、配平、俯仰及偏航稳定和控制等功能一一对应地分配给相应的子系统，如机翼、发动机、尾翼单元等。图 1.2(a)展示了飞机在空中飞行时所受到的重力和升力的平衡，以及推力和阻力的平衡。

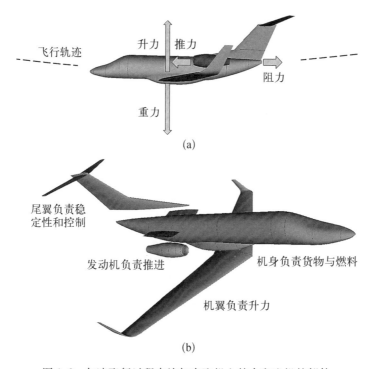

图 1.2　匀速飞行过程中施加在飞机上的力和飞机的部件
(a) 升力与重力平衡，推力与阻力平衡；(b) 凯利范式：飞机的每一个部件都有其特定的功能

如果各个子系统及其功能只是以我们十分了解的、较弱的方式互相影响，我们便可以或多或少地独立处理、优化各个子系统及其功能。凯利范式不仅对子系统和功能进行了分解，还隐含将工程学科分解为空气动力学、结构、飞行控制等。对工程学科的**分解**促成了已成为既定方法的**依序的、迭代的设计循环**。但是，这种学科分解可能会让我们忽略子系统之间潜在的有利耦合作用，从而限制了设计空间。如果不同学科团队可以更加协调地进行设计工作，那么设计循环的次数可以减少，构型设计也可更有效率。这就是由高性能计算支撑的多学科

优化方法的目标。

1.1.2　升力与阻力：性能的关键

当我们谈论飞机的性能时，语境很重要：航空公司高管考虑的是满足客户需求的性能底线，特技飞行员感兴趣的是飞机对控制输入的快速响应，而最高速度和转向速率则对战斗机飞行员非常重要。至少要有飞机的速度和加速度数据，才可能得出飞机所有的性能指标，而速度和加速度数据必须从飞机周围的空气作用在飞机上的力得到。虽然理解空气流动的特点很重要，但正如第 2 章将要讨论的那样，对空气动力设计师来说，真正重要的只是空气所产生的力。

1.1.3　机翼、升力和阻力

机翼能够提供远大于它自身重力的升力。战斗机机翼产生的升力可为其自身重力的 90 倍，运输机机翼则能产生约为自重 22 倍的升力。运输机设计主要关注更高的巡航效率，因此最大**升阻比**才是其设计目标。与运输机不同，战斗机为了实现更好的操纵性，需要更大的升力，作为代价，阻力也会增加不少。图 1.3 绘制了能够代表现代战斗机和运输机的典型升阻比数据，强调了机翼在产生升力这一主要功能上拥有的强大杠杆作用。

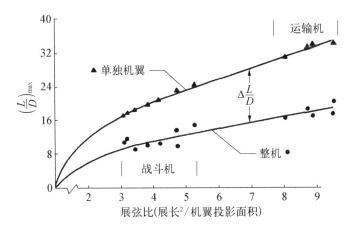

图 1.3　整机构型、单独机翼的最大升阻比与机翼展弦比之间的关系
（来自 Chuprun[3]，AFWAL，公开领域）

图 1.3 说明 $\left(\dfrac{L}{D}\right)_{\max}$ 随着展弦比的增加明显增大。机翼提供所有的升力，但只产生整机一半的阻力，因此机翼的升阻比约为整机的 2 倍。Chuprun 提出了飞机设计中"机翼为王"这一有些夸张的说法，他的理由是机翼是飞机的**脊梁**。当然，

没有空气的升力,便不可能有重于空气的飞行器飞行。这一事实也说明了,为什么飞翼飞机可能会有很高的空气动力效率,因为它没有其他飞机部件阻力的拖累。

在最基本的层面,图1.4描述和总结了飞机设计的第一步。这一步在随后的设计循环中不断重复,使用越来越多的设计参数来进一步扩展设计的细节。

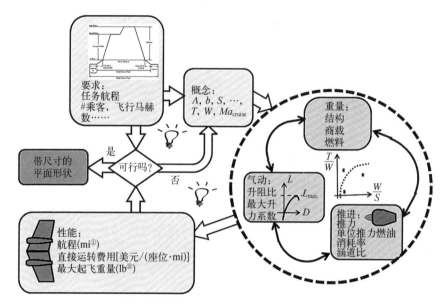

图1.4　在飞机设计第一个循环中设计初始尺寸的过程,其中机翼平面形状和　　　　　尺寸是设计结果,这一过程体现了空气动力学所起的作用

为了开始这一过程,往往以手绘方式表现的概念图必须转换为几何参数,即由一系列类似表1.1的主要参数确定的飞行构型。

表1.1　基本平面形状设计的主要参数

平面形状	机翼面积 S
	翼展 b
	展弦比 AR
	梢根比 λ
	后掠角 Λ
	平均厚度 $\left(\dfrac{t}{c}\right)_{ave}$

---

① mi:英里,长度单位,1 mi≈1.61 km。——译注
② lb:磅,质量单位,1 lb≈0.45 kg。——译注

（续表）

性能	巡航马赫数 Ma_{cruise}
推进	推重比 $\dfrac{T}{W}$
结构	翼载 $\dfrac{W}{S}$

如此多的主要参数涉及机翼的形状,这证实了 Chuprun 的"机翼为王"的说法。

1) 比航程

对大多数飞机而言,航程是衡量飞机性能最重要的指标之一。对商用飞机和许多作战半径十分重要的军用飞机而言都是如此。式(1.1)是著名的布雷盖航程公式的微分形式,它给出了飞机巡航的比航程 SR(这里指重量为 W 时消耗 1 gal① 燃油飞行的距离)和推力、重力与气动特性之间的关系:

$$SR = \text{const} \frac{1}{\text{TSFC}} \cdot \frac{Ma \cdot L}{D} \cdot \frac{1}{W} \tag{1.1}$$

该方程基于一个简单的事实,即对于某一高度上的稳定飞行,$L=W$ 且 $T=D$ [见图 1.2(a)]。式中 Ma 为飞行马赫数。飞机的重量 W 随着燃料的燃烧不断减小。我们注意到三个重要的量:

(1) 发动机的选择以及它的单位推力燃油消耗量(TSFC)。

(2) 飞机的总重量 W。

(3) 空气动力学的巡航效率 $\dfrac{Ma \cdot L}{D}$。

举例来说,若按照 gal/(N·h)计,当更新的发动机带来更好的燃油经济性时,TSFC 就会下降。对于螺旋桨推进的飞机,单位功率的燃油消耗量(PSFC)则是在整个速度范围内更合适的衡量方法。先进的材料可以使得飞机的结构更轻。式(1.1)还告诉我们,为了提升比航程,气动效率 $\dfrac{Ma \cdot L}{D}$ ——飞行马赫数(依赖于平面形状)与空气动力学品质(升阻比)之积——需要尽可能地大。

2) 复合收益

一些属性的改变往往可以通过属性之间的相互关联造成另一些属性改变,这可能带来复合收益。如果任务需要的燃油较少,那么起飞重量减少,需要的升

———————

① 　gal:加仑,体积单位,1 gal≈3.79 L。——译注

力也将减少,所以机翼面积可以减小(因此阻力减小),巡航马赫数可以增大。这是一个"良性"循环。而当重量增加时,我们会很遗憾地遇到完全相反的情况:重量增加的恶性循环将会迅速降低飞机性能。

对于具有更高燃油效率的创新飞行器概念,式(1.1)指出,应该尽量设计具有最优气动-结构尺寸的构型,以获得更小的重量和阻力。"设计"是指对这些创新的气动-结构概念进行优化探索,以获得最大的气动和结构效率,以及在正常运行和危险条件下的安全和可控飞行。

1.1.4　确定机翼平面形状尺寸:初始参数设计循环 1

正如图 1.4 所示,设计过程从主要的任务要求、期望性能和成本目标开始。

商业航空服务的要求来自对预期航线的分析,通常包括两个城市之间的预期运输量和飞行频率数据。这决定了所需有效载荷的范围。

性能需求通常包括最大起飞重量、起飞和降落距离、机动性、爬升率、实用升限、速度、给定最大尺寸和重量下的燃油经济性等指标。此外,飞机必须经过监管部门的认证,这还会增加一些额外的要求,将在下文和 1.1.5 节中详细讨论。

1) 适航要求

提出的构型还必须满足更多的条件,以保证它的**适航性**(即该构型在地面、天空都能保证足够的安全性)。适航要求决定了性能、控制、稳定性、配平特性、结构和机械设计以及其他很多方面。由国际民用航空组织(ICAO)颁布的《芝加哥公约》(1944 年)规定了怎样的民航飞机才能被当局视为适航且具备运营资格。

结构设计对飞机的安全性至关重要,而且在决定飞机价格、重量和性能等方面起关键作用。此外,飞机的结构重量还能通过上文所说的复合方式影响性能。为了预测飞机的造价和空重,我们必须评估每一个部件的重量。因此,我们需要计算各个部件在飞行中及在地面上所需要承受的载荷,以及机翼受到的升力造成的弯矩、结构重量,还有因为降落和滑跑过程中的颠簸所受到的载荷等。为了证明飞机的结构符合适航要求,人们通常需要验证成千上万种加载情况,其中的数百个可能对某些结构单元极其重要。

在美国联邦航空条例(FAR)第 25 部中已明确定义了商用飞机的结构强度要求。许多载荷要求使用**载荷因子** n 进行定义。定义载荷因子为飞机的有效横向加速度,即重力加速度 g 的倍数,在攻角和侧滑角较小时, $n \approx \dfrac{L}{W}$ 。

2）飞行包线

我们一般使用海拔高度（H）-马赫数（Ma）图（即 Placard 图）和速度（V）-载荷因子（n）图描述飞行包线（见图 1.5）。速度使用**当量空速**（EAS）：以当量空速在海平面上飞行时对应的动压与在真实高度以真实空速（TAS）飞行对应的动压相同。

$$EAS = TAS \sqrt{\frac{\rho(H)}{\rho(0)}} \tag{1.2}$$

图 1.5 是从 1.1.5 节讨论的 TCR 设计中摘出的图片。

3）马赫数-高度包线

图 1.5(a) 为 Placard 图，左边界为低速失速极限，它由构型的重量、机翼面积和最大升力系数 $C_{L,\,max}$ 决定。右边界由许可的最大来流动压决定，形式为 $Ma^2 < \dfrac{\text{const}}{p(H)}$，$p(H)$ 由标准大气模型给定。围绕着设计巡航点——图中的黑点——的虚线圆表示在设计时必须保证的具有稳定、"健康流动"特性的区域。

4）速度

关于如何确定速度的细节，对这本书来说太过于技术性［见图 1.5(c)］。例如，$1g$ 失速速度 V_{S1} 是平飞（即载荷因子为 1）时的最低速度。它由可获得的最大升力和重量决定：

$$V_{S1} = \sqrt{\frac{2W}{\rho(0) C_{L,\,max} \cdot S}}$$

巡航速度 V_C 为性能需求，而俯冲速度 V_D 则由马赫数-高度包线中的 q_{max} 边界决定：$V_D \approx 0.61 \times 340 = 207 (\text{m/s})$。

机动速度 V_A 由控制面达到最大偏角的最大速度决定：更大的偏角可能造成载荷因子超过最大允许值。

5）机动图

V-n 图描绘了操纵时载荷因子随 EAS 的变化。低速状态下，最大载荷因子由失速状态（最大升力系数）决定，其中包括增升装置偏转且速度达到 V_F 时的失速状态，以及增升装置收回且速度达到 V_D 时的失速状态。在更高的速度下，机动载荷因子可能会被 FAR-25 限制。最大机动载荷因子通常取为 +2.5。

载荷因子 n 在速度为 V_C 时为负值（−1.0），然后于 V_D 处线性地变化至 0。

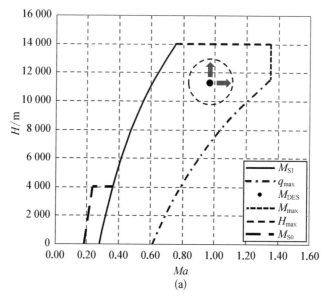

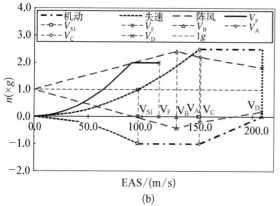

符号	名称	速度/(m/s)
V_{S1}	过载系数为1时的失速速度	96
V_F	最大襟翼速度	115
V_A	机动速度	152
V_B	最大阵风速度	131
V_C	巡航速度	153
V_D	俯冲速度	209

(c)

图 1.5 飞机飞行状态包线。在以设计巡航点为圆心的虚线圆围成的区域内任一点，
飞机周围的流动都是稳定的"健康"流动

(a) $H - Ma$ 图;(b) $V - n$ 图;(c) 速度定义表

(图片通过与 R. Larsson 的私人通信获得,来自 EU 的 SimSAC 项目[20])

V_A 处最大的升降舵偏角,以及从 V_A 到 V_D 的俯仰速率也必须考虑。与垂直阵风
相关的载荷是在速度范围内评估的。图 1.5 中的"阵风"虚线显示了在该 EAS
下飞行 100 h 可能遇到不超过一次的估计阵风载荷。阵风速度使用测量的或由
统计模型得到的结果,因此在前一句话中我们用了"可能"一词。"抖振边界"与
"健康流动"的边界很接近。抖振边界并不非常清晰,因为抖振的严重程度随着
动压的增加而逐渐增加,且轻微的抖振是可以容忍的。低速抖振是由飞机接近

失速状态时的流动分离引起的，因为流动分离后流场是非定常的。在更高的马赫数下，高速抖振由激波-边界层干扰造成的机翼流动分离引起。

　　飞行包线不是先验地给出的，而是随着设计进程所揭示的越来越多空气动力学和结构特性而不断发展来的。低速特性（如失速边界）与最大升力系数 $C_{L,max}$ 有关，这将在第 8、9 章中讨论。适航要求会施加其他限制条件，例如，在小于 V_D 的所有速度下，飞机必须能承受 $-1.0\sim+2.5$ 的载荷因子，以上数字适用于商用飞机。对于其他类型飞机，这些数字可能不同。

　　6）参数循环

　　在这一阶段，概念设计的**参数循环**开始了。这一阶段将会利用很多变种设计，对最初的想法和概念进行评估。以往的经验结合简化的气动/结构估算，加上统计数据库——我们将它们称为 L0 级可信度的手册方法——这一系列特征将整合到第一个概念、初始尺寸构型以及初始性能等级中去。注意航程已经给定，而我们需要计算的是飞机的重量，因此也包括飞机的实际尺寸。最初的概念可能会证明提出的任务需求的可行性，也可能对可行性提出质疑。任务需求可能过于激进，因而需要的飞机十分巨大且昂贵；也可能表明一架尺寸可接受的飞机就能达到指标。在做了飞机尺寸和任务可行性分析的基础上，设计过程可以进入下一步迭代，但此时仍需要更多类似的迭代，才能获得一个被认为是能够占领想要的市场份额或是能够给出足够的投资回报的任务目标以及与之对应的设计方案。

　　例如，图 1.3 显示了 $\left(\dfrac{L}{D}\right)_{max}$ 是如何随着展弦比的增加而增大的。出现这样的现象是因为展弦比增加时阻力减小。如此看来，可能要设计一个展弦比极大的机翼。但是，更大的展弦比要求更高的结构强度，因而要求更大的结构重量，导致机翼的重量会随着展弦比和面积的增加而增大。由于我们的目标是获得一个在产生足够升力的情况下重量和阻力最小的机翼，因此为了找到最佳的折中方案，有必要在结构和气动收益之间进行权衡。

　　在给出平面形状的数学描述的情况下，分析方法能够评估概念设计的功能性特点，例如：

　　（1）重量和平衡，包括有效载荷、燃油、结构设计给出的系统和结构重量。

　　（2）在给定的巡航马赫数下，执行飞行任务所需的推力和燃油。

　　（3）执行任务期间受到的升力和阻力。

　　这些分析方法又会给出数据来评估性能和飞行动力学特性，用以决定概念设计是否满足设计的目标和要求。

7）结果：给定尺寸的基准构型

初始迭代循环收敛之后，将产生一个基准构型、一个三视图，还包括满足任务需求而确定尺寸的机翼平面形状，该平面形状可由表 1.1 和图 0.1 所展示的少量参数来描述。通常还可以使用带有多种设计要求和设计边界的 $\frac{T}{W}-\frac{W}{S}$ 图来表示可行设计方案（见图 1.6）。通常设计参数 X 的集合是确定的，因此许多我们感兴趣的量可以由给定的 X 确定，例如起飞场长和直接运营成本（DOC）。这样的参数研究也可以给出性能参数在设计点附近的设计空间的参数敏感度（即在图 1.5 的虚线圆之内）。约束条件在图 1.6 中以不可行域一侧的粗虚线表示。降落速度极限几乎与推重比 $\frac{T}{W}$ 无关：降落速度的极限（$V_{\text{approach}} < V_{\text{limit}}$）几乎由翼载 $\frac{W}{S}$ 唯一确定：

$$\frac{W}{S} = \frac{L}{S} \leqslant \frac{1}{2}\rho_{\text{air}}V_{\text{limit}}^2 \cdot C_{L,\,\text{max}} \tag{1.3}$$

这是因为在式（0.1）中定义的最大升力系数 $C_{L,\,\text{max}}$ 是由机翼形状和空气动力学"法则"确定的。起飞场长受到推力大小的影响，因此图 1.6 中起飞场长的约束边界线是倾斜的。

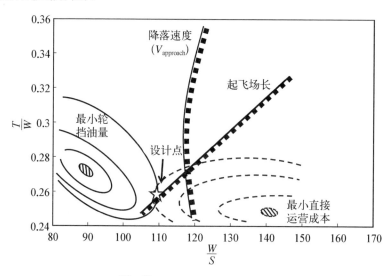

图 1.6　$\frac{W}{S}-\frac{T}{W}$ 图中的约束和评价指标的等值线

轮挡油量是完成飞行任务所必需的燃油量。它与重量、速度、阻力和发动机效率有关。直接运营成本(DOC)是以每座每英里的成本来衡量的。设计点必须在约束条件所允许的设计空间子集中,且最有可能落在可行域的边界上。现在我们考虑在 DOC 和轮挡油量的等值线上选出一个设计点,并朝某个方向移动这个设计点。显然,如果选取的设计点是好的设计点,那么无论朝什么方向移动设计点,都不能同时提升飞机在 DOC 和轮挡油量方面的性能。这便是两个设计目标的帕累托前沿的定义(在任一本有关优化方法的教科书上都能找到有关帕累托前沿的更详细的解释)。所以我们要在帕累托前沿的点上权衡 DOC 和轮挡油量。

我们现在得到了推重比 $\dfrac{T}{W}$ 和翼载 $\dfrac{W}{S}$ 的设计点。在巡航状态下,$T = D$ 且 $W = L$,因此有

$$\frac{T}{W} = \frac{1}{\dfrac{L}{D}}, \quad \frac{W}{S} = qC_L \tag{1.4}$$

这就给出了机翼的气动性能在来流动压 $q = \dfrac{1}{2}\rho(\text{Alt})V_\infty^2$(与飞行高度和空速有关)时应该满足的要求。

8) 设计方案的变化广泛

图 1.7 表明,从左下角的人力飞机到右上角的喷气式战斗机,其设计方案都极大地依赖于任务需求。注意纵坐标为功率与重量之比,且为了覆盖巨大的设计空间,我们使用了对数坐标。

9) 参数确定

首先要在设计过程中根据指定的任务需求和有效载荷,确定飞机所需要的起飞重量、空重以及燃油重量。算出的重量参数用来评估和修正与重量匹配的机翼面积、机身长度等。Raymer[19] 对此有更加详细的描述。最初的参数确定之后,通过分析气动、重量和推进特性,检查设计任务的所有性能要求,从而确定基准布局所需的具体几何参数。按照传统流程,决策和权衡是在参数研究的汇总地毯图的基础上做出的:地毯图能够表示被两个关系所约束的四个变量。图 1.8 便是一张地毯图,它显示了低速情况下升力系数、诱导阻力系数、攻角和矩形机翼的展弦比 4 个参数之间的关系。

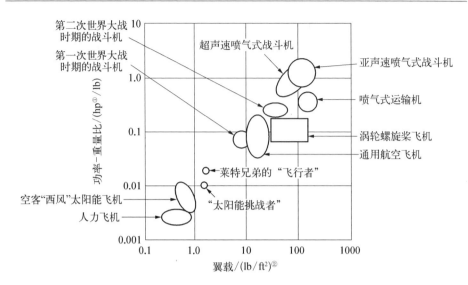

图 1.7　不同类型飞机在推力-重量图上的分布

(由 Hall[11]提供)

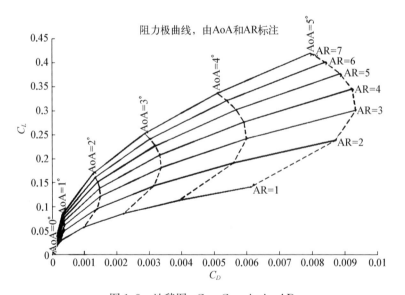

图 1.8　地毯图：C_L，C_D，AoA，AR

10) 创造性

以上总结的设计过程涉及大量的**创造性**工作，正如下面的灯泡图案所象征

① hp：马力，功率单位，1 hp≈735 W。——译注
② ft：英尺，长度单位，1 ft≈0.304 8 m。——译注

的那样。创造性工作不容易讲授,这在下面的小贴士中有所解释。

小贴士: 创造力——灯泡发光之时

在下面的介绍中,我们将用灯泡图案代表创造性——创造力是设计过程中重要的部分。

创造力不属于技术领域,相反,它属于人脑的认知方面。神经科学的研究探索了我们是如何进行创造的,这些研究表明,人类通过吸收现有的最佳想法并使其变得更好来进行创新。Brandt 和 Eagleman 在他们的著作《飞奔的物种》(*The Runaway Species*)中写道:"无论是发明 iPhone,制造下一代飞机,还是推出现代艺术,创造者都会对他们所继承的东西进行改造。"我们通过三种基本策略来做到这一点,即"扭曲、打破和融合",所有的想法都是通过这些策略发展而来的。我们扭曲、打破和融合获得的直接经验性材料,以促进创造性活动——让那盏小灯泡亮起来——从而得到全新的结果。与遵循本能的野生动物不同,人类通常避免重复,并寻求新奇的想法,因此有了"跳出思维定式"的格言。Brandt 和 Eagleman 的论述中包含了许多关于如何产生成功想法的提示:练习、实验、产生许多不同的想法,并放任大多数想法消失。创作过程的基石之一便是产生多个选项,这同样适用于空气动力设计,就像海明威在创作《永别了武器》中安排的那负有盛名的 39 个结局一样。

11) 确定基准构型尺寸的手册方法

在本书后续章节讨论的设计与分析方法中,会假定已经有了一个确定好尺寸的基准构型。但这就提出了一个问题:如果我们没有图 1.4 中所有学科的设计工具,如何产生一个确定好尺寸的基准构型?

手册方法让我们能够从基本任务需求出发,得出重量、机翼平面形状和推力等大致参数,这些在飞机设计教材以及相应的配套软件中都有。它们属于 L0 级可信度的方法。学习 Raymer 的概念设计经典教材[19]是一个很好的学习手册方法的开端,它的 RDS 软件包可以作为补充。此外,Roskam 的著作以及相关的由 DAR 公司开发的 AAA 商业软件也值得推荐。

美国空军(USAF)数据简编(DATCOM)[13]收集了一系列基于物理和现有飞机统计数据的算法、公式和设计准则,它们是美国空军通过与很多航空航天公司的长期合作获得的。数字化的 DATCOM 软件[30]通过内置的公式和算法,以及构型的少量几何信息,就可以计算出从亚声速到超声速飞机的重量、惯性、力和力矩的数据。但是,该软件得出的结果仅在常规构型时可信。

ESDU(www. esdu. com)是一款高端商业产品,可以提供被验证过的航空航天工程分析工具。这些工具包括方法、设计指南、方程和软件。

在获取了这些 L0 级可信度工具并具备一定的使用经验后,设计团队可以从以下几个网站寻找有用的设计模板:

(1) Raymer 的网页(www. aircraftdesign. org)。

(2) Sumo 航空航天计算机辅助设计(CAD)工具包[14]。

(3) 欧洲合作项目,例如 SimSAC[20,22]、AGILE[4]及其学会[6]等。

然后便可以开始工作了,正如下一节示范的那样。

1.1.5　案例:基准构型的参数确定——"跨声速巡航者"

1) 高速民用运输机和萨博"跨声速巡航者"

美国的高速飞机研究项目于 1990 年开始,该项目的目标是研制飞行马赫数为 2 的越洋飞行器。1995 年展示的高速民用运输(HSCT)飞机概念采用了内外翼后掠角不同的分段双后掠机翼。它的内侧机翼后掠角较大,且机翼前缘沿着机身延展到了十分靠前的位置;而外翼段后掠角较小。双后掠翼的设计概念与 F‑16‑XL(见图 1.9)验证机十分相似,F‑16‑XL 是为高速飞行研究而制造

图 1.9　飞行中的 F‑16‑XL

[来自《飞行中的优雅》(*Elegance in Flight*)[18],NASA,公开信息]

的普通 F-16 的衍生型。改进机翼是为了提高超声速性能并保持跨声速性能。F-16-XL 上的测量仪器提供了丰富的飞行数据,包括穿过跨声速范围的压力图像。由于 HSCT 飞机的概念机翼与 F-16-XL 的相似,因此 F-16-XL 的飞行和风洞实验数据为高速机翼的 CFD 校核和代码验证提供了独特的机会。

出于对经济性与环保问题的担忧,比如声爆问题,HSCT 飞机项目被放弃了。2001 年波音公司宣布了"声速巡航者"概念,它同样也采用双后掠翼。"声速巡航者"的航程为 10 000 n mile,巡航马赫数为 0.95,因而被视为一个极具竞争力的机型。在它带拐折的前缘上安装了前缘增升装置,因此起飞和降落时飞机的攻角不会很大。而协和式飞机的机翼前缘为曲线,因此不能安装缝翼,这导致它在起飞和降落时必须采用较大的攻角。为此,协和式飞机还有一个能够下垂的机头,从而确保攻角较大时飞行员具有较好的视野。

Hepperle[12] 对可能的飞机构型进行了概念研究。该研究的一个结论是,由于接近声速的速度和巨大的阻力,该设计概念将会在狭窄的设计空间中面临复杂的工程挑战。这让我们想到了约翰·F.肯尼迪的"我们选择登月"讲话:

"我们选择……做其他事情,不是因为它们很简单,而是因为它们很复杂。"

类似于波音公司的"声速巡航者",萨博公司也在 SimSAC[20-22] 项目的一个设计、模拟和评估任务中,提出了一个具有双后掠翼的"跨声速巡航者"(TCR)构型,其巡航马赫数为 0.97。在第一轮设计循环中,萨博公司使用内部开发的 L0 级设计方法设计了一个基准构型。它的效率还不足以让巡航速度接近声速,例如马赫数为 0.97。萨博公司特意挑选了这个案例来强调其内部预测跨声速飞行特性的方法的缺陷。

2) 任务规范和基准构型

表 1.2 列出了"跨声速巡航者"的任务需求。

表 1.2 "跨声速巡航者"的任务需求

参　　数	需　　求
最大起飞重量	$180\ t \times g \approx 1\ 764\ kN$
座级	200
航程	$10\ 000\ km(5\ 500\ n\ mile)$
设计巡航速度	$Ma_{cruise} = 0.97$
行李和货物	LD3-46W 货柜

萨博公司的团队使用内部的设计方法,给出了图 1.10 中定好参数的基准构型。确定参数的过程包括对重量、发动机性能和气动特性的估计等方面。降落与巡航阶段对推重比和翼载施加了约束。在确定参数的过程中也能估计出飞机的重量。确定参数的结果如下:

- 最大起飞重量 (W_0):227 t $\times$ g $\approx$ 2 225 kN。
- 需要的静态推力 (T_0):890 kN。
- 需要的净翼面积 (S_{net}):377 m^2。

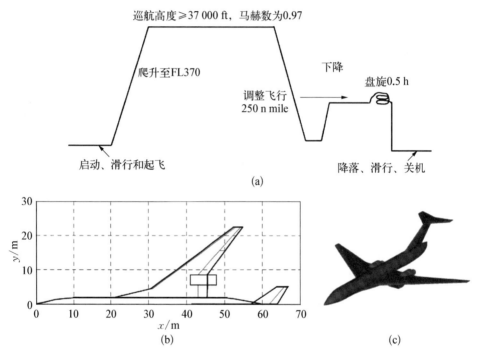

图 1.10 "跨声速巡航者"的基准 T 尾构型

(a) 任务剖面;(b) 构型的俯视图;(c) 基准构型的 CAD 模型

(取自欧盟的 SimSAC 项目[20-21],由 Roger Larsson 提供)

马赫数为 0.8 时,设计升力系数为 0.48;马赫数为 0.97 时,设计升力系数变为 0.3。

基准构型是双发翼吊发动机的中下单翼 T 尾构型;副翼、方向舵和全动平尾共同发挥控制功能;使用缝翼和襟翼作为增升装置;起落架是常规的三点式布局,主起落架安装在机翼中(见图 1.10)。

设计循环 1 结束后,萨博团队得到了如下结论和建议:

经典的飞行力学分析表明,"跨声速巡航者"的基准构型的俯仰安定性总是能保持,且在跨声速区安定性还会增强,但升降舵的效率较低。在整个马赫数包线内,其都具有横向和航向安定性。飞行特性总体来说是较好的,控制系统能够轻松地抑制不利的短周期模态和长周期模态。基准构型的主要问题是,它需要较大的升降舵偏角来配平。在大多数飞行状态下,升降舵偏角不能超过10°,而我们预测"跨声速巡航者"的升降舵偏角将会接近15°。因此在设计循环2中,升降舵的效率以及飞机的俯仰稳定性需要优化,尤其是在跨声速区的时候。一种方式是重新选取主翼的安装位置并修改平尾布局。

"跨声速巡航者"具备所有满足本书教学需求所必要的部分,可以作为一个优秀的研究案例,帮助我们学习如何使用空气动力学工具将最初的飞机设计在设计循环2中变为可行的概念,并在设计循环3中让飞机准备好接下来的控制系统闭环设计。

本书第1章给出TCR的基准构型。我们还将使用第3章中给出的工具,构造一个涡格法(VLM)模型(L1级)。第5章将会给出CAD模型和网格,用于L2级的分析。第8章研究机翼的翼型形状。第9章描述了从TCR-1到TCR-4再到TCR-C15衍生构型的空气动力学的再设计。第10章将叙述解决配平问题的迭代过程,给出飞行品质的预测,并给出飞机气动设计的整体结论。

1.2 机翼的进一步设计:设计循环 2

设计循环1的基准设计尺寸确定程序是对参数空间的广泛探索,包括从空气动力学到制造和成本的跨学科分析。这项工作往往由航空航天公司的未来项目办公室完成。基准构型包括一个完整的布局,可以用三视图来表示,还包括一些主要的横断面形状。

如果概念被进一步推进,则下一步就是检查设计的特性和性能在多大程度上能满足设计要求。

未来项目办公室将这项工作转交给先进设计办公室。在那里,进一步的开发(设计循环2)开始时,各相关学科(如空气动力学)的专家将会确定设计在各个学科方面是否都是可行的。图1.1指出了将"初始基准设计"传递给先进设计团队以进一步探索设计参数空间的过程。其目的有两个:第一,在设计不符合要求的地方进行改进;第二,探索更多的可能性,并确定通过其他变化是否可以获得更好的方案。这场旷日持久的、工作量极大的工作,将涉及更多性能取舍的研究,并会更详细地发展基准构型,使之成为一个现实的候选方案。因此,设计循环2将会出现一系列设计方案,这些设计很容易相互比较,也很容易与基准设计相比较。

虽然我们使用的方法的准确度应该尽可能高,但是不确定性依然是存在的。因此在设计循环3中,我们必须对(至少)两个替代方案进行详细分析,以便在做出不可逆的选择之前鉴别不断调整的设计方案。

1) 设计案例

第9章介绍了一些历史上的设计案例,这些案例从1940年代开始,涉及最早的后掠翼喷气式战斗机之一:萨博 J - 29。飞行马赫数为2的协和式飞机设计于1960年代,那时 CFD 还不能在这个飞行速度范围内进行流动模拟。在设计过程中,协和式飞机有意利用了大后掠三角翼的分离旋涡流动,以在低速情况下产生足够的升力。1970年代,萨博公司开发了 SF340 涡桨支线飞机,该飞机使用了现代的 NASA 翼型。通用研究模型(CRM)是现代跨声速客机的典型构型,其形状细节也已公布出来,主要是为了鼓励利用 CFD 进行进一步的优化研究。

2) 任务与工具

这一节将进一步明确用于提高基准构型性能的气动设计任务,就如图 1.11 中举例的那样。该任务以定量的方式阐明了设计参数、形状变量和性能指标的关系。

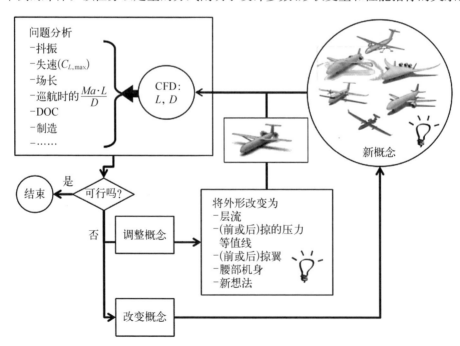

图 1.11 设计循环 2 在调整所选概念的同时,也将重点转向另一个
也许是刚刚提出的新概念

　　未来项目办公室在设计循环 1 时常常使用低可信度工具,因为它需要在短时间内分析许多可能的选项。先进设计办公室在设计循环 2、3 中采用可信度更高的工具,因为在这两个设计循环中只需要分析少数几个方案,且对于可信度更高的工具,这些方案的成熟度已经足够高。"成熟"在这里指的是飞机外表面的几何形状和其内部结构是适用的。可信度更高的工具反过来也会影响用于确定飞机状态和性能的气动模型的准确度。这就是今天开发新飞机的常见做法。

　　我们关注基准构型细化过程中与 CFD 有关的任务。在第 8、9 章介绍的干净机翼设计中,我们需要给出在巡航状态有高升阻比的,具有良好的低速性能的,并且重量小的机翼。表 1.3 列举了干净机翼详细气动设计的次级参数。这就为通过分析飞行品质来细化整个构型提供了条件。第 10 章将会介绍控制面、方向舵、升降舵、升降副翼、鸭翼、扰流板和副翼,如果它们在一架飞机上出现的话。在整个飞行包线内整合气动力表格,这对飞行模拟是非常必要的,这也会在第 10 章中讨论。最终,第 11 章将提供一个低可信度的模型来研究机身变形对飞行和机动的影响。

表 1.3　干净机翼详细气动设计的次级参数

形 状 类 型	参　　　　数
截面形状	弦长方向的厚度分布 弦长方向的弯度分布 前缘半径 R_n 尾缘角 τ_{te}
展向形状	展向扭转角变化 展向弯度变化 相对厚度 $\left(\dfrac{t}{c}\right)_{max}$ 的展向变化

1.2.1　机翼外形气动设计

　　所有的飞机都必须在一定的速度范围内有令人满意的表现。请看图 1.5 和图 1.11,为了在整个飞行包线上实现可接受的运行,飞机必须使其升力面的几何外形适应不同的飞行工况。一架运输类飞机在飞行包线上有三个主要的设计点:起飞和爬升、巡航、着陆。在起飞和爬升状态,襟翼是为起飞条件设置的,即角度不要太大以确保低阻力,而机翼形状是按照襟翼收回的巡航状态设计的。在降落状态时增加阻力是有利的,襟翼被设置成大偏角,用来同时增加升力和降低降落速度。对于每一种飞行条件,都必须考虑速度和姿态的偏差以及阵风的影响。气动设计必须保证飞机周围的气流在所有这些条件下都是有序的、稳定的。

1) 干净机翼设计

干净机翼设计是飞机研制的基石之一,其设计过程的细节是飞机制造商精心保护的知识产权。可以放心地假设,为一个新的构型从头开始设计一个有效的机翼需要大量工程上的努力,需要一年或更长时间的投入。Ryle[24] 为我们详细介绍了 1970 年代的机翼设计,但遗漏了很多相关的数学知识。Obert 的书[17]也描述了这个过程。

在 Ryle 写作的时候,CFD 正处于起步阶段,从基本原理出发对机翼周围的跨声速流动进行精确计算几乎是不可能的。因此,主要的指导是由实验数据提供的,再加上势流作为主要的数学模型(见第 3 章),还通过各种方式进行修正,比如针对压缩性影响的普朗特-格劳特(Prandtl - Glauert)变换,以及通过估计边界层位移厚度进行形状修正。

也可以放心地假设,复制一个已有的高效机翼并对其进行修改以满足新的性能要求,会有很多好处。非传统构型的机翼设计则是一个更大的挑战,因为没有明显的基准构型作为设计的起点。

概念设计是一个非常需要重复迭代的过程,设计会随着每一次迭代而不断演进。如图 1. 11 所示,在对设计进行越来越细化的研究时,会有更多新的想法来应对问题,图 1. 11 强调了空气动力学的作用。类似的分析/综合循环会出现在结构、推进、控制系统等设计中。分析步骤是使用定量的工具,以数字来描述已经定义好的构型的特点和性能。为了达到预期效果而进行的形状修改,可能只是沿着人们熟知的方向逐步推进了一点点。但是,当熟知的办法用尽的时候,就需要一个创造性的方案了。我们坚持认为,这种创造性最好是在工作中通过尝试(有时是失败)以及向专家学习来获得。但是软件工具也可以解放工程团队的创造力,它可以帮助设计人员处理一些琐碎的任务,如格式化文件的处理以及在“工作流”中运行计算工具,其中包括需要反复进行的计算分析。在做这些重复性工作时,计算机不会出现人类容易犯的常见错误,因此不需要花时间去修正这些错误。它们还可以毫无差错地记录所有的分析步骤,以便进行回溯和存档。

2）真实机翼的设计与优化

真实机翼的形状还必须满足与气动无关的几何和结构约束。机翼必须有足够的体积来容纳燃油和控制舵面的驱动器，要有足够的厚度来安装承载气动载荷的翼盒结构，并且要足够简单，以便经济地加工制造，此外气动弹性效应也必须考虑。设计师必须创造出具有低巡航阻力、安全的失速性能的机翼形状，并且还需要它具有满意的阻力发散、颤振和抖振速度。

这比从已有的机翼族中选择一个形状，然后通过优化算法在给定的升力系数和马赫数下实现阻力最小化要复杂得多。我们有理由质疑这种简单的优化方案对设计部门有什么帮助。当然，我们有一个长期的期望，即随着计算速度的加快，优化任务的复杂性可以得到提高，变得更加真实，并且优化算法在搜索设计空间时变得不那么"短视"。

从近期的研究来看，至少在两个方面优化方法的实践应用已经非常有效。首先，优化方法揭示了形状修改的模式和由此产生的流动变化，因此工程师可以更多地了解从形状到性能的映射关系。其次，优化方法在形状修改中很有用，它们可以通过削弱激波或减少局部的逆压梯度，从一个已经设计得很好的机翼上挖掘最后的减阻潜力。从这些讨论中可以看出，气动设计的软件工具应该为指定的优化问题提供有效的解决方案，且优化的目标和约束可以很容易地改变。在下文中，我们只考虑从总体设计中分解出来的气动形状优化的子任务，如图 1.11 所示。

飞机的概念设计过程可以通过适当应用多学科优化（MDO）方法来改进。MDO 技术可以通过对关键设计变量进行微小的改变来减少飞机概念设计方案的重量和成本，而且没有额外的下游成本。实际上，我们可以用几乎为零的代价获得更好的飞机，1.3.1 节对此有一个概述。

3）速度范围和平面形状

图 1.12 显示了机翼的三种基本平面形状的几种变体：平直翼、后掠翼和三角翼。用于高速飞行的主要是后掠翼（或前掠翼）、带边条的后掠翼、三角翼、带鸭翼的三角翼以及混合翼。混合翼是一种梯形机翼结合边条翼，也可称为前缘延伸（LEX）机翼。梯形翼通常有一个钝前缘，并具有较小的后掠角，$\Lambda_{LE} = 25° \sim 45°$。边条翼是一个细长的向前延伸的大后掠角的内侧机翼，并且前缘半径很小，前缘可以是直的或略微弯曲。随着巡航速度的增加，后（前）掠角也相应增加，从图 1.12 底部的亚声速平直翼，到中部的跨声速后（前）掠翼，再到顶部的超声速大后（前）掠翼，其中起决定性的因素是巡航马赫数 Ma_{cruise}，这是空速与

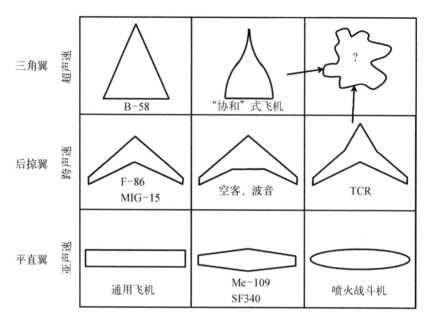

图 1.12　三种机翼基本平面形状的变体。平直翼（底部）用于亚声速飞机，后掠翼（中间）
用于跨声速飞机，三角翼或箭翼（顶部）用于超声速飞机

声速的比值。超声速飞机一般都很细长，翼展与机身长度之比很小。这三种基本的机翼平面形状演化出了许多变体，比如美国的战斗机有带各种 LEX 的小展弦比后掠翼，而在欧盟，后来研制的几代有人战斗机采用了带有鸭翼的三角翼（或双三角翼）。非传统的机翼构型，比如飞翼和普朗特盒式翼，都是从这些基本机翼元素的组合演变而来的。例如，许多不同形状的小翼出现在现代飞机上，这是为了降低巡航阻力设计的。关于跨声速和超声速飞机外形的更详细的讨论可以在第 3 章和第 9 章找到。

　　4）案例：进一步的设计工作

　　为了反映图 1.12 中展弦比和后（前）掠角的多样性，图 1.13 显示了四种非常不同的机翼平面形状，它们已经在不同飞机上得到应用。一个是具有极大展弦比的经典机翼，而另外三个是为了应对高速飞行挑战的不同解决方案。目前从经济性角度看，大展弦比后掠机翼是接近马赫数 1 飞行的最佳方案。

　　容克（Ju）287 是第二次世界大战德国的气动试验平台，用于开发制造多发喷气式轰炸机所需的技术。它由四台容克 Jumo 004 发动机提供动力，并具

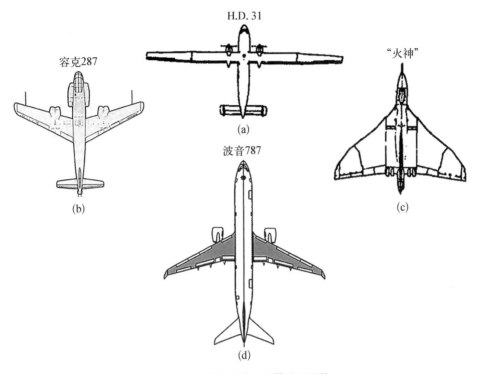

图 1.13　四种不同的机翼平面形状

(a) 具有极大展弦比的 H. D. 31；(b) 第二次世界大战时带前掠翼的容克 287 喷气式轰炸机；
(c) 三角翼的"火神"战略轰炸机；(d) 波音 787 梦想飞机，一种典型的现代远程客机

（改编自 Chuprun[3]，AFWAL，公有领域）

有革命性的前掠翼。后来的原型机在第二次世界大战后期被苏联红军缴获，战争结束后该设计在苏联得到进一步发展。Ju287 在飞行测试中显示了极好的操控特性，但也暴露了前掠翼的一些问题。这些缺陷中最明显的是"机翼翘曲"，或者说主翼梁和机翼部件在飞行中出现过度弯曲。前掠使机翼翼尖向上的扭转角增大，从而增加了外翼段的升力，从而进一步增加翼尖向上的扭转。后掠翼不会出现这种恶性循环，但是我们以后会看到，后掠翼也有其他问题。

　　H. D. 31 于 1950 年代在法国生产，基于 Maurice Hurel 的大展弦比机翼设计。H. D. 10 验证机的飞行试验验证了 Hurel 的想法。利用这一原理，制造了两架中程客机的原型机，各个方面都采用常规设计，但展弦比为非常规的 20.2 倍。

　　"阿芙罗-火神"（Avro Vulcan），后来被命名为"霍克西德利-火神"，是一种

喷气式三角翼高空战略轰炸机,代表了一种非常成功的"飞翼"类型,它具有复合的前缘后掠角。为了测试和完善三角翼的设计原理,人们生产了几架名为"阿芙罗707"的缩比飞机。在范堡罗的英国皇家航空研究院(RAE)进行的风洞测试对设计有重要影响,该测试表明必须对机翼进行重新设计,在前缘的后掠上设置间断,以避免压缩性阻力的出现。如果不这么做,则这种压缩性阻力可能会限制最大飞行速度。

作为当代民用客机的代表,波音787梦想飞机于2009年首飞,采用大展弦比机翼和翼梢小翼。它采用碳纤维复合材料制造。发动机短舱尾缘上装有V形锯齿,通过影响喷管高速核心区流动、旁路流动以及外部流动之间的混合层来减小喷管排气噪声。

1.2.2 气动巡航效率和机翼平面形状

因此,气动设计的任务变成了气动外形优化,如图1.13所示,为了达到最佳的气动巡航效率,机翼平面形状可能有很大变化。图1.14显示了三种飞机的"甜点速度"(sweet spot)区,其中,DC-3的"甜点速度"最小,"协和"式飞机的最大,典型的跨声速喷气式客机的"甜点速度"则在两者之间。正如我们将在第9章讨论的那样,TCR在略低于马赫数1的速度下巡航效率很低。最常用于评估运输类飞机的气动巡航效率 E 的参数是 $\dfrac{L}{D}$ 与 Ma 的乘积,$E = \dfrac{Ma \cdot L}{D}$。 这个参数与飞机的航程直接相关[见式(1.3)]。

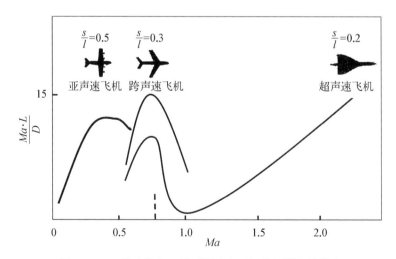

图1.14 三类飞机在三种不同速度区间的机翼巡航效率

1）临界流动和跨声速阻力突增

对于"经典"构型的飞机，直到马赫数达到机翼截面的临界马赫数 Ma_{crit} 之前升阻比 $\dfrac{L}{D}$ 几乎是不变的，临界马赫数即机翼表面最先开始出现超声速气流时的飞行马赫数。

在更高的速度下，压缩性的影响使阻力大大增加：局部的超声速区以激波结束，会产生波阻和(或)激波诱导分离。因此随着马赫数增加，巡航效率 E 将近似线性增加，直到达到 Ma_{crit} 后急剧下降，因为阻力在 Ma_{crit} 之后迅速增加。正如展向载荷效率 e 所描述的情况[见式(1.5)]，巡航效率 E 曲线的斜率随着翼展的增加而增加，但随着构型的浸润面积增加而减小。

翼型设计技术决定了 Ma_{crit}，当升力系数或翼型厚度增加时 Ma_{crit} 就会下降。翼型设计技术的提升通常会使 E 曲线的斜率略有变化，并使直线部分延伸到更高的 Ma_{crit}。 先进的翼型设计技术对 E 的收益与临界马赫数的增加成正比。

一些简单的关系可以清楚地揭示飞机特性的几个衡量标准影响性能的方式。飞机的升力诱导阻力通常与升力系数 C_L 呈抛物线变化：

$$C_D = C_{D,0} + \frac{k' C_L^2}{\pi \mathrm{AR}} = C_{D,0} + \frac{C_L^2}{e \pi \mathrm{AR}} \tag{1.5}$$

此式可以由第 3 章的升力线理论给出。

另一个一般的关系是比航程公式[见式(1.1)]。一个基本的信条是，最经济的飞机燃烧一加仑燃油所飞行的距离最远。在比航程公式中出现的 TSFC 对喷气推进来说大致是一个常数：

$$\frac{\mathrm{d}W}{\mathrm{d}t} = \mathrm{TSFC} \cdot T \quad （喷气推进）$$

但是对使用活塞发动机的螺旋桨飞机来说，燃油消耗量与功率 VT 成正比：

$$\frac{\mathrm{d}W}{\mathrm{d}t} = \mathrm{PSFC} \cdot \mathrm{VT} \quad （螺旋桨推进）$$

由此，Smith[26]得出了螺旋桨飞机的关系，显示 $\left(\dfrac{L}{D}\right)_{max}$ 随 $\mathrm{AR}^{\frac{1}{2}}$ 变化，因此

增加展弦比的收益相当可观。$\left(\dfrac{L}{D}\right)_{\max}$ 随着 $C_D^{-\frac{1}{2}}$ 的变化而变化,因此减少摩擦阻力有很大帮助。对喷气式飞机而言,这些参数的影响稍有不同。喷气式飞机的 $\left(\dfrac{L}{D}\right)_{\max}$ 的收益只随展弦比 $AR^{\frac{1}{4}}$ 变化,而减阻的收益随着阻力 $C_D^{-\frac{3}{2}}$ 的变化而变化。因此,与活塞螺旋桨飞机相比,喷气式飞机倾向于有一个较低的展弦比,它的气动光洁性(aerodynamic cleanliness)首先是低波阻特性,必须要优先保证。

2) 超声速巡航速度应为多少?"协和"式飞机案例

在 20 世纪 60 年代"协和"式飞机设计概念(设计循环 1)的最初规划中,试图在超声速下获得有利的 $\dfrac{L}{D}$ 的前景并不乐观,这是由于存在激波阻力和马赫数增加造成的升力下降趋势。当时有一种思路是通过增加后掠角,并仔细地塑造机身与发动机吊舱连接处和翼尖,以及使用合适的扭转和弯度,从而在马赫数 1.2 以内使无激波流动成为可能。

因此,对马赫数 0.8 的后掠翼运输机进行直接的延伸设计,可能可以使巡航速度提升 50%。然而事实证明,很难发展出具有足够高的升阻比的外形来抵消低超声速和低发动机效率对飞行经济性的不利影响。

马赫数 1.8~3.0 的速度范围看起来更具吸引力。事实上,超声速的升阻比尽管很低,但并不随马赫数的增加而恶化,这意味着飞机速度应该尽可能高。细长体的形状具有良好的气动性能。当我们自信地预测发动机效率可以更高一些的时候,更高的飞行速度将带来可接受的可制造性和令人鼓舞的成本降低。

在速度范围较低的这一端,人们认为有可能发展出具有合适的着陆性能的外形。最佳的巡航速度范围似乎是马赫数 2.0~2.5,在这个范围内的选择既取决于结构和动力装置的考虑,也取决于空气动力学,因为气动加热效应带来的困难随着速度增加而明显增大。虽然升阻比 $\dfrac{L}{D}$ 只有 7.5 左右,约为跨声速飞机的一半,但马赫数翻倍使得巡航效率因子得到补偿。此外,进气道压缩性能提升使得发动机效率提高,这也意味着更大的航程或更多的商载。第 9 章将进一步研究在设计循环 2 中进行的"协和"式飞机的气动设计。

1.2.3　采用细长三角翼的原因

设计师在最初的构型研究中面临着一系列的问题。与表面摩擦和升力诱导的旋涡造成的阻力相比,经济的超声速飞行的主要障碍是与升力和体积有关的巨大激波阻力。自超声速飞行最初被认真考虑以来,人们就明白,通过使用细长体形状可以保持较低的波阻。拉长机身是一种显而易见的做法,但拉长机翼则需要更多细致的考虑。

正如第 3 章所解释的那样,将机翼前缘保持在马赫线之后是有意义的,当然也要将整个飞机从机头开始就保持在马赫锥内,同时将体积和升力均匀地分配。

在第二次世界大战后高速飞机发展过程中,后掠角稳步增加,机翼厚度和展弦比降低,并趋向于三角翼的平面形状。超声速飞机需要更薄的机翼和更修长的机身,因此人们开始探索更极端的展弦比和平面形状。由英国皇家航空研究院(RAE)的迪特里希·库切曼(Dietrich Küchemann)所倡导的细长体气动外形波阻较小,是能够在马赫数为 2 时保证经济巡航的升阻比的重要竞争者。除了厚度比之外,另一个对超声速阻力有很大影响的几何参数是细长比 $\dfrac{s}{l}$,即气动外形的半翼展 s 与总长度 l 的比值。在马赫数为 2 和升力系数为 0.1 的条件下,当 $\dfrac{s}{l}=0.2$ 时阻力最小。这有助于解释为什么细长三角翼飞机看起来很有吸引力,尽管在当时,获得令人满意的降落特性似乎相当遥远。

1.3　飞机综合设计和 MDO

50 多年来,飞机的概念设计涉及采用传统的地毯图技术进行参数化研究,这项技术需要在两个关系约束的四组设计变量中进行权衡。在这一节,我们进一步拓宽视野,对优化进行更多的讨论。

1.3.1　飞机设计优化的流程

概念设计主要是一个搜索过程,它的目标是找到一组设计变量值 X,能够生成一架满足最低要求的飞机(见图 1.15)。

这种搜索背后的机制是数学,设计过程所需的核心功能可以逐项列出。首先是界定备选飞机设计方案是否成功的设计规范或要求 R。如果一个需求是严格的,它就应该纳入约束条件集合;如果一个需求可以放宽,则它可以纳入品质因数(FoM)。

- 设计参数 X 是一组有意选择的“横坐标”值,在物理上可以明确地定义飞机,并描述飞机的物理特征或特性。设计空间的维度是参数数量,可能达到数万。

- P 是一组满足功能关系的飞机属性,例如 $P = \mathrm{prop}(X)$,通过物理原理或统计关联,使之与设计参数相联系,可信度为 L0～L3 级。举例来说,是流动

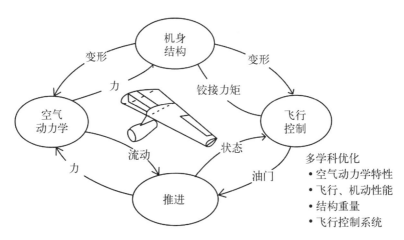

图 1.15　综合 MDO 设计(设计循环 3)

注：飞行控制、推进、空气动力学和机体结构等子领域通过约束条件相互之间进行弱耦合。

预测方法,如 VLM,将在第 3 章讨论。

● FoM＝fom(X, P) 量化性能或与设计需求的符合程度,比如比燃油消耗率、巡航速度或航程。

● 设计约束 C＝constr(X, P) 通常对应飞机的性能要求,如起飞距离、爬升率或巡航速度;还有一些几何约束,如翼展和机身直径的限制,以及环境限制,如对噪声、温室气体排放、破坏臭氧物质排放的限制等。

明显缺少的是流动变量 F,它出现在流动模拟中。F 可以描述整个流场,是非常巨大的,但是 P 是由 F 计算出来的,其计算被抽象为 cfd(X, F)＝0,所以 F 只是一个中介,在设计过程中没有内在的价值。然而,对 F 的控制是一个技术挑战,搜索过程涉及分析,以便从产品的特征中推导出产品的属性,以及创造一个特定的设计 X,以产生一些期望的属性 $P(X)$;换句话说就是某种形式的优化。图 1.16 说明了这种方法的基本要素。

设计参数集 X 的维数决定了它能以何种精细程度表示构型。当用于分析它所表示的构型气动性能的方法的可信度(如 L1、L2 或 L3)的提高时,计算出的流场 F 的可信度以及流场数据的维数也相应提高,如图 1.16 所示。

从更高可信度的分析中预测的飞机特性 P 更接近真实值,所以它们的预测结果有更集中的概率分布,如升力和阻力空间中的表示结果分布的椭圆大小所示。这也意味着,如图 1.16 右侧,预测的 FoM 的不确定性更小,误差条更短。

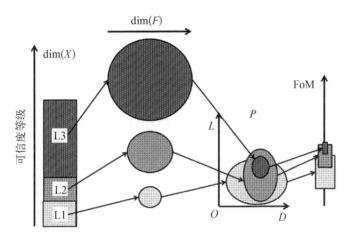

图 1.16　高可信度的模型给出体量更大的数据和更小的不确定度

阶数与可信度的理解

准确区分"阶数"和"可信度"这两个术语是很有帮助的。高阶(精度)的分析可以非常详细地描述物理效应,而高可信度的分析则准确预测属性。事实上,一个低阶精度的分析也可能会得到高可信度的结果。例如,若使用欧拉方程计算一个原始的几何形状——仅仅有平面形状和弯度分布(没有厚度),那么它的预测结果很可能不如涡格法的预测结果准确,因为对于欧拉方程的预测结果,这个原始的几何形状周围的流动存在"非物理的"旋涡和其他流动分离现象。这里的教训是,预测方法的可信度应该与 X 的可信度相匹配。

举个例子,图 1.1 中设计概念循环的第一轮(设计循环 1)形成了第一个基准构型 X_{bl}。通过将任务需求作为初始属性集 P,可以得出基本构型参数(如推力与重量、翼载、机翼参考面积等)。

然后,在细化设计循环中我们应用特性参数 X,通过分析再次得出属性 P,而此次的属性 P 具有更多细节(如由给定机翼平面形状得到的升力诱导阻力),然后将属性 P 重新输入到构型的进一步发展(综合)工作中,以确定一套更成熟的特性参数 X。具有不同特性的几个构型可能共享类似的属性 P,因此,即便设计已经演化到更成熟的状态也需要向下进行选择。这意味着要根据到目前为止考虑的要求在不同的候选方案中进行选择,而且这些候选方案看起来都同样好。因此,随着设计进展,需求将进一步增加或变得更加严格。或者如果没有找到可行的候选方案,需求则需要被放松。

MDO 的一个基本特点是存在设计约束和系统级关注的品质因数(FoM)。

在一个典型的飞机概念设计中,FoM要么是成本或其替代指标,要么是重量,其中飞机尺寸依照特定的任务需求来设计,包括航程和商载要求。设计约束通常是飞机所需的性能,如起飞距离、爬升率,以及几何或运行的约束,如翼展限制等。

　　MDO的一个典型应用是同时对机翼进行气动和结构优化。机翼是根据几何变量定义的,而几何形状的变化对空气动力学和结构强度的影响由计算确定。评估结果与定义的FoM相对应,并加上基于性能、安全、可操作性和实用性的约束。经典优化或MDO的关键是设计参数的数量,随着参数数量的增加,优化工作量会变得非常大。

1.3.2　问题的复杂度和优化

　　设计问题可以设定为一个优化问题。但它非常复杂,以至于表述优化问题本身就是一个挑战,而且在可预见的将来,其数值求解仍然是计算机无法实现的。因此,必须通过分解来解决这个问题。分解方法和软件技术正在蓬勃发展,例如Giles[8-9]和Kroo[16]的斯坦福团队的论文。人们已经提出了不同类型的软件架构,如协同优化(CO)[2,15]、双级集成系统合成(BLISS)[27]、并发子空间优化(CSO)[31]以及其他方法。

　　传统分解方法导出了气动外形优化子问题,并通过简化的约束条件(如机翼厚度、翼根弯矩限制等)与结构设计相结合。这类例子将在第3章展示,例子表明必须引入相当详细的约束条件,才能使最优机翼看起来像现代客机的机翼。即使是单纯的干净机翼的气动外形优化也非常复杂,在实践中需要同时使用数学工具和专门工程技术的组合。本工作中发展和讨论的工具将在第9章中描述。因此,尽管在技术上是单一学科的优化,它仍然足够复杂,在MDO中采用分解和其他方法可能是很有用的。

维度灾难

　　考虑常用于确定机翼尺寸的六个基本设计参数(见图1.1和图1.4):推重比$\frac{T}{W}$,翼载$\frac{W}{S}$,以及机翼展弦比AR、梢根比λ、后(前)掠角Λ和相对厚度$\frac{t}{c}$。在实验设计中,全因子实验设计需要至少3^6(729)个数据点展开设计空间,而5^6(15 625)个数据点才能够进一步提高精度。每个数据点都代表着不同的飞机,每架飞机的气动、推力、重量、尺寸和性能都需要分析。为了在图1.1的下一个设计循环中更好地优化飞机,人们进一步添加额外的设计参数,以更精确地指定实际形状,包括机翼平面形状的转折、短舱位置、尾翼位置、机身细长比、机翼设计升力系数(或弯度)、机翼厚度分布、发动机涵道比或螺旋桨直径等。随着更多设计变量的加入,所需数据点(即飞机参数评估)的数量迅速飙升到难以控制的地步。这使信息和时间的矛盾成为焦点,D. Böhnke 的博士论文[1]称之为"维度灾难"。为实验设计开发的抽样方法,如拉丁超立方,可以为低维度设计空间缓解该"症状",但还不足以摆脱这个灾难。

设计空间的**分解**潜在地减少了计算工作量。在实践中,工程师知道一些分析结果可能对一些特定的设计变量不敏感。许多设计变量之间的依赖关系不强("弱耦合"),因此可以单独进行优化。设计师可以将一个大的工程设计优化问题分割成许多小的子问题,并放宽子问题的耦合程度,使得优化解的收敛过程只考虑各个子问题的优化。

这种分解允许采用子问题中的"私有变量"进行单独的优化。子问题也可以分解为互相之间关联较弱的模型,为优化过程创造一个层次结构。

举一个特定的分解例子,考虑目标为减阻的机翼外形气动优化,其中候选机翼的重量由结构优化工具实现最小化。这就实现了形状优化器和结构优化器博弈中的"Stackelberg 均衡"。

$$\min_{x} \text{Drag}(x) \quad \text{约束条件:} g[x, y(x)] \leqslant 0 \tag{1.6}$$

$$y(x) = \operatorname*{argmin}_{y} \text{Weight}(x, y) \quad \text{约束条件:结构承受空气载荷} \tag{1.7}$$

式中,x 代表控制机翼表面形状的公共参数;y 代表结构力学的私有参数(翼肋、翼梁、蒙皮的位置、厚度等);g 代表形状约束,如最大的翼展。对 y 的每一次评估都需要求解一个结构力学的优化问题。

1.3.3　弱耦合 MDO 的基本知识

MDAO 工具通常的开发方法是采用"弱"耦合的方式,结合各个学科已有的代码(通常被称为"遗留代码")。例如,目前在对气动弹性和结构动力学问题的处理中,人们主要采用线性气动分析方法,而动态结构问题则在频域处理,流动与结构的耦合是通过在气动和结构分析之间来回传递计算结果实现的。流动与飞行动力学和飞行控制的耦合则是单向的。新的处理方法基本上必须从目前的功能中开发,以便减少风险并确保飞机设计开发用户能够接受。然而,许多处理这种复杂系统所需的策略还没有被开发出来。

由设计变量 X 决定的多学科分析问题的属性变量 P 将由优化求解器调整,优化求解器可以最小化一个目标函数,即单一的 FoM,而这个目标函数是由所考虑的整个 FoM 的集合组成的。

$$\min_{X} \mathrm{FoM} = \mathrm{fom}(X,\,P)$$

约束条件：$P = \mathrm{prop}(X)$ (1.8)

$$R = \mathrm{constr}(X,\,P) \leqslant 0$$

注意，等式约束也能用不等式约束表达，例如：$f \leqslant 0$，$-f \leqslant 0$。图 1.17 显示了一个常见的松耦合的气动外形优化方法，CFD 模块包括一个 CAD 程序、一个网格生成器和一个 CFD 求解器。CAD 程序根据 X 中的几何参数创建机翼的形状 S，网格生成器围绕 S 生成计算网格 M，最后求解器计算 M 上的流动 F。CFD 模块由包装器向外部模块公开应用程序接口（API）驱动。CFD 包装器也由 F 计算出 FoM 和约束条件，并将它们输出给优化器，优化器找到一个增量 $\mathrm{d}X$ 来改善 FoM 并使之满足约束条件。新的设计参数输出到 CFD 模块用于下一次迭代。为了高效优化，优化器需要 FoM 和约束条件的梯度，梯度可以通过数值差分来计算，差分需要对每个设计参数运行一次，所以对于 N_p 个参数，流场求解器需要运行 $N_p + 1$ 次。现代流场求解器通常可以通过求解一个伴随偏微分方程（PDE）问题来计算设计变量的导数，这对于 N_p 比较大的情况可以大大减少工作量。所涉及的对数学问题的描述，读者可以参考本书列出的网站。第 3 章给出一个诱导阻力最小化的例子，其中气动分析采用的是涡格法。

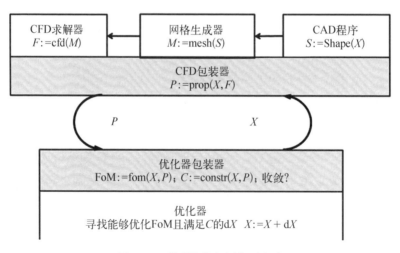

图 1.17　外形优化与网格再生成

目前最前沿的进展

目前最先进的技术水平在 9.3.3 节中有所体现，这一节描述了使用数学方法对 CRM 机翼进行外形减阻优化的结果，其基准几何模型由波音公司和 AIAA

提供,用来作为 MDO 开发者的一个实际测试案例。我们所引用的结果是密歇根大学 J. Martins 课题组用最先进的软件计算出来的,而这款软件适用于真正的多学科设计工作。他们的应用范围包括多样化的系统,诸如机翼外形和结构的优化、卫星的结构力学,还有锂离子电池等[25]。优化算法的速度很大程度上取决于目标相对于设计变量的梯度是否容易获得。对气动外形优化而言,微分计算必然涉及表面形状对体网格的影响,而体网格又会影响流动的解。计算机代码中的微分算法[5]已经出现了几十年,是整个软件系统的重要组成。MDO 的进步依赖于灵活和通用的 API,从而允许软件系统在整个分析模块链中进行微分;第 7 章描述的 MSES 机翼分析和设计系统使用解析计算的导数来高效求解流动问题,并作为形状设计任务的一部分。Martins 课题组的 OpenMDAO 软件包[10]将这种方法进一步提高到了适用于大型复杂系统的水平。

1.4 气动设计与CFD

让我们总结一下到目前为止讨论过的问题。在最早的设计阶段,飞机设计开始于给定的飞行任务以及一个从零开始设计的要求。有了一个以草图形式表达的概念,飞机设计的多面手就会使用 1.1.4 节描述的 L0 级经验/手册方法启动参数化过程。这些只使用草图或一个有尺寸的平面形状的方法,适合于这个必须"猜测"飞机重量是多少的设计过程。这种类型的最佳工具是行业拥有和专有的,因为它们经过多年的行业知识和经验的考验。

本书的重点是用于将基准构型演变为成熟可行的、具有足够细节(如可以加工成风洞模型或可遥控飞行的演示飞机)的设计方案的气动工具和任务。而 CFD 是能完成这项任务的气动工具。

1.4.1 任务与 CFD 工具

因此,气动设计的主要任务是确定飞机的整体形状以满足飞行包线的性能要求。在极端情况下,可能出现对确定结构尺寸至关重要的载荷情况。此外,也必须分析飞机的飞行能力和可操控性(见图 1.18)。比起单纯的气动优化,定义外形的过程必须考虑航空结构优化中的结构约束以及稳定性和控制特性。因此,气动数据集的生成是一项能够与其他学科相结合的任务,这样才能在性能要求没有得到满足时对问题进行诊断。一旦设计细节有了足够的进展,就可以建立模型。其他同样重要的任务和过程是配合风洞和飞行试验,验证气动设计及其保证的性能。

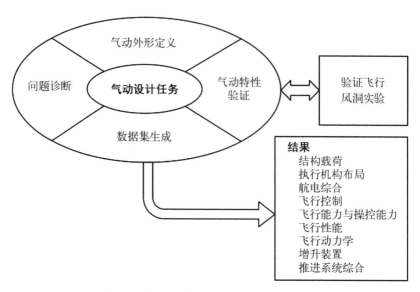

图 1.18　气动设计过程中的工具、任务和结果

　　波音公司的高级技术研究员（technical fellow）Philippe Spalart[28] 就 CFD 在飞机设计制造中的作用和挑战给出了工业界的观点，它与我们在这里从教学层面上阐述的气动设计问题产生了共鸣。图 1.18 概述了我们对气动设计的总体任务的看法。下面我们详细列举一下这些任务，它与 Spalart 的观点有很多共同之处。CFD 可以做出重要贡献的典型设计应用如下：

　　（1）气动外形定义（如绘制外形与分析外形）：

　　● 选择具有良好性能的优化翼型、机翼形状和尾翼构型。第 8 章和第 9 章涉及这些主题。

　　● 定义机身的外表面形状，以满足有关升力、阻力、载荷、稳定性标准等方面的气动要求。定义方法是确定各部件的几何尺寸、形状和安装位置，同时考虑推进系统集成、结构及其容积需求。

　　（2）性能数据集：计算力和力矩数据，以评估飞机在飞行包线范围内的升力、阻力和力矩。

　　● 控制面：确定气动系数、力和力矩数据，用以评估稳定性和控制导数。

　　● 在飞行模拟器上验证性能、控制和操控特性。第 10 章涵盖这些主题。

　　（3）气动载荷数据集：计算表面压力以确定结构载荷和气动弹性的影响，包括气动载荷下的结构变形（静气动弹性）可能造成的气动性能损失和操纵效率损失。第 11 章涉及这个主题。

（4）问题诊断：了解并解决在风洞或飞行试验中发现的问题。

● 不能被飞行控制律算法解决的飞行品质问题，必须通过空气动力学的重新设计来补救。第10章涉及这个主题。

一些CFD应用涉及附着流（如巡航形状定义），其他许多应用涉及分离流，如在飞行包线的极端位置，只有雷诺平均纳维-斯托克斯（RANS）方法是一个可行的流动模型。例如，决定结构尺寸的载荷状态通常发生在远离巡航设计点的分离流条件下。第2章详细解释了附着流和分离流的物理现象，并描述了各种适当的数学模型。

1.4.2　CFD工作流程和用户须知

CFD是一门通过数值方法求解流体流动的控制方程（偏微分方程）的科学，其目的是更好地定性、定量地理解流动现象，从而改进工程设计。

1）讲授用户须知：知情用户

如图1.19所示，CFD结合了六个相关学科的元素：流体力学（空气动力学是其一部分）、数值分析、编程原理、计算机科学、网格生成和科学可视化。

代码开发者
- 定义需要建模的流动现象
- 建立PDE模型
- 分析问题是否适定、边界条件
- 对时间和空间进行离散
- 分析离散模型
  - 边界条件、稳定性……
- 开发计算机代码

学生 =气动专家用户
- 定义外形设计问题
- 定义流动区域
- 定义构型
  - CAD模型、三视图
- 运行CFD
  - 模型几何、网格
  - 流动模型
  - 边界条件
  - 求解器参数
  - 分析可信度
- 定量描述构型性能
- 如果无法接受：修改外形

图1.19　CFD涉及的学科以及代码开发者和典型用户的任务——
学生被视为气动专家

　　图 1.19 所描述的代码开发人员一直在努力工作以改进他们的产品,但 CFD 工程师仍然有必要理解求解器的原理。例如,CFD 代码并不总能很好地运行,它们可能会"罢工",可能根本不给出任何解,或者它们给出的流场与实际流动有很大的出入。用户必须评估 CFD 解的质量,并修改控制参数以便得到可信的解,这就是一个知情的 CFD 用户必须做的事情,我们称之为使用 CFD 的注意事项。Philippe Spalart[28] 呼吁需要进一步加强工业 CFD 的用户意识:

　　CFD 解的质量至少取决于三个因素: 代码、可用的计算资源(限制网格分辨率和迭代次数)、用户。

　　此外,CFD 代码应该提供更多对设计者有直接意义的可操作的信息:

　　如果建立了黏性流场的诱导阻力、波阻和寄生阻力的严格定义,就可以获得对物理现象认识的另一种支持……这些概念经常被设计者使用……

　　整个工作流程中需要更高的自动化程度,尤其重要的是数值求解过程的自动化。网格自适应就是一个例子,这对边界层、激波和旋涡的分辨率是一个挑战。但是不管代码有多先进、计算机有多快,用户的专业知识才是关键,必须通过教育来解决用户对 CFD 的过度自信和能力不足的问题,必须充分强调流动模型、数值方法和 CFD 代码的实践经验,学生必须成为一个知情的 CFD 用户,认识到他们的工具的力量和限制。与此同时,Spalart 还建议课程应该:

　　减缓经典空气动力学理论在年轻一代的头脑中的消亡……

　　欧洲流动、湍流和燃烧研究协会(ERCOFTAC)已经推出了一套非常有用的 **CFD 最佳实践指南**(*Best Practice Guidelines for CFD*)[7],可通过网络获取。由于从 CFD 代码中可以一键获得各种湍流模型(见第 6 章),因此人们可能会认为不好的结果通常是由湍流模型选择不当造成的。然而正如指南中明确指出的,问题往往在于网格质量、迭代收敛水平和边界条件选择等基本要素。

　　一个知情用户如果知道 CFD 的用户须知,则能在很大程度上确定计算出的流场与实际流动是否一致。这就有下列要求:

　　(1) 选择适合手上问题的激波和旋涡特征的 CFD 可信度等级和数值模型(见第 3 章和第 4 章,以及 VLM 和 DemoFlow 的实践教程)。

　　(2) 对飞机几何形状进行建模,并生成具有足够质量和分辨率的网格,以准确地反映所研究的飞机和相应的流动(可见第 5 章,以及参考动手建模和自动网格生成教程)。

（3）如果流动定常，则验证计算是否收敛到定常状态；如果不存在定常状态，则用足够的时间精度计算非定常流动（见第 6 章及其相关的动手教程）。

（4）对计算出的流场解进行可视化和分析，验证所选择的物理模型是否恰当（见第 4、6 章以及相应的实践案例）。

2）工作流程

一旦熟悉了 CFD 用户须知，用户就可以着手将 CFD 应用于解决飞机气动问题（图 1.19 中所描述的），如下所示。

（1）翼型的外形设计和性能分析：第 7、8 章着重瞄准跨声速翼型，通过实际操作 MSES 和 RANS 来主动学习翼型形状与性能的对应关系。

（2）干净机翼的外形设计和性能分析：第 9、10 章瞄准表 1.3 中的机翼形状的次级参数，通过实际运行 RANS 来主动学习机翼几何形状与性能的对应关系。这些学习内容包括调整 CRM 机翼的扭转、弯度和厚度，用来改善翼根和翼尖的流动。

（3）开发一个具有可接受的飞行品质和气动弹性特性的完整构型：第 10 章在设计循环 3 进一步提出了 TCR 的设计方案，包括使用多种可信度的气动模型，用来在飞行模拟中分析稳定性和飞行品质。第 11 章讨论如何从机翼的型架构型预测飞行构型。

CFD 是上述所有行动的主要工具，我们称之为 CFD 工作流程。本书中使用 EDGE 代码作为解释一般 CFD 代码的通用例子，希望这个代码与学生可用代码的相似程度大于差异程度。我们不讨论任意单个 CFD 代码的特殊特性。

3）与其他学科的数据交换

一个成功的设计必须保证飞机在所有可能的飞行状态下（即整个飞行包线）都有预期的表现。它必须是飞行员可操控的，它的结构完整性必须保证，它在速度、爬升率、商载能力、燃油消耗、起降场长要求等方面的性能必须符合指标要求。如图 1.20 所建议，只有多学科分析才能给出这样的保证。飞机的行为可以通过气动数据集来预测，其中包括不同飞行状态下空气、惯性和重力对飞机施加的力和力矩的数据表。这些数据可以通过测量或 CFD 计算获得。第一个简化是假设飞机是刚性的，通过 CFD 计算的气动力和力矩作用于六自由度刚体模型，从而可以研究动态稳定性。这样就可以通过运动学的本征模态来研究飞行品质，如第 10 章所解释的。下一个近似是将飞机视为柔性体，并考虑到静气动弹性变形，其中结构力学可以通过机翼和操纵面的气动载荷（表面压力，可能是非定常的）与 CFD 进行耦合。这就是载荷数据集。随着设计方案逐渐成熟，由分析产生的越来越丰富的数据集可以用来评估设计方案的性能。

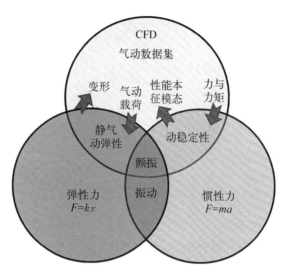

图 1.20　会用到 CFD 结果的多个设计任务

4）静气动弹性效应

CFD 与结构分析需要结合起来，因为气动载荷的大小会影响结构，并影响飞机的重量，从而影响其成本和性能。

在飞机的设计阶段，结构模型的可信度可以从简单的近似开始，如梁模型，然后增加到后来的更为复杂的有限元模型。通常对于机翼从型架构型到飞行构型的静气动弹性变形，气动-结构可以是松耦合的，往往只需几次迭代就能收敛，如图 1.21 所示，这将在第 11 章中解释。动态载荷的相互作用包括颤振和振动，这就要求非定常或采用时间谱方法的 CFD 分析与结构模块相耦合，这类问题超出了本书的讨论范围。

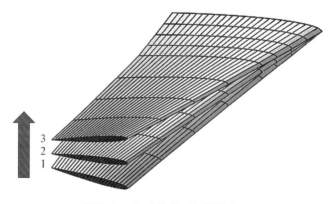

图 1.21　气动载荷下机翼的变形

1.4.3　提升性能的挑战

气动性能的改进(见图 1.22)以及材料和推进性能的提升,都可以适度提高飞机的整体可生产性和质量。

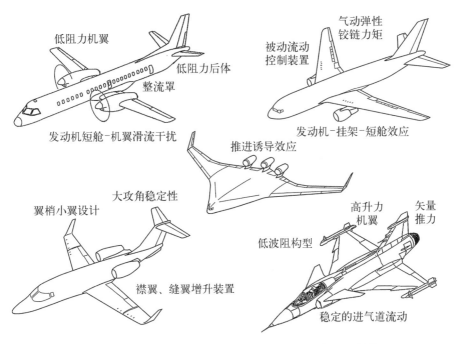

图 1.22　五种不同类型的飞机对气动设计任务提出的挑战

减少燃油消耗是改善性能的一个长期目标,在气动方面可以使用先进技术增加升阻比,在结构和材料方面可以减少总重量,在系统和发动机设计方面可以通过减小耗油率来实现。比航程公式[见式(1.1)]定量说明了不同飞机的子系统是如何影响燃料消耗的。

在本书中,我们聚焦空气动力学,图 1.22 强调了五种不同类型飞机所涉及的一些气动设计任务:由螺旋桨驱动的支线飞机、传统喷气式客机、翼身融合运输机、公务机和喷气式战斗机。其中许多任务是所有类型飞机通用的,但也有一些是特定类型飞机所独有的,其中一些任务将在第 9、10 章中深入探讨。

例如飞机外形的改进,高速翼型和机翼设计可以通过延迟抖振的发生和增加最大巡航速度的升力,实现飞机运行边界的扩展。这意味着减少波阻和摩擦阻力可以提高最大工作马赫数,从而改善飞行性能,使适合飞机飞行的范围更加广泛。

先进的翼梢装置可以减少阻力,增加最大航程,并放松对起飞重量的限制。将推进系统更好地融合到机身中可以减少干扰阻力。提高升力和减少升致阻力的手段包括使用更大展弦比的机翼、可变弯度机翼,以及随飞行状态改变形状的智能机翼。更好的激波-边界层控制可以延迟抖振和阻力发散的发生。机翼、尾翼和短舱上更大的层流区可以减少摩擦阻力,正如在整体上对湍流实施更好的控制一样。

通过对本书所涉及主题的介绍,我们已经准备好在下一章看看气动设计师希望努力利用的流场类型了。

1.5 通过计算学习更多知识

通过使用在线资源,可以获得与本章主题相关的计算工具的实践经验,练习、教程和项目建议通过本书网站 www. cambridge. org/rizzi 获取,特别是要学习数学化的形状优化的教程。书中用于计算许多例子的软件可以从 http:// airinnova. se/education/aero-dynamic-design-of-aircraft 获取。

参考文献

[1] D. Böhnke. *A Multi-Fidelity Workflow to Derive Physics-Based Conceptual Design Methods*. Doctoral thesis,DLR,August 2014.

[2] R. Braun. *Collaborative Optimization: An Architecture for Large-Scale Distributed Design*. PhD thesis,Stanford University,May 1996.

[3] J. Chuprun. Wings. Technical report,1980. AIAA-Paper-80 - 3031.

[4] P. D. Ciampa and B. Nagel. AGILE the next generation of collaborative MDO: Achievements and open challenges. 2018 Multidisciplinary Analysis and Optimization Conference,June 2018. AIAA-Paper-2018 - 3249.

[5] G. Corliss,C. Faure,A. Griewank,L. Hascoët,and U. Naumann,editors. *Automatic Differentiation of Algorithms: From Simulation to Optimization*. Springer,2002.

[6] P. DellaVecchia,P. Ciampa,P. S. Prakasha,B. Aigner,and I. vanGent. MDO framework for university research collaboration: AGILE academy initiatives and outcomes. 2018 Multidisciplinary Analysis and Optimization Conference,June 2018. AIAA-Paper-2018 - 3254.

[7] Ercoftac. www. ercoftac. org/publications/.

[8] M. B. Giles. Aerospace design: A complex task. Technical Report,Computing Laboratory,Oxford University,July 1997.

[9] M. B. Giles and N. A. Pierce. An introduction to the adjoint approach to design. *Flow,Turbulence and Combustion*,65:393 - 415,2000.

[10] J. S. Gray, J. T. Hwang, J. R. R. A. Martins, K. T. Moore, and B. A. Naylor. OpenMDAO: An open source framework for multidisciplinary design, analysis, and optimization. *Structural and Multidisciplinary Optimization*, 2019. Available from http://mdolab. engin. umich. edu.

[11] D. W. Hall. To fly on the wings of the sun: A study of solar-powered aircraft. Technical Report Vol. 18, Lockheed Horizons, Lockheed Corp. , Burbank, CA, January 1985.

[12] M. Hepperle. The sonic cruiser — a concept analysis. Presented at Aviation Technologies of the XXI Century: New Aircraft Concepts and Flight Simulation. Aviation Salon, ILA Berlin Air Show, Berlin, May 2002.

[13] D. E. Hoak et al. The USAF Stability and Control DATCOM. Technical Report TR- 83 - 3048, Air Force Wright Aeronautical Laboratories, October 1960 (revised 1978).

[14] SUMO homepage. Available from www. larosterna. com/sumo. html.

[15] I. Kroo and V. Manning. Collaborative optimization: Status and directions. AIAA Paper 2000 - 4721, September 2000.

[16] I. M. Kroo. MDO for Large-Scale Design. In *Multidisciplinary Design Optimization: State-of-the-Art* SIAM, 1997, pp. 22 - 44.

[17] E. Obert. *Aerodynamic Design of Transport Aircraft*. IOS Press, 2009.

[18] A. C. Piccirillo. *Elegance in Flight: A Comprehensive History of the F-16XL Experimental Prototype and Its Role in NASA Flight Research*. NASA Aeronautics Book Series, 2014. Available from www. nasa. gov/ebooks.

[19] D. P. Raymer. *Aircraft Design: A Conceptual Approach*. American Institute of Aeronautics and Astronautics, 6th edition, 2018.

[20] A. Rizzi. Modeling and simulating aircraft stability and control — the simsac project. *Progress in Aerospace Sciences*, 47(8): 573 - 588, 2011.

[21] A. Rizzi, P. Eliasson, T. Goetzendorf-Grabowski, J. B. Vos, M. Zhang, and T. S. Richardson. Design of a canard configured TransCruiser using CEASIOM. *Progress in Aerospace Sciences*, 47(8): 695 - 705, 2011.

[22] A. Rizzi and J. B. Vos. Preamble to special issue — modeling and simulating aircraft stability and control. *Progress in Aerospace Sciences*, 47(8): 571 - 572, 2011.

[23] J. Roskam. *Airplane Design Parts I - VIII*. DAR Corporation, 1985.

[24] D. M. Ryle. *High Reynolds number subsonic aerodynamics*, chapter Paper No. 6, pages 6 - 1 - 6 - 115. AGARD Lecture Series LS - 37 - 70. AGARD, Neuilly-sur-Seine, France, June 1970.

[25] A. Sgueglia, P. Schmollgruber, N. Bartoli, E. Benard, J. Morlier, J. Jasa, J. R. R. A. Martins, J. T. Hwang, and J. S. Gray. Multidisciplinary design optimization framework with coupled derivative computation for hybrid aircraft. *Journal of Aircraft*, 2020 (in press).

[26] A. M. O. Smith. Wing design and analysis — your job. In T. Cebeci, editor, *Numerical and Physical Aspects of Aerodynmic Flows*. Springer Science + Business Media, 1984, pp. 41 - 59.

[27] J. Sobeiszczanski-Sobieski, J. Agte, and R. Sandusky. Bi-level integrated system synthesis (BLISS). Presented at *AIAA Symposium on Multidisciplinary Analysis and Optimization*, St. Louis, MO, September 1998. AIAA‑1998‑4916.

[28] P. R. Spalart and V. Venkatakrishnan. On the role and challenges of CFD in the aerospace industry. *Aeronautical Journal*, 120(1223): 209‑232, 2016.

[29] E. Torenbeek. *Synthesis of Subsonic Airplane Design*. Springer Netherlands, 1982.

[30] J. E. Williams and S. R. Vukelich. *The USAF Stability and Control Digital Datcom*. Air Force Wright Aeronautical Laboratories, 1979.

[31] B. Wujek, J. Renaud, and S. Batill. A concurrent engineering approach for multidisciplinary design in distributed computing environment. In N. Alexandrov and M. Y. Hussaini, editors, *Multidisciplinary Design Optimization: State of the Art*. SIAM, 1997, pp. 189‑208.

第2章 流动物理和数学模型

……了解你的流动，并且培养适合于设计性能的"健康的"流动模式。

……不要花时间为有"慢性疾病"的流动寻找"专利药"。

——Dietrich Küchemann

所有的模型都是错的，但有些是有用的。

——George E. P. Box，英国统计学家

    飞机的形状决定了其运动时所产生的气动力，从而决定了飞机的性能：燃油经济性、巡航速度、机动性能和可操控性。设计师明白从飞机形状到流场，继而到气动力的对应关系，于是他们可以用这些知识来改进现有的设计或创造新的设计。这种对应关系恰好可以用一组偏微分方程（PDE）来表示，但是人类的思维无法直接处理这些偏微分方程。要得到定量的结论，就必须根据合理的因果关系，创造出关于流动现象的一组有限的思维模型。本章就讨论这样的模型，以及如何将原本难以处理的 PDE 变成可以计算的工具，这将使工程师/设计师能够从对因果关系的理解转向数值和图形的方式。

    模型是否有用不是由对其误差的数学估计确定的，尽管误差估计也是需要的。与其他处理复杂系统的学科一样，一个模型的质量是通过丰富的经验以及对其预测值与真实值的比较来评价的。因此，现在常用的模型都是经过理论合理性以及最佳的"临床经验"选择出来的。升力和阻力的产生机制是构建有效模型的基础。

    流动分离是一个关键的现象。当流动在构型的后缘是稳定的时候，我们就能得到流线型的气流，这样就一切都很好。但当攻角过大或速度接近声速时，流动可能会发生突变，导致气动力也发生突变。流动可能会在机翼的大部分区域突然分离，形成灾难性的升力损失，称为"失速"；激波可能突然出现和移动，或与边界层相互作用，形成不再是流线型的大尺度分离流动。

另一方面,从小展弦比薄翼前缘分离出来的气流会发展成稳定的相干涡结构,以一种良性方式产生额外的升力。此外,在机翼吸力侧,以薄泡方式出现的流动分离则是可以容忍的,这也是许多成功的低速机翼设计的特点。

2.1 机翼流动物理简介

1.2.2 节非常概括地提出了三种类型的机翼平面形状,它们的细长比 $\dfrac{s}{l}$ 可以在速度谱上达到最佳巡航效率,如图 1.14 所示。现在我们来了解一下使这三类机翼平面形状以及相关的流动模式产生如此有益的 $\dfrac{L}{D}$ 值的流动物理。

为此,我们以图 2.1 的形式重新绘制了图 1.14,展示了三种典型机翼平面形状在展弦比、后掠角和巡航速度方面的各种预期流动特征。在我们的讨论中,机翼的平面形状由主要的气动机翼参数(见表 1.1)控制。

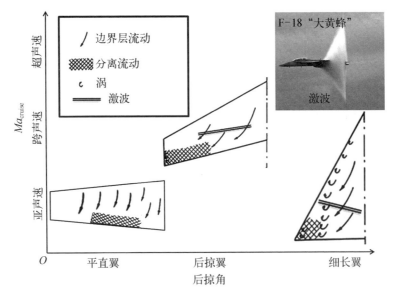

图 2.1 影响机翼"健康"流动模式的因素[即机翼平面形状(展弦比、后掠角)和巡航速度 Ma_{cruise}]

(F-18 照片转载自维基百科知识共享)

我们在这三类飞行状态中能看到以下的流动特征:所有速度下的边界层分离,导致混沌的尾迹或相干涡结构;还会看到跨声速和超声速的激波。这些流动现象会产生强烈的相互影响。本章将比较详细地讨论这些现象。Hirschel 等对大展弦比平直翼和后掠翼的附体流动进行了更深入和详细的分析[12]。Hirschel 等[13]的另一本专著还非常透彻地研究了细长机翼上的旋涡分离流动。Rizzi 和 Luckring[26]对计算流体力学（CFD）能力的发展进行了讨论，特别是与分离流动相关的讨论。

以接近声速飞行的 F‑18"大黄蜂"为例，它具有小展弦比的后掠翼和前缘延伸（LEX），以提供涡升力，这也是当今美国战斗机设计的典型特征。在流动迅速膨胀的区域，由于温度下降产生冷凝水蒸气，从而可以看到跨声速膨胀波引起的"蒸汽锥"。终止的激波加热水滴，使之再次蒸发，因而蒸汽锥在尾部的界限非常明显。

2.1.1　经典平直翼

在喷气推进时代之前，由螺旋桨驱动的高速飞机的典型特征是细长比 $\frac{s}{l} \approx$ 0.5，并且平直翼的相对厚度为 $14\% \sim 18\%$，相对厚度的定义为机翼厚度与弦长之比。这种飞机的气动设计可以先大致考虑为飞机各种元素的叠加，这被视为对凯利范式的进一步线性化。例如，可以分别测量机翼、机身和尾翼的阻力后将其加在一起，并只用最简单地考虑干扰效应的影响，即可得到整架飞机的阻力。另外，机翼形状是由翼根和翼尖的两个翼型截面造型构成的简单曲面，这意味着机翼的流动表现与翼型上的流动非常相似。因此，机翼形状设计的一个主要任务就是选择具有最佳升阻比特性的翼型。翼型应该有一个圆形的前缘，用来使得上表面产生更大的吸力，然后压力从前缘到尾缘缓慢地恢复，流动在尾缘分离，此时压力几乎再次等于滞止压力。

这种设计的例子有 1920 年代 Lindbergh 的 Ryan 单翼机、St. Louis 精神号、Lockheed Vega、Heinkel He‑70，1930 年代的 DC‑3 和 1940 年代的战斗机。获得流线型的流动模式是这些成功设计背后的驱动原则。自亚里士多德时代以来，人们就知道物体在空气中运动会遇到阻力（即气动阻力）。在 1920 年代，Melvil Jones 将 Louis Breguet 的想法发展成一个完善的理论，强调了阻力对飞机性能的重要性，因此有必要进行流线型设计。

Jones 于 1929 年发表的论文《流线型的飞机》[21]提出了一种阻力最小的理想飞机。这催生了"干净"（即流线型）单翼机和可收放起落架的概念，基于此设计产生了一类新的飞机。

1) 升力诱导阻力

Lanchester 于 1894 年发展了他关于升力的涡理论,但由于语言的含糊和缺乏严谨的数学推导,他的工作没有被学术界接受。最终 Prandtl 发展出了一套清晰的数学理论,该理论表明 $C_D \propto \dfrac{C_L^2}{\mathrm{AR}}$。它还表明在给定的展弦比条件下,如果升力的展向分布为椭圆形则诱导阻力最小。这是一项重大突破,但由于当时诱导阻力仅占总阻力的 5% 左右,因此 Lanchester 和 Prandtl 对大展弦比机翼的强调被大家忽略了。意料之中的是,Lanchester - Prandtl 的涡理论还是获得了认可,最初在德国应用于 Heinkel He‑70,之后在美国和英国得到了更广泛的应用。

2) 附着边界层:气动流线型

就以升阻比 $\dfrac{L}{D}$ 衡量的气动效率而言,到 1920 年代末,配备水冷发动机的飞机在典型情况下,升阻比最大能达到 10,而使用风冷发动机的飞机则要稍差一些。

Jones 计算了一种理想的流线型飞机的性能,这种飞机的阻力只由两部分组成:一部分是 Lanchester 和 Prandtl 所预测的对应于展向载荷的诱导阻力,另一部分是表面摩擦阻力。他证明当时许多飞机的阻力是这种理想飞机的 2~3 倍。并且,如果按照他的理想飞机设计方案,即使是当时最好的飞机也只需要 $\dfrac{1}{3}$ 的动力便足够了。换句话说,如果它们是流线型的,从而使边界层保持附着,那么它们可以在相同功率下使飞行速度提高 60 mi/h(95 km/h)。

按照这个思路,人们对飞机表面进行了清理:起落架做成可收放的,机翼做得更薄,通过平齐铆接使得机翼表面更加光滑,对翼身连接处进行倒角处理,普遍采用襟翼,也增大了机翼载荷。

2.1.2　跨声速后掠翼

1940 年代,具有革命性的新型喷气推进系统得到发展,这为实现更高的飞行速度提供了可能。但这种高速飞行的潜力不可能靠第二次世界大战期间的典型飞机设计来实现。随着喷气推进技术为跨声速和超声速飞行带来广阔前景,过去的飞机设计流程连同那些历史悠久的设计原则,都将在不断试错的发展中彻底改变。

在一些高速飞行状态下,尽管飞行速度低于声速,如 $Ma_\infty \approx 0.8$,但在机翼上方会出现流速超过声速的区域。这种飞行状态称为跨声速。在流动到达机翼后缘的亚声速区域之前,当地流速在经过一道激波后从超声速降低到亚声速,这会导致机翼的阻力增加,称为波阻。最先出现波阻的飞行马赫数定义为临界马赫数 Ma_{crit}。激波前后压力的不连续变化还会作用于边界层,这种激波-边界层相互作用是流动分离的重要原因。现代客机的飞行速度很快,因此必须将波阻保持在较低水平。第 6 章和第 8 章将更详细地讨论上述内容。

1) 机翼后掠

除了需要保持气流附着在机翼上,设计师还必须对机翼进行外形设计以达到更高的临界马赫数。如果可以使飞机以更高的速度巡航飞行,则少量的波阻是可以容忍的。一架飞机的最大平飞速度由其阻力发散马赫数 Ma_{dd} 决定,超过这个马赫数阻力就会迅速增加。在这种情况下,人们的研究就集中于设法增加 Ma_{dd},而不是降低阻力水平。这就导致了后掠翼的发展:1940 年代后期的经典机翼形状再加上后掠角,以便获得更高的效率和操作安全性,这使机翼的细长比降到约 0.35。现在,为航空公司设计这种喷气式飞机后掠翼,以便能够实现跨声速下的经济飞行是一项极其重要的工作。第 3 章将更详细地解释后掠机翼。

2) 作用于边界层的激波

当以一道弱激波为终点的局部超声速区出现在机翼上时,起主导作用的参数是由激波前后静压突然上升导致的逆压梯度。即使这不会引起流动分离,也至少会使边界层增厚。刚超过临界马赫数时,激波并不足以导致流动分离,因此对阻力的影响也微乎其微。速度进一步增加将导致超声速区域扩大以及激波增强。激波-边界层相互作用将最终导致边界层分离。这会阻止机翼后缘的静压恢复到自由来流的值,从而使机翼尾部面向后方的表面压力低于预期,这会增加压差阻力,并且也是波阻的主要来源之一。人们发现更厚的机翼会加剧这种不理想的情况,使它在更低的速度下就发生。在 1940 年代后期,人们最终确定,更薄的机翼截面(相对厚度为 10% 左右)可以大大减轻这些影响,并将阻力突增现象推迟到更高的马赫数。有关此问题的详细说明请参见文献[12]。

2.1.3 细长超声速机翼

跨声速飞机通常不会在比 Ma_{crit} 高太多的马赫数巡航,因为波阻太大;它们的最佳巡航效率是在跨声速飞行时达到的。然而对于超声速飞行,飞机必须有足够的动力来克服跨声速范围内的巨大阻力,同时能够在这个气动性能变化无常的马赫数范围具有良好的可操控性(第 6 章将显示这个速度范围的性能到底有多么变化无常)。

在喷气推进时代之前的很多年里,降低翼型相对厚度是唯一已知的能显著提升机翼临界马赫数的方法。进一步的研究发展出了小展弦比的细长机翼,人们发现0.2左右的细长比,3%～4%的相对厚度是最适合超声速飞机的。这些参数已经成为低阻力超声速飞机气动设计的一部分。大后掠角机翼会降低高速飞行的阻力,但这种机翼的致命缺点是升力较小。小展弦比薄机翼在亚声速下的最大升阻比 $\left(\dfrac{L}{D}\right)_{max}$ 相对较低,并且在低速、大攻角情况下还存在操控性能差的问题。

涡升力

薄机翼也意味着小前缘半径,这容易导致流动分离。然而,人们发现后掠角足够大的前缘分离会在机翼上形成稳定的涡,从而提高升力。这种效应广泛应用于超声速飞机设计当中。具有这种相干涡结构的流动产生了一种新的稳定的分离流动模式,这种模式与大展弦比机翼(平直翼或后掠翼)的流线型流动模式大不相同。涡升力的发现是一个非常有趣的故事,读者可以参考 Luckring[20] 对它的完整描述。

大展弦比机翼的非线性流动现象主要涉及附着边界层的行为,以及它与激波的相互作用。Hirschel 等[12]用一本书的篇幅对其进行了论述。具有相干涡结构的三角翼则涉及进一步的相互作用,包括由涡破裂导致的机翼失速。在超声速飞行中,激波无处不在。钝前缘和机头、翼身连接处等构型截面急剧变化的区域都会产生激波,这导致了多种多样的激波-涡相互作用和激波-涡-边界层相互作用现象。

尽管如此,小展弦比的薄机翼的最大升阻比 $\left(\dfrac{L}{D}\right)_{max}$ 在亚声速和跨声速下都很低,在超声速下甚至变得更低。这使得在低超声速范围内,飞行效率不会太高,正如我们将在第9章 TCR 研究中看到的那样。为了重新获得飞行效率,超声速飞机(如"协和"式)往往以相当高的速度 $(Ma_\infty \approx 2)$ 巡航。

2.1.4 "健康"的流动

对于上述三种飞行条件中的任意一种,机翼设计者都必须考虑速度和姿态的偏离,以及阵风和机身弹性变形的影响,如图1.5中虚线所圈出的区域所示。气动力不得因为任何偏离而突然变化(即它们必须对扰动保持稳定,这是 Küchemann 提出的"健康"流动的特性)。气动设计旨在打造一款性能良好的飞机,它拥有有序、"健康"的气流,在所有飞行条件下都能提供稳定的气动力。

2.2 节从翼型的升力和阻力开始,讨论了一些决定流动"健康"状况的因素。2.4.2 节介绍了大展弦比平直翼在低速状态下,机翼周围涡流的经典普朗特-格劳特模型。紧接着在 2.5 节中,我们将讨论非线性流动现象背后的物理机制:涡、激波、边界层和失速,以及这些流动现象如何组合成有利的流动模式,从而实现图 1.14 中的高效率巡航。最后,2.8 节介绍了现在最常用于预测这些流动的数学模型。

2.2　形状决定性能

飞机表面的受力是由垂直于表面的压力和与表面相切的剪切力(摩擦力)产生的。作用在机体上的合力和合力矩是这些力在飞机被气流"润湿"的外表面的积分。我们先讨论阻力及与其相关的流动物理,然后在 2.4.1 节中讨论升力。

要理解特定的气动状态,头脑中形成一幅机体周围的流动图像对我们是很有帮助的。其中,主升力面(即机翼)上的压力分布对流动分析很有用。在平面近似的情况下,气流流过与自由来流平行的机翼截面,即翼型(通常与图 2.2 上部的翼型相似)。通过流动的数学模型,我们可以计算出翼型表面每个点处的压力。另一种方法是在风洞实验中,在模型上精心选择测点布置测压孔来测量压力,通过风洞天平可以直接获得力和力矩。

本节将描述一些关于翼型和机翼几何形状的系统性考虑:作用在翼型和机翼上的压力,压力积分得到的力和无量纲系数,以及最后利用这些系数评估飞机性能。我们假设读者对层流和湍流已有基本的了解,2.3.1 节、2.3.2 节和2.3.3 节将给出一些细节。

Prandtl 和 Tietjens 于 1934 年出版的经典书籍《**应用水力学和空气力学**》给出了形状影响流动进而影响性能(见图 2.2)的良好案例,这本书现在的重印本为文献[24],图中不同物体的阻力如下文所述。

考虑一个圆柱体,其直径是翼型的最大厚度。然后可以把流线型的翼型想象成一个圆柱体加上一个稍微向前延伸的机头和一条又长又尖的尾巴。此时圆柱体上的阻力约是翼型的 10 倍。

现在将圆柱体的直径减小到翼型弦长的 1%,此时圆柱体上的阻力与 10 倍厚度的翼型的阻力相同。其原因是,相对翼型而言,圆柱体的湍流尾迹带走的动能要大得多。

雷诺数是惯性力和黏性力的比值,它是衡量速度和尺寸的尺度。雷诺数以

Osborne Reynolds（1883）的名字命名，他研究了管道流动中从层流到湍流的转捩。

$$Re_l = \frac{\rho V l}{\mu} \tag{2.1}$$

式中，V 为速度；l 为特征长度；ρ 和 μ 分别为流体的密度和动力黏度。如果特征长度的选择是显而易见的，则可以省略下标 l。

　　翼型的绕流在前缘是层流，沿着翼型表面进一步会转捩变成湍流。如果流动可以保持更长区域的层流，就会获得许多好处。如图 2.2(a)所示就是为层流设计的 NACA66 - 0009 翼型，当它的表面足够光滑并且来流湍流度很低时，对于相同的阻力，它可以比 NACA0009 翼型大约长 40%。

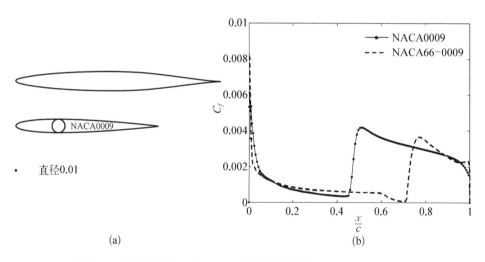

图 2.2　(a) 圆柱体、NACA0009 翼型和层流翼型 NACA66 - 0009，
都具有相同的阻力；(b) 两个翼型的摩擦系数

　　表面摩擦系数 C_f 是切向力（剪切应力的切向分量）除以面积所得的商与边界层外气流动压的比值：

$$C_f = \frac{\tau}{\left(\dfrac{1}{2}\rho V^2\right)} \tag{2.2}$$

　　图 2.2 中的曲线显示了 MSES 计算的 $Re_{\text{chord}} = 5 \times 10^6$ 状态下的沿弦向的摩擦系数，采用自由转捩方法计算。层流翼型的转捩发生在 $x = 0.7$ 处，而经典翼型的转捩发生在 $x = 0.5$ 处；由于阻力大部分来自湍流部分，因此两者阻力系数

的比值大约为 $3:5(0.003\ 0:0.004\ 7)$。

2.2.1 升力和阻力：作用在表面上的压力

压力系数 C_p 定义为

$$C_p = \frac{p - p_\infty}{q} \tag{2.3}$$

式中，q 为自由来流的动压。图 2.3 显示了一个小弯度翼型的压力系数分布，该翼型是 Eppler 387 翼型，攻角 $\alpha = 2.04°$，$Re = 2 \times 10^5$。压力系数采用垂直于表面的箭头表示。指向远离翼型轮廓方向的箭头表示吸力 $C_p < 0$（即 $p < p_\infty$）。在上表面，除了翼型前后缘附近的小部分区域外，压力系数整体为负。上表面还有一个特殊情况，即存在一个大的层流分离泡，使得上表面产生了吸力平台。此外在整个下表面都有 $p > p_\infty$。

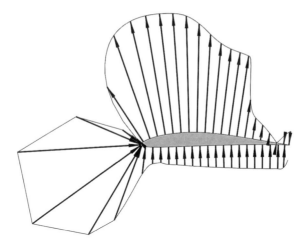

图 2.3 Eppler 387 翼型压力系数的箭头图

一般设计翼型形状时，需使升力最大化，并使阻力最小化。观察图 2.3 中箭头的长度和方向不难发现：

- 最大压力值出现在速度为 0 的前缘滞止点上，它主要产生阻力。
- 绕过前缘后，大部分上表面的箭头指向上方，且长度大于下表面的箭头，这样可以产生净升力。而在下表面恰好也有正压力，从而也产生升力。
- 在翼型后缘附近，压力再次增加（箭头指向表面），其水平分量还可以抵消一部分头部的阻力（即充当推力）。
- 水平方向的合力（机头阻力减去后缘推力）就是总阻力。根据后缘处的压力恢复情况,总阻力可能非常小。如果压力一直恢复到滞止值,则阻力甚至可以为 0(d'Alembert 佯谬)。

请注意,实际上在前缘箭头的间距比图上要小得多。滞止压力只作用在一个非常小的表面上,因此它的阻力并不像图中显示的那样显著。

2.2.2　压力分布

绘有压力系数与弦线坐标 x 关系的压力分布图是研究翼型气动特性的最好工具。压力分布图中负值向上,因为这样可以使传统升力翼型的上表面与曲线上部对应(见图 2.4)。

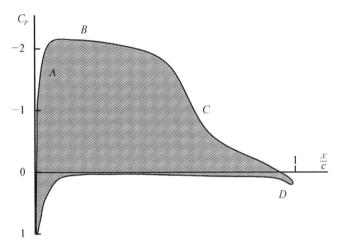

图 2.4　翼型压力分布图

通过薄边界层的压力变化很小,所以参考速度可以取边界层外的速度。C_p 的起点是前缘处速度为 0 的滞止点。它在不可压缩流动中为 1.0,在可压缩流动中略高。随着流动向下游发展,压力降低,随后在尾缘处恢复到一个小的正值。

- 尾缘:气流沿尾缘分界线方向离开翼型。
- 上表面:上表面流动在前缘处急转弯,其离心力与表面处的低压相平衡。
- 下表面:下表面压力系数既有正值(提供升力),也有负值(对应于向下的力)。
- 压力恢复:压力恢复区是逆压梯度区,压力从最小值增大到后缘处的值。这代表边界层的流体因摩擦损失了一些能量后很难向下游移动。
- 尾缘压力:尾缘压力取决于翼型厚度和后缘附近的几何形状。对于厚翼型,后缘压力系数略大于 0。对于无限薄的后缘区域,$C_p = 0$。

图 2.4[16] 中各点给出了理想压力分布的一些基本特性。

A 点:顺压梯度有利于保持层流,太小的压力梯度会牺牲升力。

B 点:C_p 的最小值点决定了最大的速度,表明激波的形成和压力恢复区的开始。

C 点:逆压梯度会导致流动转捩和流动分离。应避免尾缘附近出现较强的逆压梯度。

D 点:尾缘处的压力影响逆压梯度。

减小阻力的方法

压力梯度是流体沿壁面流动的驱动力,它对层流到湍流的转捩有重要影响。可以证明,层流速度剖面在逆压梯度下比在顺压梯度下更不“稳定”,更容易发生转捩。关于层流和湍流边界层的更详细讨论见 2.3.1 节。

通过顺压梯度推迟转捩的方法,作为层流翼型的基本物理原理,在第二次世界大战前不久就为人们所熟知。这可以通过将最大厚度后移来实现,因为这样会导致最小压力点也向下游移动。

在图 2.2 中,“正常”的 NACA0009 翼型的最大厚度位置在 $\dfrac{x}{c} = 0.3$ 处,而 NACA66‐0009 翼型的最大厚度位置在 $\dfrac{x}{c} = 0.45$ 处。两者都是对称的,厚度都是 9%。由于最大厚度点向下游移动,最小压力点也向后移动了相当大的距离,因此边界层的层流段显著增加,这显著降低了阻力系数。需要注意的是,翼型表面往往很难保持足够光滑和干净来防止流动过早转捩,这使得对阻力的改进变得无效。

2.3　边界层发展

机翼的升力随着攻角的增加而增大,但最大只能达到 $C_{L,\max}$,随后升力开始下降,机翼发生失速。图 2.5(a) 左边显示了 NACA64‐2‐015 翼型在 $Re = 1 \times 10^6$ 时的低速升力与攻角曲线,当攻角增加到 12° 左右时,机翼随着升力开始减小而失速。

气流贴附在翼型上,由于黏性的作用,靠近机翼表面的流动受黏滞的影响,表面处的流速下降到 0。作为黏性作用的结果,翼型受到壁面剪切力,其大小取决于壁面处垂直于壁面的速度梯度 $\tau = \mu \dfrac{\partial V}{\partial y}$ [见图 2.5(b)]。边界附近速度

$V(y)$ 降至 0 的流体层是边界层,在边界层之外黏性的影响非常弱。

失速的原因是边界层增厚,对于外流来说,就好像"看"到一个较厚的后缘,这称为"黏性降弯作用",如图 2.5(a) 右边的三幅图像中的边界层边缘所示。注意,图上的失速非常平缓;升力在达到最大值后只是缓慢下降。

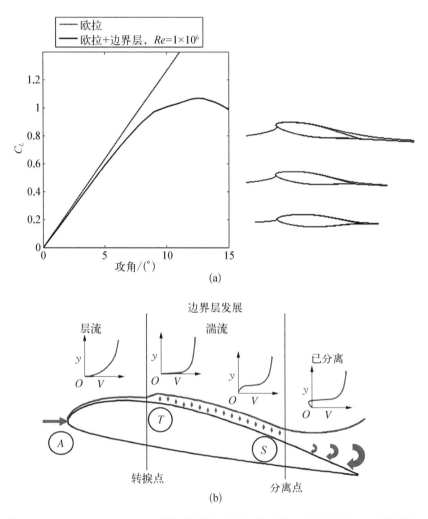

图 2.5   (a) NACA64‐2‐015 翼型的升力和攻角的曲线以及边界层与尾迹的轮廓;
(b) MSES 计算的沿翼型吸力面的切向速度分布 $V(y)$

图 2.5(b) 用沿翼型上表面的速度剖面显示了边界层的发展。A 点是前缘驻点,在该点处来流被分为沿上表面的流动和沿下表面的流动。气流在头部附近加速,边界层在前缘处是层流,然后在 T 点处转捩为湍流。随后,边界层中的

流体微团由于摩擦作用而迟滞，直至到达分离点 S。在 S 点的上游，边界层中的速度剖面如左边所示；在 S 点壁面切应力为 0；在分离点的下游，如右边所示，逆压梯度使流动和剪切力反向。速度剖面显示湍流中速度梯度更加陡峭，这导致摩擦增大。这个过程可以通过实验可视化地观察到，或通过 CFD 计算得到。

边界层的影响是非常重要的：

- 没有边界层的话（即不存在黏性），流动变成"理想流动"，因此，随着攻角 α 增大，升力无限增大。对于亚声速流动不存在阻力，这是二维流动的特点。

- 存在边界层的情况下：边界层随着 α 的增大而变厚，升力开始下降。当边界层分离点向上游移动得足够多时，升力系数达到 $C_{L,\max}$，翼型发生失速。

机翼设计的目标是使失速前的可用工作范围与飞机所需性能相匹配。

1）翼型几何

流动特性与图 2.6 中所示的翼型几何特征有关。前缘的曲率半径可能是弦长的百分之几，这已经足够避免产生过大的吸力。对压力恢复来说，过大的吸力将伴随着强烈的逆压梯度并且可能导致流动分离。翼型厚度在沿弦长 25%～60% 的位置处具有一个平滑的最大值。此外，翼型设计还需要考虑结构方面的问题，更厚的机翼可以充当更好的结构梁，允许用较小的结构重量承载相同的载荷。此外，机翼通常也用作油箱，因此人们希望它具有更大的体积。但是，更大的机翼厚度会导致更高的流动速度，从而导致后部出现更高的逆压梯度，进而产生更厚的边界层和更大的压差阻力。更薄的翼型有利于高速飞行，因为厚翼型会导致更高的局部速度，造成在更低的自由来流马赫数下达到声速，从而降低翼型的阻力发散马赫数 Ma_{dd}。

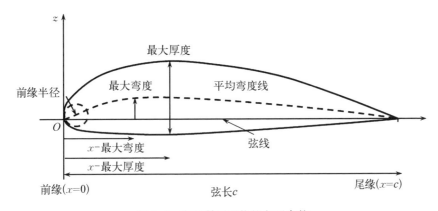

图 2.6　定义翼型形状的主要参数

可以在翼型的上下轮廓之间绘制一条中线或弯度曲线,弯度曲线上的点到上下轮廓线之间的垂直距离相等。连接中线的最上游点(即前缘点)和最下游点(即后缘点)的直线叫弦线,其长度为弦长 c。

翼型后缘可以是尖的、圆形的,甚至是钝的(即截面是方的)。尖或钝的后缘可以满足库塔-茹科夫斯基(Kutta-Zhukovsky)条件,即上翼面和下翼面的尾缘压力相等,因此不会有绕过尾缘的流动。后缘处较大的半径将导致空气从下表面部分地流到上表面,不会产生过大的速度,从而减小了升力。前缘可以视为翼型坐标系的原点,其中 x 方向沿弦线,z 方向(有时用 y)垂直于 x 且正方向朝上。翼型截面的形状数据通常可以用表格的形式给出。攻角以弦线为基准测量。

2)弯度

弦线上方的弯度曲线的最大高度可以用 δ 表示,其大小通常为弦长的百分之几。对于一些较早期的翼型,弯度线 $z_c(x)$ 一般具有简单多项式的形式,或者像 NACA 四位数翼型系列那样,弯度曲线由两段抛物线弧线组成。现代翼型没有如此简单的弯度线形状了。

3)厚度

测量翼型轮廓和中线之间的垂直距离,就可以得到翼型的厚度分布。对于亚声速飞机,翼型最大厚度与弦长之比,即最大相对厚度 $\left(\dfrac{t}{c}\right)_{\max}$ 为 $10\%\sim18\%$;而对于超声速飞机,最大相对厚度可能低至 3%。较早期的翼型截面通常最大相对厚度 $\left(\dfrac{t}{c}\right)_{\max}$ 位置处于翼型前部,如约 30% 弦长的位置;而现代翼型截面的最大相对厚度位置可能在 60% 弦长处。

4)翼型组合方法

当弯度曲线的斜率较小时,可以在弯度曲线的纵坐标 $z_c(x)$ 上加上或减去翼型厚度的纵坐标 $z_t(x)$ 的一半,从而得到翼型的轮廓(见图 2.6)。当最大弯度很大并且其位置靠近前缘时,这种组合方法得到的翼型轮廓与正确的形状可能存在明显差异。

5)所有的翼型都能以这种方式生成吗?

翼型是由一组坐标点定义的。本书的网站上给出了一种提取弯度曲线和厚度曲线的算法,供读者思考和实验。一个密切相关的问题是找到"中轴变换",即翼型轮廓的内接圆心的轨迹。这种方法在前缘处需要进行"外推"。

我们可以认为,将无厚度的平均弯度线的流场与无弯度的厚度曲线流场叠加起来,可以得到翼型的流场(见图 2.7)。对线性流动模型而言这种叠加是严谨的。

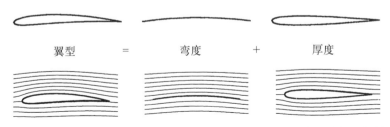

图 2.7　由弯度线和厚度构建起的翼型轮廓,翼型流场也由两者的流场叠加得到

6) 翼型形状随功能的变化

图 2.8 显示了一些升力面翼型截面的升阻比 $\left(\dfrac{L}{D}\right)$,从昆虫和鸟类到大型亚声速飞机。请记住翼型的 $\dfrac{L}{D}$ 必然高于机翼和整个飞机的 $\dfrac{L}{D}$(见图 1.3)。图中的流动处处都是亚声速的,马赫数对流动几乎没有影响。因此,用基于弦长的雷诺数来表征机翼的速度和尺寸。随着 Re_{chord} 增大,升阻比也跟着增大。对于人力飞机(HPA)和遥控飞机(RPV)的机翼,按照层流情况设计翼型剖面可以提

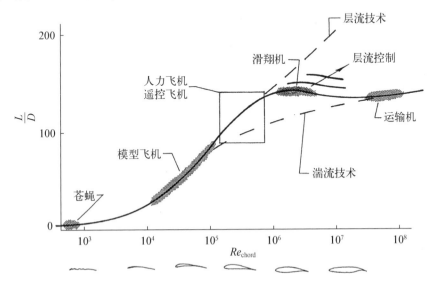

图 2.8　飞行"交通工具"、翼型及其速度范围
（麻省理工学院 Mark Drela 通过私人通信提供）

高效率。滑翔机具有展弦比非常大的机翼,因此具有较低的诱导阻力和最大的 $\dfrac{L}{D}$,通常可以达到 50 甚至 70。运输机(包括军用运输机和商用喷气式客机)的 翼型 $\dfrac{L}{D}$ 比滑翔机的稍低。昆虫和鸟类的几何外形可变,它们在飞行时会调整翼 型来获得合适的气流,因此它们不需要大的翼型前缘半径来适应攻角变化。早 期的飞机需要大的前缘半径才能在飞行中通过刚性翼型改变攻角。这种趋势在 传统的翼型设计中显得很突出。高速翼型具有较小的弯度和较小的前缘半径, 最大厚度点进一步向下游移动,如 $Re=10^7$ 所示的翼型那样。在超声速流动中, 表面压力主要取决于局部表面形状相对于飞行方向的倾角。为了尽可能减小阻 力,倾角必须尽可能减小,因此需要尖锐的前缘,以及仅有几个百分点的相对厚 度 $\dfrac{t}{c}$。

2.3.1 层流和湍流边界层

如果不把 2.2 节提到的层流和湍流的区别讲清楚,那么关于气动阻力的讨 论将是不完整的。作为提醒,图 2.13 展示了层流和湍流边界层。图中显示了一 个新的特点:湍流边界层比层流边界层的附体时间更长。湍流边界层与外部高 速流动的混合为其增加了能量,而层流边界层则不会发生这种混合。图 2.10 (a)绘制了表面摩擦系数 C_f 与 Re_x 的关系图,定量地说明了层流的壁面摩擦要 低于湍流。我们可以将 Re_x 视为从前缘驻点(即翼型首次与流动相遇的地方)开 始的无量纲流线距离。流动开始时保持层流,然后直到某一点 Re_{tr} 处突然转 捩为湍流,Re_{tr} 的实际大小取决于表面粗糙度以及来流湍流度等因素。正如 我们将在 9.5.3 节中看到的那样,转捩预测的模型尚不可靠,外部压力梯度对

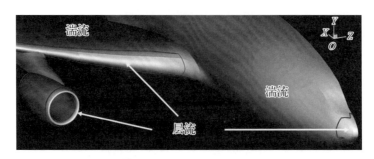

图 2.9　飞机上的高雷诺数流动几乎全部是湍流,只有图中指出的有限区域是层流
(由 DLR Göttingen 的 Andreas Krumbein 通过个人通信提供)

转捩会有很大的影响。因此,图 2.9 飞机中画出的层流/湍流区域的精确性很有限。

图 2.10(b)展示了平板边界层在 $Re_{x,\,tr} = 5 \times 10^5$ 处的速度剖面,此时自由来流速度为 U,运动黏性系数为 ν。图中可见湍流边界层更厚,同时具有 4 倍的壁面剪切力。请注意,壁面距离的单位是 ν/U_e,其中 U_e 为边界层外缘的速度。这类图通常会使用基于壁面剪切力的速度和长度尺度来绘制,但对于层流或湍流两种流态的尺度是不同的。

边界层在大部分浸润表面上是湍流。在图 2.9 中,湍流区域位于黑色曲线(曲线上 $Re_x = Re_{tr}$)的下游,在湍流区域的摩擦阻力更大。对于图 2.9 中的客机,假如以 250 m/s 的速度飞行,机头的转捩位置在 0.5 m 处,这里 $Re_x = 3 \times 10^6$。图 2.10 显示在这样的雷诺数下,摩擦系数在转捩位置处增大了约 8 倍。对于更大的 Re_{tr} 处的转捩,这种突变会更加明显。因此要准确预测阻力,就必须准确预测从层流到湍流的转捩位置。这将在讨论湍流模型和第 7 章翼型设计时进一步涉及。

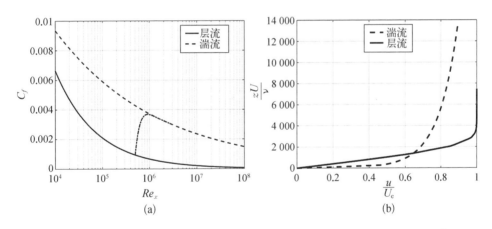

图 2.10 (a) 在 $Re_x \approx 5 \times 10^5$ 发生转捩的平板表面摩擦系数;(b) $Re_x = 5 \times 10^5$ 处的速度剖面。壁面距离以 ν/U_e 为单位,ν 是运动黏性系数,U 是边界层外缘的速度

2.3.2 湍流

在流体实验中,可以观察到在 Re 低于临界雷诺数 Re_{crit} 时,流动是平稳的,并且相邻的流体层以有序的方式相互滑过。如果施加的边界条件不随时间变化,则流动是定常的。这种状态称为层流。

当雷诺数大于 Re_{crit} 时会发生一系列复杂的事情,最终导致流动性质彻底改变。即使我们施加恒定的边界条件,流动在本质上也变得不稳定,并且速度和其他所有流动特性都以随机和混乱的方式变化。这种流动状态称为湍流。湍流的一个重要特征是其旋涡运动的尺度非常丰富。在充分发展的湍流流动中,从某种意义上说,所有的旋涡尺度几乎都被完全占据或达到饱和,从最大的尺度可以与流动区域的尺寸相当,直到耗散过程所允许的最小尺度,即 Kolmogorov 耗散尺度。介于最大和最小尺度之间的是积分尺度和惯性子区,它们遵循 $-\dfrac{5}{3}$ 的 Kolmogorov 标度律。图 2.11 绘制了湍流能谱与波数 $k=\dfrac{2\pi}{\lambda}$ 的函数关系,其中 λ 是流动的特征尺度,即涡的尺寸。湍流能谱的这些尺度和特征是根据湍动能的耗散率,通过量纲和对称性分析确定的,分析过程可以参见 Wilcox[35] 的推导。图 2.11 还显示了由三个数值模型确定的长度尺度范围:直接数值模拟(DNS)、大涡模拟/分离涡模拟

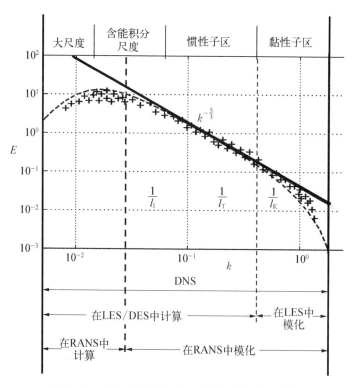

图 2.11　表达为波数 k 的函数形式的湍流能谱

(Lund 大学的 Christer Fureby 通过个人通信提供)

(LES/DES) 和雷诺平均 Navier - Stokes（RANS）模型，这些将在 2.9.3 节和第 6 章中讨论。

　　湍流之所以如此普遍，是因为定常的层流在高雷诺数下往往变得不稳定，不能无限期地保持下去。对小扰动的不稳定性是层流转捩为湍流的第一步。

2.3.3　不稳定性和转捩

　　考虑在时间和空间上受到局部轻微扰动的层流。如果流动在扰动后能够回到最初的状态，那么称它是稳定的。反之，如果扰动不断增大，则称流动为不稳定的。不稳定性通常会导致湍流；但也可能使流动成为另一种层流，通常是更加复杂的状态。

　　当存在较大的动能或势能梯度时，低黏性流体的流动可能变得不稳定。由不稳定性发展起来的流场通常会倾向于削弱导致不稳定性的速度和温度差异。不稳定性释放出的动能或势能可能会非常大，以至于可以使流动转捩成充分发展的湍流。图 2.12 显示了作用在平板边界层的不稳定机制是如何导致湍流的。

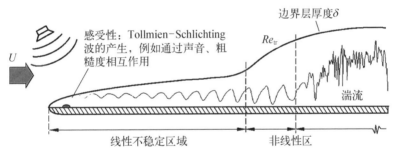

图 2.12　作用于平板边界层的不稳定机制
（由 Stuttgart 大学的 Ulrich Rist 通过个人通信提供）

　　转捩受到许多参数的影响。一个重要的因素是流体中预先存在的扰动水平；一个较高的扰动水平通常会导致提前转捩。壁面剪切流动情况下，提早转捩的另一个原因是表面粗糙度。转捩发生的方式可能对具体的流动特性非常敏感。

　　图 2.13 将绕过圆柱的层流（a）和湍流（b）边界层以可视化方法进行了显示。

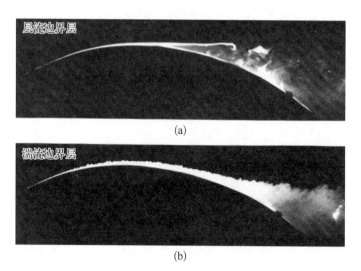

图 2.13 绕过圆柱的层流(a)和湍流(b)边界层的风洞图像

(来自 M. R. Head[9]，已获得转载许可)

2.4 机翼升力产生的物理机制

人们设计飞机的主要目的就是产生升力来承担载荷。这样做的代价是产生阻力，阻力必须要用推力来克服。为了提高效率，我们希望尽可能地提高升阻比，也就是所说的气动性能。本章解释了飞机的形状如何决定产生升力和力矩的表面压力，从而产生良好的气动性能。飞机周围的流动混合了许多非线性现象，如旋涡、涡剪切层、黏性边界层和激波，所有的这些现象都嵌在一个基本无黏的整体流场当中。流动可以通过可压缩纳维-斯托克斯(Navier-Stokes)偏微分方程组精确建模，而 CFD 代表了该方程组的数值计算解。CFD 可以提供飞机形状与作用其上的气动力及力矩之间的关系：升力、阻力和俯仰力矩。

然而，CFD 方法目前必须使用非定常 Navier-Stokes 方程组的简化形式来处理可压缩流动。对于不同的应用范围，CFD 有不同的变体形式，无法在此一一介绍，其范围从 DNS(可以精确计算流动的所有长度和时间尺度)到经验手册方法(结合根据风洞实验得到的拟合曲线公式)，涵盖广泛。按照所需的计算资源排序，我们可以得到三个近似的级别：

- 定常 RANS，我们的 L3 级工具：定常、雷诺平均和 Favre 平均的 Navier-Stokes 方程组。这是大多数 CFD 分析试图解决的问题，可以用于分析外流以及内流的空气动力学问题，如涡轮、搅拌器、热交换器等。第 6 章将介绍现代 CFD 软件包,如 EDGE 和 SU2。

- 定常欧拉(Euler)方程,我们的 L2 级工具:可以捕捉所有马赫数下的流动压缩性效应。它们可以通过对边界层的单独模拟来得到增强,这也是第 7 章的主题。

- 定常涡格法近似,我们的 L1 级工具:用于不可压缩势流的计算,这是对普朗特-格劳特(PG)流动模型的数值计算,它利用集中涡可以对力和力矩进行准确度惊人的预测(参见第 3 章)。

2.4.1 升力环量理论

出于理解弯曲表面产生明显的升力效应的需要,现代空气动力学应运而生。Lilienthal 等给出的实验结果表明,与平面相比,弯曲表面的升力效应非常显著。这一现象需要解释和理解,以便在设计工作中应用。20 世纪初,Lanchester[18]、Kutta[17] 以及 Zhukovsky 独立发现了机翼上的涡流与升力之间密切和基本的联系。普朗特[22] 从 1904 年开始的工作成了现代升力和阻力理论的源头。

1)理想流体的流动

在这一阶段,有必要对可压缩气体的 Navier - Stokes 方程组进行简化,使空气动力学的数学化表达成为可能。对于我们当前的学习目的,我们只需要一个最简化的版本:无黏、不可压缩、无旋的流动,如图 2.14 最右边那样。当涡量 $\nabla \times \boldsymbol{u}$ 被忽略时,定常的速度场 $\boldsymbol{u}$ 是速度势 Φ 的梯度。因为在低速流动中密度的变化可以忽略,质量守恒方程 $\nabla \cdot (\rho \boldsymbol{u}) = 0$ 几乎在全场都可以转化为

$$\nabla \cdot (\nabla \Phi) = \Delta \Phi = 0$$

也就是拉普拉斯(LaPlace)方程。

计算方法

图 2.14 流动的数学模型和我们的计算工具的层级结构:L1、L2 和 L3

对于无限大区域内的在自由来流中静止的物体,边界条件是流动不能穿过固体表面,即 $\boldsymbol{u} \cdot \boldsymbol{n} = \dfrac{\partial \Phi}{\partial n} = 0$,同时 $\boldsymbol{u}$ 在远处趋近于自由来流的速度。

处处满足这些条件会导致 d'Alembert 佯谬:即由此产生的流动不会对物

体施加合力,而只会施加力矩。这是研究"理想流体"得到的结果。James Lighthill 在文献[19]中提到了 1956 年诺贝尔化学奖获得者 Cyril Hinshelwood 先生提出的以下观点:

"19 世纪的流体力学家分为两类:一类是水力学工程师,他们观察无法解释的流动;另一类是数学家,他们解释无法观察到的流动。"

在发展有限机翼的环量理论时,普朗特用边界层的概念协调了这两种不同的观点。

在当时,实用的工具是二维势流理论,结果表明,这类问题必须用涡进行拓展。理想涡使流动处处无旋,除了在曲线、涡线、涡面上,涡量可能无界。势函数并不是处处可导的;对于一个翼型的解,存在一个大小等于升力的突变。这样的解是通过叠加拉普拉斯方程的特殊解而构造出来的,这个解除了在源、涡线、涡面等位置之外都是表现良好的。

2) 尾缘脱落的起动涡

考虑图 2.15 中间一行显示的翼型(即无限长机翼),图 2.15 展示了翼型突然向左起动的一个例子,通过漂浮在水面上的铝粉颗粒可以实现流动的可视化。可以清楚地看到"起动涡"沿着逆时针旋转,抵消了围绕翼型的不太明显的顺时针环量,这一流动现象可以通过所谓的附着涡模型来建模。图 2.15

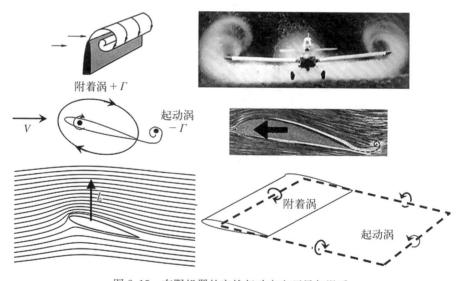

图 2.15　有限机翼的突然起动产生环量与涡系

(照片转载自 Campbell 和 Chambers[3],公开领域;以及经许可转载自普朗特[23])

讲述了一个关于升力产生的故事(参见普朗特的升力环量理论[23]),来自机翼上表面和下表面的流体汇合后,产生的涡流局限在"气动尖锐"的尾缘上,并且尾缘处的流动不会绕着尾缘转向。这是一个既定的实验事实。如果没有集中涡量的作用,势流将会转向并产生极大的速度,这需要极大的压差。势流模型对这种非物理行为不敏感,必须用尾缘流动平滑这一额外条件,即以 M. Kutta 命名的Kutta 条件加以约束(见图 2.15 左下角)。在平面加速流动中,这会产生普朗特实验所揭示的环量(见图 2.15 中左图)。当机翼不再加速时,流动变成定常平面流动,Kutta 条件会使附着涡正好抵消加速过程中脱落涡的涡量,并将其远远地留在下游。

现在考虑一个有限长机翼的流动(见图 2.15 右栏)。理想涡不能简单地终止于流体某处,因此有限长机翼的起动涡和附着涡必须通过两个翼尖的涡连接在一起,形成涡环(见图 2.15 右下),这是普朗特升力线理论的最初概念,后来被进一步细化为许多尾涡。在机翼的定常运动中,它代表了从尾缘脱落的非常重要的涡面。该涡面是看不见的,但是涡面的两侧边缘都会卷成一个跟随翼尖的旋涡,当翼尖涡穿过多云的天空(见图 2.15 右上)或在潮湿条件下时,就可以看到通过翼尖水蒸气凝结的尾迹。

翼型的 L1 级计算模型变成了如下内容的叠加:

- 从拉普拉斯方程出发推导出的气流,在翼型表面具有滑移的、不可穿透的(即零法向梯度)边界条件。

- 在翼型内部具有与点涡相关的流动。

结合之前的建模与 Kutta 条件,可以得到 Kutta - Zhukovsky 定律[式(2.4)]:对于任何形式的截面,涡线上单位长度的力 L 是质量流量 ρu 和涡强度 Γ 的叉积。

$$L = \rho u \times \Gamma \tag{2.4}$$

由 Kutta - Zhukovsky 定律计算的升力与实验数据非常吻合,在较小的攻角下,升力与来流攻角成正比。但当攻角超过一个临界值时,升力迅速下降,翼型失速(见图 2.5)。

两者数据的不同是流动分离导致的结果,这是由理想模型中忽略黏性导致的。

当机翼从静止状态加速时,从后缘脱落的涡是产生升力的原因。为了按预想的状态起动,翼型表面应使边界层分离发生在其尾缘处。了解边界层流动有助于控制其行为,从而可以在保持有限的阻力的同时,最大限度地提高升力。其秘诀是采用光滑的、精心设计的翼型轮廓线或是流线型的形状,并且逐步渐变形成尖锐尾缘,以促使该点的边界层分离。这种边界层行为控制着它外部的无黏流动,并控制着产生升力的上下表面压力差异。

2.4.2　有限长升力机翼的物理描述

我们一开始可以简单地假设,有限长机翼的每个截面的表现都与二维分析所描述的一样。然而事情并非如此,因为上下表面之间的压差会导致空气在翼尖周围泄漏,从而减小翼尖区域的压差,使产生翼尖涡的涡面脱落,如图 2.16 所示。事实上,由于这种效应,翼尖处的升力必须为 0。

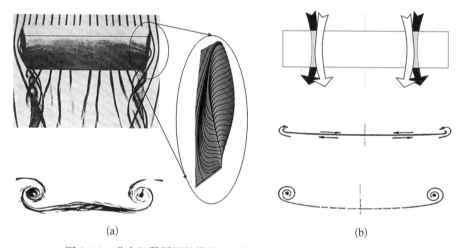

(a)　　　　　　　　　　　　　　　　　(b)

图 2.16　升力机翼周围的旋涡;由展向压力分布产生翼尖涡和尾流

(a) 烟线法得到的迹线图;(b) NASA CRM 模型计算得到的表面摩擦线图,摩擦线在翼尖聚集,表示出现流动分离

[图(a)来自 M. R. Head[9] 的照片,已获转载许可]

图 2.16 显示了机翼上下表面的流动如何导致后缘的剪切层脱落。实验观察发现,涡量明显地集中在靠近翼尖的后方。机翼表面的摩擦模式可以通过表面摩擦线直观地显示出来,该线处处与摩擦力切向分量平行。涂在表面的一层薄薄的流体会沿着表面摩擦线流动,这在油流可视化图中会形成可见的条纹。

2.4.3　涡线和涡面

作为迈向定量涡理论的第一步,我们需要考虑旋涡的行为特点。涡线是一个把基本流动理想化的模型,在研究中很有用。考虑一个细管,其流动具有沿管轴方向的非零涡量,$\boldsymbol{\omega} = \nabla \times \boldsymbol{u}$,而在其外部的流动是无旋的。环量 Γ 是围绕细

管周围的曲线 C 上平行于曲线的速度分量的积分。

$$\Gamma = \int_C \boldsymbol{u} \cdot \mathrm{d}\boldsymbol{l} = \int_S \boldsymbol{\omega} \cdot \boldsymbol{n}\,\mathrm{d}S$$

式中，S 为以曲线 C 为边界的曲面。上面的等式是 Stokes 定理，或者称为旋度算子 $(\nabla \times)$ 的定义式。在极限情况下，当细管的直径逐渐变小而 Γ 保持不变时，这个涡量区域称为涡线。

涡面代表了与该面每一侧相切的速度分量的间断，如图 2.17 所示。这种切向间断是欧拉方程的弱解，就像激波是法向速度的间断（见第 4 章）一样。在势流理论中，涡面是通过将涡线彼此靠近堆叠在一起构成一个表面，从而将涡完全集中在表面上而形成的。

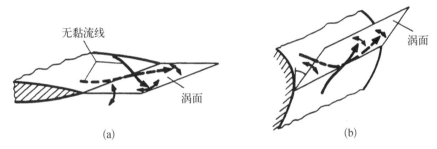

图 2.17　从尖尾缘(a)和从光滑表面(b)脱落的涡面

（由 Ernst Hirschel[11] 提供，经许可转载）

涡的特性

Drela[5] 对动量方程求旋度，使用矢量恒等式且保持 ρ 和 μ 不变，并组合和重新排列各项，推导出了描述涡量演化行为的 Helmholtz 输运方程：

$$\frac{\mathrm{D}\boldsymbol{\omega}}{\mathrm{D}t} = (\boldsymbol{\omega} \cdot \nabla)\boldsymbol{v} + \nu\nabla^2\boldsymbol{\omega} \tag{2.5}$$

右边项 $(\boldsymbol{\omega} \cdot \nabla)\boldsymbol{v}$ 代表涡的倾斜和拉伸。旋转流体的涡量在被速度梯度张量 $\nabla\boldsymbol{v}$ 的分量拉伸时会增强，而这些分量与 $\boldsymbol{\omega}$ 自身平行：读者可以想象一个旋转的滑冰者向上伸展他(她)的手臂。然而，如果开始时 $\boldsymbol{\omega}=0$，如飞机飞入静止的空气中，则这一项就不存在，因为没有初始涡量可供倾斜或拉伸。在可压缩版本的 Helmholtz 输运方程中还会出现斜压源项 $\nabla\rho \times \nabla p$，它会导致涡量出现在任意存在密度和压力梯度的地方。然而在等熵流动中，关系式 $f(p, \rho)=0$ 成立，因此 ρ 和 p 的梯度是平行的，这时斜压项就消失了。

沿涡线的涡强度必须保持恒定,因此涡线不能在流体中结束。它可以像烟圈一样形成一个封闭的循环,也可以在边界上结束,或者是延伸到无穷远。当然,在真实的黏性流体中,涡量可以通过黏性作用扩散,即式(2.5)的最后一项。这会使得涡管加宽,直到几乎无法将其识别为涡线。龙卷风是一个有趣的例子,龙卷风的一端在边界上,但另一端的涡在大面积区域上扩散开来。

2.5　流动现象的行为和相互作用

我们在本章的前面解释了熟悉的翼型周围的二维流动情况:在健康的流动中边界层如何在靠近翼型后缘的位置分离。作为大展弦比平直机翼的截面,翼型产生升力。然而,机翼的流动分离细节很复杂,升力面形状、雷诺数和巡航速度 Ma_{cruise} 都起着重要的作用。尽管如此,很大一部分的分离结构都属于一类组织良好的基本分离形式,可以识别和鉴定。两个重要的例子是气泡分离和自由涡层分离(或开放式分离)。

2.3 节中的讨论解释了为什么在大展弦比平直翼和后掠翼设计中,采用流线型流动模式可以最大限度地保持附着流态。如果边界层在到达后缘之前分离,则升力会降低,阻力会增加,机翼性能会下降,直到最终失速。

德国空气动力学家 Alexander Lippisch 在 1920 年代和 1930 年代设计了无尾三角翼飞机。它们纤细的构型在高速下表现更好,并引领了高速喷气式飞机和火箭推进飞机的发展。细长度的衡量标准是 $\dfrac{s}{l}$,其中 s 是半翼展,l 是从机头到机尾的飞机长度。由于 $l \geqslant c_{r}$,因此细长体的构型需要小展弦比的机翼。

细长薄翼的流动模式与大展弦比机翼的流动模式大不相同。它呈现为一种相干前缘涡分离的形态,细长薄翼在设计上希望使前缘涡保持稳定以提供可靠的升力增量。如果前缘涡破裂,流动就会变成非相干结构。根据涡破裂的位置,会产生升力损失和失速,或者对下游升力面产生不利影响。用 Bram Elsenaar[7] 的话来说,这种现象"既是美女又是野兽"。接下来让我们更仔细地研究一下这种情况。

2.5.1　小展弦比机翼的旋涡分离和升力

对于具有大后掠角的薄机翼,分离很可能发生在前缘。薄翼型前缘的二维气泡型分离开始发挥作用,如图 2.18(a)所示,边界层从前缘表面升起,并在下游很短的距离内重新附着,从而形成分离泡。当这种情况发生在后掠翼前缘的三维空间中时,表面流线从前缘分离,并作为涡层扫入流场的下游,涡层在自诱导下卷起成为主涡,如图 2.18(b)所示。

涡面沿主分离线离开前缘,围绕涡旋转的流线沿主附着线重新与机翼表面连接[见图 2.18(b)]。事实上,这与作用于大展弦比机翼的圆形翼尖的流动机制相同,如图 2.16(b)中的表面摩擦线所示,只是现在它发生在大部分翼展上,而不是局限于翼尖。

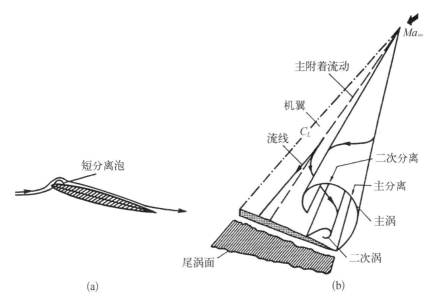

图 2.18　(a) 带有前缘分离泡的翼型;(b) 三角翼前缘分离和与光滑表面的二次分离

控制该流动模式稳定性的基本参数是攻角 α 和三角翼的前缘后掠角。如果机翼的前缘足够尖,该几何特征就会固定涡面离开表面的位置。这种流动模式可以看作从气动上尖锐的边缘分离出来的无黏流动。但当前缘半径较大时,涡面形成的位置就很不明显了,这时必须要解决三维边界层分离的问题。

1) 涡对表面压力的影响

让我们来看看与图 2.18(b)中画出的围绕主涡旋转的流线相关联的压力场,这些流线在图 2.19(a)中显示为螺旋线。对于任意涡,都具有一个共同特征,即其涡核周围的周向速度随着到核心的距离减小而增大,更高的速度转化为更低的压力。图 2.19(b)显示了以涡核为中心的等压面。涡核在机翼上表面的轨迹是如图 2.19(b)所示的低压区,它增加了升力。这种涡升力在许多构型上都得到了利用(见图 9.24,着陆状态下的"协和"式飞机)。

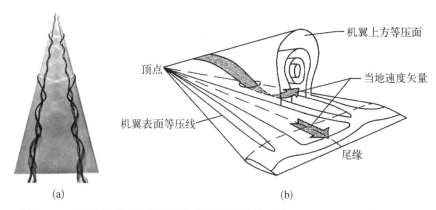

图 2.19　（a）从气动上尖锐的后掠翼前缘脱落的对称涡对；（b）涡周围的等压面
示意图及其上表面的低压足迹

［（a）由 Henri Werlé 拍摄，显示了水中的染色条纹，由 ONERA 提供，经许可转载；（b）由
Bram Elsenar 提供[6]，经许可转载］

2）涡-边界层相互作用和二次涡

主涡产生的压力场还有更进一步的影响。在图 2.19 中，速度矢量在涡下方
旋转并从左向右通过低压区。当它从左侧到达涡核下方时，它经历了一个压力逐
渐降低的过程，这有利于使边界层保持附着。然而通过涡核之后，压力梯度变为负
的，并导致边界层分离，速度矢量卷起形成涡面，成为如图 2.18(b) 所示的二次涡。

3）涡破裂和失速

前缘涡到下游后的最终命运会像翼尖涡一样耗散和消失。但它也可能在消
耗掉大部分旋转动能之前突然进入混沌运动。随着攻角增加，这样的戏剧性事件可能会发生在沿着涡轴的某个位置，使得前缘涡的有序结构被破坏。

图 2.20 显示的就是涡破裂。从上游紧密缠绕的螺旋运动开始，流动沿轴线突然减速。然后，涡核开始以较低的速度在逐渐扩大的环路中做螺旋运动，并最终衰减为大尺度湍流。如果这种情况发生在升力面上，升力面就会受到非定常气动力的作用，产生潜在的有害影响。

例如，三角翼后部的涡破裂伴随着升力的损失和抬头力矩的产生，很像大展弦

图 2.20　通过水中染色条纹
观察到的涡破裂

（Henri Werlé 摄，由 ONERA 提供，经允许
转载）

比后掠翼的翼尖失速。前缘涡撞击到更远处的升力面往往是灾难的来源。混乱的空气运动在被撞击的飞机表面上产生抖振载荷,这种不受欢迎的抖振会降低飞机的疲劳寿命。F-18"大黄蜂"就是一个有据可查的例子,它的主翼 LEX(前缘翼根延伸)产生了一个前缘涡,达到了提高升力的目的,但同时也击中了双垂尾。

涡破裂可以用非定常 Navier-Stokes 方程建模,并且是可以预测的。但一个悬而未决的问题是,用 RANS 而不是非定常流动模型来预测它的效果如何。数值模拟有两个重要问题。第一个是涡分离问题:在有尖锐的几何特征的情况下,无黏流模型可能已经足够精确。第二个是数值耗散问题:必须使用精细的计算网格,以免涡在传播到远处之前就因数值耗散而消亡。

2.5.2　激波

对于接近声速的飞行速度,简单的线性模型由于空气的可压缩性影响而失效。当飞机以接近 $Ma = 1$ 的速度飞行时,它几乎没有时间避开遇到的空气,因为飞机与空气粒子即将发生碰撞的信息是通过声波传递的。"声障"的概念造成了一种思维定式,即声速似乎很难跨越。然而,步枪子弹是超声速的,所以声障并不是无法跨越的。事实上,1947 年 10 月,Chuck Yeager 上校驾驶火箭推进飞机 Bell X-1 速度达到了 $Ma = 1.06$,该飞机有一个子弹形状的机身和无后掠的薄机翼。后掠机翼被用在 DH-5882-Ⅱ Skyrocket 上,用来研究其对操纵、抖振等的影响,这架飞机在 1953 年第一次实现了载人情况下速度为 $Ma = 2$ 的飞行。可以参见图 2.21 中

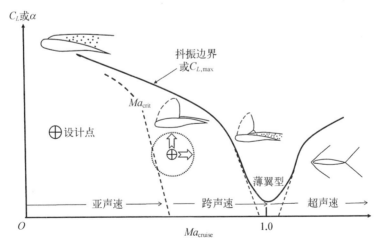

图 2.21　抖振边界,由 $C_{L,\max}$-Ma 关系表示,由于激波-边界层诱导的分离,在接近声速时抖振边界严重下降

（改编自托马斯[31],经许可转载）

的跨声速凹线,另见1.1.4节中关于限制可用升力的高速"抖振边界"的内容。

1) 激波-边界层干扰

在大展弦比后掠翼上,弱激波存在于设计点及其附近。对军用战斗机来说,由于强激波-边界层干扰而产生的大分离是决定机翼抖振以及飞行包线的一个关键流动现象。它还可能引起非定常现象,如激波和边界层/尾流的自维持的"极限环振荡"(LCO)。

图2.22显示了跨声速流动中翼型附近的激波,气流来自左侧。照片显示了边界层中的烟雾和用纹影法显示的密度梯度。这些密度梯度出现在λ激波附近,λ激波是一个靠近边界层的压缩扇形区,在远处汇聚成一道正激波。注意在激波底部、翼型上表面的流动分离,这是典型的由激波-边界层干扰引起的分离。在下表面流动则一般不那么容易分离,因为那里的顺压梯度更大。这些边界层特征对雷诺数比较敏感。

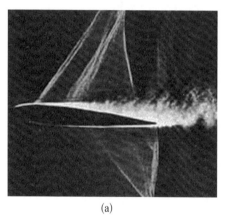
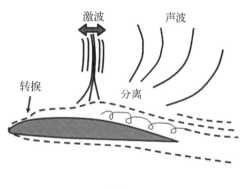

(a)   (b)

图2.22 激波-边界层干扰

(a) 烟雾实验的纹影照片;(b) 非定常相互作用机理示意图

[图(a)来自NASA网站[14],公共领域]

图2.22(a)显示了这些小尺度特征如何产生显著的大尺度流动效应。例如,激波-边界层干扰和下游边界层发展的综合效应决定了翼型尾缘处的流动条件。这些反过来也会影响整个翼型的环量,从而影响激波的强度。激波-边界层干扰和激波阻力对激波强度非常敏感。因此,所有流动成分都存在于复杂的雷诺数敏感的黏性-无黏相互作用中,既可以是定常的,也可以是非定常的。

图2.22(b)用示意图表示了跨声速抖振过程发生的自维持激波振荡现象,翼型上表面出现流动分离,激波在一个平均位置附近前后振荡。激波运动使压

力波在分离流动区向下游传播。当到达后缘时,扰动产生向上游移动的波,这个扰动要么来自尾迹的波动,要么来自后缘边界层。这些波随后与激波发生相互作用,并将能量传递给激波,以维持激波的振荡。Vos 和 Farokhi[34]对激波-边界层干扰的流动物理进行了更深入的分析。

初始分离产生的流动变化通常是渐进和连续的,直至达到大范围分离时,整个流场发生了流动拓扑的变化[见图 2.22(a)]。如果激波强度足够低,则会在尾缘处产生一些小分离,并带来一些额外的阻力。这并不一定是坏事,它在某种程度上类似于跨声速机翼的最佳升阻比状态,通常虽存在弱激波,但由此产生的波阻是可以接受的。

2) 抖振

以上说明了翼型上激波流动的反馈回路。三维流动中的分离模式更为复杂,因此下面只介绍抖振的唯象描述。

无论是由前缘引起的还是激波诱导的流动分离,在分离点的下游都会产生压力波动,如图 2.22(b)所示。压力波动作用在柔性的机翼结构上,就会产生振动。飞行员会感受到这种振动(或抖振),就好像有一个振荡的重力载荷。在马赫数(或速度)与升力(或载荷系数、攻角)的关系图中,可以用抖振边界来描述遇到抖振的飞行状态,并用 $V - n$ 图显示。抖振边界是仅次于巡航效率 $\dfrac{Ma \cdot L}{D}$ 的主要气动性能参数,它与机翼设计密切相关。该边界有时几乎与阻力同等重要,因为最大巡航升力系数受到适航要求的限制,必须保持至少 $1.3g$ 的机动裕度以防止抖振发生。在跨声速巡航中,当飞机遇到强烈阵风时,通常会发生抖振。阵风会使得攻角增大,导致机翼上表面气流从后部开始分离。战斗机通常在远低于抖振起始边界的状态巡航,但剧烈的机动可能将其带入中度甚至重度抖振(对比图 2.23)。请注意,抖振边界并没有精确的定义,因为持续的轻微抖振可能是被允许的,但严重抖振只能偶尔接受[见图 2.23(b)]。

3) 激波-涡-边界层相互作用

当激波遇到涡时会触发涡破裂。图 2.24 显示了这样的一个例子:三角翼在风洞中以 14°的攻角遇到了速度为 $Ma = 1.1$ 的超声速气流。机翼上方的涡核被紧紧缠绕着,直到它与上表面的斜激波相互作用时发生破裂,涡的直径增大,流动转捩为湍流。图中字母 B 标记着弓形激波;较大的激波角表明该流动是低超声速自由来流。

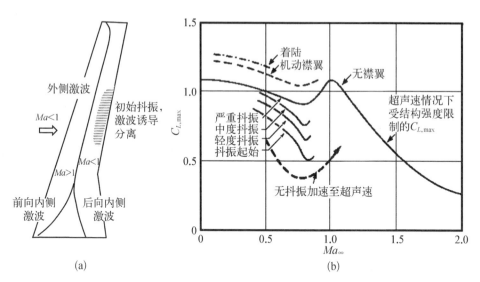

图 2.23 （a）客机机翼上的流动和分离模式；（b）$C_{L,\max}-Ma_{\infty}$ 图中的典型抖振边界
（Klaus Huenecke 提供[15]，经许可转载）

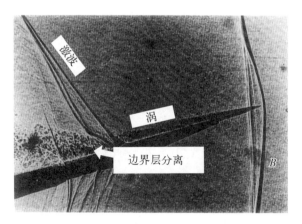

图 2.24 超声速状态下激波-涡-边界层相互作用
（未公开发表，由瑞典航空研究机构 FFA 的 Anders Gustafson 提供）

2.6 阻力的分类

升力和阻力是气动设计需考虑的两个最重要的力。阻力尤其值得讨论，因为它有很多不同的组成部分，并且有多种产生机制。

有关阻力的术语常常较易混淆。有几种方式可以对飞机的阻力进行分类，例如，可以根据阻力产生的物理机制进行分解。如图 2.25 所示，它们在近场流动现象中表现为表面的法向力和切向力,在远场流动现象中表现为尾流、涡和波。一位应用空气动力学家在设计飞机时发现:分解不同部件的阻力贡献,并且将升力诱导阻力从流动分离和边界层动量亏损产生的形状阻力中分离出来是非常实用的。升力分布(展向载荷)对诱导阻力有很大影响,我们将在第 3 章中介绍。总的浸润面积对摩擦阻力同样影响很大。

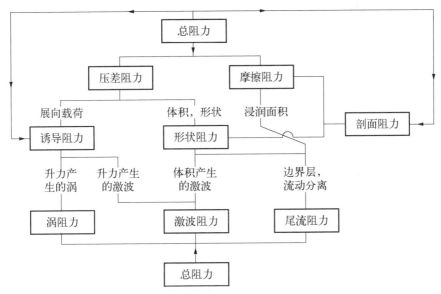

图 2.25　无内流情况下的阻力分解方法

(摘自 Torenbeek[33],经许可转载)

　　一个关心流动阻力的唯象起源的空气动力学家一般会自下而上地考虑这一问题,他会分别考虑涡、波和尾流的贡献。另一种阻力分解的观点是考虑飞机表面的物理效应,并将总阻力分解为压差阻力和摩擦阻力。请注意,形状阻力和表面摩擦力都是黏性效应以不同方式作用的结果。激波阻力则是热力学性质的,也会出现在无黏流动模型中。

　　1) 近场分析

　　● 表面摩擦阻力来源于浸润表面上的黏性切应力。湍流边界层的摩擦阻力比层流边界层的摩擦阻力大,设计师可以通过适当设计剖面压力分布来延迟层流到湍流的转捩以降低摩擦阻力。

　　● 压差阻力是自由来流方向上压力的分量,是构型尾部的压力恢复不完全的结果,如通过流动分离产生压差阻力。

2）远场分析

● 激波阻力（波阻）是由激波的熵增产生的，当速度接近声速时，波阻导致了总阻力的快速增长。

● 尾流阻力是尾流中的动量亏损，包含速度较低的脱落边界层尾流。

● 涡阻力是为 2.4.1 节中讨论的升力面尾涡提供动力的力。

图 2.26 显示了低跨声速下各种类型阻力的相对大小，这是根据整个飞机的物理特性划分的。摩擦阻力是按部件列出的，摩擦阻力大小与浸润表面积的关系非常明显。总阻力的 50% 多是由摩擦引起的，这是当前大量研究聚焦于保持表面层流流动的主要动力。升致阻力是第二大阻力类型，研究人员希望通过翼尖装置等方法，实现在较低的诱导阻力下产生同样的升力。

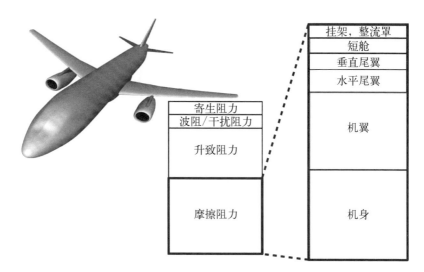

图 2.26　按阻力来源分类的飞机阻力构成

（由 Maximilian Tomac 提供，博士论文[32]，经许可转载）

升致阻力是由升力引起的涡诱导阻力和波阻之和。对于风洞模型，尾流阻力可以从模型尾流中的静压和总压分布测量值中得出。通过从总阻力中减去尾流阻力可以计算得到升致阻力。

2.6.1　表面摩擦阻力和压差阻力

流体施加在物体上的总阻力可以视为作用在表面所有点上的法向和切向基本力的合力。考虑封闭物体上的阻力（即没有由动力装置或内部系统产生的内部流动）：表面摩擦力是由切向力产生的，而压差阻力或形状阻力是由作用于固体表面的法向压力引起的。升力也可以用类似的方式划分,但实际上摩擦力对升力的作用可以忽略不计。压力分布也受到边界层和分离流动区域的影响。在风洞实验中,压力可以通过测量物体表面小孔处的压力分布来获得,而摩擦阻力则通过从总阻力中减去压差阻力来获得。

表面摩擦阻力为

$$D_F = \bar{C}_f q S_{\text{wet}}$$

式中,$\bar{C}_f$ 为基于飞机各部件浸润面积的平均摩擦阻力系数,对大多数亚声速飞机而言,这个数值通常为 0.003～0.005。因此,物体或机翼的浸润面积是决定表面摩擦阻力的主要几何参数。层流的摩擦阻力比湍流的低,并且摩擦阻力强烈依赖于雷诺数。由于风洞试验雷诺数往往低于飞行值,导致转捩位置不正确,因此获得的摩擦阻力可能会出现误差。CFD 则可以做得更好。阻力的精确计算需要一个转捩模型来预测流动转捩成湍流的位置。

形状阻力或压差阻力仅由压力分布决定。当流动方向沿表面且流动附着而不分离时,形状阻力很小。形状阻力与如何分离是密切相关的,例如,钝体后面的尾流中的压力低于头部上游滞止区的压力;而在流线型翼型上,尾流压力几乎恢复到滞止压力,因此形状阻力较小。

2.6.2　涡诱导阻力、尾流阻力和激波阻力

匀速运动的物体克服气动阻力所做的功等于周围流体中增加的能量。传递到流体的能量形式有涡诱导能量、尾流能量和激波能量。气动阻力可做相应的划分(见图 2.25)。

1) 涡诱导阻力

这是压差阻力的一部分,对应于分布在整个流体中的动能,且随着升力机翼脱落的尾迹涡而损失。对于截面相对较厚的大展弦比机翼,可以使用升力线或升力面理论(如第 3 章的涡格法)来精确计算涡诱导阻力。当前缘比较尖锐,或后掠角较大,或展弦比较低时,前缘吸力在某个临界升力处开始降低,导致涡诱导阻力显著增加。升力线理论对亚临界流动情况下的大展弦比机翼是准确的,其预测的升致阻力为

$$C_{D,i} = k' \cdot \frac{C_L^2}{\pi \text{AR}}$$

式中,效率因子 $k' \geqslant 1$,并且当平面机翼展向升力分布为椭圆形时,升致阻力达

到最小值。这意味着有

$$\frac{D_\mathrm{i}}{W} = \frac{k'n^2}{\pi q} \cdot \frac{W}{b^2}$$

(2.6)

式中，n 为载荷系数，对于水平直线飞行 $n=1$。展弦比在确定诱导阻力系数上起着重要作用。但飞机必须克服的不是阻力系数，而是阻力，因此决定机翼产生升力效率的是展向载荷 $\dfrac{W}{b^2}$ 而不是展弦比。请注意，展向载荷 $\dfrac{W}{b^2}$ 与翼载 $\dfrac{W}{S}$ 的关系是 $\dfrac{W}{S} = \mathrm{AR} \cdot \dfrac{W}{b^2}$。

2）尾流阻力

这是由边界层和分离流区域引起的。边界层的剪切作用是其产生阻力的主要原因，这就导致了表面摩擦阻力。对于小攻角的流线型物体，表面摩擦阻力是尾流阻力的主要部分。当升力面接近失速时，分离阻力急剧增加。但它同时也出现在形状欠佳的翼身连接处、钝底以及尖角等区域。只有在少数简单的情况下，我们才能从理论上预测和分析流动分离，因此阻力预测需要高精度的 CFD 方法，并且在确定构型细节之前，无法很好地预测阻力。

3）激波阻力

这是压差阻力的另一部分，这与流体在（局部）高速下压缩做功有关，它以激波的形式表现出来。这里面可能存在一个复杂的因素，即强激波可能会引起流动分离，于是导致尾流阻力和涡诱导阻力增加。在超声速情况下，采用线性理论假设，波阻可以细分为因机体体积产生的波阻和因升力产生的波阻；但在跨声速情况下存在混合流态时，这种区分不太明显。

从上文可以清楚地看出，在各种流场之间发生明显相互干扰的情况下，涡诱导阻力、尾流阻力和激波阻力这些阻力成分之间的区分并不是很明确。这些干扰效应导致了阻力的增加，通常称其为干扰阻力。

波阻很大程度上取决于构型的细长比（半翼展与总长度的比）及其横截面积。图 3.22 显示了不同类型飞机的细长比与速度之间的关系。对于真实的超声速飞行，必须采用细长体构型。

2.7　示例：后掠翼流动物理

在本章的最后，让我们以高速飞行中的激波现象为例，使我们所讨论的内容

更加具体。我们将讨论跨声速飞行中的阻力发散现象,以及将阻力发散提升到更高马赫数的三种可能方法:

(1)第 9 章中的后掠翼;

(2)第 8 章中的超临界翼型;

(3)第 3 章中讨论的面积律。

我们可以用飞行中的观察和(或)风洞实验中拍摄的照片来说明流动现象,但在本书中我们选择用数值模拟来说明。人们可以用可视化软件来查看计算结果,显示数值模拟中捕捉到的所有流动现象。图 2.27 给出了一个这样的例子:采用 RANS 模拟 NASA CRM 模型翼身组合体的定常跨声速流动,该翼身组合体由 AIAA 气动设计优化讨论组

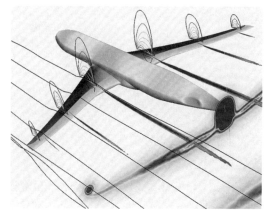

图 2.27 跨声速飞行状态下 NACA CRM 模型翼身组合体周围气流的典型物理现象;基于参考弦长的雷诺数 $Re = 2 \times 10^7$, $Ma_\infty = 0.85$, $C_L = 0.47$, Spalart - Allmaras 湍流模型

(Zhang Mengmeng 通过个人通信提供)

(ADODG)定义,用来进行 CFD 验证和形状优化实验。CRM 的翼型将再次出现在第 8 章,另外该机翼还将单独出现在第 9 章。该计算使用了湍流模型,因此只有最大的湍流尺度才能被解析,但这对我们的需要来说已经足够了,因为这里讨论的重点是形状如何影响流动,以及雷诺数如何影响边界层特性。

图 2.27 显示了如下的内容:

(1)用云图表示的表面压力系数;

(2)在平行于对称面的切面中,以等值线表示的马赫数;

(3)在垂直于飞机的切面中,采用云图表示的涡量;

(4)流线。

在左翼梢上,流线显示了流体从下表面的高压区绕流到上表面的低压区而产生的涡。

来流在流过机翼的弯曲前缘时迅速加速到超声速,并一直向前推进,直到等压线堆叠成为激波,这时气流几乎在一瞬间减速到亚声速。在这种情况下,激波与边界层相互作用,但还不会使其分离,至少不会在机翼内侧区域分离。

在机翼后缘,剪切层在气流中从机翼处脱落形成尾流。在这个高雷诺数下,边界层很薄,因此剪切层在向下游移动时增长比较缓慢。还要注意的是,尾流几

乎是平面的,但并非完全是平面的。在尾流中,还可以看到边界层从机身脱落。在机翼与机身的连接处,两个边界层相互作用,并可能脱落一个角隅涡,从而产生干扰阻力。

1) 展向边界层流动

在图 2.28 的计算油流图中,定常流动下的后掠翼身组合体周围的边界层流动显示得更加清楚。攻角为 4° 时,机翼展向方向的流动不明显。翼尖显示出分离涡的迹象。攻角为 12° 时,翼展方向的流动加剧,整个外翼段显示出涡流模式,并可能伴随翼尖失速。气流从机翼后缘的前部就已经分离,分离区域从翼尖一直延伸到机翼转折处。

图 2.27 和图 2.28 为我们展示了机翼上表面流动的一些重要现象。在接下

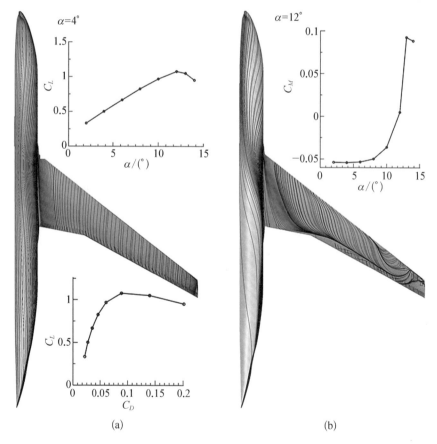

图 2.28 攻角为 4°(a)和 12°(b)时计算得到的 CRM 机翼表面摩擦线;流动条件为基于参考弦长雷诺数 $Re \approx 1.2 \times 10^6$, $Ma_\infty = 0.2$, Spalart - Allmaras 湍流模型

(Peter Eliasson 通过个人通信提供)

来的章节中,要研究的现象包括机翼后缘处或后缘前的流动分离、压缩性效应、边界层、激波、涡和湍流。

2) 大展弦比机翼的翼尖失速和上仰

失速意味着升力损失,也意味着俯仰力矩的变化。如果绕飞机重心(CG)的力矩迅速变为抬头方向,则会使飞机倾向于上仰,从而增大了攻角,使失速区域进一步增加,飞机进一步失去升力。如果后掠翼的翼尖最先失速,则这种抬头现象对机翼来说是一个问题,因为这意味着机翼后部的升力损失。图 2.29 显示了飞机重心(CG)和机翼压力中心(CP)在翼尖发生流动分离(交叉阴影区)时如何移动,从而导致飞机失去升力。飞机若要保持稳定,则 CG 必须在 CP 的前方,因此箭头表示的 CP 移动并不会导致飞机失稳,但飞行员必须快速抵消与此相关的抬头力矩,以避免俯仰方向失控。图 2.28 画出的俯仰力矩图显示了在攻角 $\alpha = 10°$ 或更大时这种抬头效应的发生是多么迅速。

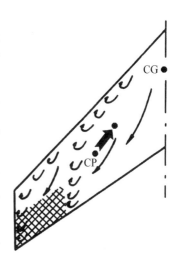

图 2.29　后掠翼上的翼尖失速导致压力中心平移和机头上仰

翼尖失速对平直翼来说也是有问题的,因为它会降低副翼的效率。如果左右机翼的失速是不对称的,则会出现明显的滚转力矩,使飞机难以控制。在设计时,翼尖失速可以通过外洗(即将其翼尖的头部向下扭转)降低翼尖升力来缓解,也可以通过安装涡流发生器给边界层补充能量来缓解,还可以通过安装翼刀,即阻止边界层向外翼段延伸的挡板来解决。第 9 章展示了 Saab 飞机、J-29 和 SF340 的示例。在第 3 章中也对如何缓解低速翼尖失速进行了一些讨论。

3) 表面摩擦线

在实验中,三维表面上的边界层流动可以通过表面上油膜形成的条纹变得可视化。油流是由边界层中的黏性应力驱动的,条纹沿壁面应力的切向分量方向形成表面摩擦线。油膜的运动在表面上形成了一个二维动力学系统,因此动力学系统的很多概念,如临界点及其类型、迹线的汇合等,有助于我们理解流动分离的类型并对其分类。可根据 CFD(RANS)的结果计算出表面摩擦线(见图 2.28)。

在图 2.28 中,攻角为 4°的情况下流动是附着的,表面摩擦线几乎与自由来流和外流平行。但是在后缘,边界层流动渐渐偏离自由来流方向而趋向于流动分离。类似的偏离还发生在前缘的滞止线周围。滞止线位于压力面上,在此处图中不可见。注意机翼上的压力梯度与自由来流方向不平行,而是与机翼的后掠角方向相垂直。这似乎有些令人困惑,因为我们认为压力梯度是流动的驱动力,但沿着机翼的横向恒定流动不需要压力梯度,并且这类流动是可以叠加的。攻角为12°时,吸力面的流动分离区域清楚地表明,用压力梯度来表示分离线附近的机翼边界层具有误导性。基于完整的 Navier - Stokes 方程(RANS)的 CFD 准确地模拟了这些现象。

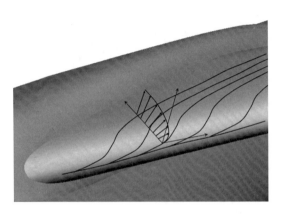

图 2.30　通过后掠翼前缘分离线附近边界层的速度矢量的旋转。表面摩擦线从顶点下方的滞止线发出,并向外弯曲以跟随流线,然后以几乎平行于自由流的方向向后延伸

靠近分离线时,速度矢量必须旋转通过边界层,如图 2.30 所示。速度变化的细节受到机翼平面形状(通过改变压力梯度)影响,也受到表面曲率影响。图 2.30 显示了前缘附着流动的情况,此时机翼上没有层流分离泡,因为机翼前缘比较钝并且攻角很小。除前缘和后缘外,边界层的展向移动也比较小,如图 2.28(a)所示。

2.8　物理模型:方程

多学科优化范式包括三个层次的气动建模:L1、L2、L3。以下各节将描述这些模型的数学基础。

2.8.1　Navier - Stokes 方程:完整的 L3 级模型

根据我们当前的理解,Navier - Stokes 方程是一个用于流体流动的完整的连续介质模型,它可以用于可压缩或不可压缩流动、层流或湍流,并适用于理想气体或真实气体的热力学,只有在空气密度极低的飞行状态下才必须对模型进行修正。Navier - Stokes 方程在许多关于流体力学的书籍中都有介绍和推导,比如读者可以参考 C. Hirsch 的参考文献[10]。在这里给出定压比热容与定容比热容之比为 $\gamma = \dfrac{c_p}{c_V}$ 的理想气体 Navier - Stokes 方程的非守恒形式。

$$\frac{\partial \rho}{\partial t} + \boldsymbol{u} \cdot \nabla \rho + \rho \nabla \cdot \boldsymbol{u} = 0$$

$$\frac{\partial \boldsymbol{u}}{\partial t} + (\boldsymbol{u} \cdot \nabla)\boldsymbol{u} + \frac{1}{\rho} \nabla p = \frac{1}{\rho} \nabla \cdot \boldsymbol{\tau} \qquad (2.7)$$

$$\frac{\partial p}{\partial t} + (\boldsymbol{u} \cdot \nabla)p + \gamma p \nabla \cdot \boldsymbol{u} = (\gamma - 1)\big[(\boldsymbol{\tau} \cdot \nabla) \cdot \boldsymbol{u} + \nabla \cdot (\kappa \nabla T)\big]$$

式中，ρ 为流场密度；$\boldsymbol{u} = \begin{bmatrix} u & v & w \end{bmatrix}^{\mathrm{T}}$ 为笛卡尔坐标系下的速度；p 为压力。热传导率为 κ，根据 Stokes 假设，牛顿流体的体积黏性为 0，动力黏性系数 μ 产生的剪切应力张量 $\boldsymbol{\tau}$ 为

$$\boldsymbol{\tau} = \mu\big[\nabla \boldsymbol{u} + (\nabla \boldsymbol{u})^{\mathrm{T}}\big] - \frac{2}{3}\mu(\nabla \cdot \boldsymbol{u})\boldsymbol{I} \qquad (2.8)$$

为了将上述方程表示为守恒律的形式，请读者注意热力学量的定义（单位质量下）：内能 $e = c_V T$，焓 $h = e + \dfrac{p}{\rho}$，总能 $E = e + \dfrac{1}{2}|\boldsymbol{u}|^2$，总焓 $H = E + \dfrac{p}{\rho}$。

上面的方程有时用向量记法更方便，有时用标量加下标的记法更方便，类似于张量运算的形式。在第 6 章的空间离散方法讨论中，网格单元和单元边界等也需要下标，采用向量记法可以隐藏其中一组下标。而在下面的平均方程和湍流模型的推导中，使用标量加下标的记法更为方便。我们将一直使用笛卡尔坐标系，因此不需要区分协变量和逆变量。因此，我们使用以下记法：

- $\begin{bmatrix} u & v & w \end{bmatrix} = v_i$，$i = 1, 2, 3$。
- 对重复指标的求和约定。

例如：$\nabla \cdot \boldsymbol{u} = \dfrac{\partial v_i}{\partial x_i}$ 和 $\tau_{ij} = \mu\left(\dfrac{\partial v_i}{\partial x_j} + \dfrac{\partial v_j}{\partial x_i} - \dfrac{2}{3}\dfrac{\partial u_k}{\partial x_k}\delta_{ij}\right)$。

添加体积力 $f_i\,(\mathrm{N/m^3})$ 和热源 $Q\,(\mathrm{W/m^3})$，我们可以得到守恒形式的 Navier - Stokes 方程：

$$\frac{\partial \rho}{\partial t} + \frac{\partial}{\partial x_i}(\rho v_i) = 0$$

$$\frac{\partial}{\partial t}(\rho v_i) + \frac{\partial}{\partial x_j}(\rho v_j v_i + p\delta_{ij} - \tau_{ij}) = f_i \qquad (2.9)$$

$$\frac{\partial}{\partial t}(\rho E) + \frac{\partial}{\partial x_j}\left(\rho v_j H - v_i \tau_{ij} - \kappa \frac{\partial T}{\partial x_j}\right) = Q$$

应变率 S_{ij} 和层流应力张量 τ_{ij} 如下所示:

$$S_{ij} = \frac{1}{2}\left(\frac{\partial v_i}{\partial x_j} + \frac{\partial v_j}{\partial x_i}\right), \quad \tau_{ij} = 2\mu\left(S_{ij} - \frac{1}{3}S_{kk}\delta_{ij}\right) \tag{2.10}$$

对于 $Ma \ll 1$ 的缓慢流动,可以进一步简化,即忽略密度的变化,这种流动称为不可压缩流动。对于不可压缩流动,我们可以把 2.8.1 节的方程简化为下面的形式:

$$\frac{\partial v_i}{\partial x_i} = 0$$

$$\frac{\partial v_i}{\partial t} + v_j\,\frac{\partial v_i}{\partial x_j} = -\frac{1}{\rho}\,\frac{\partial p}{\partial x_i} + \nu\nabla^2 v_i + \frac{f_i}{\rho} \tag{2.11}$$

$$\frac{\partial T}{\partial t} + v_j\,\frac{\partial T}{\partial x_j} = \alpha\nabla^2 T + \frac{Q}{C_p\rho}$$

假设运动黏性系数 $\nu = \dfrac{\mu}{\rho}$ 是常数,热传导系数 $\alpha = \dfrac{\kappa}{C_p\rho}$ 也是恒定的,并且 $\nabla^2 = \dfrac{\partial^2}{\partial x_i\partial x_i}$ 表示拉普拉斯算子。在不考虑浮力效应的情况下,以温度 T 表示的内能方程就会与质量守恒方程和动量方程解耦。

1) 直接数值模拟及其计算需求

直接求解非定常 Navier – Stokes 方程的数值解法称为直接数值模拟(DNS)。它可以计算流场中所有尺度的流体运动的过程,尺度的范围可以从边界和几何形状给出的最大尺度到 Kolmogorov 耗散尺度给出的最小尺度(见图 2.11),Kolmogorov 尺度代表湍流能谱作为波数 $k = \dfrac{2\pi}{\lambda}$ 的函数,也代表了大涡模拟(LES)方法和后续要讨论的 RANS 模型的应用范围限制。波数通过与 Kolmogorov 耗散尺度相乘而无量纲化。目前可行的计算资源使得 DNS 只能限制在低雷诺数范围。可以通过考虑 Kolmogorov 耗散尺度 $\eta = \left(\dfrac{\nu^3}{\varepsilon}\right)^{\frac{1}{4}}$ (如文献 [36])和需要解析的最大尺度 l 来估计 DNS 对网格的需求,长度尺度 l 可以通过以下规律与大尺度含能涡的特征速度尺度 v 联系起来:$v \sim (\varepsilon l)^{\frac{1}{3}}$,其中 $\varepsilon = \dfrac{\mathrm{d}k}{\mathrm{d}t}$ 是湍动能 k 的耗散率。这样就可以给出最大和最小尺度的比:

$$\frac{l}{\eta} \sim \left(\frac{vl}{\nu}\right)^{\frac{3}{4}} = Re_l^{\frac{3}{4}} \tag{2.12}$$

式中，Re_l 为大尺度湍流的雷诺数。例如，对于均匀各向同性湍流，网格尺寸 Δ 必须小于 $\frac{\eta}{2}$，并且使用周期性边界条件的计算域尺寸 L 必须大于 l。因此，三维区域的网格点数随 Re_l 的变化而变化，具体关系如下：

$$N_{xyz} = \left(\frac{L}{\Delta}\right)^3 \sim Re_l^{\frac{9}{4}} \tag{2.13}$$

这意味着，要将湍流雷诺数增加 3 倍，就需要将网格点的数量增加 10 倍以上。Spalart[29] 在 $Re_x = U_\infty \dfrac{x}{\nu} \approx 5 \times 10^5$ 时使用了具有大约 1×10^7 的网格点的网格对平板边界层进行 DNS 模拟，类似的对边界层模拟的估算可以给出如下结果：

$$N_{xyz} \approx 10^7 \times \left(\frac{Re_x}{5 \times 10^5}\right)^{2.2} \tag{2.14}$$

然而，在实际航空问题中的流动的雷诺数通常比上面给出的要大几个数量级，相应的网格数量和计算时间远远超出了当前超级计算机的能力。因此，目前且在不太远的将来，DNS 主要还是用来研究湍流物理机理和开发或改进湍流模型。

2) 定常 RANS 方程：CFD 的 L3 级主力方法

该模型可以描述非定常流动的时间平均特性。作为 CFD 中最常用的模型，RANS 方程值得我们进行更加详细的讨论（见 2.9 节）。它们看起来是对 Navier-Stokes 方程进行平均操作后产生了附加项（雷诺应力）的形式。这些附加项或者其近似的演化偏微分方程，可以通过平均流动的物理量的贡献进行再次建模。其中最简单的模型用平均流动物理量的表达式来代替热传导系数和黏性系数；更高级的模型则会给出并求解演化方程。单一的湍流模型往往只能精确地适用于特定类型的流动，因为这些模型的组成部分已经用相应的实验数据进行了拟合。因此在选择湍流模型时可能需要很多经验：EDGE 软件提供了 10 多种不同的湍流模型。湍流模型代表了一个庞大的主题，因此我们将仅使用 CFD 代码中已有的湍流模型，并且选用的湍流模型参数已证明适用于跨声速外流空气动力学模拟。2.9.3 节将给出概述。

3）非定常流动模型：LES 及其与 RANS 的混合

正如我们将在下面看到的，RANS 模型是通过对非定常方程进行时间平均建立的。如果平均周期是有限的，则可以将平均操作视为一个时间低通滤波器，从而得到非定常 RANS(URANS)模型。

如果只对空间进行平均则可以得到 LES 模型，该模型在 1963 年由气象学家 Joseph Smagorinsky 提出[27]，并在 1970 年由 James Deardorff 实现[4]。其思想是对方程进行空间滤波，得到过滤后的物理量的方程，模型可以解析大于计算网格尺寸的所有尺度。方程组必须用亚格子尺度涡效应的模型进行封闭，即亚格子模型。

近些年来，已经提出了几种混合 RANS-LES 模型，如文献[30]中提出的模型，这种模型进一步降低了对网格分辨率的要求，从而使时间精确的流动模拟更适合于工程应用的目的。第 6 章讨论了 EDGE 中的 HYB0 模型。

2.8.2　对流现象：欧拉方程 L2 级模型

正如我们将看到的，如果不考虑分辨率的问题，那么方程的对流部分是最非线性的，并且在数值上造成了最大的困难。因此，我们首先忽略黏性和热传导，在这里得到以原始变量 $\boldsymbol{u}$、ρ 和 p 表示的欧拉方程：

$$\frac{\partial \rho}{\partial t} + \boldsymbol{u} \cdot \nabla \rho + \rho \nabla \cdot \boldsymbol{u} = 0$$

$$\frac{\partial \boldsymbol{u}}{\partial t} + (\boldsymbol{u} \cdot \nabla)\boldsymbol{u} + \frac{1}{\rho} \nabla p = 0 \qquad (2.15)$$

$$\frac{\partial p}{\partial t} + (\boldsymbol{u} \cdot \nabla)p + \gamma p \nabla \cdot \boldsymbol{u} = 0$$

这种形式的方程称为拟线性方程，因为微分变量是以线性的形式出现的。欧拉方程允许带有激波和涡层的解。事实上，即使在初始数据光滑的情况下，这种间断也会自发出现。第 4 章将描述解的性质，以及如何利用数值方法处理间断。

2.8.3　L1 级方法的线性流动模型

现在我们来看线性化亚声速和超声速机翼流动的经典模型，该模型基于普朗特薄层概念，即假设黏性在壁面附近的薄层中很重要，而在薄层外可以忽略不计。流场控制方程是一个基本的线性化偏微分方程，这是在假设机翼较薄且来流仅有轻微扰动的情况下导出的，这样相对于自由来流速度 V_∞ 的扰动速度分量很小。完全亚声速或超声速流动情况下,扰动速度势 $\phi(z,y,z)$ 满足普朗特-格劳特(PG)方程。

$$(1-Ma_\infty^2)\phi_{xx}+\phi_{yy}+\phi_{zz}=0 \qquad (2.16)$$

对于 $Ma_\infty<1$ 的情况,引入新的 x 坐标系进行普朗特-格劳特变换,$x'=\beta x$,其中:

$$\beta=\frac{1}{\sqrt{|1-Ma_\infty^2|}}$$

该变换可以将方程转化为 2.4.1 节中介绍的理想流体的椭圆形拉普拉斯方程。

对于 $Ma_\infty>1$ 的情况,PG 模型是一个波动方程,自由来流方向 x 是类时间变量,其"波速"为 β,因此我们将其写为

$$\phi_{xx}=\beta^2(\phi_{yy}+\phi_{zz}) \qquad (2.17)$$

在这里的特定语境下,"线性"指的是将线性方程的简单解叠加可以得到新的解,这适用于目前的这两个方程,在第 3 章中将进一步讨论。叠加法既适用于亚声速模型,也适用于超声速模型,但对超声速模型有一些曲折。Drela 的教材[5]中给出了更详细的描述(第 171~193 页)。流动的涡量 ω 为如下形式:

$$\omega=\nabla\times\boldsymbol{u}$$

类似地,我们定义源强度 σ:

$$\sigma=\nabla\cdot\boldsymbol{u}$$

任何速度场 $\boldsymbol{u}(\boldsymbol{x},t)$ 都可以分解为无散度的涡管场 $\nabla\times\boldsymbol{A}$ 和无旋的标量场梯度 $\nabla\Phi$ 的和,这就是 Helmholtz 分解方法。我们将忽略解的唯一性问题,从给定的源强度和涡强度构建如下的速度场:

$$\boldsymbol{v}(\boldsymbol{x})=\int_\Omega\left[\sigma(\boldsymbol{\xi})\cdot\left(\frac{\boldsymbol{x}-\boldsymbol{\xi}}{4\pi R^3}\right)+\omega(\boldsymbol{\xi})\times\left(\frac{\boldsymbol{x}-\boldsymbol{\xi}}{4\pi R^3}\right)\right]\mathrm{d}\Omega \qquad (2.18)$$

式中,$R=|(\boldsymbol{x}-\boldsymbol{\xi})|$ 为场点 $\boldsymbol{x}$ 和源点 $\boldsymbol{\xi}$ 的距离。产生涡管的后一部分称为毕奥-萨伐尔(Biot - Savart)定律,可以认为前者是源项为 $\Delta\phi=\sigma$ 的泊松方程的"解"的梯度。这里之所以用引号,是因为解的唯一性要求确定边界条件,比如规定 $\boldsymbol{u}$ 在无穷远处趋近于自由来流速度 U_∞。 该公式不能得到一个处处无散度、

无旋度的速度场,例如自由来流,因为这会使两个源函数消失,从而使速度为 0,因此只有特殊情况 $u=v$ 才成立。线性空气动力学通过找出 σ 和 ω 来确定飞机周围的速度场。σ 必须在除了固体表面及内部之外的其他任何地方为 0,而集中于涡面和涡线的涡量可以出现在流场的任意位置。

对于理想无黏流体,如果流动最初无旋,那么无旋流动将一直保持不变,除非受到诸如出现在边界层和尾迹中的涡旋的涡旋力驱动。直到现在,基于涡流的非定常流动计算模型一直都在持续发展。定常流动软件的一个例子是 Tornado 涡格法流动求解器,这些将在第 3 章中详细描述。

2.8.4　黏性效应:边界层方程——L3 级

完全忽略黏性会造成严重的后果。微分方程的阶数减少了 1,因此必须放弃一些物理上要求的边界条件。其结果是得到一个无黏分析,在该分析中不能在壁面施加无滑移条件,导致预测出来的摩擦阻力为 0,这种分析在大多数情况下是不可接受的。我们可以使用普朗特的边界层假设,推导出一个靠近壁面的薄层流动模型。该模型还将与边界层外的无黏流动模型一起使用。7.5.1 节对这一组合进行了说明。

为此,我们可以考虑一种最简单的二维、不可压缩、定常 Navier‑Stokes 方程(密度为常数、流动属性为常数),$\rho=\rho_{\mathrm{ref}}$,$\mu=\mu_{\mathrm{ref}}$。我们希望估计方程中不同项的量级大小,看看方程在模拟薄边界层流动时哪些项可以忽略。于是,我们希望流向梯度比法向梯度小得多。这个想法是为每一个变量选择特征尺度来构造无量纲量,然后根据无量纲方程中出现的系数来判断各项的量级。注意,对于不同的流动情况,不同的缩放方式会产生不同的简化模型。引入缩放后的无量纲变量,并拉伸法向坐标 z 和该方向的速度 w,以扩大高雷诺数情况下的薄层区域。将用于拉伸的参数用 ε 表示,且暂时不指定其具体的值:$u^{*}=\dfrac{u}{U_{\infty}}$,$w^{*}=\dfrac{w}{(U_{\infty}\varepsilon)}$,$x^{*}=\dfrac{x}{L}$,$z^{*}=\dfrac{z}{(L\varepsilon)}$,$P^{*}=\dfrac{p}{(\rho_{\mathrm{ref}}U_{\infty}^{2})}$,$\rho'=\dfrac{\rho}{\rho_{\mathrm{ref}}}$ 以及 $\mu'=\dfrac{\mu}{\mu_{\mathrm{ref}}}$。这将定常、不可压缩的二维 Navier‑Stokes 方程转化为如下形式:

$$\frac{\partial u^{*}}{\partial x^{*}}+\frac{\partial w^{*}}{\partial z^{*}}=0$$

$$u^{*}\frac{\partial u^{*}}{\partial x^{*}}+w^{*}\frac{\partial u^{*}}{\partial z^{*}}=-\frac{\partial P^{*}}{\partial x^{*}}+\frac{1}{Re}\left(\frac{\partial^{2}u^{*}}{\partial x^{*2}}+\frac{1}{\varepsilon^{2}}\frac{\partial^{2}u^{*}}{\partial z^{*2}}\right) \qquad (2.19)$$

$$u^* \frac{\partial w^*}{\partial x^*} + w^* \frac{\partial w^*}{\partial z^*} = -\frac{1}{\varepsilon^2} \frac{\partial P^*}{\partial z^*} + \frac{1}{Re} \left(\frac{\partial^2 w^*}{\partial x^{*2}} + \frac{1}{\varepsilon^2} \frac{\partial^2 w^*}{\partial z^{*2}} \right) \qquad (2.20)$$

式中，$Re = \rho_{\text{ref}} \dfrac{U_\infty L}{\mu_{\text{ref}}}$。我们可以发现，与法向二阶导数项相比，流向的二阶导数项很小，这符合边界层很薄的假设。把这些项去掉就可以得到"抛物化 Navier-Stokes"方程，其中 x 作为类时间变量。但我们希望进一步简化。接着，我们选定 $\varepsilon^2 = \dfrac{1}{Re}$，可以使方程不依赖于 Re。这样，按照 $O(Re^{-\frac{1}{2}})$ 的阶次，变换前的方程组可以简化成如下形式：

$$\frac{\partial u}{\partial x} + \frac{\partial w}{\partial z} = 0 \qquad (2.21)$$

$$u \frac{\partial u}{\partial x} + w \frac{\partial u}{\partial z} = -\frac{1}{\rho} \frac{\partial p}{\partial x} + \nu \frac{\partial^2 u}{\partial z^2} \qquad (2.22)$$

$$\frac{\partial p}{\partial z} \approx 0 \qquad (2.23)$$

必须对 u 施加两个边界条件，即在 $z=0$ 的壁面位置 $u=0$，当 $z \to \infty$ 时 $u \to U_e$。连续方程要求一个边界条件，即 $w(0)=0$。很自然地，我们会考虑式 (2.23) 在区域 $x>0$，$0<z<H$（H 比较大），具有指定值的 $\dfrac{\partial p}{\partial x}$ 的初边值问题。然而，它是一个由常微分方程和代数方程组成的微分代数方程组，因为没有出现 $\dfrac{\partial w}{\partial x}$。因此只要 $u>0$，向正 x 方向进行推进就是稳定的。但是在逆压梯度下，u 将减小并可能消失，于是流动可能分离，边界层方程对于该流动可能失效，从油流图（见图 2.28）中可以明显地看出这一点。边界层方程的驱动力是与等压线垂直的外流压力梯度。但如图 2.28(b) 靠近后缘的分离线所示，在靠近分离线的油流几乎与等压线平行。因此，流动分离现象的模拟需要完整的 RANS 甚至是 LES。

7.5.1 节提供了一个在高度方向积分的边界层模型，该模型适用于层流和湍流。该模型可以与湍流转捩相结合，可以处理分离泡，但不能处理具有大分离区域的回流。

2.9　湍流的平均

我们在上文指出,DNS 需要解析流动的所有长度和时间尺度,这是非常昂贵的。对流动进行平均处理,就可以通过只对大尺度进行解析来缓解这一问题。1895 年,O. Reynolds 第一次提出了湍流的近似处理方法[25]。该方法是基于将流动变量分解为平均量和脉动量两部分,根据式(2.7)可以推导出一组控制方程和湍流封闭模型(将在 2.9.3 节讨论),通过这些方程可以求解流动的平均量,而平均量在工程应用中也是最受关注的。因此,首先考虑不可压缩流动,速度分量和压力可以分解为如下形式:

$$v_i = \bar{v}_i + v'_i, \quad p = \bar{p} + p' \tag{2.24}$$

标有上画线的物理量是平均量,而湍流脉动量用"'"表示。平均量可以通过时间或空间平均过程得到。

1) 时间平均或雷诺平均

$$\bar{v}_i = \frac{1}{T} \int_t^{t+T} v_i \, \mathrm{d}t \tag{2.25}$$

时间平均或雷诺平均的情况如图 2.31 所示。与湍流脉动的典型时间尺度相比,平均的时间间隔 T 应当较大。对于 $T \to \infty$ 的情况,就得到了定常的 RANS 方程。通过一个有限长(但未具体指定)的 T 就可以得到非定常的 URANS 模拟。

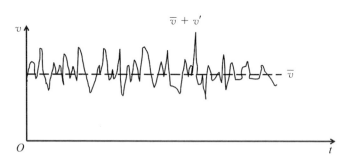

图 2.31　雷诺平均:湍流速度脉动 v' 和统计平均量 $\bar{v}$

2) 空间平均

$$\bar{v}_i = \frac{1}{|\Omega|} \int_\Omega v_i \, \mathrm{d}\Omega \tag{2.26}$$

式中，Ω 为控制体。在 CFD 中，认为 Ω 是与计算网格关联的控制体。

对于时间平均或空间平均这两种方法，脉动部分的平均值都是 0（即 $\overline{v_i'} = 0$）。然而，很明显 $\overline{v_i'v_i'} \neq 0$。如果速度分量的脉动是相关的，则 $\overline{v_i'v_j'}$ 也不为 0。

2.9.1　Favre（质量）平均

在密度不是常数的情况下，可以对式（2.7）中的某些量进行密度（质量）加权或 Favre 分解，而不是做时间平均。否则，考虑密度脉动的额外关联项将使得平均后的控制方程非常复杂。最方便的方法是对密度和压力做雷诺平均，而对其他变量（如速度、内能、焓和温度）做 Favre 平均。

$$\tilde{v}_i = \frac{1}{\bar{\rho}} \lim_{T \to \infty} \frac{1}{T} \int_t^{t+T} \rho v_i \, \mathrm{d}t \qquad (2.27)$$

式中，$\bar{\rho}$ 表示雷诺平均密度。因此，Favre 分解如下：

$$v_i = \tilde{v}_i + v_i'' \qquad (2.28)$$

式中，$\tilde{v}_i$ 表示速度 v_i 的平均量；v_i'' 表示脉动部分。同样，在这里脉动部分的平均值为 0（即 $\widetilde{v_i''} = 0$ 等）。

对于 Favre 和雷诺平均的混合，可以导出如下的关系式：

$$\widetilde{\rho v_i} = \bar{\rho}\tilde{v}_i, \quad \overline{\rho v_i''} = 0, \quad \text{但} \quad \overline{v_i''} \neq 0 \qquad (2.29)$$

2.9.2　Farve 和雷诺平均的 Navier‑Stokes 方程

将雷诺平均（式 2.25）应用于密度和压力，将 Favre 平均方程（式 2.27）应用于可压缩 Navier‑Stokes 方程（2.8.1 节）中剩下的流动物理量，得到以下方程：

$$\frac{\partial \bar{\rho}}{\partial t} + \frac{\partial}{\partial x_i}(\bar{\rho}\tilde{v}_i) = 0 \qquad (2.30)$$

$$\frac{\partial}{\partial t}(\bar{\rho}\tilde{v}_i) + \frac{\partial}{\partial x_j}(\bar{\rho}\tilde{v}_j\tilde{v}_i + \bar{p}\delta_{ij} - \tilde{\tau}_{ij}) = -\frac{\partial}{\partial x_j}(\overline{\rho v_i''v_j''}) \qquad (2.31)$$

$$\frac{\partial}{\partial t}(\bar{\rho}\tilde{E}) + \frac{\partial}{\partial x_j}\left(\bar{\rho}\tilde{v}_j\tilde{H} - \kappa\frac{\partial \tilde{T}}{\partial x_j} - \tilde{v}_i\tilde{\tau}_{ij}\right) = \frac{\partial}{\partial x_j}(-\overline{\rho v_j''h''} - \bar{\rho}\tilde{v}_i\widetilde{v_i''v_j''})$$

$$(2.32)$$

这就是 Favre 和雷诺平均的 Navier‑Stokes 方程。其中一些项被忽略了，另外右边的项必须以某种方式建模。与雷诺平均类似，动量和能量方程中的黏性应力张量由 Favre 平均的雷诺应力张量表示如下：

$$\tau_{ij}^{\mathrm{F}} = -\overline{\rho \widetilde{v_i'' v_j''}} \tag{2.33}$$

该形式与不可压缩流动类似，但采用 Favre 平均代替雷诺平均。层流（分子）黏性应力张量 $\widetilde{\tau_{ij}}$ 由 Favre 平均速度分量计算。

采用 Favre 平均的湍动能的定义为

$$\overline{\rho}\widetilde{k} = \frac{1}{2}\overline{\rho \widetilde{v_i'' v_i''}} \tag{2.34}$$

我们可以将式(2.31)中的总能量表示为

$$\overline{\rho}\widetilde{E} = \overline{\rho}\widetilde{e} + \frac{1}{2}\overline{\rho}\widetilde{v_i}\widetilde{v_i} + \frac{1}{2}\overline{\rho \widetilde{v_i'' v_i''}} = \overline{\rho}\widetilde{e} + \frac{1}{2}\overline{\rho}\widetilde{v_i}\widetilde{v_i} + \overline{\rho}\widetilde{k} \tag{2.35}$$

总焓定义如下：

$$\overline{\rho}\widetilde{H} = \overline{\rho}\widetilde{h} + \frac{1}{2}\overline{\rho}\widetilde{v_i}\widetilde{v_i} + \frac{1}{2}\overline{\rho \widetilde{v_i'' v_i''}} = \overline{\rho}\widetilde{h} + \frac{1}{2}\overline{\rho}\widetilde{v_i}\widetilde{v_i} + \overline{\rho}\widetilde{k} \tag{2.36}$$

Favre 平均和雷诺平均 Navier‑Stokes 方程的某些项必须被建模以使方程组封闭，这些项的物理意义如下：τ_{ij}^{F} 为 Favre‑雷诺应力；$\dfrac{\partial}{\partial x_j}(\overline{\rho \widetilde{v_j'' h''}})$ 为热量的湍流输运；$\dfrac{\partial}{\partial x_j}(\widetilde{v_i}\tau_{ij}^{\mathrm{F}})$ 为 Favre‑平均雷诺应力做的功。

2.9.3　湍流封闭模型

Favre‑雷诺平均输运方程包括来自平均过程产生的未知量，其中 ϕ 是一个脉动，$\overline{\phi v_i'}$ 就像不可压缩流动中的雷诺应力 $\tau_{ij}^{\mathrm{R}} = -\overline{\rho v_i' v_j'}$。在得到任何解之前，都必须对这些变量进行补充。模化这些未知量的一系列数学方程被称为湍流封闭模型。请注意这些未知量从张量意义上讲总是比基本量高一个阶次。例如，如果 ϕ 是一个标量，那么 $\overline{\phi v_i'}$ 就是一个矢量；如果 ϕ 是一个矢量（一阶张量），那么 $\overline{\phi v_i'}$ 就是一个二阶张量。我们需要求解比层流流动更多的方程。附加的模化方程的类型（代数形式或微分形式）和数量决定了封闭模型的层级。对于大多数的工程应用问题，人们仅试图求出湍流对平均流动的影响：即求解雷诺应力和湍流标量输运项。

经典的湍流模型使用本节提到的 Favre‑雷诺平均输运方程，这也是当前可用的商用 CFD 代码的湍流模拟的基础。而在 LES 湍流模型中,时间相关、空间平均的流动方程被用于求解平均流场和大尺度涡,而小涡的影响则使用模型模拟。大尺度涡与平均流动的作用非常强烈,并包含了大部分湍流能量,因此这种方法可以很好地模拟涡的主要影响。无法在计算网格中精确解析的更小尺度的流动特征,则通过亚格子过滤器被耗散。

经典模型的两个基本层级如下:

- 涡黏性/涡扩散模型,也称为一阶模型,因为它模拟的量是标量,如湍动能 k 及其耗散率 ε。

- 二阶矩封闭模型,也称为雷诺应力模型(RSM),对单个的 Favre-雷诺应力分量进行模化。

每个类别都含有许多的变体。一阶模型可以根据其求解的方程数量进行分类。二阶模型中,如果应力方程是代数方程,则这些模型称为代数雷诺应力模型(ARSM)。最高级的模型求解二阶矩的微分输运方程,因此缩写为微分雷诺应力模型(DRSM)。一些常见的模型如图 2.32 所示。

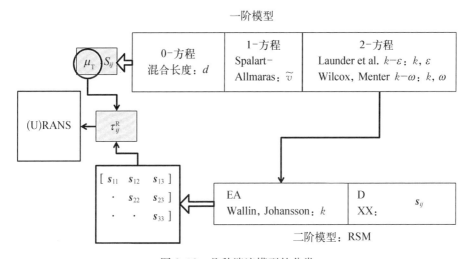

图 2.32 几种湍流模型的分类

LES 是时间精确的,并且即使是对基本的二维平面流动的问题也需要进行三维几何的模拟。LES 的计算网格必须是各向同性的,并能够分辨所有含能尺度的涡结构,这对边界层来说是一个严苛的要求。(U)RANS 模型使用各向异性的边界层网格,可以显著地节省网格点数。靠近壁面的(U)RANS 模型与外部区域 LES 的结合被称为"混合 RANS-LES"和"分离涡模拟"。目前对分离流动模拟的努力,比如对机动飞行模拟的需求,已经产生了大量的混合模型,如文献[28]中给出的以及在 EDGE 中的 Peng 的 HYB0 模型。

上述不同的湍流模型在大多数 CFD 代码中都有体现。有关具体如何实现、适用性和网格需求等的详细信息,请参阅读者使用的 CFD 代码的文档。

2.9.4　一阶封闭:涡黏模型

Boussinesq[1]最先尝试模拟雷诺应力,采用的方法与牛顿流体的分子黏性 μ 完全类似,引入了涡黏性 μ_{T}。涡黏性可以理解为与速度尺度 V 和大尺度含能涡的长度尺度 L 有关的动量扩散系数,$\mu_{\mathrm{T}} \propto \rho V L$。在涡黏假设下,湍流模型简化为用平均量来模拟涡黏性 μ_{T}。然后,雷诺应力张量通过下面的公式与平均场联系起来:

$$\tau_{ij}^{\mathrm{F}} = -\overline{\rho \widetilde{v_i'' v_j''}} = 2\mu_{\mathrm{T}} \widetilde{S}_{ij} - \left(\frac{2\mu_{\mathrm{T}}}{3}\right)\frac{\partial \widetilde{v}_k}{\partial x_k}\delta_{ij} - \frac{2}{3}\overline{\rho}\widetilde{k}\delta_{ij} \tag{2.37}$$

式中,$\widetilde{S}_{ij}$ 和 $\widetilde{k}$ 分别为 Favre 平均的应变率和湍动能。注意其与式(2.10)的相似性。

湍流的热流矢量通过湍流热导率系数 κ_{T} 来建模,κ_{T} 根据湍流黏性和湍流普朗特数(Pr_{T})定义:

$$\kappa_{\mathrm{T}} = \frac{C_p \mu_{\mathrm{T}}}{Pr_{\mathrm{T}}}$$

一阶模型可以根据其所需的附加输运方程的数目来进行分类。因此,代数方程或零方程模型是最简单的。常用的方法则是使用一个附加微分方程(如 Spalart - Allmaras 模型)或两个附加微分方程(如 k-ω 模型)。

2.9.5　二阶矩封闭:雷诺应力模型

因为在附着边界层流动中,雷诺应力张量中只有一个主要分量是重要的,因此涡黏模型在附着边界层流动中表现相当不错。在这种情况下,我们可以考虑用涡黏性来代表这个主要的雷诺应力分量。但对于不属于这种情况的更复杂的流动,涡黏性模型的有效性就值得怀疑了。

两方程模型,如 k-ε 和 k-ω 模型,无法捕捉各向异性正应力的影响。它们也不能准确地捕捉额外变形率和体积力对湍流的影响。RSM 能够精确捕捉这些效应,但是需要对几个未知的湍流过程(压力-应变关系、雷诺应力的湍流扩散、耗散)进行建模。

利用 Navier‐Stokes 方程的二阶矩,可以得到雷诺应力张量的输运方程。

$$\frac{\mathrm{D}\overline{v_i v_j}}{\mathrm{D}t} = P_{ij} \quad - \quad \varepsilon_{ij} + \qquad \Pi_{ij} + \qquad D_{ij} \tag{2.38}$$

生成项　　耗散项　　压力应变率　　扩散项

式中,D_{ij} 表示分子和湍流扩散项。必须对耗散项 ε_{ij}、压力应变率 Π_{ij} 和扩散项进行建模。

对流和扩散项反映了单个雷诺应力分量的输运效应,而两方程涡黏模型只考虑了雷诺应力张量的迹(即湍动能 k)的这种效应。

最重要的是不同的当地源项。RSM 中无须对生成项 P_{ij} 建模,这与涡黏模型仅考虑生成项的迹相比,是一个显著的改进。RSM 中需要对由 D_{ij} 表示的应力分量之间的能量输运建模,但与根本不存在这种效应的涡黏模型相比,最简单的模化方法本身已经是一种改进了。

第 6 章中详细介绍了 EDGE CFD 代码中最常用的模型。

- 一方程 Spalart‐Allmaras 模型,求解涡黏性 $\tilde{\nu}$ 的单一输运方程。

- 两方程 Hellsten k‐ω 模型,求解湍动能 k 和湍流脉动频率尺度 $\omega = \dfrac{k}{\nu_{\mathrm{T}}}$ 的输运方程。

- Wallin‐Johansson 显式代数应力模型,由 Hellsten 提出的 k 和 ω 计算雷诺应力张量。

- Peng 的 LES 模型 HYB0。

现在,我们已经了解了有利于飞行性能的流动物理性质,并定义了数学模型,下一章将结合这些模型和物理现象,得到适用于机翼设计第一循环的 L1 级计算程序。

2.10　通过计算学习更多知识

读者可以通过使用在线资源,获得本章谈及的计算工具的实际操作经验。练习、教程和项目建议可以在图书网站 www.cambridge.org/rizzi 上找到。"旋翼机风筝"的例子就是关于升力和环量的一个非常具体的演示。用于计算示例的许多软件可以在 http://airinnova.se/education/aero-dynamic-design-of-aircraft 上找到。

参考文献

［ 1 ］ J. Boussinesq. Essai sur la théorie des eaux courantes. *Mémoires présentés par divers savants à l'Académie des Sciences*, 23(1), 1877.

［ 2 ］ G. E. P. Box, W. G. Hunter, and J. S. Hunter. *Statistics for Experimenters: Design, Innovation, and Discovery*, 2nd edition. Wiley, 2005.

［ 3 ］ J. F. Campbell and J. R. Chambers. *Patterns in the Sky: Natural Visualization of Aircraft Flow Fields*. NASA Langley Research Center, 1994.

［ 4 ］ J. Deardorff. A numerical study of three-dimensional turbulent channel flow at large reynolds numbers. *Journal of Fluid Mechanics*, 41(2): 453 – 480, 1970.

［ 5 ］ M. Drela. Newton solution of coupled viscous/inviscid multielement airfoil flows. Presented at AIAA Aerospace Sciences Meeting, 90 – 1470, 1990.

［ 6 ］ A. Elsenaar. Separation in transonic flow: a shocking experience. Technical report NLR TP 97151, National Aerospace Laboratory, 1997.

［ 7 ］ A. Elsenaar. Vortex formation and flow separation: the beauty and the beast in aerodynamics. *Aeronautical Journal*, 104(1042): 615 – 633, 2000.

［ 8 ］ A. B. Haines. Computers and wind tunnels: complementary aids to aircraft design. *Aeronautical Journal*, 81(799): 306 – 321, 1977.

［ 9 ］ M. R. Head. Flow visualization at cambridge university engineering department. Presented at Second International Symposium on Flow Visualization, September, Bochum, West Germany, 1980.

［10］ C. Hirsch. *Numerical Computations of Internal and External Flows*. Wiley, 1990.

［11］ E. H. Hirschel. On the creation of vorticity and entropy in the solution of the euler equations for lifting wings. Technical report, Ottobrunn, Germany, 1985. MBB – LKE122 – AERO – MT – 716.

［12］ E. H. Hirschel, J. Cousteix, and W. Kordulla. *Three-Dimensional Attached Viscous Flow: Basic Principles and Theoretical Foundations*. Springer-Verlag, 2014.

［13］ E. H. Hirschel, A. Rizzi, and C. Breitsamter. *Separated and Vortical Flow in Aircraft Aerodynamisc*. Springer, 2020.

［14］ NASA history website. Figure ［105］, schlieren photograph of transonic flow. Available from https://history.nasa.gov/SP – 440/ch7 – 2. htm.

［15］ K. Huenecke. *Modern Combat Aircraft Design*. Naval Institute Press, 1987.

［16］ I. Kroo. *Applied Aerodynamics: A Digital Textbook*. Desktop Aeronautics, 1997.

［17］ M. W. Kutta. Auftriebskräfte in strömenden flüssigkeiten. *Illustrierte Aeronautische Mitteilungen*, 6: 133 – 135, 1902.

［18］ F. W. Lanchester. *Aerodynamics, Constituting the First Volume of a Complete Work on Aerial Flight*. A. Constable and Co. , Ltd. , 1907.

［19］ J. Lighthill. *An Informal Introduction to Theoretical Fluid Mechanics*. Clarendon Press, 1986.

［20］ J. M. Luckring. The discovery and prediction of vortex flow aerodynamics. *Aeronautical*

Journal, 123(1264): 729 - 804, 2019.

[21] B. Melvil Jones. The streamline aeroplane. *Proceedings of the Royal Aeronautical Society*, January: 357 - 385, 1929.

[22] L. Prandtl. Über flüssigkeitsbewegung bei sehr kleiner reibung. *Verhandlungen des dritten internationalen Mathematiker-Kongresses*, pp. 489 - 491, 1904.

[23] L. Prandtl. The generation of vortices in fluids of small viscosity. *Journal of the Royal Aeronautical Society*, 31(200): 718 - 741, 1927.

[24] L. Prandtl and O. G. Tietjens. *Applied Hydro-and Aeromechanics*. Dover Books on Aeronautical Engineering. Dover Publications, 2012.

[25] O. Reynolds. On the dynamical theory of incompressible viscous fluids and the determination of the criterion. *Philosophical Transactions of the Royal Society of London A* 186: 123 - 164, 1895.

[26] A. Rizzi and J. M. Luckring. Evolution and use of cfd for separated flow simulations relevant to military aircraft. Presented at Symposium on Separated Flow: Prediction, Measurement and Assessment for Air and Sea Vehicles, paper 11. Neuilly-sur-Seine, October 2019.

[27] J. Smagorinsky. General circulation experiments with the primitive equations. *Monthly Weather Review*, 91(3): 99 - 164, 1963.

[28] P. R. Spalart et al. A new version of detached-eddy simulation, resistant to ambiguous grid densities. In *Theoretical and Computational Fluid Dynamics*. Springer Science and Business Media LLC, 2006, pp. 181 - 195.

[29] P. R. Spalart. Young-person's guide to detached eddy simulation grids. Technical report CR - 2001 - 211032, NASA, July 2001.

[30] P. R. Spalart, W.-H. Jou, M. Strelets, and S. R. Allmaras. Comments on the feasibility of LES for wings and on a hybrid RANS/LESapproach. In C. Liu and Z. Liu, editors, *Advances in DNS: Proceedings of the First AFOSR International Conference on DNS/LES*. Greyden Press, 1997.

[31] P. Thomas. Entwurfsgerechte tragflugelaerodynamik. Presented at Bericht über die Sitzung des WGLR-Fachausschusses für Aerodynamik, number 67 - 24 in DLR Mitteilung, Darmstadt, November 1967.

[32] M. Tomac. *Towards Automated CFD for Enginerring Methods in Airfcraft Design*. Trita ave 2014:11. KTH School of Engineering Sciences, 2014.

[33] E. Torenbeek. *Synthesis of Subsonic Airplane Design*. Springer Netherlands, 1982.

[34] R. Vos and S. Farokhi. *Introduction to Transonic Aerodynamics*. Fluid Mechanics amd its Applications. Springer, 2014.

[35] D. C. Wilcox. Reassessment of the scale determining equation for advanced turbulence models. *AIAA Journal*, 26(11): 1299 - 1310, 1988.

[36] D. C. Wilcox. *Turbulence Modeling for CFD*. DCW Industries, Inc. , 1998.

第3章 机翼设计中的概念和 计算模型

人类所有的知识都是从直觉(或感性)开始的,然后是概念(或理解概念之间的关系),最后是想法(或通过这种理解获得的理性/知识)……

——Immanuel Kant

没有什么比好的理论更实用的了。

——Kurt Lewin,德裔美籍心理学家

上一章主要介绍了机翼的气动特性随着平面形状和其他主要设计参数的变化而明显变化,讨论了引起这些变化的流动物理规律,并说明了控制这些变化的偏微分方程。我们瞄准的设计任务是构造机翼,以获得适合任务需求的气动特性。这样做需要 L1、L2 或 L3 级的预测方法,这类预测方法可以计算给定的几何形状得到压力场,并最终确定气动性能。

在飞行任务的范围内,本章的目的是分析各种机翼设计的考虑因素,解释不同设计方法的适用性,并介绍 L1 级模型(即涡格法)在亚声速飞机设计中的应用。涡格法主要应用于飞机平面形状设计,测试主要的几何参数是否可以满足设计要求。

设计范式假设整个机翼表面上都是附着流。大展弦比平直翼的流动基本上与自由来流平行。平行于自由来流截面的几何形状决定了机翼边界层的行为、摩擦阻力、分离以及可压缩效应。这种经典的喷气时代前的机翼设计可以有效地分解为本章讨论的平面设计和第 8 章讨论的剖面设计或翼型设计。

但对于高速的后掠翼和三角翼,上述分解方法就失去了预测能力,设计任务变得更加复杂,如第 9 章中研究的案例所示,设计任务讨论将继续针对高速飞行任务,并必须使用 L2 和 L3 级的预测方法。

3.1 简介：从平面形状到升力和阻力的对应关系

本节简要讨论定义机翼总体形状的核心几何参数如何影响飞机的气动性能。此处讨论主要针对没有发动机短舱、增升装置和控制面，且没有安装在机身上的干净机翼。

如第 1 章（表 1.1）所述，用于确定机翼尺寸以承载飞机重量并对气动性能有重要影响的机翼几何参数有展弦比（AR）、翼展（b）、机翼面积（S）、平均截面相对厚度 $\left(\dfrac{t}{c}\right)_{ave}$、梢根比（$\lambda$）、后掠角（$\Lambda$）和巡航马赫数（$Ma_{cruise}$）。第 2 章中的图 2.1 给出三种不同的平面形状——平直翼、后掠翼和细长三角翼，并将这三种机翼与三种不同的飞行状态相关联：亚声速、跨声速和超声速。这种关联反映了相应平面形状的流动模式对飞行器高气动效率的影响，从而获得更低的阻力。特定类型的流动模式本身就是决定实用飞机外形的重要因素。想要确定任何特定需求的机翼的实际几何构型和尺寸，都需要基于第 2 章中描述的流动模型的预测工具。这些工具可以将机翼几何构型与其压力分布相关联，从而确定机翼的气动特性。例如图 3.1 显示了大展弦比小后掠机翼产生的升力，以及与小展弦比大后掠三角翼相比，两者在升力和失速特性上的巨大差异。设计中使

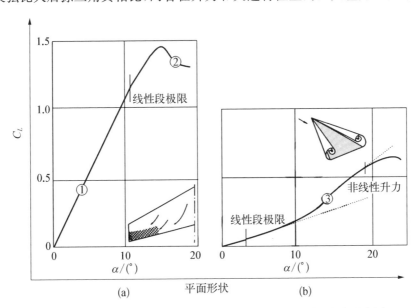

图 3.1 大展弦比小后掠机翼和小展弦比大后掠三角翼升力线示意图

（由 K. Huenecke[10] 提供，经允许转载）

用的气动预测工具必须能够准确捕捉这些特征。我们还应该更深入了解这些现象。第 2 章还向我们展示了低速气动现象与高速气动现象之间的巨大差异。因此本章我们的讨论从 $Ma_{cruise} \leqslant 0.7$ 的低速飞行开始，3.4 节将讨论 $Ma_{cruise} \geqslant 0.7$ 的高速飞行。

3.1.1 采用普朗特-格劳特模型的经典机翼设计

在接近声速的飞行成为可能以前，低速飞机的大致轮廓几乎没有变化。低速飞机通常采用展弦比相对较大的无掠机翼，机翼安装在细长、基本不产生升力的机身上，并采用独立的短舱安装发动机。平直机翼在这样的飞行条件下，采用凯利范式可以使得部件之间不产生强烈干扰。例如，可以单独计算机翼、机身和尾翼的阻力并相加，只需最低程度地考虑干扰效应，即可获得整机的阻力。

第 2 章（见图 2.1）展示了流线型流动主导模式，它在升力面上可以处处保持附着流。仅在后缘发生流动分离，因此可以避免翼型表面出现大范围分离，黏性效应仅限于薄边界层内。此外流动在任何地方都是光滑的，没有出现激波之类的间断。

普朗特升力线理论很好地预测了低亚声速工况下机翼的有限翼展效应。通过设计展向升力分布（如以最小诱导阻力为目标），可以确定机翼的诱导阻力和机翼承载结构的尺寸。因此，设计的主要任务是确定机翼截面上的弦向流动，从而预测失速极限和气动力分布，这对于结构设计和受力矩影响的飞行动力学都很重要。无论是无黏理论还是与边界层分析相结合的二维设计理论，在很大程度上都可以满足实际设计需求。升力线理论及其改进方法是通过普朗特-格劳特模型解释有限翼展效应，如 2.8.3 节介绍的 Weissinger 模型。

这种理论的应用持续了近 50 年，在此期间积累了大量系统性的数据，二维翼型的理论和设计都达到了极其先进的发展阶段。

机翼的设计从翼型的选择开始。选择具有良好气动特性的翼型，可以实现机翼的弦向造型。首先分别选择翼根和翼尖的翼型，在它们之间建立曲面从而完成机翼造型。其次通过平面形状获得理想的载荷分布和弯矩，从而降低诱导阻力。最后将所有的组件都装配到一起，通过设计构型流线化处理，以保持附着流，减小压差阻力。到 1930 年代后期，飞机就已经具有非常简洁的设计，包括发动机罩、悬臂式单翼、可收放式起落架、光滑的表面，以及用于产生更大机翼升力的襟翼。喷气时代初期的客机已经比 20 世纪 20 年代初的飞机更加简洁。这些设计是通过普朗特-格劳特（PG）模型的解析公式（如升力线理论)实现的。

3.1.2　升力线斜率预测

机翼的展弦比影响升力线的斜率$\left(\dfrac{\mathrm{d}C_L}{\mathrm{d}\alpha}\right)$。

1) 大展弦比升力线预测

对于大展弦比机翼,升力线理论预测的升力线斜率如下:

$$C_{L,\,\alpha}=\frac{c_{l,\,\alpha}\mathrm{AR}}{\mathrm{AR}+2}$$

Helmbold 对该模型进行了改进,使用了一个位于$\dfrac{1}{4}$弦长处的椭圆形单升力

涡模型,以满足$\dfrac{3}{4}$弦长处的边界条件。

$$C_{L,\,\alpha}=\frac{c_{l,\,\alpha}\mathrm{AR}}{\sqrt{\mathrm{AR}^2+4}+2}\qquad(3.1)$$

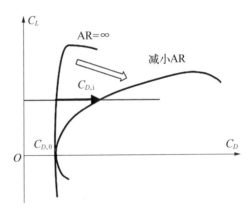

图 3.2 展示了展弦比对升力和阻力系数的影响(阻力极曲线)。飞机翼型上的平面流动(AR=∞)不会产生诱导阻力。然而,由于边界层在尾部增厚,因此阻力在一定程度上随着升力的增加而有所增加。当机翼的展弦比有限(AR<∞)时,阻力极曲线的形

图 3.2　展弦比对阻力极曲线的影响

状接近抛物线,当达到$C_{L,\,\max}$发生失速时,阻力继续上升,但升力下降。

2) 小展弦比机翼和三角翼

在 20 世纪 20 年代和 30 年代的德国,人们对传统的大展弦比平直翼之外的其他平面形状也开始产生兴趣,当时 Alexander Lippisch 和 Horten brothers 等人正在试飞三角翼的原型机。

然而,对小展弦比方案进行的风洞实验却引起了困惑,因为实验测得的升力与升力线理论存在很大差异。在小攻角和小展弦比情况下,升力线理论给出的升力是测得升力的 2 倍。直到 1945 年,Robert Jones 提出了一种理论,准确预测了大后掠三角翼的升力线斜率,才解决了这个问题。

$$C_{L,\alpha} = \frac{\pi}{2}\mathrm{AR}$$

3）涡升力

图 3.1(b)中展示了三角翼的升力曲线,我们可以看到在线性段之后,升力随攻角的增大呈现非线性增加,这个现象是由机翼上表面的旋涡产生吸力的影响造成的。涡升力既不能由升力线理论预测,也不能由琼斯理论预测。Luckring[15]通过对 Lippish DM-1 三角翼模型进行风洞测试,解释了这种非线性旋涡对升力的影响。

随后 Polhamus 设计了一个特别的修正方法,将旋涡的前缘吸力峰值转化为升力和阻力。我们不再进一步发展前缘吸力模型,而是建议通过 L2 和 L3 级的模型提高模型的准确性。

正如我们将在第 9 章中看到的,当前缘尖锐时,涡升力可以用无黏流——欧拉方程(L2 级模型)来进行分析,因此分离位置可以很好地由几何形状决定。然而,大攻角时三角翼背风面流动可能会显示出复杂的分离和旋涡特征,例如涡破裂,这必须采用 RANS 或大涡模拟(LES)模型。

3.1.3　PG 模型的数值解

正如喷气推进技术开启了高速空气动力学的新领域一样,电子计算机的出现使得手工计算难以完成的算法能够通过机器进行计算,从而彻底改变了空气动力学。

涡格法(VLM)是其中最早的实例之一。所有 PG 方法都试图通过基本马蹄涡的叠加来求解拉普拉斯方程。升力线理论使用单涡(Weissinger 方法也相同),将其置于 $\frac{1}{4}$ 弦长位置,配置点位于 $\frac{3}{4}$ 弦长位置。随着旋涡数量或单个旋涡的分辨率增加,计算会变得很烦琐。尽管如此,涡叠加方法在许多地方都得到了应用,1947 年的参考文献[8]给出了一个早期的易于理解的描述。然而,使用计算机使得将升力面表示为许多马蹄涡的格栅成为可能,从而提高了计算精度。

在早期计算机上,即使内存较小,数值计算求解(2D)偏微分方程(PDE)也迅速流行起来。因为有限差分的松弛方法可以用很少的指令编程,并且不需要网格数据结构。

相比之下,VLM 需要一个完整的矩阵和一个高斯消去法程序。这可能就是为什么 VLM 直到 20 世纪 60 年代才被广泛程序化,也就是在 IBM 360 和

CDC 6600 计算机的时代，这标志着计算流体动力学时代的开始。不同形式的计算流体力学(CFD)的诞生可以追溯到大约 1965 年，当时更大的机器内存和先进的操作系统使计算机更加强大，编程更加容易。1976 年的一份 NASA 报告[6]指出，1965 年是空气动力学 VLM 计算机化浪潮的开始，尽管当时计算已经进行了 20 年："在 20 世纪 60 年代中期，Rubbert、Dulmovits、Hedman 和 Belotserkovskii 分别发表了 4 篇独立的有关涡格法的论文。"

涡格法预测：升力与展弦比的关系

图 3.3 展示了 VLM 预测的升力线斜率，包含大展弦比的升力线理论结果和小展弦比的 Jones 方法：升力线结果误差仅在展弦比小于 1 时比较大，因此在图中不太明显。

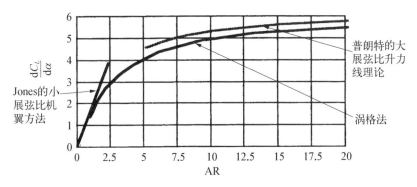

图 3.3　机翼的升力线斜率：有限升力线理论和 Jones 分析模型与涡格法计算结果对比

总之，通过计算机求解 PG 模型的涡格法(VLM)，利用普朗特-格劳特变换在 $Ma_{\text{cruise}} \leqslant 0.7$ 范围内考虑线性可压缩性效应，这是本书首选的 L1 级方法。接下来的两节展示了它对机翼升力线性段①和诱导阻力[见图 3.1(a)]的准确预测。作为一个无黏附着流模型，它不能预测第②或第③段。

3.4 节将考虑 $Ma_{\text{cruise}} \geqslant 0.7$ 时的高速流动，VLM 不再有效，而 L2 级的欧拉方程是首选的模型，第 4 章将继续发展该模型。

3.2　涡格法计算

本节涉及薄翼理论的几个方面，即 2.8.2 节中的 PG 模型，从有限翼展机翼流动的理论涡片模型的发展，到该模型在 VLM 中的实施，这是 PG 模型的数值求解过程。

3.2.1　涡格法简介

涡格法采用无黏、无旋、速度足够慢而可视为不可压缩或符合普朗特-格劳特近似的流动,用来模化有限翼展机翼周围真实的三维流动。在这个讨论阶段先忽略边界层和激波。并且我们假设只有产生升力的部件是重要的,并且它们足够薄,可以简化为平面。这些前提可以引导我们朝着在 Tornado 代码中实现的 VLM 的方向前进。涡格法代码已经存在了 50 多年,开发人员已经提出了巧妙的附加功能来扩展建模的流动效果。图 3.4 展示了其中六个方面的功能。

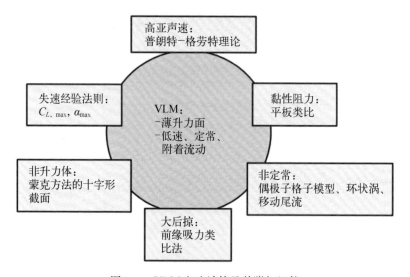

图 3.4　VLM 方法计算及其附加组件

- 高马赫数的压力系数修正(以及力和力矩):普朗特-格劳特理论。
- 大攻角失速的经验关系,最大升力系数 $C_{L, \max}$ 及其对应攻角 $\alpha_{\max}$ 的预测。
- 零升阻力系数,$C_{D, 0}$ 是表面摩擦阻力,类比于平板的零压力梯度流动。
- 非升力体的处理,如机身、尾翼支杆和短舱。
- 通过带有移动尾迹的环状涡格模型和谐波运动的偶极子涡格法处理非定常流动。后者是亚声速颤振分析的首选流动模型。我们将在第 11 章中简要介绍,感兴趣的读者可以参考与该主题相关的文献,如参考文献[14]。
- 用吸力类比法处理前缘涡升力。

PG 修正具有坚实的理论基础。然而,一旦气流形成超声速区域,该方法就不准确了。但从涡格法的结果中很难判断出这一点,需要使用经验来判断 $Ma_\infty = 1$ 附近 PG 修正的准确性。

最大攻角经验法则定量地警示了在大攻角时不要相信涡格模型。

$C_{D,0}$ 的估计基于平板流动,其准确性很难评估。

没有附加组件的涡格法可以用"十字形"来建模机身,用两个直角的薄板代替机身体积。带有十字形机身的客机模型如图 3.5 所示。发动机短舱为圆柱形;马蹄涡只能模拟沿轴线挤压多边形形成的表面。但"法线"方向可以取为真实双曲面短舱的法线。

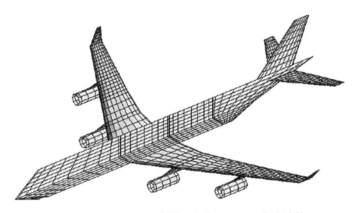

图 3.5　使用十字机身模型的客机 VLM 方法计算

细长体(如飞机机身)也可以通过沿其轴线叠加源和汇来建模。最简单的这类模型假设机身在不受干扰的自由流中飞行,可以模拟机身对机翼的影响,但不能考虑反过来的影响。并且,需要对"底部区域"进行合理的估计,才能给出合力和力矩。

关于非定常环形涡模型和偶极子涡格模型的更多信息和讨论可在本书的网站上找到。

3.2.2　用于升力面的涡片模型

如图 3.6 所示,机翼流动的一种模型是通过一个涡片和一个卷曲的尾涡(即剪切层)来模拟升力翼面,这个涡可以通过一个无黏流中不允许卷曲的刚性涡片模型来进行简化。这就是我们的机翼流动模型。

下面进一步发展涡片流动模型。首先,回顾其速度场[见式(2.18)],其中涡量集中在一个面 S 上。

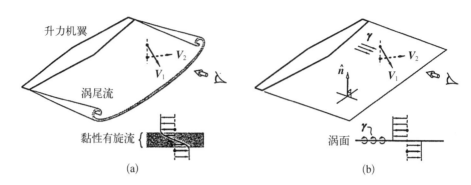

图 3.6 机翼流动的涡片模型垂直于飞行方向的平面中的速度分量。"实际情况"
(a) 在第 2 章中有讨论；涡片模型(b)是 VLM 的基础

(由 Mark Drela 提供，私人通信)

$$v(x) = \int_S \gamma(\xi) \times \frac{x - \xi}{4\pi \, | \, x - \xi \, |^3} \mathrm{d}S \tag{3.2}$$

速度 v 在整个面上是不连续的，并且它的跃变如下所示：

$$\Delta v = \gamma \times \hat{n} \tag{3.3}$$

（这一点可以通过实际计算进行相对烦琐的证明。）

例如，这种跃变关系在计算模拟薄升力面的涡片模型时非常有用。根据伯努利关系：

$$\frac{\Delta p}{\rho} = \frac{1}{2}(\, | \, v_+ \, |^2 - | \, v_- \, |^2) = v_A \cdot \Delta v$$

涡片上的平均速度为

$$v_A = \frac{1}{2}(v_+ + v_-)$$

因此有

$$\frac{\Delta p}{\rho} = v_A \cdot \gamma \times \hat{n} = \hat{n} \cdot v_A \times \gamma$$

压力垂直于面 S，可以得到：

$$\Delta p = \hat{n} \cdot F$$

式中，F 为面 S 所受的力与面积的比力，$F = \rho v_A \times \gamma$。

如果涡片上的涡量从一个展向为 Δy 和弦向为 Δx 的四边形进一步集中到与 γ 对齐的涡线上,则涡量将被集中在一个线涡中,即可得到单位翼展上的力为 $\Delta x \rho v_A \times \gamma$。

这就是 Kutta‐Zhukovsky 定律,该定理最初是在二维中推导出来的,其中绕翼型的总环量等于满足 Kutta 条件所需的涡强度。需要注意的是,为了使尾流的压强跃变消失(正如在稳定的尾流中),V_A 必须与 γ 平行(即涡量与下游流动方向一致)。

升力线理论和马蹄涡

定常流动中的薄升力面可以用马蹄涡系来表示,其中尾涡代表尾流涡片(见图 3.7)。图 3.7(a)所示是常见的阐述"马蹄形"的示意图;图(b)是 VLM 中使用的排列方式,其形状可能更适合称为"发卡"。在极限条件下,当马蹄涡的数量趋于无穷大时,尾流变成一片涡量的涡片。沿 Y 方向单位长度上的尾涡强度(即涡量强度),是该位置上翼面总环量对于展向的导数 $\left(\gamma = -\dfrac{\mathrm{d}\Gamma}{\mathrm{d}y}\right)$。从这个模型中,我们可以推导出有限翼展机翼的基本关系。由于翼尖附近的机翼环量变化最快,因此该区域的尾涡最强。这就是我们会看到翼尖涡的原因。

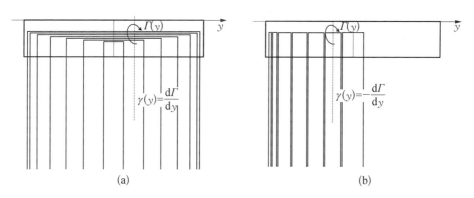

图 3.7　(a) 马蹄涡;(b) 模拟机翼的涡格(vortex lattice)

由尾涡片诱导出的流场 w_i 有几个非常重要的结果。

- 它产生下洗,将来流角从翼型截面的几何攻角 α 改变为等效攻角 $\alpha_{\text{eff}} = \alpha + \Delta\alpha$(见图 3.8)。这会改变升力线的斜率,并产生许多影响。

- 它产生诱导阻力。在二维定常流动中,根据 Kutta 条件不存在尾流涡量。气动力垂直于自由来流,因此没有阻力。然而在三维流动中,由于尾涡面的影响,附着涡位置的气流向下偏转,机翼所受合力向后倾斜,于是产生了诱导阻力,如图 3.8 所示。该图展示了椭圆形的升力分布在展向具有相同的等效攻角。下洗的大小可以使用 Biot-Savart 定律和 3.3.3 节中的公式进行估计。这个诱导阻力非常显著,设计中必须要考虑。

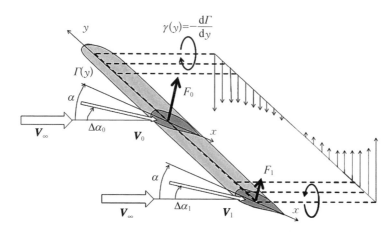

图 3.8 下洗对机翼速度、力和升力方向倾斜的影响

3.2.3 涡格模型

普朗特的升力线理论在展向采用单涡模型[2],该模型仅适用于大展弦比机翼。Jones 的方法[11]仅适用于小展弦比机翼。这两种理论都无法预测机翼表面弦向和展向的载荷分布,也无法预测操纵面偏转的影响。因此需要一种可用于所有展弦比机翼,并能获得载荷分布的方法。这可以通过在薄升力面(简化为理想的薄层)上用离散涡覆盖来实现。VLM 方法就是这样做的,并且适用于升力面的组合,比如带襟翼的机翼或机翼与平尾和垂尾。

(1)升力面由曲面代替,例如翼型的中弧线。

(2)这些面被划分为单元或者面元。

(3)用一个附着涡模拟面元上的升力对流场的影响:在面元周围构造一个环形涡;或是在面元上某个位置放置发卡涡的短腿。发卡涡的长腿不需要是直线。

(4)对于每个面元,在一个点上满足切向流动条件:即配置点。

(5)流动相切条件的组合可以给出一个方程组,描述了弯度和涡强度的关系,从而可以给出弯度和压力之间的关系。

环形涡可以布置在每个面元的中弧面上,并随着控制面偏转而移动。但大多数代码使用发卡涡,其长腿沿着机翼中弧面来模拟附着流。想要做到这一点,发卡涡的长腿必须进行分段。由此产生的计算工作相当复杂,所以大多数代码将发夹涡放在一个扁平的表面上,并采用真实中弧面的法线。这种方法也可以对控制面偏转进行建模(见图 3.9)。我们将在第 11 章中再讨论这个问题,那里考虑的是气动力载荷下表面的变形问题。在机翼的下游,自由涡应该根据自身的动力学行为进行演化以"放松"尾流。对于定常流动模型,通常假设它们为直线,并固定在追踪自由流的位置,或放置在机翼参考平面上。

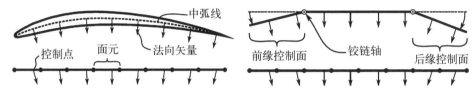

图 3.9　由正常旋转建模的翼型弯度和控制面偏转

　　它仍然需要将旋涡放置在面元和配置点上。我们可以从考虑涡环开始,其自然配置点是面元中心,在近似连续问题中可以达到"二阶"精度。如果面元边缘与自由流方向相同,那么环形涡就可以被我们讨论过的马蹄涡精确替代。Kutta 条件要求在后缘不应有旋涡。格劳特的薄翼型理论将横向的涡腿放置在平板的 $\frac{1}{4}$ 弦线位置。因此,移动 $\frac{1}{4}$ 面元长度,将环形涡的配置点放置于 $\frac{3}{4}$ 弦线处,这也是格劳特理论所得出的,如下文所示。

3.2.4　涡与配置点布置

　　在参考文献[2]中,格劳特薄翼型理论描述了有弯度的薄翼型上的弦向涡强度分布 γ。

$$\gamma(\theta) = 2V_\infty \left(A_0 \frac{1+\cos\theta}{\sin\theta} + \sum_{n=1}^{\infty} A_n \sin n\theta \right)$$

$$x = \frac{c}{2}(1-\cos\theta), \quad 0 \leqslant \theta \leqslant \pi \qquad (3.4)$$

$$A_0 = \alpha - \frac{1}{\pi}\int_0^\pi \frac{\mathrm{d}z}{\mathrm{d}x}\mathrm{d}\theta, \quad A_n = \frac{2}{\pi}\int_0^\pi \frac{\mathrm{d}z}{\mathrm{d}x}\cos n\theta\,\mathrm{d}\theta$$

式中,V_∞ 为自由来流速度;x 和 $z(x)$ 为中弧线的坐标。

对一个平板而言，$\dfrac{\mathrm{d}z}{\mathrm{d}x}=0$，因此 $A_0=\alpha$，$A_n=0$，$n>0$。这个分布的重心位

于 $x=\dfrac{c}{4}$ 处。在 $x=\dfrac{c}{4}$ 处，用 $\Gamma=V_\infty\pi c\alpha$ 结果替换 $\gamma(\theta)$，单位翼展上的升力和

力矩保持不变[见图 3.10(a)]。在距离前缘 kc 处满足流动相切条件。

$$w(x=kc)=-\frac{\Gamma}{2\pi\left(kc-\dfrac{c}{4}\right)}+V_\infty\alpha=0\Rightarrow\quad k=\frac{3}{4}$$

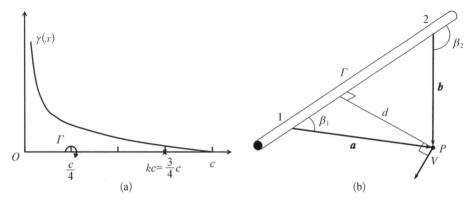

图 3.10　(a) 将分布的涡量用点涡代替；(b) 按照 Biot‑Savart 定律定义变量

　　如果将机翼弦线分为几个部分，即 N 个面元，并在每个面元 i 上放置一个

涡 Γ_i，则边界条件在每个面元的 $\dfrac{3}{4}$ 局部弦长处得到满足。假设在二维截面上有

效的结论可以推广应用于整个机翼。这个假设虽无法得到证明，但在大量应用

中取得的成功为其提供了有力支持。图 3.11 展示了一个被划分为面元的机翼，

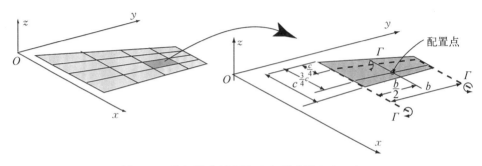

图 3.11　将机翼分割成涡面元；附着涡和配置点

每个面元产生的影响都采用马蹄涡进行模拟。

3.2.5 毕奥-萨伐尔定律

Biot-Savart 定律给出了位置 r' 处的强度为 Γ 的涡线 $\mathrm{d}l$ 对位置 r 的速度增量 $\mathrm{d}u$ 的贡献：

$$\mathrm{d}u = \frac{\Gamma}{4\pi} \cdot \frac{\mathrm{d}l \times (r - r')}{|r - r'|^3}$$

这是式(2.18)的一种特例。这个关系式很容易进行积分,得到涡线所诱导的周向速度 V_θ。

$$V_\theta = \frac{\Gamma}{4\pi d}(\cos\beta_1 - \cos\beta_2)$$

式中,d、β_1 和 β_2 的定义如图 3.10(b)所示。对一个无限长的直线涡给出二维的结果：$V_\theta = \dfrac{\Gamma}{2\pi d}$。

使用向量表示法,通过使用 $a = |a|$ 等,可以得到诱导速度 v 的表达式。

$$v = \frac{\Gamma}{4\pi} \cdot \frac{a \times b}{ab + a \cdot b}\left(\frac{1}{a} + \frac{1}{b}\right) \tag{3.5}$$

3.2.6 方程组

马蹄涡 j 在配置点 i 处诱导出速度 w_{ij}(见图 3.12)：

$$w_{ij} = k_{ij}\Gamma_j$$

式中,$\boldsymbol{K} = k_{ij}$ 是通过式(3.5)计算得出的气动力影响系数矩阵。所有涡诱导速度加在一起给出了以下结果：

$$w_i = \sum_{j=1}^{N} w_{ij} = \sum_{j=1}^{N} k_{ij}\Gamma_j$$

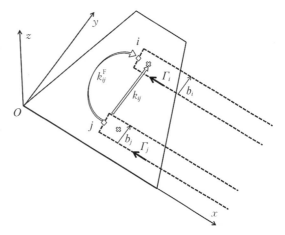

图 3.12 机翼中弧面上的涡 i 和涡 j 以及配置点 x 均位于 (x, y) 平面上

在每个配置点上,应用不可穿透边界条件,其中自由来流 $\boldsymbol{U}_\infty = V_\infty(\cos\alpha, 0, \sin\alpha)$。

$$(V_\infty\cos\alpha, 0, V_\infty\sin\alpha + w_i) \cdot \hat{\boldsymbol{n}}_i = 0$$

为了简化,已忽略了 α 的二阶项。

$$V_\infty \left(\frac{\mathrm{d}z}{\mathrm{d}x}\right)_i - V_\infty \alpha = \sum_{j=1}^{N} k_{ij} \Gamma_j$$

对于附着涡 i 处的受力,可以根据 Kutta-Zhukovsky 公式,通过自由流和中点处的诱导速度计算得到, $w_i^{\mathrm{F}} = \sum_{j=1}^{N} k_{ij}^{\mathrm{F}} \Gamma_j$,其中上标"F"表示附着涡诱导的下洗与其相关联的配置点上的诱导下洗不同,后者应用了不可穿透边界条件。平板 i 上的升力对应 α 的一阶量,即 $L_i = b_i \rho V_\infty \Gamma_i$,其中 b_i 为面元的翼展。以无量纲形式表示每个面元上的升力, $(\Delta C_p)_i = \dfrac{L_i}{q b_i c_i}$,其中 c_i 为面元的弦长, $q = \dfrac{\rho V_\infty^2}{2}$ 。因此,对于所有面元可以构成一个线性方程组。

$$\left\{ \left(\frac{\mathrm{d}z}{\mathrm{d}x}\right) - \alpha \right\} = \frac{1}{2} K \{ c \Delta C_p \} \tag{3.6}$$

- **设计任务**是根据给定的载荷分布 ΔC_p ,通过矩阵乘法计算机翼弯度曲面的斜率 $\dfrac{\mathrm{d}z}{\mathrm{d}x}$ 。

- **分析任务**是针对给定的机翼弯度曲面形状 $z(x, y)$ 求解涡强度/压力差的方程组,然后计算力和力矩。

升力 $L = \sum L_i$;绕 $(x_{\mathrm{ref}}, 0, 0)$ 的 y 轴方向的气动力矩 $M = \sum L_i (x_i - x_{\mathrm{ref}})$ 。

在 3.2.2 节中发现,尾流会引起诱导阻力。对于一个有攻角的平板,吸力面和压力面之间的压差所产生的合力垂直于表面。然而, $\dfrac{D}{L} = \tan \alpha$ 是错误的。尽管如此,仍然可以使用 VLM 从附着涡上的 Kutta-Zhukovsky 力计算平板上的力,正如 3.2.2 节所示。VLM 通过正确近似前缘处出现的压力奇点,给出了正确的诱导阻力;尾缘由于 Kutta 条件而没有奇点。参考文献[7]更详细地讨论了这些问题。升力诱导阻力 D_i 实际上是所有 Γ_i 的二次函数。

阻力也可以通过远处流动的动量亏损计算得出。Trefftz 平面分析将在 3.2.8 节中进行描述。

机翼沿展向的弯曲力矩 $M(y) = \sum_{y_i \geqslant y} L_i (y_i - y)$,可以用于将结构方面的影

响考虑到机翼形状优化中。薄翼需要更重的结构单元来吸收弯曲载荷。

3.2.7　VLM 软件

对上述 VLM 及其变体有许多软件实现,下面是一份简短的列表,来源于公开领域的航空软件: www. pdas. com/index. html。

- 免费或 GNU 公共许可证:

—AVL,最初由 Drela 和 Youngren 在 20 世纪 80 年代的麻省理工学院(MIT) Athena 项目中开发。网址: http://web. mit. edu/drela/Public/web/avl/。该代码仍在开发中。

—Tornado,网址: http://tornado. redhammer. se/index. php,由 Melin 在 20 世纪 90 年代在瑞典皇家理工学院(KTH)开发。

—LAMDES,由 Lamar 开发的代码[13],用于求解最小诱导阻力(Fortran 源码,并可能具有 Windows 可执行文件)。

- 商业软件:

—VLAERO＋,由 Analytical Methods,Inc. 开发。

—www. flightlevelengineering. com/surfaces。

—ZonaTech 开发的 ZAERO,网址: www. zonatech. com/index. html。

本文使用开放许可(GNU 公共许可证)的 Tornado 代码。从代码网站获取的文档有些过时;本书的网站提供了一个更新的 Tornado 运行手册,关于如何在 VLM 中对给定的几何形状建模的实用提示,以及随着面元数量的增加结果如何收敛的信息。

3.2.8　阻力远场分析

力可以通过在浸润面积上对压力和切应力进行积分来计算,这些分量可以通过 CFD 计算或风洞测量得到。这样计算得到的升力是准确的,但是得到的阻力是值得怀疑的,因为阻力的最终结果是正负贡献的抵消。合力也可以通过包围飞机控制面上的流动来计算,也就是下面讨论的 Trefftz 平面分析方法。

在飞机周围放置一个控制面,如图 3. 13 所示。首先,将其缩进以便排开其封闭体积 V 内的所有集中涡量。在体积 V 上将动量平衡的欧拉方程的守恒形式进行积分(高斯定理),得到以下结果:

$$\int_S [\rho(\boldsymbol{u} - \boldsymbol{U}_\infty)(\boldsymbol{u} \cdot \hat{\boldsymbol{n}}) + (p - p_\infty)\hat{\boldsymbol{n}}]\mathrm{d}S = 0$$

这里添加了 $\boldsymbol{U}_\infty$ 和 p_∞ 项,它们在封闭面内的积分为 0。升力面的积分结果

为机翼上的力。因为尾流面上 $\Delta p = 0$ 且没有质量流过,所以对尾流的积分为 0。因此无论这个远场控制面是否靠近飞机,升力面上的力与远场控制面上的积分均一致。实际上黏性力 $\nabla \cdot \tau$ 也可以考虑进去,因为假设了黏性效应在远场边界上快速消失,不对结果产生影响。现在 $\boldsymbol{u} = \boldsymbol{U}_\infty + \boldsymbol{v}$,其中 $\boldsymbol{v}$ 是升力面和尾流产生的速度扰动。这个扰动非常小,因此我们可将 $\rho = \rho_\infty$ 设为处处相等。能量方程表明 $p_\infty - p = \dfrac{1}{2}\rho(|\boldsymbol{v} + \boldsymbol{U}_\infty|^2 - U_\infty^2) = \dfrac{1}{2}\rho(v^2 + 2\boldsymbol{v} \cdot \boldsymbol{U}_\infty)$。因此,最终结果为

$$-\frac{\boldsymbol{F}}{\rho} = \int_S \left\{ \boldsymbol{v}(\boldsymbol{U}_\infty + \boldsymbol{v}) \cdot \hat{\boldsymbol{n}} - \left[\frac{1}{2}(v^2 + 2\boldsymbol{v} \cdot \boldsymbol{U}_\infty)\right]\hat{\boldsymbol{n}} \right\} \mathrm{dS} \tag{3.7}$$

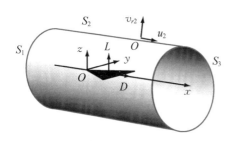

图 3.13　控制体内的客机

负号是因为我们寻找的是飞机表面上受到的气动力,而不是空气受到的反作用力。选择 $S = S_1 \cup S_2 \cup S_3$,如图 3.13 所示的方式,记得切开尾流面,因为它切割了下游平面 S_3。在空气动力学的术语中,这被称为 Trefftz 平面。圆柱面 S_2 远离飞机及其尾流,并且其轴与 $\boldsymbol{U}_\infty$ 平行,因此我们选择它作为 x 方向。

低速诱导阻力

随着 S_2 的半径增加,并且 S_1 在 x 方向趋于无穷,在 $S_1 \cup S_2$ 上,被积函数迅速趋于 0,导致积分值也趋于 0。只剩下 S_3 在法向量 $\hat{x}$ 方向上的贡献。

在 S_3 上,速度分量为 $(U_\infty + u_3, v_3, w_3)$。我们得到,由于 $\boldsymbol{F} = (D, Y, L)$,其中 Y 代表侧向力,因此有

$$\frac{D}{\dfrac{1}{2}\rho} = \int_{S_3} (v_3^2 + w_3^2 - u_3^2)\mathrm{dS}$$

由于在 S_3 上 $u^2 \ll v^2 + w^2$,因此有

$$\frac{D}{q} = \frac{1}{U_\infty^2} \int_S (v^2 + w^2)\mathrm{dS}$$

式中,q 为动压。这个公式表明阻力是非负的,这从 VLM Kutta-Zhukovsky 公

式很难看出来。

参考文献[7]展示了假设尾流是平坦的情况,这个表面积分等于尾流横截面上的线积分,其中包括来自两侧的贡献。

$$\frac{D}{q} = -\frac{1}{U_\infty^2} \int_{-\frac{b}{2}}^{\frac{b}{2}} \Gamma(y) w(y) \mathrm{d}y$$

式中,b 为机翼和尾流的翼展,这里尾迹的涡线被假设为平行的;Γ 为在 y 处的总环量,使得 $\gamma(y) = -\dfrac{\mathrm{d}\Gamma}{\mathrm{d}y}$;$w$ 为下游(一半)无穷远处的垂直速度。由于 w 与 γ 呈线性关系,因此我们再次看到诱导阻力是涡强度的二次函数关系。

3.3　利用涡格法的机翼平面布局设计研究

商用运输飞机的成功关键在于其能够高效、安全,且有以最具竞争力的速度在所需航程上携带设计载荷的能力。机翼的设计质量对飞机的性能贡献非常重要。

需要明确的是,商用运输飞机并不是只适用于特定运行工况的构型。由于巡航高度的分配以及空中交通管制允许给定航班期间高度变化的数量有限,再加上燃油消耗导致的飞机重量减小,因此在给定航班期间商用飞机的巡航升力系数通常会变化约±0.1。尽管这个变化幅度远小于战斗机,但它仍然是不可忽视的。

在高效跨声速运输机的机翼设计中,必须满足如下一些性能标准:

(1)在巡航时(即 $C_{L,\,\mathrm{design}} \pm \delta$),在一系列升力系数下具有良好的阻力特性(寄生阻力、诱导阻力、激波/压缩性阻力)。

(2)应具备足够的抖振边界(需要 $1.3g$ 的抖振裕度),以便在设计升力系数下进行巡航。

(3)在失速或颤振边界附近不能出现飞机抬头的趋势。

(4)在非设计状态下具有满意的性能。

(5)必须具备良好的结构效率以减小重量,并提供足够的空间来容纳主起落架、燃料等。

3.3.1　展向载荷

在我们继续分析之前,考虑一下升致诱导阻力的关系式(将在 3.3.3 节中讨论),为了方便起见,将式(2.6)在此重复写出:

$$\frac{D_\mathrm{i}}{W} = \frac{k'}{\pi} \cdot \frac{L^2}{b^2} = \frac{k'n^2}{\pi q} \cdot \frac{W}{b^2}$$

式中,n 为载荷因子,直线水平飞行时为 1;效率因子 $k' \geqslant 1$。因为考虑了可能与椭圆载荷偏离的情况,且在传统后掠和梢根比的平面布局下变化很小,因此诱导阻力与重量的比值主要与展向载荷 $\dfrac{W}{b^2}$ 成正比。

随着翼展增加,为了产生升力而付出的阻力代价将减少。遗憾的是,更大的翼展意味着重量的增加,从而需要更大的升力。对于给定平面布局的机翼,展向载荷越低,飞机的飞行速度越快、高度越高,诱导阻力越低。兰切斯特和普朗特曾经预测过这一点,但是在 1920 年代离开德国前往美国的马克斯·蒙克将由尾涡引起的阻力命名为"诱导阻力"[16]。在巡航条件下,升力诱导产生的阻力约占典型运输飞机总阻力的 40%,而在起飞时可能高达 80%。

自飞行器发展的早期以来,就已经得到了关于诱导阻力的简单理论结果。实现最小的涡阻力是飞机设计师的主要关注点,根据各种约束和简化近似条件来估计理论最小阻力一直是空气动力学领域的重要课题。自空气动力学学科创立以来,这一问题一直备受关注。

3.3.2 展弦比、后掠角和梢根比对低速性能的影响

机翼的平面布局以其他系统性的方式影响着升力分布。截面升力系数分布 $c_l(y)$ 表示机翼的失速特性,而展向载荷参数(SLP)表示截面升力。它与机翼的弯矩分布相关,对结构设计至关重要。

1) 截面升力系数和展向载荷参数

截面升力系数 $c_l(y)$ 是在展向坐标 y 处单位翼展的升力,通过机翼弦长分布 $c(y)$ 和动压 q 进行归一化。

$$c_l(y)c(y) = \int_C \frac{p(x,\,y)-p_\infty}{q} n_L \mathrm{d}s = \int_C C_p(x,\,y) n_L \mathrm{d}s \tag{3.8}$$

式中,C 为沿常数 y 的封闭截面轮廓线;n_L 为沿升力轴的机翼法向分量;$\mathrm{d}s$ 为沿 C 的弧长微元。机翼升力系数变为

$$C_L S = \int_{-\frac{b}{2}}^{\frac{b}{2}} c_l(y)c(y)\mathrm{d}y$$

式中,S 为机翼面积。

SLP(y)是通过 C_L 和平均气动弦长(MAC)的乘积对截面升力进行无量纲化的结果。

$$\mathrm{SLP}(y) = \frac{c_l(y)c(y)}{C_L \mathrm{MAC}} \tag{3.9}$$

2) 后掠角和梢根比

图 3.14 展示了具有展弦比为 5,$\frac{1}{4}$ 弦长后掠角为 0°、30° 和 60° 以及梢根比为 0.2、0.6 和 1.0 的四边形机翼的 SLP 曲线。随着后掠角的增加和梢根比的减小,截面升力系数峰值向外移动,而其整体水平受后掠角的影响。机翼载荷 SLP 曲线是较为平滑的分布,随着后掠角和梢根比的增加而向外移动。注意 SLP 曲线已经经过归一化,对总升力不敏感,这在图 3.14(c)的梢根比为 1.0 的情况中可以明显看出。

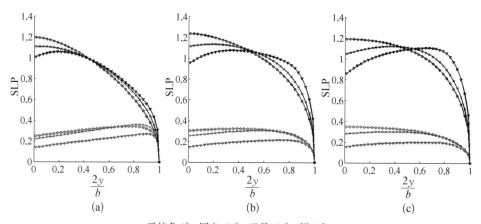

后掠角 0°—圆点;30°—叉号;60°—倒三角。

图 3.14　不同后掠角和梢根比的展向载荷参数(SLP)(上曲线)和
截面升力系数 $c(y)$(下曲线)

(a) 梢根比为 0.2;(b) 梢根比为 0.6;(c) 梢根比为 1.0

3) 启发式失速预测

下面讨论假设机翼截面的工作方式类似于翼型。虽然我们知道这个方法有缺陷,但是它可以提供有用的信息。基本思想是当 c_l 首次超过其截面的 $c_{l,\max}$ 时,失速就开始发生。在翼尖失速的机翼被认为是不理想的,如 2.7 节所讨论的。从这个意义上讲,矩形机翼比有梢根比的机翼更安全。但矩形机翼也有更高的诱导阻力,因为它的升力分布与椭圆形分布相差更远,但诱导阻力的差异比较小。

　　一个平面的椭圆形机翼具有恒定的局部升力系数,所有机翼截面同时失速。有梢根比的机翼首先在翼尖失速,这对飞机的操纵来说是不好的。矩形机翼的最大载荷在根部,首先在翼根失速。翼根失速会对飞行安全更好,因为失速开始后的气流扰动会晃动尾翼并警告飞行员。梢根比也会影响阻力。大展弦比的矩形机翼的诱导阻力比最佳椭圆形机翼高约7%。梢根比为0.45的机翼比椭圆形机翼仅多约1%的阻力。较小的机翼梢根比会具有较小的机翼重量,其内部容积对燃料来说更有用,并且有更大的翼根弦长以容纳起落架。作为诱导阻力和重量之间的折中,可以选择小于0.45的梢根比——如在第9章中研究的SAAB SF340的梢根比为0.375。

　　Spitfire、Me-109和B-58的实际机翼平面如图3.15所示,其中包括截面升力系数$c_l(y)$,以及用虚线表示的假设的失速极限$c_{l,max}$,还有SLP(y)分布以及具有相同总升力的椭圆分布(细虚线)。椭圆形机翼[见图3.15(a)]具有恒定的截面升力系数和椭圆形升力分布。机翼翼尖的多边形近似导致了翼尖处c_l的小波动。Me-109机翼[见图3.15(b)]具有稍大的诱导阻力,截面升力系数在大约展向70%的位置达到最大值。B-58[见图3.15(c)]是1960年代速度可以达到马赫数2的战略轰炸机,采用60°后掠三角翼以保持前缘亚声速。其截面升力系数在翼尖处迅速上升,这表明它的失速特性可能很差。事实确实如此:着陆姿态角约为14°,而失速发生在17°。虽然具有涡升力,但问题是旋涡何时会破裂以及机翼何时失速。VLM不能模拟涡升力,也无法预测涡破裂。

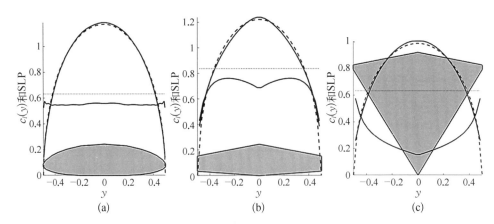

图3.15　不同机翼平面形状的截面升力系数$c_l(y)$和展向载荷参数(SLP)(实线)、
　　　　椭圆升力分布(虚线)和$c_{l,max}(y)$(细虚线)

(a) Spitfire;(b) Me-109;(c) B-58

对于 J-29、F-86 和 MIG-19 的机翼,图 3.16 展示了后掠(和梢根比)对升力分布和 SLP(y)的影响,从(a)到(c)后掠角逐渐增加。随着后掠角增加,载荷和截面升力系数的变化趋势显而易见。还要注意 J-29 机翼锯齿形状处的截面升力系数的突变,而 SLP 看起来是平滑的。截面升力系数曲线在与前缘根部延伸区域的连接处有一个断点。

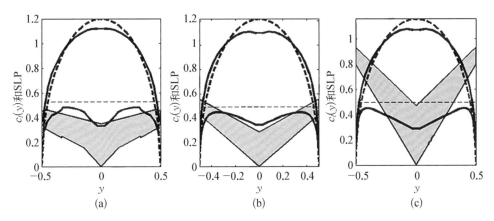

图 3.16 不同机翼平面形状的截面升力系数 $c_l(y)$ 和展向载荷参数(SLP)(实线)、椭圆升力分布(虚线)和 $c_{l,\max}(y)$(细虚线)(二)

(a) J-29;(b) F-86;(c) MIG-19

4) 考虑机动的机翼设计

在巡航升力条件下,展向载荷分布是影响阻力的决定因素。但如果目标是通过附着流设计在高升力系数下获得更高效的升力,设计的重点就从降低诱导阻力转移到将每个截面的升力系数推至极限。因此,如果平面形状是一个简单的梯形,截面翼型都相同,那么目标是实现机翼上各处的截面升力系数 c_l 相同。与机翼上某些部位的翼型在失速后的附加截面阻力相比,非椭圆形的展向载荷的代价要小得多。

还需要考虑其他两个因素。想要设计在更宽范围条件下工作的机翼,可以使用前缘和后缘装置的自动偏转来逼近最佳机翼形状。虽然已经对光滑弹性表面进行了大量研究来实现这一点,但在大多数情况下采用的装置是刚性的襟翼和缝翼。通过合适的连杆机构,缝翼可以通过气动力作用自动展开。

第二个考虑因素是翼型与平面形状的整合。如果翼型的设计载荷较大,那么在跨声速下,机翼上可能会出现一个很强的后部激波。为了降低阻力,这个激波应该是高度后掠的,这也意味着机翼的后缘应该是高度后掠的。这可以通过逆梢根比或前掠翼实现,这也是考虑采用前掠的一个原因。

最后,当翼型接近失速时,平面形状的拐折是一个非常不好的设计。展向载荷保持平滑的趋势意味着在拐折区域的局部升力系数变化迅速,往往会变得过大。图 3.16(a)中 J-29 机翼上的锯齿就是一个例子。

3.3.3　展向载荷和诱导阻力

一旦我们理解了翼尖涡在产生"升力诱导"阻力中的作用,就能够探讨如何在给定升力条件下将其最小化的问题。普朗特的升力线理论给出了答案:对于给定的翼展,当机翼的形状使得展向载荷分布为椭圆形时,在给定升力下的诱导阻力达到最小值。

更详细的描述在 Drela[7] 和 Bertin[4] 的研究中给出。如果总升力为 L,则其展向分布,即单位翼展上的升力为 $\dfrac{\mathrm{d}L}{\mathrm{d}y}$。现在考虑将机翼视为沿展向的涡强为 $\Gamma(y)$ 的单涡,从尾迹和翼尖处释放涡量为 $\dfrac{\mathrm{d}\Gamma}{\mathrm{d}y}$,符合 Helmholtz 涡定律的行为。根据 Kutta-Zhukovsky 公式可知 $\dfrac{\mathrm{d}L}{\mathrm{d}y}=V_{\infty}\rho\Gamma(y)$。确定 $\Gamma(y)$ 需要解一个积分方程,该方程可以将由机翼自身和尾流引起的局部攻角与 Γ 关联起来。普朗特找到了椭圆形 $\Gamma(y)$ 分布的解析解,因为它在展向上产生了恒定的诱导攻角。现在,通过傅里叶假设,有

$$\Gamma(y)=2bV_{\infty}\sum_{n=1}^{\infty}A_{n}\sin n\theta,\quad \cos\theta=\frac{y}{s},\quad 0\leqslant\theta\leqslant\pi$$

事实证明,只有 A_1 对升力有贡献。阻力成为所有 A_i^2 的总和,因此当 $A_i=0,i>1$ 时,获得最小阻力:

$$C_{D,i}=\frac{C_L^2}{\pi\mathrm{AR}} \tag{3.10}$$

此时升力分布是椭圆形的。这个结果似乎暗示我们可以期望在零升力时阻力消失,然而事实并非如此:通过扭转机翼可以抵消升力,但阻力的贡献不能以同样的方式抵消。虽然尚不清楚是否可以通过合理的机翼形状实现最优化,但这里已经发现椭圆形的平面机翼可以实现此目标。这个结果也说明了最优的 $C_{D,i}$ 与展弦比 AR 的关系,当 AR$\rightarrow\infty$ 时,$C_{D,i}$ 趋近于 0。对于小展弦比,升力

线理论不准确。真实机翼的展向效率因子 e 出现在下式中：

$$C_D = C_{D,0} + \frac{C_L^2}{e\pi\mathrm{AR}} \tag{3.11}$$

式中，$C_{D,0}$ 为零升摩擦阻力。$e \leqslant 1$，其最优值非常平坦。二战时期的 Spitfire 战斗机采用椭圆形机翼，而它的对手 Me-109 则采用四边形机翼，仅略微增加了诱导阻力，但制造起来更容易。

具有约束的最小诱导阻力

著名的普朗特升力线理论[见式(3.10)]说明了随着展弦比的增加诱导阻力减小。滑翔机和长航时飞机都拥有非常长的机翼，如 Rutan Voyager 能够完成无间断环球飞行。运输机的原型机的展弦比可达到约 20(见第 1 章)。然而现在的客机展弦比约为 10，而战斗机的展弦比不超过 5。显然，过大的翼展会产生很强的机翼弯矩，需要坚固而重量较大的结构，因此通过增加翼展来获得的收益是有限的。许多工作和论文致力于利用简化的空气动力学模型进行真实机翼的概念方案优化。参考文献[20]考虑以下内容：

(1)升力的空气动力学模型。使用 Weissinger 模型(即只有一个弦向面元的 VLM)和普朗特-格劳特马赫数变换。

(2)阻力。阻力估计：采用计算得到的诱导阻力，再加上利用经验关系估计得到的波阻和黏性阻力。

(3)重量。重量估计根据机翼弯矩，并结合机翼的翼盒尺寸、翼肋等的假设进行。需要对设计载荷情况下的应力、2.5g 载荷下的拉起以及蒙皮的局部屈曲进行检查。

(4)最大升力系数 $(C_{L,\max})$。假设每个剖面在当地攻角下的行为类似于翼型进行最大升力系数评估，使用翼型 $c_{l,\max}$ 的实验数据。

(5)燃油惯性减载。燃油惯性减载也适用于稳定飞行。燃油的重力作用会减小机翼弯矩。

(6)静气动弹性的影响。机翼在气动力作用下会发生气动弹性变形：采用机翼的结构梁模型来计算飞行形状。

图 3.17 展示了逐步施加约束后固定重量机翼的基准平面形状和最优平面形状。需要注意的一点是简单的约束会产生不常见的形状。这里没有对机身建模，起落架的空间约束也未被考虑，因此中心线旁边的形状是无关紧要的。

基准构型

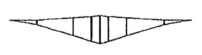

(a) 固定重量最小化诱导阻力

(b) 固定重量最小化总阻力

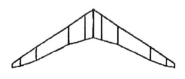

(c) 固定重量和约束低速升力时
最小化总阻力

(d) 固定重量，约束低速升力和考虑燃油
惯性减载时最小化总阻力

(e) 固定重量，约束低速升力，考虑燃油惯
性减载和静气动弹性时最小化总阻力

图 3.17　基准平面形状及逐步考虑约束的效果

（由 Wakayama 和 Kroo[20] 提供）

3.3.4　VLM 的应用：诱导阻力优化

升力线理论成功地模拟了大展弦比、无后掠机翼在低速和小攻角下的诱导阻力。但是，三角翼、与机身紧耦合的鸭翼以及一般的小展弦比机翼（如现代战斗机上所见）都超出了其范围。涡格法对小展弦比机翼和相互干扰的升力面也可以很好地评估，但前提是一个升力面的尾流不会穿过另一个升力面，出于多种原因都应该避免这种情况。还要注意，大后掠的前缘会在机翼上产生强大的旋涡，这会给升力和阻力带来不能被 VLM 模拟的增量。VLM 可以以不同的方式用于优化机翼。

1) 反设计

VLM 是一种经典的反设计工具，可以用于创建具有给定、期望的压力分布的升力面，即"设计任务"（参见 3.2.6 节）。我们将在第 8 章中再次讨论如何寻找期望的压力（或压力差）分布这一具有挑战性的问题。

（1）Γ_i 优化：涡强度优化。

一种特定的 VLM 方法是将涡强度 Γ_i 视为需要优化的参数来优化给定的

平面形状。只有机翼沿流向的斜率 $\dfrac{\mathrm{d}z}{\mathrm{d}x}$ 是将要确定的，因此几何形状必须在展向上适当约束（如通过固定前缘）。升力和阻力的表达式已在 3.2.6 节中给出，因此需要添加其他约束，例如对机翼弯矩的约束，可能还包括对几何形状 $z(x,y)$ 的约束。通过获得涡强度和 α，可以计算出 $\dfrac{\mathrm{d}z}{\mathrm{d}x}$，进而确定形状 $z(x,y)$。阻力本身是涡强度 $\varGamma_i$ 的二次函数，因此这个任务是一个二次最小化问题。升力和弯矩的约束是线性函数，$z(x,y)$ 也是如此，但是几何约束可能引入非线性。因此，如果几何约束很简单，那么这是一个具有单一全局最小值的凸问题。Lamar[13]描述了一种通过优化扭转和弯度来最小化低速诱导阻力的算法，可以适用于非平面升力面构型。

（2）多学科优化：松耦合的形状优化。

在对几何形状等进行适当约束的情况下，通过调整平面形状、弯度和扭转可以最小化诱导阻力，该过程在 1.3.3 节中有概述。巡航优化的一种表述如下：

在给定 C_L 的条件下，通过调整以下因素来最小化 C_D，同时对翼根弯矩 C_m、机翼厚度等进行限制：

- 攻角；
- 平面形状（后掠角和梢根比）；
- 中弧面（扭转和弯度）。

忽略机翼厚度的影响，VLM 可以给出力和力矩，即 3.2.6 节的分析任务，可以用于分析给定的候选平面形状。其几何参数是需要优化的因素：平面形状、弯度和扭转。与控制面配平相关的阻力可以包括在约束条件中。但是配平分析还需要了解重心的位置，通常会在一系列重心位置上进行优化。在这个优化中，上反角几乎没有起到任何作用。上反角会影响滚转-偏航耦合，从而影响逆偏航趋势，但只有在能够估计惯性矩时才能评估这些属性。

2）使用 VLM 进行诱导阻力平面形状优化

诱导阻力占机翼总阻力的比例很大。VLM 可以描述机翼的平面形状和中弧面，并可以计算出一般情况下各种不同升力面的诱导阻力。对于单个平面机翼的平面形状变化，可以得到一个相当平坦的最优解。前面已经看到，对于给定的展弦比，简单的有梢根比的平直翼可以接近最小的诱导阻力，差别不超过 1%。非平面机翼和多个升力面的组合可以提供更多的几何控制手段，并可能获得更大的收益。美国航空航天学会（AIAA）的气动设计优化讨论组（ADODG）

的第 3 个测试案例[1]在无黏流动中对 AR＝6.12 的矩形机翼的扭转进行了优化。多学科优化类的松耦合的诱导阻力最小化问题可以表述如下：

$$\min C_{D,i}(\theta) \tag{3.12}$$

$$满足 C_L \geqslant C_{L,0}, \quad \theta \in [-5°, 5°] \tag{3.13}$$

扭转角度是 $\theta(y)$，其中 $0 < y < \dfrac{b}{2}$。设计参数是从翼根到翼尖的扭转剖面的样条控制点。攻角被认为是在 $y＝0$ 处的翼根截面的扭转角。矩形机翼的翼尖载荷过高，可以通过降低翼尖载荷使其逼近椭圆形载荷，优化问题允许对扭转沿展向进行详细变化。然而，优化大约仅获得了一个阻力单位的收益，从 82 降低到 81 个阻力单位。

3.4　高速机翼

新型喷气推进系统在 1940 年代开始出现，为高速飞行提供了巨大的潜力。但是，典型的低速螺旋桨飞机无法实现高速飞行的潜力，因为这类飞机的特点是采用平直翼，并具有 14%～18% 的相对厚度。然而，在高亚声速、跨声速和超声速飞行范围内，飞机设计中阻力分量线性相加和其他的传统设计原则需要彻底改变。1940 年代的经典飞机形状必须进行彻底改变，以在这些新的速度范围内高效且安全地飞行，因为压缩性效应变得非常强大，足以诱导机翼表面产生流动分离，导致阻力大幅增加，并可能引起稳定性问题和频繁的非定常流动现象。

机翼平面形状设计开始变得高度后掠，例如 F‑86、MIG‑15 和 J‑29，这些飞机都在 1948 年开始飞行。随着飞行速度进一步增加至接近声速及以上时，展弦比进一步降低、机翼厚度进一步减小以抵消增加的阻力，在从 1950 年代起的几乎所有超声速设计中都可以看到这一点。

3.4.1　跨声速巡航：$Ma_{cruise} \approx 0.85$

如果适当增加巡航马赫数 Ma_{cruise}，整个流动中都没有超声速区域，则可以通过普朗特‑格劳特模型轻松估计流动特性。但是随着巡航马赫数 Ma_{cruise} 进一步增加，经典飞机的流动将在翼面附近的有限区域内变为超声速，并最终在除了钝前缘附近的小区域外的各处都变为超声速。当翼面上某点的局部流速首次达到局部声速，并出现可能的间断流动时，该马赫数被称为临界马赫数（Ma_{crit}）。

机翼上 Ma_{crit} 的值取决于机翼的几何形状和攻角。激波的出现伴随着对飞机的压差阻力作用，这是熵变化通过激波表现出来的一种现象。在许多情况下，激波后面会紧跟着流动分离,这反过来常常导致由激波诱发的分离和尾缘分离之间的相互作用而产生非定常流动。这些现象需要更高保真的模型,我们将在 L2 或 L3 级的模拟中进行预测,具体示例将在第 6～9 章中给出。

在某种程度上说,这些困难可以通过使用更薄的机翼来解决,但是出于机翼的强度/重量和燃料容积的原因,这个解决方案的作用也很有限。伟大的突破来自后掠,最早在 1930 年代由德国提出,并自 1945 年以来被广泛应用于改善跨声速和超声速特性。

1) 后掠机翼

临界马赫数取决于超过自由来流的速度(相对于自由来流速度),大致与机体厚度与长度的比例 $\dfrac{d}{L}$ 成正比。对于横截面为圆柱体的情况,$\dfrac{d}{L}=1$,自由来流马赫数为 0.5 时就达到临界马赫数。体形越细长,其临界马赫数就越高。因此,通过使用非常薄的机翼,可以将临界马赫数(阻力发散马赫数 Ma_{dd} 也同样)提升到更高的飞行马赫数 Ma_∞。但是机翼出于强度要求、装载燃料以及控制面驱动器所需的体积的原因,必须具有一定的厚度,因此减小厚度的方法只能在特定的情况下使用。洛克希德 F-104 星式战斗机的无后掠超声速机翼,其相对厚度为 3%,就是一个特别的情况。

除了使机翼变薄之外,如果要保持一定的厚度,还必须找到其他方法来提高临界马赫数 Ma_{crit} 和阻力发散马赫数 Ma_{dd}。在 1935 年罗马的 Volta 会议上,阿道夫·布泽曼提出了通过"后掠"机翼(即将其作为刚体旋转一定后掠角 Λ)来显著降低跨声速阻力的理论。这样,流动"看到"的机翼的相对厚度减小了 $\cos\Lambda$,临界马赫数 Ma_{crit} 和阻力发散马赫数 Ma_{dd} 就会在较高的飞行马赫数 Ma_∞ 处发生,与无后掠机翼的情况不同(见图 3.18)。

另一种理解后掠效应的方法是考虑一个具有固定截面的无限翼展机翼。在这种情况下,沿着机翼展向的速度分量不会产生压力梯度,因为其经过的路径是平直的,因此等压线与机翼前缘平行后掠。这可以通过在适当旋转的坐标系中考虑欧拉方程来得到"证明"。垂直于前缘的马赫数 $Ma_\perp$ 降低为 $Ma_\infty\cos\Lambda$,

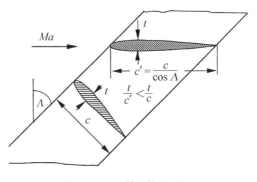

图 3.18　机翼后掠的原理

因此临界马赫数 $Ma_{\mathrm{crit},\Lambda} = \dfrac{Ma_{\mathrm{crit},\Lambda=0}}{\cos\Lambda}$。

这个简单的原理显然只在无限翼展、截面固定、无黏流动的机翼上才成立（如果有的话）。基于 Busemann 和 Betz 最初的建议进行了风洞试验，证实了该理论的实质。图 3.19 展示了 1939 年 H. Ludwieg 在 Göttingen 进行的风洞测试结果。这些数据清楚地显示了在高亚声速下，后掠翼的激波只会在更高的马赫数下出现。翼尖和翼根的效应明显，使得无限展弦比机翼的平行等压线假设失效。第 9 章将讨论采取何种设计方法可以抵消这种效应，并应用于飞机的例子。

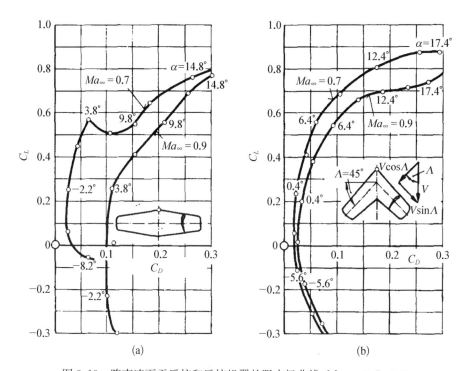

(a)　　　　　　　　　　(b)

图 3.19　跨声速下无后掠和后掠机翼的阻力极曲线，$Ma_\infty = 0.7$，0.9

(a) $\Lambda = 0°$；(b) $\Lambda = 45°$

(H. Ludwieg，哥廷根，1939 年。引自 Schlichting[17]，经许可再版)

2）倾向于翼尖失速

尽管后掠在延迟阻力发散方面有益，但与后掠机翼相关的代价也是存在的，因此空气动力学家希望尽可能少地使用后掠。后掠改变了升力分布，与减小梢根比的效果相似。机翼的外翼段都受到前面内翼段产生的上洗气流的影响。因此,后掠(以及总是与之相结合的梢根比)会导致翼尖处产生较高的局部升力系数 c_l,可能导致外翼失速,并伴随着机体上仰,如图 3.15 和图 3.16 所示。

通过将机翼翼尖向下扭转(外洗)以减小翼尖载荷是缓解抬头力矩的一种方式。另一种方式是在外翼上添加微型涡流发生器,通过在边界层中产生涡流来有效延迟流动分离。

3)示例:波音 B-47

Cook[5]解释了波音 B-47 是怎样一个典型的案例。波音 B-47 的展弦比为 6.0,$\frac{1}{4}$ 弦线后掠角为 35°,梢根比为 0.23。波音 B-47 的机翼预计会出现上仰问题,事实上也确实如此。然而,通过外翼段添加的涡流发生器延迟了翼尖失速,从而减轻了俯仰不稳定性。涡流发生器,如机翼前缘凹口/切口(如犬齿形状)、翼吊发动机的吊挂以及所谓的失速栅栏等,都具有类似效果。

后掠还带来了其他的影响。升力曲线斜率减小,并且对于给定的翼展,机翼变得更长,因此需要更强的结构部件来获得足够的刚度。当机翼的后缘也后掠时增升装置的效果会较差。最后,有后掠的机翼更容易产生颤振。

因此,在选择机翼后掠角时必须考虑系统整体设计。采用先进翼型的一个好处是即使配合更小的后掠角,也可以实现与性能较差的翼型的机翼相同的性能。这就可以解释现代运输机比早期运输机的后掠角要更小的趋势。

3.4.2　超声速飞行的机翼:$Ma_{cruise} > 1$

后掠翼会降低在 $Ma_{cruise} \approx 0.85$ 时的升力,但在 Ma_{cruise} 略大于 1 时,最大升阻比会急剧下降,这主要是因为阻力快速增加。在低超声速范围内的飞行效率不高,设计方案必须考虑薄且细长的构型。本节介绍涉及这些问题的一些内容。首先简要介绍用超声速 PG 模型[式(2.17)中的线性波动方程]对薄翼的超声速流动行为的预测。

1)马赫锥

在速度为 U_∞($Ma_\infty > 1$)的气流中,考虑一个跟随空气运动的流体粒子。在时间 $t = 0$ 时,它通过一个点 $x = \xi$[见图 3.20(a)]。在该位置和该时刻,会释放出一个压力扰动。相对于流动,压力扰动以声速向外沿径向传播,形成一个不断增长的球面。移动和扩展的球面包络形成一个锥体,锥尖位于 $x = \xi$ 处,μ 为锥体的半顶角,$\sin \mu = \dfrac{c_\infty}{U_\infty} = \dfrac{1}{Ma_\infty}$。在数学上,这个包络被称为特征锥,详细讨论将在第 4 章中进行。

假设自由流沿 x 方向,在点 $P=(\xi,\eta,\zeta)$ 处的马赫锥方程如下 [见图 3.20(b)]:

$$[(y-\eta)^2+(z-\zeta)^2]^{\frac{1}{2}}=(x-\xi)\tan\mu,\quad x\geqslant\xi \qquad (3.14)$$

式中,$\tan\mu=\beta=\dfrac{1}{\sqrt{Ma_\infty^2-1}}$。

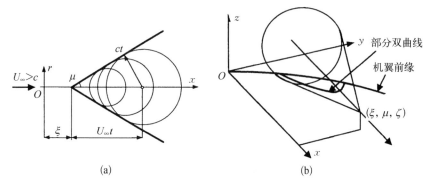

$$(a) \qquad\qquad (b)$$

图 3.20 马赫锥及其影响范围

只有位于锥体表面下游的点 (x,y,z) 才能"听到" P 点的扰动,因此冯·卡门将锥体外部的区域称为"寂静区"。能够在 P 点听到其扰动的点的集合是其依赖域,其中锥体的内部指向相反的方向。

$$[(y-\eta)^2+(z-\zeta)^2]^{\frac{1}{2}}=(\xi-x)\tan\mu,\quad x\leqslant\xi \qquad (3.15)$$

当流动是超声速时,依赖域只限于上游马赫锥。平面 $z=0$ 上的机翼与来自 P 点的上游马赫锥相交,形成一条双曲线。只有双曲线和机翼前缘之间的部分对 P 点产生影响(见图 3.20)。这与由椭圆方程控制的亚声速流动非常不同。在亚声速流动中,整个机翼在流场中的任何地方都会被"感受到"。这种说法成立的基础是"小扰动"假设,即声速恒定且纵向速度在整个区域均为 U_∞。

2) 跨声速和超声速边界

寂静区决定了机翼的边缘对翼载和攻角之间关系的影响。这种影响取决于以下因素:

- 机翼的边缘是前缘还是后缘。
- 垂直于边缘的马赫数分量 $Ma_\perp$ 小于或大于 1。注意,$Ma_\perp\leqslant 1\Leftrightarrow\Lambda\geqslant$

$\dfrac{\pi}{2}-\mu$。

图 3.21 说明了直边机翼的不同流动情况。

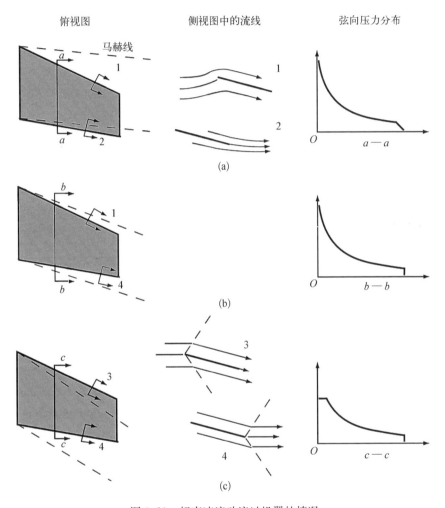

图 3.21　超声速流动流过机翼的情况

（a）亚声速前缘和后缘；（b）亚声速前缘和超声速后缘；（c）超声速前缘和后缘

　　当机翼前缘后掠，并且被包围在机翼顶点向下游的马赫锥内时，机翼前缘法线流动是亚声速的，可以"感知"到机翼顶点产生的上洗流动（情况 1）。当后掠角度较小时，法线流动是超声速的，机翼前缘线上的点的依赖域只包括自由来流，所以没有上洗流动，且流线的斜率不连续（情况 3）。压力峰值变得更平缓。

　　机翼后缘流动向马赫锥内倾斜时，可以感知到自由来流，并适应性地产生平滑的分离(情况 2)。但是,当掠角较小时,后缘点的依赖域不包括自由来流,因此流动会以不连续的流线撞击后缘,产生压力突变(情况 4)。第 6 章将介绍在不同马赫数下的翼型流动模拟,以说明情况 3 和情况 4。

对于超声速飞行,后掠箭形翼或三角翼是十分常见的。一个非常重要的参数是细长比 $\frac{s}{l}$,即半翼展与整个构型长度的比值,以及其与马赫锥角 μ 的关系,这将在第 9 章中进一步讨论。

大多数超声速飞机具有亚声速的前缘(见图 3.22)。

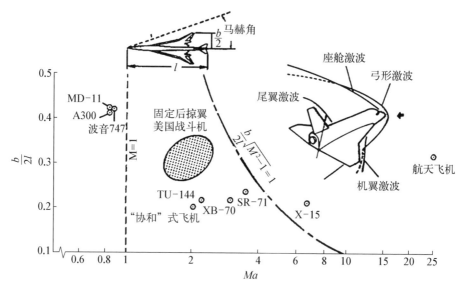

图 3.22 超声速飞机具有较小的细长比和亚声速前缘。航天飞机具有超声速边缘,具有更复杂的激波相互作用和包围的亚声速流区域,增加了波阻

(引自 Harris[9],NASA 公共领域)

3.4.3 机翼形状对超声速阻力的影响

第 8 章将展示计算结果,显示超声速下翼型厚度对阻力的巨大影响。第 9 章将进一步指出细长比 $\frac{s}{l}$ 和机翼形状对超声速阻力的显著影响,尤其是对于具有超声速前缘的机翼。

3.4.4 超声速波阻

在超声速飞行中,产生阻力的因素不仅限于亚声速摩擦阻力、形状阻力和诱导阻力。对于给定升力 L、翼展 b、长度 l 和体积 V_{vol} 的物体,其最小阻力如下所示:

$$D = q\bar{C}_f S + \qquad\qquad 摩擦阻力$$

$$\frac{L^2}{\pi q b^2} + \qquad\qquad 诱导阻力$$

$$(Ma^2 - 1)\frac{L^2}{2\pi q l^2} + \qquad 升致激波阻力 \qquad\qquad (3.16)$$

$$q\frac{128 \cdot V_{vol}^2}{\pi l^4} \qquad\qquad 体积激波阻力$$

式中,S 为浸润面积;q 为动压。这个近似适用于小展弦比的飞机。由体积导致的激波阻力与马赫数无关,但只出现在 $Ma > 1$ 的情况下。

下面再次考虑估算位于圆柱控制体内飞机阻力的情况(见图 3.13)。在低速飞行中,S_2 的贡献可以忽略不计,因为控制方程是椭圆的,扰动会随着距离的增加而逐渐衰减。但在超声速飞行中,波动方程控制着流动,扰动沿着特征锥一直传播,并且仅以缓慢的方式减小振幅。

因此,对于超声速飞行,S_2 对总阻力有贡献,这部分可以记作激波阻力 D_w。下面给出一个简要的讨论。

$$\frac{D_w}{q} = \int_0^{2\pi} d_w(\theta)\mathrm{d}\theta \qquad\qquad (3.17)$$

$$d_w(\theta) = \frac{-2R}{U_\infty^2}\int_{-\infty}^{\infty} v_{r2}(x, \theta)u_2(x, \theta)\mathrm{d}x$$

式中,$d_w(\theta)$ 为在远场圆柱体半径为 R 的条带上,沿着周向角度 θ 的波阻贡献。

在本章的剩余部分,我们只考虑没有升力时的波阻部分。将式(3.17)转化为 von Kármán 细长体公式(3.18)的操作对本书来说技术性太强,因此我们建议对此感兴趣的读者参考 Drela[7] 的解释。

为了满足流动相切的条件,我们需要在物体表面布置源分布。在控制圆柱体表面的点(x, y, z)处,对所有源对构型内部上游马赫锥体内的点(ξ, η, ζ)处的扰动速度的贡献进行求和。超声速 PG 公式(2.17)的影响函数与下式成正比:

$$\frac{1}{\{\beta^2(x-\xi)^2 - [(y-\eta)^2 + (z-\zeta)^2]\}^{\frac{1}{2}}}$$

式中，$\beta = \dfrac{1}{\sqrt{Ma_\infty^2 - 1}}$ [7]，其主要贡献来自物体与马赫锥的交点，此处分母为 0。

由于圆筒控制面远离飞机，圆锥面可以近似为与机身轴线相切的平面（见图 3.20），在该平面上的马赫锥角度 μ 也相应存在。马赫平面与物体表面交点处的源可以通过其在物体中心线上的总和来代替，其误差为 $O\left(\dfrac{d}{R}\right)^2$，其中 d 为物体直径。这对于细长体构型的效果良好，实际上是被简化为一个轴对称物体，并与 Ma_∞ 有关。

通过对 x 方向上从 $-\infty$ 到 $+\infty$ 的每个 θ 值积分，可以得到相交表面 $S(x, Ma_\infty, \theta)$ 的纵向分布。总的波阻是超声速面积律的基础。

$$\frac{D_{\mathrm{w}}}{q} = -\frac{1}{2\pi} \int_0^{2\pi} d_{\mathrm{w}}(\theta)\,\mathrm{d}\theta \tag{3.18}$$

$$d_{\mathrm{w}}(\theta) = \frac{1}{2\pi} \int_0^L \int_0^L S''(x, \theta, Ma_\infty) S''(\xi, \theta, Ma_\infty) \ln |x - \xi|\, \mathrm{d}\xi \mathrm{d}x$$

在马赫数为 1 时，相交的平面与 x 轴垂直（见图 3.23）。激波阻力取决于构型的截面分布。冯·卡门公式是各种最优阻力构型的基础，可以对面积、体积、长度等进行约束。第 9 章将给出使用面积律原理（如果不使用公式）来使截面平滑变化的设计示例，需要考虑从机头到机尾的截面面积的二阶导数。

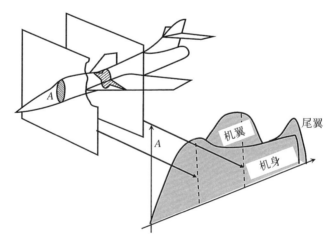

图 3.23　构型与 $Ma_\infty = 1$ 平面相交（如 yz 平面切开飞机的截面）

（Baals 等[3]，来自 NASA 的公共领域）

3.4.5　面积律：波阻的替代模型

理论分析和风洞试验表明，具有如图 3.24 所示面积分布的细长尖头旋成体 [见式(3.19)]具有在该长度和体积下的最小激波阻力，可由式(3.18)描述。这些形状被称为 Sears – Haack 体，以最初研究它们的工程师们命名。

$$\frac{r}{r_{\max}} = \left[1 - \left(1 - \frac{2x}{l}\right)^2\right]^{\frac{3}{4}}, \quad C_{D_{\text{wave}}} = \frac{4.5\pi}{S}\left(\frac{A_{\max}}{l}\right)^2 \tag{3.19}$$

式中，S 为参考面积；$A_{\max} = \pi r_{\max}^2$ 为机体的最大横截面积；l 为机体的整体长度。图 9.34 展示了 $\frac{r_{\max}}{l} = \frac{1}{18}$ 的形状。为了实现超声速飞行器的最小波阻，受图 3.24 的启发，设计师们努力使他们设计的横截面积平滑变化。这个过程称为应用面积律。

这个规则最初是由 Heinrich Hertel 和 Otto Frenzl 于 1943—1945 年在 Junkers 飞机公司的跨声速风洞

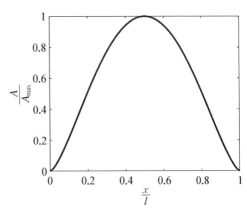

图 3.24　Sears – Haack 体的横截面积分布

中发现的。然后在近十年后的 1952 年，Richard Whitcomb 在 NACA Langley 研究中心又独立地重新发现了它。他指出，面积律应该适用于整个飞机而不仅仅是机身，这意味着机翼和尾翼的额外横截面积也必须在整体造型中考虑进去。

从那时起，面积律已经应用于需要以跨声速或超声速飞行的飞机。机翼必须在速度和升力范围内都表现出色。为了保持机翼形状，并避免出现面积图中的突变，机身横截面积必须在机翼和发动机等凸起处减小，其结果是机身呈现出蜂腰或可口可乐瓶形状。这在早期的面积律飞机上可以看到，如 Convair F - 106 Delta Dart 和 Convair F - 102 Delta Dagger 等。

如今超声速战斗机的发动机比 1950 年代的更强大。虽然面积律不再像过去那样重要，但它仍然用于战斗机以减小巡航阻力，如在后面 9.5.1 节讨论的瑞典多用途战斗机 JAS - 39 的第三轮选型中应用。面积律也在亚声速飞机中得到了广泛应用，尤其是商用客机，因为它们在跨声速的较低范围内巡航。波音 747 就是一个很好的例子，它以独特的"驼峰"而闻名，该"驼峰"容纳了驾驶舱和上层客舱。"驼峰"增加了前机身的横截面积，并使得机身长度上的体积分布更加均匀。

　　然而需要注意的是,超声速面积律并不是一个精确的理论,如文献[19]所讨论的。除了细长体理论的假设之外,超声速面积律还假设:与旋成体形状差异很大的飞机可以被一系列等效的旋成体替代。因此,该理论没有考虑到机身、机翼或尾翼表面引起的波反射。此外,该理论也无法考虑具有高度扭转和弯度的产生升力的构型。在超声速下机身本身会产生激波,引起波阻,机翼与机身连接处的造型需要特别注意。

　　然而,对大多数构型来说,超声速面积律确实能够解释波阻的主要部分,并为飞机波阻分析提供有用的方法。

　　本章发展了描述线性空气动力学,特别是考虑线性可压缩性的计算方法。更现实地说,我们必须掌握计算包含激波流动的方法。传统的数值方法无法计算包含激波等间断的解,因此必须发明新的方法。下一章将为我们提供关于这些方法的一些见解,以及用户在应用这些方法解决实际问题时需要了解的内容。

3.5　通过计算学习更多知识

　　通过使用在线资源,亲自体验本章中涉及的计算工具。可以在书籍网站www. cambridge. org/rizzi 上找到练习、教程和项目建议。浏览展示平面设计的VLM 应用程序。用于计算所示示例的软件可在 http://airinnova. se/education/aero-dynamic-design-of-aircraft 上获得。

参考文献

[1] AIAA ADODG. Available from http://mdolab. engin. umich. edu/content/aerodynamic-design-optimization-workshop.

[2] J. D. Jr. Anderson. *Fundamentals of Aerodynamics*, 5th edition. McGraw-Hill, 1995.

[3] R. A. Warner, D. D. Baals, and R. V. Harris. Aerodynamic design integration of supersonic aircraft. Technical report. October 1968. AlAA Paper 68 - 1018.

[4] J. J. Bertin. *Aerodynamics for Engineers*, 4th edition. Prentice-Hall, 2002.

[5] W. H. Cook. *The Road to the 707: The Inside Story of Designing the 707*. TYC Publishing Company, 1991.

[6] J. deYoung. Historial evolution of vortex-lattice methods. In *Vortex-Lattice Utilization*, National Aeronautics and Space Administration, 1976, pp. 1 - 9.

[7] M. Drela. *Flight Vehicle Aerodynamics*. MIT Press, 2014.

[8]　V. I. Falkner. The solution of lifting plane problems by vortex lattice theory. Technical report. R. &. M. 2591 2591, British A. R. C. , September 1947.

[9]　R. V. Harris. On the threshold — The outlook for supersonic and hypersonic aircraft. Technical report. August 1989. AlAA Paper 89 - 2071.

[10]　K. Huenecke. *Modern Combat Aircraft Design*. Naval Institute Press, 1987.

[11]　R. T. Jones. Properties of low-aspect-ratio pointed wings at speeds below and above the speed of sound. Technical report, NACA, 1946. NACA R-835.

[12]　R. T. Jones and D. Cohen. *High Speed Wing Theory*. Princeton University Press, 1960.

[13]　J. E. Lamar. A vortex-lattice method for the mean camber shapes of trimmed noncoplanar planforms with minimum vortex drag. Technical Note D 8090, 1976.

[14]　M. Landahl. Kernel function for non-planar oscillating surfaces in a subsonic flow. *AIAA Journal*, 5(5): 1045 - 1046, 1967.

[15]　J. M. Luckring. The discovery and prediction of vortex flow aerodynamics. *Aeronautical Journal*, 123(1264): 729 - 804, 2019.

[16]　M. Munk. The minimum induced drag of aerofoils. Technical report. NACA-TR 121, National Advisory Committee for Aeronautics, 1923. NACA-TR-121.

[17]　H. Schlichting. Some developments in boundary layer research in the past thirty years. *Aeronautical Journal*, 64(590): 63 - 80, 1960.

[18]　T. von Karman. The problems of resistance in compressible fluids. In *Proceedings of the Fifth Volta Congress*. R. Accad. D'ltalia (Rome), 1936, pp. 222 - 283.

[19]　R. Vos and S. Farokhi. *Introduction to Transonic Aerodynamics*. Fluid Mechanics amd its Applications. Springer, 2014.

[20]　S. Wakayama and I. Kroo. Subsonic wing planform design using multidisciplinary optimization. *Journal of Aircraft*, 32(4): 746 - 753, 1995.

第 4 章　欧拉方程的有限体积法

在一些数学问题中,数值计算方法的实际应用价值远远高于理论方法的实际应用价值——激波问题就是这类数学问题的典型代表。

——Bertil Gustafsson

在本章中,我们将展示用于解决气体动力学中欧拉方程所描述的包含激波的流动问题的数值方法。本章仅分析一维流动的问题,主要包含以下内容:

- 控制方程的守恒形式;
- 守恒型离散方法;
- 构建数值通量;
- 人工黏性方法;
- 近似黎曼解;
- 高分辨率格式。

更详细的讨论可以查阅参考文献[1,5,9,15]。

4.1　简述求解包含激波的流动问题

航空工程中计算流体力学(CFD)的总体目标是在飞行器构型周围流场内求解 Navier - Stokes 方程。为了达到这个目标,我们需要对这些偏微分方程(PDE)的数学性质有一些基本的理解,并且还需要分析求解这些偏微分方程的数值方法。正如我们在第 2 章中所看到的,数值上求解未简化的 Navier - Stokes 方程是极其费力的,甚至超出了可预见的未来机器的计算能力。因此,我们将首先讨论使空气动力学问题在数学和工程上求解变得可行的数学简化方法。普朗特在 1904 年就开始研究如何简化方程,当时他引入了边界层理论来描述黏性流体在固体边界附近的流动。

　　无论我们选择哪种简化方法(即流动模型)和哪种离散格式(即 CFD 代码)，如 1.4.2 节所述，谨慎分析都是至关重要的。当网格得到充分细化时，确保数值解收敛是很重要的。如果数值解收敛，则偏微分方程的解具有收敛性；在此基础上，如果方程具有相容性，则该偏微分方程是"合适的"。

　　通过实际应用效果，我们可以分析所选择的不同简化方法和离散方法的数值格式的性质。这些方法都是对 Navier‑Stokes 方程的简化(通常是线性化)，从而使得我们能够求解，并且不同的数值方法会突出方程的不同特征。这些方法也体现了求解 Navier‑Stokes 方程的困难，但也提供了正确的物理和数值建模技术的参考。下文假设读者已熟悉偏微分方程的基本术语、数学理论和有限差分方法。

　　假设差分函数足够光滑，数值方法实质上是通过差分方法来近似表达导数。但高速流动会产生不稳定性，因此需要进行一些特殊处理。如何计算激波是本节的主题。本章将介绍以下几个方面：

- 控制方程；
- 模型问题和分类；
- 对离散化的方程进行分析；
- 用 DemoSolv 程序探索数值性质。

　　演示程序 DemoSolv 可以从本书的网站上下载。在那里还可以找到具体实例的相关教程，从而可以具体了解本文所写的理论内容。

　　1) 推动技术发展的历史因素

　　在第二次世界大战之前和期间，飞机气动设计理论源于线性势流理论(第 3 章中有讨论)、风洞实验的数据、来自实验的经验以及从以前的飞机设计中获得的经验教训。在 20 世纪 40 年代，推进技术出现了两个新进展：喷气发动机和火箭推进器，从而使飞行器能够飞得更快。这使得飞行器出现了前所未有的高速空气动力学现象，并且在当时缺少可用工具的情况下，人们很难理解这类问题，因此也就很难控制激波。

　　2) 太空竞赛与钝体问题

　　1958 年至 1963 年，美国第一个载人航天计划是"水星计划"，它的目标是将一个人送入地球轨道并安全返回。再入地球大气层的返回舱需要在 $Ma_\infty = 25$ 的速度下飞行，这就面临着巨大的技术挑战。因此，美国人设计了一个形状为钝体、带有烧蚀隔热板的返回舱，从而可以保护返回舱免受大气再入的高温破坏。这就是钝体问题。

　　除热防护问题外，实现飞行器的稳定飞行也是一项技术挑战，图 4.1 显示了类似"水星计划"中的飞船返回舱在 $Ma=1.4$ 时的纹影照片。马赫数越高，弓形激波越靠近物体，温度越高。

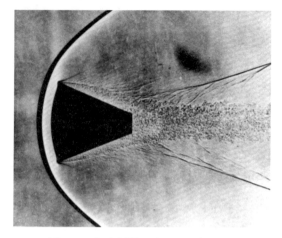

图 4.1　实验阴影照片显示飞船返回舱前的弓形激波

（来自 NASA[12]，公开领域）

　　3）后掠翼喷气式飞机与跨声速流动问题

　　喷气发动机需要在螺旋桨效率低的情况下提供高速推力。高速机翼的设计通常采用后掠形状。后掠翼可以延缓带来额外阻力的激波的产生，从而使得飞行器达到更高的速度。这种设计面临的挑战是理解和预测跨声速流动问题。

　　4）钝体问题

　　压力扰动以声速传播，在地面约为 330 m/s。当物体的运动速度超过声速时（$Ma_\infty > 1$），空气不能逐渐压缩，而是在物体前方突然作用，从而形成激波。根据脱体激波的形状，激波后会出现一个新的马赫数分布，流速为亚声速（$Ma_\infty < 1$），如图 4.2(a)所示。气流在距翼型前缘的下游不远处再次迅速加速到超声速。钝体问题的显著特征是嵌在超声速流动中的口袋状的亚声速流动区域。气体经过激波后，密度、温度和压力增加，因此也称为压缩激波。经过激波后，气体流速急剧下降。激波的厚度只有几个分子平均自由程的大小，因此在数学模型中通常认为激波具有间断性。

　　5）跨声速翼型问题

　　以亚声速飞行的物体，压力扰动可以先于上游流体"宣布"它即将到来，如图 4.2(a)所示。前方的空气可以逐渐调节，流线在其周围平滑弯曲，同时气流从前缘向下游加速。如果物体以亚声速飞行，但是 Ma_∞ 足够高，则超声速流速会出现在翼型的前部。空气必须在翼型后部再次减速，以变回较远下游处的亚声速。气流的减速通过激波实现。跨声速翼型流场是一种嵌入超声速流场的亚声速流场。从最小的 $Ma_\infty < 1$ 开始加速，当翼型上任何一点出现超声速时，就称达到了临界速度 Ma_{crit}，临界速度标志着超临界流动的开始。气流的熵在通过激波时上升，其结果是带来了激波阻力，因此我们应将其降至最低。但是，尽管激波

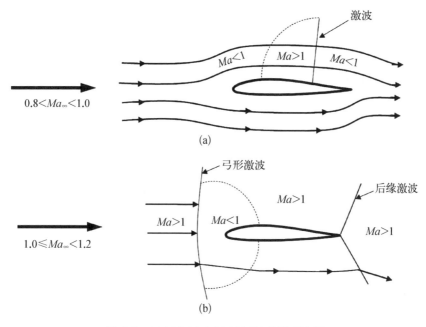

图 4.2　亚声速(a)和超声速(b)的翼型流场

在阻力方面存在缺点,但是在阻力和速度之间进行适当权衡,我们可以得到更好的飞行性能,这就是超临界翼型设计问题。

4.1.1　激波计算的挑战:混合椭圆型-双曲型方程

当定常流场为完全亚声速时,方程为椭圆型方程。这意味着任何扰动都将影响全域,并且随着与其源头的距离增大而迅速衰减。求解此类方程的典型方法是松弛法。完全超声速的定常流场的方程则是双曲型的,局部的扰动被流动带去下游,而无法向上游传播,因此只影响局部地区,求解此类方程的典型方法是特征线法。在 20 世纪 30 年代末和 40 年代,使用松弛法和特征线法的数值方法得到了广泛的应用。

钝体和跨声速翼型问题都有亚声速和超声速的混合流动,因此找到亚声速和超声速之间的边界是求解问题的关键。定常流动的模型为定常欧拉方程,且方程为混合椭圆型-双曲型。求解混合型方程十分困难,直到 20 世纪 50 年代末,钝体问题才演化出一套专门的计算程序。跨声速翼型问题则等到 1970 年才采用一种松弛技术给出一个解决方法。由于只有数值方法才可以解决钝体问题和跨声速翼型问题,因此这两个问题成为 20 世纪 60 年代到 80 年代 CFD 发展的驱动力。在 20 世纪 40 年代,由于风洞阻塞和激波反射现象,在风洞中研究带有激波的流动也很困难。直到 20 世纪 50 年代早期，开槽风洞壁才缓解了这些困难，并得到了可靠的测量结果。所有这些努力如今都得到了回报。今天，至少在合理的置信度下，计算完整飞机外形周围流动的数值解是可能的。所有主要的物理效应，如激波、湍流边界层和涡，都得到了解决。2.7 节中的讨论说明了数值计算的现状。

1）数学和数值上的困难

上述类型的间断解显然不能在所有点上都满足经典意义上的偏微分方程，因为间断处没有定义导数。为了理解偏微分方程解到底是什么，我们必须首先理解如何从物理原理推导守恒律。这首先推导出了守恒律的积分形式。"逐点"微分方程是通过引入额外的光滑性假设而导出的。但最重要的是，积分形式的方程即使对间断解也是有效的。Lax 介绍了微分方程的弱形式，这是数值方法发展和分析的基础。

当我们求解偏微分方程时，我们会面临一些新的问题：在间断处附近，偏微分方程的有限差分离散是不适用的，这是因为偏微分方程在间断处不满足有限差分离散条件。在光滑解假设下发展起来的标准方法通常会产生强耗散的数值结果，导致过度抹除那些原本陡峭的梯度，或者产生吉布斯现象的强色散解。

2）激波捕捉

数值方法会自动产生对间断解的近似，而无须显式地使用跃变条件，这样的方法称为激波捕捉法。在过去四十年中，激波捕捉法取得了巨大的进展，并且拥有不同的实现方法。这些方法应该满足以下要求：

（1）即使区域内存在间断，解在光滑区至少具有二阶精度。

（2）间断处具有清晰的分辨率，不会过度抹平。

（3）获得的解中不存在虚假振荡。

（4）与守恒律的弱形式保持正确的相容性，这是收敛到弱解所必需的。

（5）在求解边界时，需保证一致性，并且需保证网格细化时依旧收敛。

（6）存在熵条件的离散形式，允许我们近似收敛到物理上正确的弱解。

具有上述精度和分辨率特性的方法通常称为高分辨率法（Hi - Res）。我们的目标是研究这些方法的发展和分析这些方法。图 4.3 显示了使用本章研究的方法分析运动移动激波问题（激波管问题）所获得的结果。

理解这些方法需要很好地理解守恒律的数学理论，并且需要具备理解方程解的特性的物理直觉。因此，我们将花费大量的篇幅来介绍这些方法。

对于线性双曲型方程组，特征线起主要作用。对于非线性问题，该理论的推

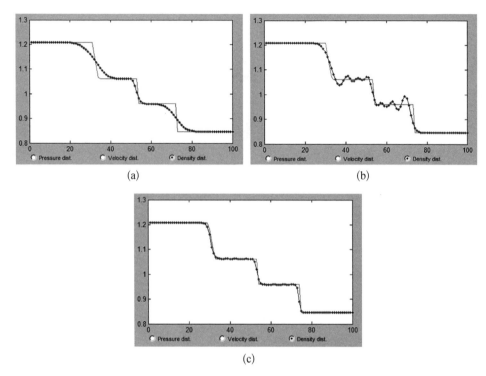

(a)　　(b)

(c)

图 4.3　对激波管问题求解：真实密度分布图与使用三种不同方法计算的数值解
(a) 一阶 Roe；(b) Jameson 格式；(c) 高分辨率 Roe 格式

广是黎曼问题的解(见 4.1.3 节)，并且是数值方法中最常用的理论。该理论是一个守恒律的纯初值问题，包含由单个间断点所分割的两个常数状态组成的特定初始数据。

　　对于欧拉方程，这就是激波管问题，详见 4.1.3 节。其解具有相对简单的结构，并且在许多情况下可以显式计算。

　　纽约大学库兰特研究所的 Lax 和 Wendroff[8]对双曲型守恒型方程组进行研究，在 1960 年针对这些问题提出了第一个二阶精度耗散方法，以该方法为基础形成了 1969 年 MacCormack[10]为 Navier-Stokes 方程开发的高效显式方法。

　　3) 激波计算的历史演变

　　耗散格式以非物理方式抹平所有陡峭的梯度，而色散格式将陡峭的梯度转变为波列，通常伴随着高低变化。一阶格式耗散很强，而标准的二阶方法是色散的。图 4.3 显示了应用于激波管问题的 DemoFlow 方法的结果。精确的密度分布以细线形式给出,图 4.3(a)是一阶 Roe 格式,图 4.3(b)是 Jameson 格式(这是二阶格式,但在压力跃变时增加了一阶人工黏性),图 4.3(c)是高分辨率 Roe 格式。这些结果是一阶、二阶和高分辨率法的典型结果。

Murman 和 Cole[11]于 1970 年在跨声速翼型问题上取得了突破。他们使用松弛法获得了稳定解,并将亚声速区的中心差分转换为超声速区的迎风差分。他们的发现表明,定常跨声速流动的解是可以计算的,这为 CFD 的进一步发展提供了动力。20 世纪 70 年代,随着计算机速度的提高,另一种方法变得切实可行:通过时间推进求解时间精确方程。这些方程构成了一个适定的初边值问题,即使在激波出现时也是如此。当然,解算器必须处理空间中的间断解,并且问题的维数增加了一个,这需要大量的工作来加速收敛到定常状态。

由于需要大量的计算资源,Magnus 和 Yoshihara 在 1970 年的最初工作几乎没有受到重视,但这种情况马上迎来了改变。

在 1970—1975 年这 5 年间,算法飞速发展,计算机硬件速度和规模也迅速增长。在 1975 年哥廷根举行的 Transsonicum Ⅱ 研讨会上,Rizzi 用时间推进法展示了如图 4.2 所示的跨声速问题的实用求解方法。这是研讨会上唯一一篇关于欧拉方程时间推进的论文。所有其他方法都是通过松弛法来求解跨声速速度势方程,如 Jameson 的全守恒格式。

4) 聚焦于欧拉方程

20 世纪 80 年代,欧拉方程的求解成为 CFD 研究的关注点。大多数早期的求解器常常在激波后出现振荡。此外,在 1979 年斯德哥尔摩举行的一次研讨会上,很明显,现有的求解格式没有一个能够真正收敛到定常状态。

Antony Jameson 决定处理完整的非定常欧拉方程。Jameson - Schmidt - Turkel(JST)算法(详见文献[6])使用龙格-库塔(Runge - Kutta)时间推进和二阶/四阶差分方法的混合方法(两者都用于控制振荡和提供背景耗散)。该方法始终能够收敛到定常状态,因此成为使用最广泛的方法之一。Jameson 对气动分析和设计的数学化和计算机化的影响是难以估量的。综上,使用非定常方程求解成为主流。如果时间推进最终产生了一个定常状态,那么流动就不可能是非定常的。Rizzi 和 Engquist[13]综述了 20 世纪 80 年代中期可压缩无黏流模拟理论和软件的发展。如今,类似的模拟湍流流场的方法也唾手可得,CFD 软件及其应用正是一项由时间推进方法造就的数十亿美元的产业。

5) 经典方法：在时间上显式或隐式，在空间上中心差分或迎风差分

欧拉方程的求解发展逐渐演化出了当今可压缩流的 CFD 方法。大多数解算器提供了 Jameson 格式的变体，并且构造了高分辨率迎风格式以避免标准二阶差分中的过冲和摆动。时间推进方法包括显式 Runge-Kutta 方法和更多种类的隐式方法。

6) 单调格式

对于计算具有尖锐梯度甚至间断的解，我们希望使用不会产生新极值的算法，这也是实际流动中不会存在的现象。这就需要算法能够保证：对于单调的初值，不会产生过多或过少的极值点或"摆动"。图 4.4 给出了一个不具备保单调性的例子，在经过一些时间步推进后，解的形式不再是单调的，尽管初值是单调的。

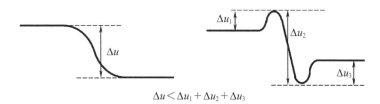

$$\Delta u < \Delta u_1 + \Delta u_2 + \Delta u_3$$

图 4.4　单调初值经过几个时间步推进之后变得不再单调；总变差增加

方程 $f(\cdot)$ 在区间 $[a,b]$ 上的总变差计算方法是 $\mathrm{TV}(f) = \int_a^b \left| \dfrac{\mathrm{d}f}{\mathrm{d}x} \right| \mathrm{d}x$，对于离散形式的总变差计算方法是 $U = u_i$，$\mathrm{TV}(U) = \sum |u_i - u_{i-1}|$

具备 $\mathrm{TV}[U(t+\Delta t)] \leqslant \mathrm{TV}[U(t)]$ 的性质的时间推进方法的总变差不增，通常称为 TV（总变差）下降算法（即 TVD）。Godunov 在其开创性工作[2]中解决了振荡控制和保正性问题。保单调性的算法称为单调格式，其条件非常严格。Godunov 证明，将当前时间的值和导数的线性组合作为下一时间步解的构成方法，不会存在比一阶精度更好的单调方法。TVD 方法是单调保持的。目前的挑战在于开发一种在解的光滑区域具有高阶精度，但在极值处必须具有一阶精度的方法。这种高分辨率格式必然是非线性的。请注意，TVD 性质和收敛性仅在一维标量双曲型守恒律中得到证明。然而，TVD 格式也被证明适用于多维非线性双曲型方程组，如欧拉方程组。

4.1.2　欧拉方程的守恒形式

我们将可压缩无黏流视为受欧拉方程[式(2.15)]控制的流动。只要不存在

激波或其他间断,这种非守恒形式就是有效的,并等效于守恒形式,如式(2.7)中的 Navier‐Stokes 方程所示。然而,如果存在激波,则某些拟线性形式的导数会崩溃。这些方程将不再等价于守恒定律,虽然守恒定律在激波中仍然有效。因此,处理有激波流动的数值方法必须使用积分形式的守恒定律。

在积分形式下,欧拉方程为

$$\int_{\Omega} \frac{\partial \boldsymbol{U}}{\partial t} \mathrm{d}V + \int_{\partial \Omega} \boldsymbol{F} \cdot \boldsymbol{n} \, \mathrm{d}A = 0 \tag{4.1}$$

式中,守恒变量 $\boldsymbol{U}$ 和无黏通量张量 $\boldsymbol{F}$ 分别为

$$\boldsymbol{U} = \begin{pmatrix} \rho \\ \rho \boldsymbol{u} \\ \rho E \end{pmatrix}, \quad \boldsymbol{F}(\boldsymbol{U}) = \begin{pmatrix} \rho \boldsymbol{u} \\ \rho \boldsymbol{uu} + \rho \boldsymbol{I} \\ \rho H \boldsymbol{u} \end{pmatrix} = \boldsymbol{U} \boldsymbol{u}^{\mathrm{T}} + \boldsymbol{P}, \quad \boldsymbol{P} = p \begin{pmatrix} 0 \\ \boldsymbol{I} \\ \boldsymbol{u}^{\mathrm{T}} \end{pmatrix}$$

比总能量 E 是内能 e 和动能之和:

$$E = e + \frac{1}{2} u^2$$

$H = E + \dfrac{p}{\rho}$ 是总焓。对于具有定压比热容 c_p 和定容比热容 c_V 的理想气体,有

$$p = \rho e (\gamma - 1), \quad \gamma = \frac{c_p}{c_V}$$

欧拉方程的微分形式如下:

$$\frac{\partial \boldsymbol{U}}{\partial t} + \nabla \cdot \boldsymbol{F} = 0 \tag{4.2}$$

在直角坐标系中 $x_i = (x, y, z)$,有

$$\frac{\partial \boldsymbol{U}}{\partial t} + \frac{\partial \boldsymbol{F}_1}{\partial x_1} + \frac{\partial \boldsymbol{F}_2}{\partial x_2} + \frac{\partial \boldsymbol{F}_3}{\partial x_3} = 0$$

$$\boldsymbol{F}_1 = \begin{pmatrix} \rho u \\ \rho uu + p \\ \rho vu \\ \rho wu \\ \rho H u \end{pmatrix}, \quad \boldsymbol{F}_2 = \begin{pmatrix} \rho v \\ \rho uv \\ \rho vv + p \\ \rho wv \\ \rho H v \end{pmatrix}, \quad \boldsymbol{F}_3 = \begin{pmatrix} \rho w \\ \rho uw \\ \rho vw \\ \rho ww + p \\ \rho H w \end{pmatrix}$$

1）兰金-于戈尼奥（Rankine - Hugoniot）关系

欧拉方程可以在解中产生激波和接触间断。最初,光滑的波会增长并转变为运动激波。假设流动中的间断以恒定速度 v 传播,如图 4.5 所示。考虑含有间断的控制体 Ω,并用该速度 v 移动。欧拉方程(4.1)变成如下形式:

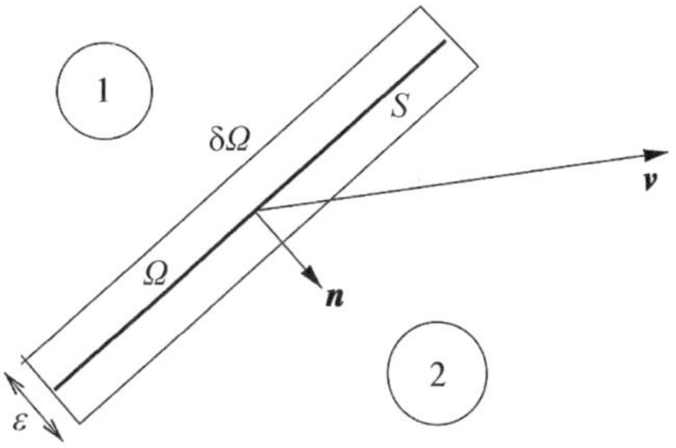

图 4.5　包含间断 S 的控制体 Ω 以速度 v 移动

$$\int_\Omega \frac{\partial \boldsymbol{U}}{\partial t}\mathrm{d}V + \int_{\partial\Omega}[\boldsymbol{U}(\boldsymbol{u}-\boldsymbol{v})+\boldsymbol{P}]\cdot\boldsymbol{n}\,\mathrm{d}A = 0 \tag{4.3}$$

让控制体的厚度趋近于 0(即 $\varepsilon\to 0$)。此时式(4.3)中的体积分消失,边界 $\partial\Omega$ 成为间断界面 S 的上游侧[状态(1)]和下游侧[状态(2)]。

由于 $\boldsymbol{n}_1 = -\boldsymbol{n}_2$,因此欧拉方程[式(4.3)]简化为

$$\int_S [\boldsymbol{U}(\boldsymbol{u}-\boldsymbol{v})+\boldsymbol{P}]\cdot\boldsymbol{n}\,\mathrm{d}A = 0$$

式中,中括号表示矢量在间断面上的跃变。由于该关系适用于沿间断面的任何曲面 S,因此我们获得了 Rankine - Hugoniot 关系,该关系发表于 1870 年和 1887 年:

$$[\boldsymbol{Uu}+\boldsymbol{P}]\cdot\boldsymbol{n} = [\boldsymbol{U}]\boldsymbol{v}\cdot\boldsymbol{n} \tag{4.4}$$

对于稳定的间断 $v=0$,Rankine - Hugoniot 关系[式(4.4)]简化为

$$[\boldsymbol{Uu}+\boldsymbol{P}]\cdot\boldsymbol{n} = 0$$

如果间断在地面参考系中以速度 v 移动,则间断在以速度 v 移动的参考系中是静止的。运动坐标系和惯性坐标系中的速度由下式决定:

$$\boldsymbol{u}_{运动参考系} = \boldsymbol{u}_{相对参考系} - \boldsymbol{v} \tag{4.5}$$

静止间断的 Rankine - Hugoniot 关系[式(4.5)]可以表述为

$$[\rho\boldsymbol{u}\cdot\boldsymbol{n}] = 0$$

$$[\boldsymbol{u}]\rho\boldsymbol{u}\cdot\boldsymbol{n} + [\rho]\boldsymbol{n} = 0 \tag{4.6}$$

$$[H]\rho\boldsymbol{u}\cdot\boldsymbol{n} = 0$$

2）切向间断或涡层

如果没有质量流量流过间断面（即 $\boldsymbol{u} \cdot \boldsymbol{n} = 0$），则称为切向间断（有时候称为接触间断）：

$$u_n = \boldsymbol{u}_1 \cdot \boldsymbol{n} = \boldsymbol{u}_2 \cdot \boldsymbol{n} = 0, \quad [p] = 0, \text{通常} [\rho] \neq 0, [\boldsymbol{u}_t] \neq 0, [H] \neq 0$$

定义 $\boldsymbol{u}_{t,k} = \boldsymbol{u}_k - u_n \boldsymbol{n}$（$k = 1, 2$）为切向速度。图 4.6 显示了间断面两侧的速度，如图（a）所示为速度与之平行的涡层，如图（b）所示为有质量流量通过的激波。密度和总焓的非零跃变意味着熵的非零跃变。对于马赫数远低于 1 的无黏流动，也就是我们通常说的不可压缩流动，在没有热源的情况下，能量方程与动量方程和连续方程解耦，H 沿流线变成常数，因此变成伯努利关系式。

$$p + \frac{1}{2}\rho \mid \boldsymbol{u} \mid^2 = \text{常数（沿流线成立）}$$

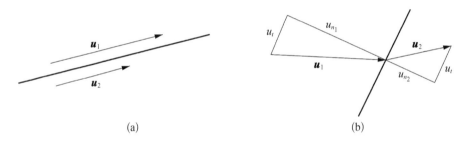

图 4.6　（a）涡层-切向速度间断；（b）激波-法向速度间断

因此在这种情况中 $\mid \boldsymbol{u}_1 \mid = \mid \boldsymbol{u}_2 \mid$，并且速度变化量必须与间断面法线正交：

$$\boldsymbol{u}_1 - \boldsymbol{u}_2 = \boldsymbol{\gamma} \times \boldsymbol{n} \tag{4.7}$$

我们在第 3 章中遇到了这样一个涡层类的间断，其中 $\boldsymbol{\gamma}$ 是涡强度向量。涡层就是一个切向间断面。

3）可压缩激波

当穿过间断面的质量流量 $\rho \boldsymbol{u} \cdot \boldsymbol{n} \neq 0$ 时，这个间断面就是激波：

$$[\boldsymbol{u}_t] = 0, \quad [H] = 0, \quad [u_n] < 0, \quad [\rho] > 0, \quad [p] > 0, \quad [s] > 0$$

式中，s 为熵。这种类型的间断不会出现在低速流动中，出现激波的流动上游马赫数必须超过 1。守恒方程本来并不要求通过激波需要增加熵，但热力学第二定律要求激波总是压缩的。上述弱解通常不是唯一的，因此需要熵条件来筛选物理上允许的解。

4.1.3 模型问题：一维欧拉方程

(x , t)平面上微分守恒形式的欧拉方程为

$$\boldsymbol{U}_t + \boldsymbol{F}_x = 0 \tag{4.8}$$

式中，

$$\boldsymbol{U} = \begin{pmatrix} \rho \\ \rho u \\ \rho E \end{pmatrix} , \quad \boldsymbol{F}(\boldsymbol{U}) = \begin{pmatrix} \rho u \\ \rho u^2 + p \\ (\rho E + p)u \end{pmatrix}$$

通过链式求导法则 $\boldsymbol{A} = \dfrac{\partial \boldsymbol{F}}{\partial \boldsymbol{U}}$ 得到拟线性形式为

$$\frac{\partial \boldsymbol{U}}{\partial t} + \boldsymbol{A}\, \frac{\partial \boldsymbol{U}}{\partial x} = 0 \tag{4.9}$$

"通量雅可比"矩阵 $\boldsymbol{A}$ 有一套完整的实特征值和特征向量，可以按如下方式对角化：

$$\boldsymbol{A} = \boldsymbol{R}\boldsymbol{\Lambda}\boldsymbol{R}^{-1} , \quad \boldsymbol{\Lambda} = \begin{pmatrix} u & 0 & 0 \\ 0 & u+c & 0 \\ 0 & 0 & u-c \end{pmatrix} \tag{4.10}$$

式中，$\boldsymbol{R}$ 为矩阵的特征向量矩阵；c 为当地声速，$c = \sqrt{\dfrac{\gamma p}{\rho}}$。守恒型方程[式(4.8)]中的通量雅可比矩阵 $\boldsymbol{A}$ 如果能允许这种对角化，则称为双曲型方程。

矩阵 $\boldsymbol{A}$ 的特征值是 PDE 的波速。有人可能会称之为三条不同的"信息波"——下文讨论的黎曼变量——沿着(x , t)平面中的曲线以不同的波速传播，以构建求解方程。例如，如果 $u > c$，则所有波都向右移动，没有"信息"向左移动。流动上游并"不知道"下游是什么，从而导致形成不连续的解——激波。数值方法应考虑波传播的方向，这种格式称为迎风格式。

1) 黎曼变量

我们现在能够将式(4.9)改写成包含如下解耦的标量方程：

$$\boldsymbol{R}^{-1}\, \frac{\partial \boldsymbol{U}}{\partial t} + \boldsymbol{R}^{-1}\boldsymbol{A}\boldsymbol{R}\boldsymbol{R}^{-1}\, \frac{\partial \boldsymbol{U}}{\partial x} = 0$$

$$R^{-1} \frac{\partial U}{\partial t} + \Lambda R^{-1} \frac{\partial U}{\partial x} = 0 \tag{4.11}$$

$R^{-1} \dfrac{\partial U}{\partial t}$ 中的元素乘以适当的积分因子之后可以写作 $\dfrac{\partial W}{\partial t}$，其中 $W = [w_1 \ \ w_2 \ \ w_3]$ 称为**黎曼变量**或**特征变量**。微分方程可以用下列变量进行改写：

$$w_1 = \frac{p}{\rho^\gamma}, \quad w_2 = u + \frac{2c}{\gamma - 1}, \quad w_3 = u - \frac{2c}{\gamma - 1} \tag{4.12}$$

假设后两者的熵为常数。这是一组最能反映流体物理特性的变量，用于描述边界处的特性。请注意，并非所有具有两个以上方程的守恒定律都允许这种封闭形式的积分。

根据黎曼变量，式(4.9)变成解耦的波动方程：

$$\frac{\partial W}{\partial t} + \Lambda \frac{\partial W}{\partial x} = 0 \tag{4.13}$$

每个黎曼变量都遵循其一阶波动或对流方程，具有 $\dfrac{\partial u}{\partial t} + a \dfrac{\partial u}{\partial x} = 0$ 的形式。

因此，每个量 w_j 沿着特征线传播，即 C_0、C_+，C_- 中的一条，如下式给出。

$$C_0: \frac{\mathrm{d}x}{\mathrm{d}t} = u, \quad \frac{\partial w_1}{\partial t} + u \frac{\partial w_1}{\partial x} = 0$$

$$C_+: \frac{\mathrm{d}x}{\mathrm{d}t} = u + c, \quad \frac{\partial w_2}{\partial t} + (u + c) \frac{\partial w_2}{\partial x} = 0$$

$$C_-: \frac{\mathrm{d}x}{\mathrm{d}t} = u - c, \quad \frac{\partial w_3}{\partial t} + (u - c) \frac{\partial w_3}{\partial x} = 0$$

式(4.9)中的黎曼变量实际上沿特征线是恒定的，因为等式右侧为 0，因此称它们为黎曼不变量，不过由于速度随流场变化，因此特征线通常不是直线。我们可通过特征线法(见图 4.7)快速求解，如下所示。

给定时间 t 时刻的 $w_j(x)$ 和一个点 $(x, t + \Delta t)$ 的坐标，找到点 x_i 并使得其通过 C_- 特征线与点 $(x, t + \Delta t)$ 相交。那么这个解就应当是

$$w_j(x, t + \Delta t) = w_j(x_j, t), \quad j = 1, 2, 3$$

特征线的斜率为

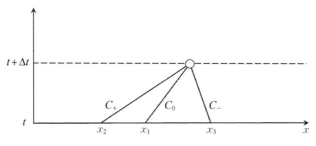

图 4.7　根据特征线构造解

$$u = \frac{(w_2 + w_3)}{2}, \quad u \pm c = u \pm \frac{(\gamma - 1)}{4}(w_2 - w_3)$$

所以特征线法不需要计算所有的守恒变量或原始变量。虽然这看起来很吸引人，但特征曲线可以在 $t + \Delta t$ 时刻与多个 x_2 相交。这表示着激波的形成，需要使用 Rankine - Hugoniot 关系来求解激波传播。例如，本节所写的方法可用于二维定常等熵流，但在三维和激波流动中会变得相当复杂。

但是，正如第 6 章所示，多维有限体积法只需要跨单元之间界面的一维通量。因此，继续发展具有激波和接触间断的一维（或准一维）流动是有意义的。

4.3 节中考虑的准一维喷管模型具有源项。黎曼变量仍然沿特征线传播，但它们并不是常数。对于 w_1，源项消失；从物理上讲，这表示一个恒定不变熵在流动中以速度 u 传输。

2）激波管与黎曼问题

考虑一个长管（激波管）被隔膜在 $x = 0$ 处分为两个腔室（见图 4.8）。最初，隔膜左侧的腔室包含较高的压力 p_4 下的静止气体，右侧的腔室包含较低的压力 p_1 下的静止气体。当隔膜在 $t = t_0$ 处破裂时，高压使气体向右加速，形成激波、接触间断和膨胀波（或稀疏波），如图 4.8 中 t_1 时刻所示。虽然模型中既没有黏性也没有热传导，但耗散仍然存在：激波将动能转化为热量并增加熵。这个跃变曲线表明该解是 $\eta = \dfrac{x}{t}$ 的函数。激波的速度与特征线有关，需根据 Rankine - Hugoniot 关系以及它们的状态计算。稀疏波（或膨胀波）的最左侧点位于 $x = -a_4(t_1 - t_0)$，其中 a_4 是膜左侧的声速。熵是分段常数，在区域 3 和区域 2 之间以及区域 2 和区域 1 之间有跃变。膨胀波上的压力连续变化，仅在区域 2 和区域 1 之间跃变。

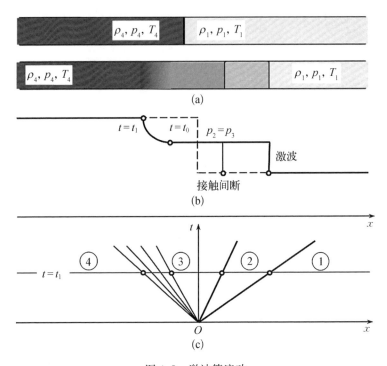

图 4.8　激波管流动

(a) $t=t_0$ 和 $t=t_1$ 时的流动；(b) 压力；(c) 带运动轨迹的 $x-t$ 图

对于黎曼问题，可以精确求解欧拉方程，并且可以导出图 4.8 中从①到④的各种状态之间条件的解析表达式。

好消息是，如果满足熵条件（即间断处存在物理上正确的耗散），则存在唯一的解。坏消息是，这些关系式是非线性的，需要迭代求解，这使得它们在计算中十分复杂。尽管如此，Godunov 在 1959 年[2]仍将他的求解方法建立在这个解的基础上，但是在求解具有强激波的流动时可能需要精确的黎曼求解器。

3）准一维喷管流动

通过给定截面分布的收缩扩张喷管的定常流动是由出口和入口之间的固定压力比驱动的；这模拟了一个物理情况，即入口连接到一个已知压力 p_0 和温度 T_0 的大储存容器，出口在一个很大的区域，存在背压 $p_1<p_0$（见图 4.9）。

由此产生的定常流动取决于压力比 $\dfrac{p_0}{p_1}$，其中我们可以控制 p_1。当 p_1 较大时，流量加速至喉部（最小横截面积），然后减速至出口，减小 p_1 会增加质量流量。当 p_1 足够小时，喉部的气流变成声速，并通过激波在扩张部分返回亚声速；

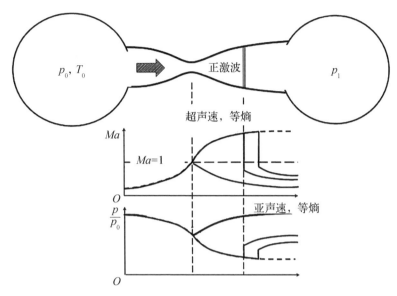

图 4.9 不同背压 p_1 下的准一维喷管问题的建立和求解

这时流量被阻塞,从入口到喉部的流动剖面不会随着 p_1 的进一步减小而改变。继续降低 p_1 会进一步使激波向下游移动,直到出口也是超声速的,这是出口处可达到的最低压力。p_1 低于该限值会使流量在喷管下游进一步膨胀,因此容器中会出现激波/膨胀波模式。图 4.9 给出了几种情况下的压力和马赫数分布。

该模型忽略了黏性,并假设喷管非常细长,流动为准一维:流动特性仅随喷管坐标 x 变化,且假设速度平行于喷管的中心轴。这体现了通过非定常方程的时间推进在数值解中捕捉定常激波的技术。

我们必须问这样一个问题:这个模型对真实情况的预测有多好?答案是这个模型并不适用于真实条件。显然,这里采用边界条件替代了系统的其余部分,而它们只能在某些情况下成立。观察一个运行中的喷气发动机或火箭喷管,我们可以确认气流在喷管外也显示与理想状态不同的流动模式。而忽略黏性意味着流动不会在喷管壁面分离,但如果下游面积增长过快则无法避免分离的产生。这种分离会导致总压损失,因此我们需尽量避免。

4)准一维欧拉方程

对于喷管内非定常控制方程的推导,首先需要控制体 Ω,一个在时间和空间上固定的垂直于喷管轴线的 $\mathrm{d}x$ 切片,如图 4.10 所示,以及质量、动量和能量守恒方程。喷管截面积分布为 $A(x)$,$0 \leqslant x \leqslant L$。

$$A\,\mathrm{d}x\,\frac{\partial\rho}{\partial t}-A\rho u+A_+\,\rho_+\,u_+=O(\mathrm{d}x^2)$$

$$A\,\mathrm{d}x\,\frac{\partial(\rho u)}{\partial t}-A\rho u^2+A_+\,\rho_+\,u_+^2+p_+\,A_+-pA-p(A_+-A)=O(\mathrm{d}x^2)$$

$$A\,\mathrm{d}x\,\frac{\partial(\rho E)}{\partial t}-A\rho Hu+A_+\,\rho_+\,H_+\,u_+=O(\mathrm{d}x^2)$$

$$p=(\gamma-1)\rho\left(E-\frac{u^2}{2}\right)$$

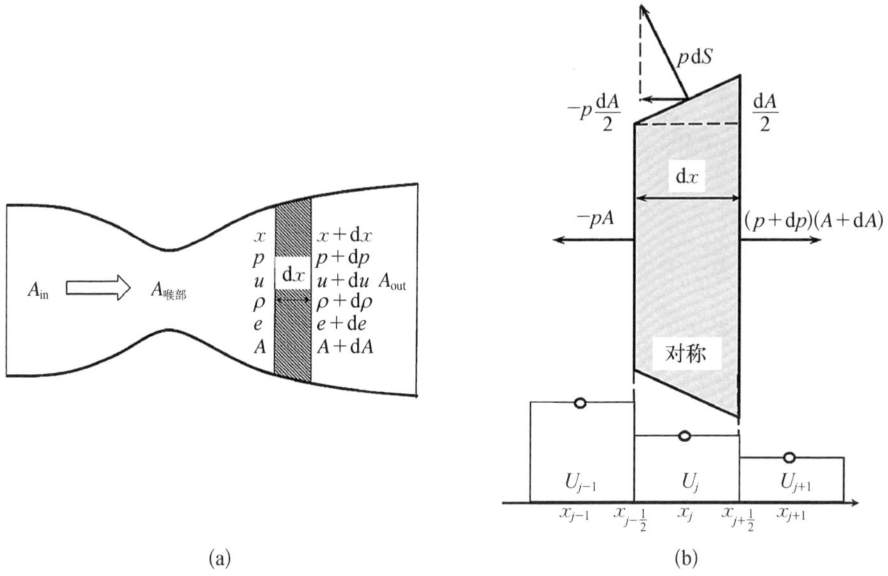

图 4.10 准一维喷管流动问题的离散化

为了提高易读性,省略依赖于 t 的项,依赖于 x 的项下标为 x;依赖于 $x+\mathrm{d}x$ 的项下标为 x_+,而 $A(x_+)$ 用 A_+ 表示。分离 $\mathrm{d}x$ 并使 $\mathrm{d}x$ 趋于 0,得到等式中的微分方程(4.15):

$$\frac{\partial\boldsymbol{U}}{\partial t}+\frac{\partial\boldsymbol{F}}{\partial x}=\boldsymbol{G} \tag{4.14}$$

$$\boldsymbol{U}=A\begin{bmatrix}\rho\\\rho u\\\rho\left(e+\dfrac{u^2}{2}\right)\end{bmatrix},\quad \boldsymbol{F}=A\begin{bmatrix}\rho u\\\rho u^2+p\\\rho\left(e+\dfrac{u^2}{2}\right)u+pu\end{bmatrix},\quad \boldsymbol{G}=\begin{bmatrix}0\\p\dfrac{\partial A}{\partial x}\\0\end{bmatrix}$$

$$\tag{4.15}$$

这些方程相当于 4.1.3 节中研究的一维欧拉方程,并添加了源项 $\boldsymbol{G}$。 该项没有解的空间导数,在解的特性分析等方面不重要。我们还需要空气的热力学关系,将其视为理想气体;$p = \rho RT$,$e = \dfrac{RT}{(\gamma - 1)}$,式中,$R = 288.7\,\mathrm{J/(kg \cdot K)}$,是空气的气体常数,$\gamma = 1.4$,声速(前一章中的 a)$c = \sqrt{\gamma\,\dfrac{p}{\rho}}$。

4.2　有限体积法

现在我们重复该过程,为式(4.8)中的"抽象"守恒形式开发数值方法。为了正确处理激波,数值方法必须保持守恒性[即 (x, t) 平面内积分意义上的质量、动量和能量平衡]。

首先在时空网格(见图 4.11)中的单元 R 上积分式(4.8)(即从 $x_{j-\frac{1}{2}}$ 到 $x_{j+\frac{1}{2}}$,以及从 t^n 到 t^{n+1} 的一个时间步长)。

$$\int_{x_{j-\frac{1}{2}}}^{x_{j+\frac{1}{2}}} \left[\boldsymbol{U}(x,\,t^{n+1}) - \boldsymbol{U}(x,\,t^n) \right] \mathrm{d}x +$$

$$\int_{t^n}^{t^{n+1}} \left\{ \boldsymbol{F}\left[\boldsymbol{U}\left(x_{j+\frac{1}{2}},\,t \right) \right] - \boldsymbol{F}\left[\boldsymbol{U}\left(x_{j-\frac{1}{2}},\,t \right) \right] \right\} \mathrm{d}t = 0 \tag{4.16}$$

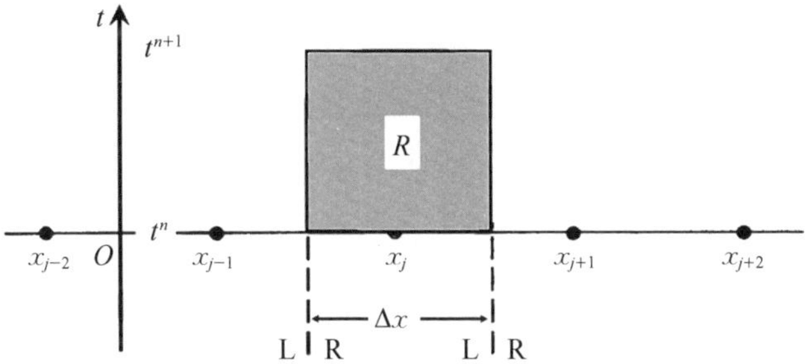

图 4.11　一维控制体或时空网格中的网格单元。L/R 代表左/右单元界面

即使 $\boldsymbol{U}$ 不可微,有限体积法[式(4.16)]在存在激波的情况下也是有效的,但是只能在弱解意义上满足微分方程。

定义中点为 x_j 的单元的单元平均值为 $\boldsymbol{U}_j$:

$$\boldsymbol{U}_j(t) = \frac{1}{\Delta x} \int_{x_{j-\frac{1}{2}}}^{x_{j+\frac{1}{2}}} \boldsymbol{U}(x,\,t)\,\mathrm{d}x \tag{4.17}$$

离散近似解变为分段常数，在 $x_{j-\frac{1}{2}}$ 处跃变，这形成了沿 x 轴的单元网格，如图 4.11 所示。图 4.10(b)显示了准一维喷管模型的空间控制体和网格点。

在这一点上，如果应用到多维流动，则区分主网格(x_j 集合)和形成双网格的计算单元 $C_i\left(C_i=\left[x_{i-\frac{1}{2}},\ x_{i+\frac{1}{2}}\right]\right)$（见图 4.10)就十分有意义，这构成了格心方法。现在只有大小相同的单元，其中心才是 x_j，即原始网格的点。

在有限体积法中求解的变量是单元平均值。要考虑由点的值定义的单元，我们自然而然想到了将 C_i 中点的值定义为"最佳"点值。如果网格单元中的参数是线性的，那么对于光滑分布的 $U(x,\ t)$，我们定义单元平均值为 $U_j(t)=U(x_j,\ t)+O(\Delta x^2)$。

在格点方法中，未知数与原始网格的点相关联，网格单元的定义使单元面位于相邻点连线的中点。这使得相邻值之间的均差成为导数的二阶精确近似值。在当前一维情况下，这种差异较小，但在多维流动模型中，求解器的数据结构和离散化细节之间存在显著差异。EDGE 代码就是使用格点方法，详细内容将在第 6 章中介绍。

1) 半离散形式

半离散形式首先在空间中离散，时间导数还是保持连续形式。这种方法的优点是它推迟了时间离散方法的选择，从而可以单独分析空间离散方法。此外，任何定常解都与时间离散过程无关，同时也与时间步长无关。

$$\frac{\mathrm{d}}{\mathrm{d}t}U_j(t)=-\frac{1}{\Delta x}\left\{F\left[U\left(x_{j+\frac{1}{2}},\ t\right)\right]-F\left[U\left(x_{j-\frac{1}{2}},\ t\right)\right]\right\} \tag{4.18}$$

定义 $\hat{F}_{j+\frac{1}{2}}(t)$ 为数值通量，用于近似：

$$\hat{F}_{j+\frac{1}{2}}(t)\approx F\left[U\left(x_{j+\frac{1}{2}},\ t\right)\right] \tag{4.19}$$

将单元平均值 $U_j(t)$ 在时间上向前推进的半离散形式写为

$$\frac{\mathrm{d}}{\mathrm{d}t}U_j(t)=-\frac{1}{\Delta x}\left[\hat{F}_{j+\frac{1}{2}}(t)-\hat{F}_{j-\frac{1}{2}}(t)\right] \tag{4.20}$$

式(4.20)被称为守恒形式，因为它是积分守恒定律的数值逼近。Lax 和 Wendroff[8] 已经证明，如果数值近似是相容的、稳定的和守恒的，则守恒律的间断解可以在不经过特殊处理的情况下进行计算。

2）示例

式(4.20)可通过前向时间差分(也称为显式欧拉时间推进格式)进行离散处理：

$$U_j^{n+1} - U_j^n = -\frac{\Delta t}{\Delta x}\left(\hat{F}_{j+\frac{1}{2}}^n - \hat{F}_{j-\frac{1}{2}}^n\right) \tag{4.21}$$

从而变成 PDE 的全离散差分近似。EDGE 和 DemoFlow 使用 4.3 节所述的显式 Runge - Kutta 方法。

4.2.1　准一维喷管流动的有限体积离散化

式(4.14)中的控制方程通过双重控制体积法进行半离散,这意味着单元边界位于相邻网格点的中间,结果如下：

$$\frac{\mathrm{d}}{\mathrm{d}t}U_j(t) = R_j \equiv -\frac{1}{\Delta x}\left(\hat{F}_{j+\frac{1}{2}} - \hat{F}_{j-\frac{1}{2}}\right) + G_j$$

等式右侧为残差 R_j。中心差分方法的数值通量函数为

$$\hat{F}_{j+\frac{1}{2}} = \frac{1}{2}\left[F(U_{j+1}) + F(U_j)\right] - \hat{D}_{j+\frac{1}{2}} \tag{4.22}$$

式中,通用耗散通量函数 $\hat{D}_{j+\frac{1}{2}}$ 通过选择特殊的空间离散化方法获得。G 不参与数值通量函数,这意味着我们在空间离散化方面的进展不受其影响。

4.2.2　具有附加黏性的空间-中心格式

空间-中心格式的数值通量为

$$\hat{F}_{j+\frac{1}{2}}(t) = \frac{1}{2}\{F[U_{j+1}(t)] + F[U_j(t)]\}$$

这使得空间-中心格式在空间上产生二阶截断误差,但在式(4.21)的使用中会不稳定。我们可以通过添加二阶差分黏性项使得方程变得稳定,从而使解变得平滑[17]。然后,我们求解的问题就变成了下面的形式：

$$U_t + F(U)_x = (\mu \Delta x U_x)_x$$

如果我们用二阶精确的中心差分近似空间导数,则半离散形式中的黏性数值通量为

$$\hat{\boldsymbol{D}}_{j+\frac{1}{2}} = \mu_{j+\frac{1}{2}} \left[\boldsymbol{U}_{j+1}(t) - \boldsymbol{U}_j(t) \right]$$

这就产生了一个一阶精度的守恒格式。如果人工黏性仅在间断处激活，则方程在除间断以外都具有二阶精度。DemoFlow 喷管模拟器中的 Jameson 方法就是这种方法。

1）Jameson 通量近似

黏性通量 $\hat{\boldsymbol{D}}_{j+\frac{1}{2}}^{n}$ 是以一种特殊的方式人工构造的。Jameson 方法激活了间断附近的黏性项，在间断附近方程变为一阶精度。在其他任何地方，它都由一个探测器来控制开关，该开关在平滑流动区将打开四阶黏性项。开关功能用于检测激波并在黏性模式之间切换。黏性是对流通量雅可比矩阵 $\boldsymbol{A}$ 的谱半径（最大绝对特征值）缩放的二阶和四阶差分的混合。

2）人工黏性开关

利用无量纲量的二阶中心差分近似，通过监测压力变化来定位激波 $\dfrac{\dfrac{\mathrm{d}^2 p}{\mathrm{d}x^2} \Delta x^2}{4p}$：

$$\mu_j = \frac{| p_{j+1} - 2p_j + p_{j-1} |}{p_{j+1} + 2p_j + p_{j-1}} \tag{4.23}$$

该量在光滑流动区域较小，在强压力梯度区域较大。然后将跨度扩展到相邻节点上，实际开关为

$$v_j = \frac{\mu_{j-1} + 2\mu_j + \mu_{j+1}}{4} \tag{4.24}$$

3）二阶和四阶人工黏性系数

探测器 v_j 现在可用于在黏性模式之间切换，以便在间断附近自动关闭四阶黏性，如下所示：

$$\varepsilon_j^{(2)} = k^{(2)} v_j, \quad \varepsilon_j^{(4)} = \max[0, k^{(4)} - \varepsilon_j^{(2)}] \tag{4.25}$$

在 DemoFlow 中，其中两个常数 $k^{(2)}$ 和 $k^{(4)}$ 由用户指定并称为 Vis2 以及 Vis4。

4）缩放

对迎风格式的数值分析表明，单元网格 j 中的数值黏性与通量雅可比矩阵

$A = \dfrac{\partial \boldsymbol{F}}{\partial \boldsymbol{U}}$ 的谱半径 $\lambda_j = | u_j | + c_j$ 成正比，其中 c_j 是本地声速。通过平均得到最终的缩放因子：

$$r_{j+\frac{1}{2}} = \frac{1}{2}(\lambda_j + \lambda_{j+1}) \tag{4.26}$$

5）人工黏性通量

所有工具现在都已到位，最终得到人工黏性通量 $\hat{\boldsymbol{D}}_{j+\frac{1}{2}}$ 的表达式。由于通量差分包括二阶和四阶项，因此通量本身必须由一阶和三阶差分构成。结合系数和缩放因子得出以下结果：

$$\hat{\boldsymbol{D}}_{j+\frac{1}{2}} = r_{j+\frac{1}{2}} \left[\varepsilon_j^{(2)} (\boldsymbol{U}_{j+1} - \boldsymbol{U}_j) - \varepsilon_j^{(4)} (\boldsymbol{U}_{j+2} - 3\boldsymbol{U}_{j+1} + 3\boldsymbol{U}_j - \boldsymbol{U}_{j-1}) \right] \tag{4.27}$$

4.2.3　使用近似黎曼求解器的空间格式

在许多情况下，中心格式从点提取数值信息，而不考虑特征线的斜率，这可能会影响解的精度。

- 对于平滑、连续变化的流场，这似乎不会造成严重的问题。
- 当流动中存在间断，如激波时，中心格式就会失效。如果没有引入人工黏性，则该方法会在激波附近产生振荡。正是这类问题促使人们在现代 CFD 中开发迎风格式。

设计迎风格式的目的在于更准确地模拟信息沿特征线传播的性质。在适当的迎风条件下，我们可以计算仅分布在两个无振荡网格单元上的间断问题。

为了减少或消除非物理的耗散特性，同时保持迎风格式的优点，在过去几十年中人们已经开发了一些新算法。这些现代算法引入了以下术语：

- TVD 格式；
- 通量分解；
- 通量和斜率限制器；
- Godunov 格式；
- 近似黎曼求解器。

1）Godunov 方法和 Roe 线性化

Godunov[2] 方法基于黎曼问题的精确解，定义如下。状态变量为单元平均值 $\boldsymbol{U}_j$，Godunov 方法的步骤如下。

（1）根据单元平均值重构网格单元内的分布（常数、线性等）。在此基础上，查找网格单元界面处的值,需注意界面左侧和右侧的值不同。

（2）在每个界面处求解黎曼问题,确定界面通量。

（3）使用求解出来的通量在一个时间步上演化单元平均值。

Godunov 方法的主要缺点是黎曼问题的精确求解非常耗时。Roe[14] 在 1981 年改进了这一点,设计了近似线性化的求解方法,满足精确的 Rankine - Hugoniot 关系。

2）系统的线性黎曼问题

图 4.12 和图 4.13 中的 x - t 图定义了用于求解双曲型线性问题 $U_t +$ $AU_x = 0$ 的公式中使用的各种物理量,其中 A 为常数矩阵。A 具有特征值 λ_k、特征速度和特征向量,并且 $\lambda_{k-1} < \lambda_k$。

$$Ar_k = \lambda_k r_k, \quad k = 1, \cdots, N$$

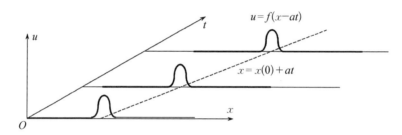

图 4.12　$f(x)$ 形式的波沿式(4.29)中的特征线 $x(t) = x(0) + a \cdot t$ 的传播

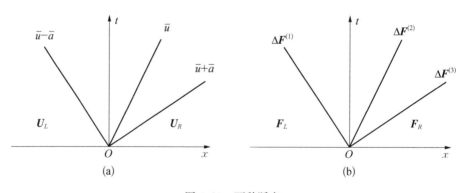

图 4.13　两种跃变

(a) 解本身的跃变;(b) 跨越特征线的通量

然后我们就得到

$$AR = R\Lambda, \quad R = [r_1, r_2, \cdots, r_N], \quad \Lambda = \mathrm{diag}(\lambda_k)$$

同样可见于式(4.10)。对于特征变量 $\boldsymbol{W} = w_k = \boldsymbol{R}^{-1}\boldsymbol{U}$，从而可以获得 N 个解耦的一阶波动(也称对流)方程组。

$$\frac{\partial w_j}{\partial t} + \lambda_j \frac{\partial w_j}{\partial x} = 0, \quad j = 1, \cdots, N$$

3) 求解对流方程组

我们研究其中一个纯初值问题，其初始值都是实数——这是一个柯西问题。

$$u_t + au_x = 0, \quad a \in \mathbb{R} > 0, t > 0 \qquad (4.28)$$

$$u(x, 0) = f(x), \quad -\infty < x < \infty$$

观察解 $u(x, t)$ 在 x 轴上沿 x-t 平面上的曲线 $x = X(t)$ 的特性。$u[X(t), t]$ 沿特定曲线 $x = X(t)$ 上的时间导数为

$$\frac{\mathrm{d}}{\mathrm{d}t}u[X(t), t] = \langle 链式法则\rangle = u_t[X(t), t] + \frac{\mathrm{d}X}{\mathrm{d}t}u_x[X(t), t] = 0, 当 \frac{\mathrm{d}X}{\mathrm{d}t} = a \text{ 时}$$

这意味着解 u 在特征线 $[t, X(t)]$ 上是常数，该特征线通过 $\dfrac{\mathrm{d}X}{\mathrm{d}t} = a$ 来定义。

因此，初值问题的求解方法如下：

$$u(x, t) = f(x - at)$$

换言之，u 的初始分布是以恒定速度 a 运动的。"迎风差分法"是一种试图模拟这种沿特征线单边信息传播的方法。注意，即使 $f(x)$ 是不可微的，上述形式的解仍可以在弱解意义上求解偏微分方程。

我们所要做的就是组合出特征方程的解：

$$w_j(x, t) = w_j^{\mathrm{L}} + (w_j^{\mathrm{R}} - w_j^{\mathrm{L}})H(x - \lambda_j t) \qquad (4.29)$$

这里使用了 Heaviside 函数，当 s>0 时，$H(s) = 1$，否则 $H(s) = 0$，并且

$$\boldsymbol{W}^{\mathrm{L}} = \boldsymbol{R}^{-1}\boldsymbol{U}_{\mathrm{L}}, \boldsymbol{W}^{\mathrm{R}} = \boldsymbol{R}^{-1}\boldsymbol{U}_{\mathrm{R}}$$

这个解给出了沿着 $\dfrac{x}{t} = 0$，$t > 0$ 的状态，单元界面上有

$$w_j = w_j^{\mathrm{L}} + (w_j^{\mathrm{R}} - w_j^{\mathrm{L}})H(0 - \lambda_j)$$

或

$$
\begin{cases}
w_j\left(\dfrac{x}{l}=0\right)=w_j^{\mathrm{L}}(\lambda_j>0) \\[3mm]
w_j\left(\dfrac{x}{l}=0\right)=w_j^{\mathrm{R}}(\lambda_j<0)
\end{cases}
$$

因此跨越界面的通量为 $\hat{\boldsymbol{F}}=\boldsymbol{A}\boldsymbol{R}\boldsymbol{W}\left(\dfrac{x}{t}=0\right)$，该式可以用于式（4.20）中的时间推进方式。可以写为

$$
\hat{\boldsymbol{F}}=\frac{1}{2}(\boldsymbol{A}\boldsymbol{U}_{\mathrm{L}}+\boldsymbol{A}\boldsymbol{U}_{\mathrm{R}})-\frac{1}{2}\mid\boldsymbol{A}\mid(\boldsymbol{U}_{\mathrm{R}}-\boldsymbol{U}_{\mathrm{L}})
$$

式中，矩阵 $\mid\boldsymbol{A}\mid=\boldsymbol{R}\mathrm{diag}(\mid\lambda_i\mid)\boldsymbol{R}^{-1}$。具有该数值通量的方程式（4.20）是迎风格式在空间一阶上的推广。

图 4.13（a）显示了黎曼问题的特征线 $\dfrac{x}{t}=\lambda_k$ 以及跨越特征线的跃变 $\Delta\boldsymbol{U}^k$。我们可以得到：

$$
\boldsymbol{U}_{\mathrm{R}}-\boldsymbol{U}_{\mathrm{L}}=\sum_{k=1}^{N}\Delta\boldsymbol{U}^k,\quad \Delta\boldsymbol{U}^k=\alpha_k\boldsymbol{r}_k,\quad \alpha_k=w_k^{\mathrm{R}}-w_k^{\mathrm{L}}
$$

因此，有

$$
\boldsymbol{F}_{\mathrm{R}}-\boldsymbol{F}_{\mathrm{L}}=\sum_{k=1}^{N}\Delta\boldsymbol{F}^k,\quad \Delta\boldsymbol{F}^k=\lambda_k\alpha_k\boldsymbol{r}_k
$$

4.2.4　Roe 线性化

对于气体动力学的欧拉方程，Roe 设法找到了平均雅可比矩阵 $\widetilde{\boldsymbol{A}}(\boldsymbol{U}_{\mathrm{L}},\boldsymbol{U}_{\mathrm{R}})$ 及其特征值和特征向量 $\widetilde{\lambda}_k,\widetilde{\boldsymbol{r}}_k$，从而使得：

$$
\boldsymbol{F}(\boldsymbol{U}_{\mathrm{R}})-\boldsymbol{F}(\boldsymbol{U}_{\mathrm{L}})=\widetilde{\boldsymbol{A}}(\boldsymbol{U}_{\mathrm{R}}-\boldsymbol{U}_{\mathrm{L}})
$$

然后，线性黎曼问题的公式可以使用 $\widetilde{\boldsymbol{A}}$ 矩阵，以及跨越 $\dfrac{x}{t}=\widetilde{\lambda}_k$ 处的不连续的 Rankine–Hugoniot 的跃变 $\Delta\boldsymbol{U}^k=\widetilde{\alpha}_k\widetilde{\boldsymbol{r}}_k$。

在 t^n 处的数值通量为 $\boldsymbol{F}\left(\dfrac{x}{t}=0\right)$，因此可得：

$$\hat{\boldsymbol{F}}^{\text{Roe}} = \frac{1}{2}\big[\boldsymbol{F}(\boldsymbol{U}_{\text{R}}) + \boldsymbol{F}(\boldsymbol{U}_{\text{L}})\big] - \frac{1}{2}\mid \widetilde{\boldsymbol{A}} \mid (\boldsymbol{U}_{\text{R}} - \boldsymbol{U}_{\text{L}}) \tag{4.30}$$

该公式是非线性系统（例如线性黎曼问题中欧拉方程的上游通量）的推广。

精确的黎曼问题存在稀疏波扇区，但线性化问题只有以 Roe 矩阵的特征速度传播的间断区。

4.2.5　高分辨率格式

在 Godunov 方法中，$\boldsymbol{U}_{\text{L}}$ 可以视为点 $x_{j+\frac{1}{2}}$ 对应的单元通量 $\boldsymbol{U}_j$。这使得该方法在区域内处处具有一阶精度。通量差分分裂（FDS）方法，如 Roe 格式，使用单元界面两侧的两个通量来更新流场变量。因此有必要通过内插/外插重构分布，将流动变量从单元平均值重构，得到单元界面处的流动变量。van Leer 开发了基于守恒律的单调迎风格式（MUSCL）[16] 的变量内插/外插。使用一阶或更高阶多项式，MUSCL 可以达到二阶精度。高分辨率格式的思想是让耗散项在流动的光滑区消失，并在间断和极值处激活耗散项，该方法是通过下文描述的限制器实现的。

1）斜率限制器 ϕ

考虑在单元 j 中重构线性来求解在 $x_{j+\frac{1}{2}}$ 处的左通量。仅使用最近的单元格：

$$u_j(x) = U_j + \frac{(x - x_j)(U_{j+1} - U_j)}{\Delta x}$$

$$或\ u_j(x) = U_j + \frac{(x - x_j)(U_j - U_{j-1})}{\Delta x}$$

得到：

$$u^{\text{L}}_{j+\frac{1}{2}} = U_j + \frac{1}{2}(U_{j+1} - U_j)\ 或\ U_j + \frac{1}{2}(U_j - U_{j-1})$$

这与下面的表达式相等：

$$u^{\text{L}}_{j+\frac{1}{2}} = U_j + \frac{1}{2}\phi\big(r_{j+\frac{1}{2}}\big)(U_j - U_{j-1}),\quad r_{j+\frac{1}{2}} = \frac{U_{j+1} - U_j}{U_j - U_{j-1}}$$

使用斜率限制器函数 $\phi(\bullet)$ 来定义如何进行选择。我们可以通过标量定义限制器，ϕ 按分量应用于其分量比的矢量参数，因此可以定义限制函数：

$$\text{limit}(\boldsymbol{a}, \boldsymbol{b}) = \phi\left(\frac{\boldsymbol{a}}{\boldsymbol{b}}\right)\boldsymbol{b},\quad 或者用分量形式表示为\ \phi\left(\frac{a_i}{b_i}\right)b_i$$

如果两者的符号相等，则选择最小斜率；如果符号不同，则选择 0，这使得方程在极值处变为一阶格式。如此，我们定义了 minmod 函数：

$$\text{minmod}(r) = \max[0, \min(r, 1)]$$

显然，对于 $r \leqslant 0$ 的情况，ϕ 必须为 0。同样，当两个斜率相等时，对二阶精度来说，需要使 $\phi(1) = 1$。大多数（但不是所有）限制器具有的另一个自然属性是对称性 $\phi\left(\dfrac{1}{r}\right) = \dfrac{\phi(r)}{r}$。限制器函数也必须满足一些 TVD 技术要求，见 Hirsch[5] 给出的。通过限幅器给出的高分辨率格式的允许区域如图 4.14 所示。图 4.14 中的粗曲线是在 DemoFlow 中使用的 van alada 限幅器 $\phi(r) = \dfrac{r + r^2}{1 + r^2}$，$r \geqslant 0$ 的结果。

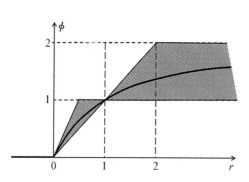

图 4.14　一个高分辨率梯度限制器必须位于阴影区域，minmod 限制器即为阴影区域的下边界

2）Roe 通量近似

Roe 的 FDS 方法通过特征分析，将控制表面上的通量差分解为沿特征值的速度传播的左行波和右行波的贡献和。这些波的贡献决定了数值通量近似的最后一项：

$$\hat{\boldsymbol{D}}_{j+\frac{1}{2}}^{n} = -\frac{1}{2} \boldsymbol{R}_{j+\frac{1}{2}} \boldsymbol{\Psi}_{j+\frac{1}{2}} \boldsymbol{R}_{j+\frac{1}{2}}^{-1} (\boldsymbol{U}_{j+1}^{n} - \boldsymbol{U}_{j}^{n}) \qquad (4.31)$$

式中，$\boldsymbol{\Psi} = \text{diag}(|\lambda_i| \psi_i)$，其中 ψ_i 是斜率限制器 ϕ_i 的函数。注意它们最终作用于右侧的两个列向量之差，λ_i 是第 i 个特征值，而 $\boldsymbol{R}$ 是 $\widetilde{\boldsymbol{A}}$（见 4.2.3 节）的特征向量矩阵。以这种方式限制 MUSCL 重构可确保为每个特征分量提供正确的耗散。

3）通量差分分裂

从 Roe 的通量表达式中，我们可以看到 FDS 一词的出现。将 Roe 方法与线性方程组的一阶迎风格式进行比较，结果是一个二阶空间离散近似：

$$\boldsymbol{U}_t + \boldsymbol{F}_x = \frac{\Delta x}{2} (|\boldsymbol{A}| \boldsymbol{U}_x)_x$$

式中，

$$A \equiv \frac{\partial \boldsymbol{F}}{\partial \boldsymbol{U}}, \quad |\boldsymbol{A}| = \boldsymbol{S} |\boldsymbol{\Lambda}| \boldsymbol{S}^{-1}$$

因此，Roe 方法是线性系统一阶迎风格式的推广。将所有 FDS 方法视为上述方程的离散化都是可行的。如果解是平滑的，那么该方法是完全正确的。此外，当应用 Roe 线性化生成 $\boldsymbol{A}$ 矩阵时，可以计算精确满足 Rankine‑Hugoniot 关系的激波解。

在速度为声波且一个特征值消失的情况下，我们必须避免膨胀激波，同时避免其在流场上的耗散。Harten[4] 提出的"熵修正"使用一个平滑函数 ϕ，而不是特征值的绝对值，以确保其不会低于 $\frac{\delta}{2}(>0)$：

$$\phi(\lambda) = \begin{cases} |\lambda|, & |\lambda| \geqslant \delta \\ \dfrac{\lambda^2 + \delta^2}{2\delta}, & |\lambda| < \delta \end{cases} \tag{4.32}$$

4.2.6　MUSCL 推广至高分辨率格式

我们将说明 Roe 近似黎曼求解器推广至高分辨率格式的有限 MUSCL 扩展，这是 DemoFlow 中的一个选项。该方法可用于任何黎曼求解器。在流动变量在单元内恒定分布的情况下，我们获得了 4.2.4 节中推导的一阶空间离散化方程。通过使用相邻单元平均值进行重构，我们可以更准确地重构单元界面两侧的流动变量。对于等距网格 $\{x_i\}$，在假定为二阶的情况下，在界面 $i+\frac{1}{2}$（左侧和右侧）外推原始变量 $\boldsymbol{V}$，所得如下：

$$\boldsymbol{V}^{\mathrm{L}}_{i+\frac{1}{2}} = \boldsymbol{V}_i + \frac{1}{4}\Big[(1+\kappa)\Delta\boldsymbol{V}_{i+\frac{1}{2}} + (1-\kappa)\Delta\boldsymbol{V}_{i-\frac{1}{2}}\Big] \tag{4.33}$$

$$\boldsymbol{V}^{\mathrm{R}}_{i+\frac{1}{2}} = \boldsymbol{V}_{i+1} - \frac{1}{4}\Big[(1+\kappa)\Delta\boldsymbol{V}_{i+\frac{1}{2}} + (1-\kappa)\Delta\boldsymbol{V}_{i+\frac{3}{2}}\Big] \tag{4.34}$$

式中，$\Delta\boldsymbol{V}_{i+\frac{1}{2}} = \boldsymbol{V}_{i+1} - \boldsymbol{V}_i$。

$\kappa = 1$ 对应于中心差分，这导致傅里叶分析中称为吉布斯现象的抖动出现。但即使是迎风格式，如 $\kappa = -1$ 的纯二阶迎风格式、$\kappa = 0$ 的 Fromm 二阶格式和

$\kappa = \dfrac{1}{3}$ 的三阶迎风偏置格式，也会导致间断处有振荡。因此我们可以通过限制由原始变量 $\boldsymbol{V}$ 得到的式(4.33)和式(4.34)中的斜率进行改进，该方法已被证实比守恒变量 $\boldsymbol{U}$ 更优。

$$\boldsymbol{V}^{\mathrm{L}}_{i+\frac{1}{2}} = \boldsymbol{V}_i + \frac{1}{4}\left[(1+\kappa)\phi\left(\frac{\Delta\boldsymbol{V}_{i-\frac{1}{2}}}{\Delta\boldsymbol{V}_{i+\frac{1}{2}}}\right)\Delta\boldsymbol{V}_{i+\frac{1}{2}} + \right.$$
$$\left. (1-\kappa)\phi\left(\frac{\Delta\boldsymbol{V}_{i+\frac{1}{2}}}{\Delta\boldsymbol{V}_{i-\frac{1}{2}}}\right)\Delta\boldsymbol{V}_{i-\frac{1}{2}}\right] \tag{4.35}$$

$$\boldsymbol{V}^{\mathrm{R}}_{i+\frac{1}{2}} = \boldsymbol{V}_{i+1} - \frac{1}{4}\left[(1+\kappa)\phi\left(\frac{\Delta\boldsymbol{V}_{i+\frac{3}{2}}}{\Delta\boldsymbol{V}_{i+\frac{1}{2}}}\right)\Delta\boldsymbol{V}_{i+\frac{1}{2}} + \right.$$
$$\left. (1-\kappa)\phi\left(\frac{\Delta\boldsymbol{V}_{i+\frac{1}{2}}}{\Delta\boldsymbol{V}_{i+\frac{3}{2}}}\right)\Delta\boldsymbol{V}_{i+\frac{3}{2}}\right] \tag{4.36}$$

如果限制器是对称的，则界面变量中的两个斜率相同，结果与 κ 无关，并有

$$\boldsymbol{V}^{\mathrm{L}}_{i+\frac{1}{2}} = \boldsymbol{V}_i + \frac{1}{2}\mathrm{limit}\left(\Delta\boldsymbol{V}_{i-\frac{1}{2}}, \ \Delta\boldsymbol{V}_{i+\frac{1}{2}}\right) \tag{4.37}$$

$$\boldsymbol{V}^{\mathrm{R}}_{i+\frac{1}{2}} = \boldsymbol{V}_{i+1} - \frac{1}{2}\mathrm{limit}\left(\Delta\boldsymbol{V}_{i+\frac{1}{2}}, \ \Delta\boldsymbol{V}_{i+\frac{3}{2}}\right) \tag{4.38}$$

图 4.15 说明了左右状态的构造。

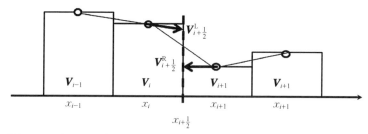

图 4.15　在 $x_{i+\frac{1}{2}}$ 处通过 minmod 限制器为变量 v 构造的限制 MUSCL

知道了 $\boldsymbol{V}^{\mathrm{L,R}}_{i+\frac{1}{2}}$ 的值之后，我们可以根据需要计算 $\boldsymbol{U}^{\mathrm{L,R}}_{i+\frac{1}{2}}$。我们通过下式获得了二阶空间离散方法(极值和间断处除外)：

$$\hat{\boldsymbol{F}}_{i+\frac{1}{2}} = \boldsymbol{F}^{\text{Roe}}\left(\boldsymbol{U}^{\text{L}}_{i+\frac{1}{2}}, \boldsymbol{U}^{\text{R}}_{i+\frac{1}{2}}\right) \tag{4.39}$$

例如：使用 $\boldsymbol{U}_{\text{L}} = \boldsymbol{U}^{\text{L}}_{i+\frac{1}{2}}$ 和 $\boldsymbol{U}_{\text{R}} = \boldsymbol{U}^{\text{R}}_{i+\frac{1}{2}}$ 的 Roe 近似黎曼求解器，其中 $\boldsymbol{U}_{\text{L}} = \boldsymbol{U}^{\text{L}}_{i+\frac{1}{2}}$ 由式(4.35)得到，$\boldsymbol{U}_{\text{R}} = \boldsymbol{U}^{\text{R}}_{i+\frac{1}{2}}$ 由式(4.36)得到，该方法称为五点格式，在设置边界条件时必须考虑。

与人工黏性方法的关系

考虑式(4.31)中的耗散项，它单独地限制了解的所有部分。为了减少计算量，我们考虑了一些简化的人工黏性模型，并减少了限制器的数量以减少计算量。最简单的方法是只使用一个限制器，Jameson 的人工黏性就属于这一类方法。Jameson - Schmidt - Turkel 方法中的开关既不是 TVD 方法的通量限制器，也不是斜率限制器，但它有效地抑制了过冲和欠调。该开关实际上可以有不同的表达式，以便减少局部极值，因此该方法也称为"对称有限正方法"[6,7]。

然后，可以通过选择标量耗散系数来表示具有附加人工黏性的中心格式。

$$\boldsymbol{\Psi} = \rho(\boldsymbol{\Lambda})\psi\boldsymbol{I}$$

式中，$\boldsymbol{I}$ 为单位张量，通量雅可比矩阵的谱半径 $\rho(\boldsymbol{\Lambda}) = \max_i(|\lambda_i|)$。接下来我们有

$$\boldsymbol{R}_{j+\frac{1}{2}} \boldsymbol{\Psi}_{j+\frac{1}{2}} \boldsymbol{R}^{-1}_{j+\frac{1}{2}} = \rho\left(\boldsymbol{\Lambda}_{j+\frac{1}{2}}\right)\psi_{j+\frac{1}{2}}\boldsymbol{I}$$

数值通量为

$$\hat{\boldsymbol{F}}^n_{j+\frac{1}{2}} = \frac{1}{2}(\boldsymbol{F}^n_{j+1} + \boldsymbol{F}^n_j) - \frac{1}{2}\rho\left(\boldsymbol{\Lambda}_{j+\frac{1}{2}}\right)\psi_{j+\frac{1}{2}}(\boldsymbol{U}^n_{j+1} - \boldsymbol{U}^n_j)$$

如果我们加上四阶黏性，并且选择：

$$\psi_j = \kappa^{(2)}\frac{|p_{j+1} - 2p_j + p_{j-1}|}{|p_{j+1} + 2p_j + p_{j-1}|}$$

这样我们就得到了中心 Jameson 格式。$\kappa^{(2)} > 0$ 的情况将在后文讨论，如 DemoFlow 中所用的情形。

4.3 时间推进方法

在详细说明时间推进方法之前，我们需要考虑数值方法的精度和稳定性。精度的阶数决定了数值解 $u(\Delta t)$ 收敛到精确解 U 的速度。如果存在常数 K 使得 $\|u(\Delta t) - U\| < K \cdot \Delta t^p$，那么该方法精度的阶数为 p。

在时间推进中，不稳定性是一个常用的术语，它意味着误差随时间不可接受

地增长。由于微分方程在每个时间步上都有一定误差,因此离散带来的误差会随着时间的推移而不断累积。数值积分也是如此,其最终误差是每个子区间的局部误差之和。然而,微分方程为这种情况增加了动态特性:一个步骤中的错误可以被视为引入一个全局错误输入,该误差以动力学方程决定的速率(正或负)发展。时间步长通常有一个明显的限制:如果超过这个限制,数值解的发展速度比精确解快得令人无法接受。例如,考虑对流方程且 $a>0$ 的初始值问题 $u_t+au_x=0, u(x,0)=f(x)$。将其离散为等距网格上的最简单的差分形式,网格间距为 Δx,时间步长为 Δt,u_j^n 近似为 $u(j\Delta x, n\Delta t)$,如下所示:

$$u_j^{n+1}=u_j^n-\frac{a\Delta t}{\Delta x}(u_j^n-u_{j-1}^n)$$

这是在时间和空间上都是一阶精度的迎风格式。仅当下式满足时,数值解的误差不发散:

$$\frac{a\Delta t}{\Delta x}\leqslant 1$$

当上式满足时,数值解始终有界。在 (x,t) 平面上布置的计算网格显示了哪些初值影响 u_j^n:仅区间 $[x_j-n\Delta x, x_j]$ 会影响 u_j^n。但此时的精确解是 $f(x_j-at^n)$(见图 4.16)。除非 $x_j-an\Delta t>x_j-n\Delta x$[即式(4.3)],不然不存在收敛性,因为数值方法获取不到包含正确点的数据。这就是 1926 年被提出的 Courant‐Friedrichs‐Lewy(CFL)条件,时间步长限制称为 CFL 限制,$\frac{a\Delta t}{\Delta x}$ 称为 Courant 数或 CFL 数。另一个著名的定理——Lax 等价理论指出:对于相容的方程,稳定性和收敛性是等价的。"相容"意味着当步长趋于 0 时,离散方程收敛到正确的 PDE。迎风格式是相容且条件稳定的。

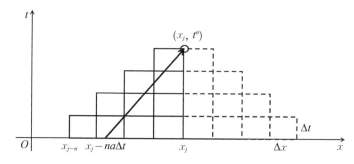

图 4.16   Courant‐Friedrichs‐Lewy 收敛条件

随着空间差分变为 $u_{j+1}^n - u_j^n$（见图 4.16 右侧的虚线单元格），该格式仍然是相容的，但数值解呈指数增长，无论 CFL 数有多小，逆风格式都是无条件不稳定的。CFL 条件可以解释为波在一个时间步长内的传播距离必须小于网格单元。但这种条件仅适用于三个网格单元、一步时间推进形式的情况。后续我们用到的显式 Runge‑Kutta 方法和隐式时间推进方法收敛效果会更好。

1）Runge‑Kutta 方法和隐式时间推进方法

根据 CFL 数，定义时间步长为

$$\Delta t = \mathrm{CFL} \frac{\Delta x_{\min}}{|\lambda_{\max}|}$$

式中，最小值和最大值取决于全局所有网格单元。允许的 CFL 数取决于空间离散方法和时间推进方法。时间步长 Δt 不仅取决于网格单元大小，还涉及局部波速，因此不可能在计算之前选择时间步长。随着网格变得更细，最大允许时间步长 Δt 可能变得非常小。

隐式方法的发展动机是缓解显式方法由 CFL 条件导致的时间步长的严重限制。

隐式方法对于常系数模型问题可以有无界的 CFL 限制，对于欧拉方程问题也可以有很大的 CFL 数使其不易发散。

2）显式 Runge‑Kutta 方法

Runge‑Kutta 方法是广泛应用于时间推进直到稳态的算法，计算中需要提供适当的耗散。考虑式（4.3）中的半离散系统，它将残差 $\boldsymbol{R}(t)$ 作为式（4.18）右侧的简化表达形式。

$$\frac{\mathrm{d}}{\mathrm{d}t}\boldsymbol{U}_j(t) = \boldsymbol{R}_j(t) \equiv -\frac{1}{\Delta x}\left(\hat{\boldsymbol{F}}_{j+\frac{1}{2}} - \hat{\boldsymbol{F}}_{j-\frac{1}{2}}\right)$$

一类 Runge‑Kutta 方法通常称为"Gary 型"方法，该方法仅在最后一次解更新时才估算每个阶段的通量。这使得它们能够更有效地利用内存，并且适合于 PDE 的时间推进。m 步格式定义如下：

$$\boldsymbol{W}_j^0 = \boldsymbol{U}_j^n$$

k 从 1 到 m 进行循环

$$\boldsymbol{W}_j^k = \boldsymbol{W}_j^0 + \alpha_k \Delta t \boldsymbol{R}_j^{k-1} \qquad (4.40)$$

结束 k 的循环

$$\boldsymbol{U}_j^{n+1} = \boldsymbol{W}_j^m$$

DemoFlow 采用五步二阶精度 Runge - Kutta 方法，EDGE 采用三步一阶时间推进方法。我们可选择表 4.1 中给出的系数 α_i，从而控制时间精度的阶数和方程的稳定裕度（即 CFL 限制）。后文将进一步讨论稳定性特性。

表 4.1　DemoFlow 和 EDGE Runge - Kutta 方法的各步使用的系数

方　法	α_1	α_2	α_3	α_4	α_5
DemoFlow	0.069 5	0.160 2	0.289 8	0.506 0	1.000 0
EDGE	0.666 7	0.666 7	1.000 0	—	—

3）Runge - Kutta 方法的稳定性

m 步 Runge - Kutta 方法应用于常微分方程（ODE）$\dfrac{\mathrm{d}q}{\mathrm{d}t}=\lambda q$ 且时间步长为 Δt，产生递归方程 $q_{n+1}=P(z)q_n$，$z=\lambda\Delta t$，其中 P 为 m 次多项式。为了使时间推进至少达到一阶精度（这似乎是一个非常理想的特性），$\alpha_m=1$ 是必要的。稳定域是复平面 z 上满足 $|P(z)|\leqslant 1$ 的子集 S。当 $\lambda\Delta t\in S$ 时，数值解不会出现指数增长的现象。时间推进方法的稳定域如图 4.17 所示。

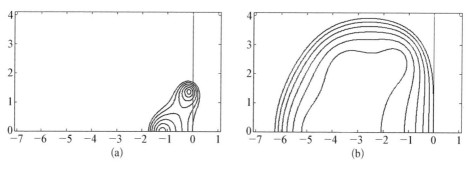

图 4.17　时间推进方法的稳定域
(a) EDGE；(b) DemoFlow

半离散化后的大型微分方程组的雅可比矩阵可以对角化，并通过考虑标量对流方程分析其解的特性。中心差分给出纯虚特征值，上游差分给出负实特征值。高分辨率 Roe 方法和 Jameson 方法给出的特征值往往具有较大的虚部和较小的实部。因此，我们可以根据 CFL 极限的纯虚特征值粗略估计方程特性。五步格式的 CFL 限制值约为 1.0，三步格式的 CFL 限制值为 1.7。基于双曲型

偏微分方程的稳定性考虑,五步格式的时间步长为每步 0.2,三步格式的时间步长约为每步 0.6,系数为 3。然而,耗散项会将极点从虚轴推到平面的左半部分(见图 4.18),虚轴是双曲型方程的中心差分离散的位置。图 4.17 中的 $|P|$ 水平曲线表明,五步方法在虚轴处具有更强的阻尼。数值实验证实,CFL>1 可用于五步方法。

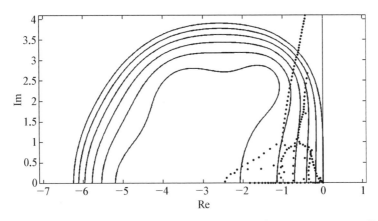

图 4.18　DemoFlow 的 Runge‐Kutta 格式的稳定域以及 $\Delta t \times$ Jameson 谱

半离散化的偏微分方程是一组大型非线性常微分方程。它可以围绕一些概念解进行线性化,并计算其特征值 μ_i。注意不要将它们与欧拉方程雅可比通量的特征值——特征速度混淆,半离散化偏微分方程的特征值与欧拉方程雅可比通量的特征值有较为复杂的关系。关键是我们应该选择时间步长来实现所有的 $\mu_i \Delta t \in S$。图 4.18 显示了叠加在 DemoFlow Runge‐Kutta 方法稳定区上的 Jameson 空间方法的 $\Delta t \mu_i$。图中共有 100 个网格点,$\mathbb{I}(z) \geqslant 0$ 的区域中约有 150 个特征值。很明显,所有的点都在 $\mathbb{R}(z) \leqslant 0$ 内,因此 ODE 系统是稳定的。少数点超出所选时间步的稳定性边界。

4)隐式方法:隐式欧拉方法

用隐式方法估算 $\dfrac{\mathrm{d}}{\mathrm{d}t} \boldsymbol{U}_j(t)$ 时可得下式:

$$\frac{\boldsymbol{U}_j^{n+1} - \boldsymbol{U}_j^n}{\Delta t} = -\frac{1}{\Delta x} \left(\hat{\boldsymbol{F}}_{j+\frac{1}{2}}^{n+1} - \hat{\boldsymbol{F}}_{j-\frac{1}{2}}^{n+1} \right) \tag{4.41}$$

式(4.41)中的时间推进需要求解方程组,因为未知时间步 $n+1$ 的值出现在非线性通量中。数值通量项 $\hat{\boldsymbol{F}}_{j+\frac{1}{2}}$ 取决于 $\boldsymbol{U}_j$ 和 $\boldsymbol{U}_{j+1}$ 上的中心格式。Jameson 方

法中的人工黏性项和 MUSCL/Roe 方法中的限制器也引入了对 U_k，$j-2\leqslant k\leqslant j+2$ 的依赖。为了求解该系统，我们通过泰勒级数展开将关于时间步 n 的数值通量项线性化，从而得出关于 $\hat{F}_{j+\frac{1}{2}}^{n+1}$ 的表达式：

$$\hat{F}_{j+\frac{1}{2}}^{n+1}=\hat{F}_{j+\frac{1}{2}}^{n}+\sum_{k=-2}^{2}A_{j}^{+k}\Delta U_{j+k} \tag{4.42}$$

式中，

$$A_{j}^{+k}=\frac{\partial \hat{F}_{j+\frac{1}{2}}^{n}}{\partial U_{j+k}}$$

同时也可以得到关于 A_{j}^{-k} 的相似表达式，其中 $\Delta U_j=U_j^{n+1}-U_j^n$。

将式(4.42)代入式(4.41)，并按如下方式重新排列：

$$\frac{1}{\Delta t}\Big[\sum_{k=-2}^{2}(A_{j}^{+k}-A_{1}^{-k})\Delta U_{j+k}+\Delta U_{j}\Big]=-\frac{1}{\Delta x}\Big(\hat{F}_{j+\frac{1}{2}}^{n}-\hat{F}_{j-\frac{1}{2}}^{n}\Big) \tag{4.43}$$

式(4.43)表示一个大型、稀疏的线性方程组，该方程组可以在每个时间步长、每个网格 j 处求解 ρ、ρu 和 ρE。其系数矩阵可以分块为五对角形式排列，由 $3\times3(i,j)$ 矩阵块和零矩阵($|i-j|>2$)组成。DemoFlow 方法使用直接方法求解线性系统。然而，在三维模型中，高斯消去法的计算成本和存储要求太高了。相反，采用迭代方法和对线性系统本身进行近似在方程较为复杂时更为有效。第 6 章参考 EDGE 的 CFD 代码讨论了这个问题。

对于喷管流动，式(4.14)的隐式欧拉守恒离散方程添加了源项 $G(U_j)$，该项仅对对角块起作用。总而言之，精确求解微分方程是很麻烦的。DemoFlow 方法通过差分计算系数矩阵。该系数矩阵是块带状的，并且用于进行有限差分近似通量计算的计算量不会随着 N 的增加而增加。

如果式(4.18)与常系数呈线性关系，则稳定性分析将表明式(4.41)是无条件稳定的(即 Δt 可以任意大)。在实践中，非线性可以将时间步长限制降低到某个较大但有界的值。

4.4　CFD 计算喷管问题工作流程

1.4 节包含图 1.19 所示的 CFD 方法，用于指导如何处理物理问题并使用计算工具进行分析。为了说明该方法，我们将该方法应用于一个完整的实际问题：从案例描述开始，一直到理论在 Matlab 代码中的实现，即 DemoFlow。本书的网站提供了 DemoFlow 以及实际运行代码、分析结果和绘制结论的相关教程材料。

回想 CFD 方法中的前三步：

（1）分析实际物理中的流动。

（2）构造数学问题：

- 分析偏微分方程；
- 选择边界条件。

（3）构造数值问题：

- 划分网格；
- 时间差分方法；
- 空间差分方法；
- 初始条件；
- 边界条件；
- 求解差分方程，判断稳定性。

4.1.3 节分析了物理流动，并确定了主要流动现象。第（2）项和第（3）项是下一步。为了便于描述，本章以 DemoFlow 喷管流动模拟器为例进行说明。

那么，像 DemoFlow 这样的准一维求解器对学习过程有什么帮助呢？其中重要的一点是，三维 CFD 方法也适用于跨单元边界的通量，这与上面开发的一维公式非常相似。早在 19 世纪中叶，我们就已经能够解决准一维喷管问题。其理论保持不变，但在数值上实现的方式已经发生改变。目前，基于不同类型的求解方法和离散方法，商业求解器有各种不同的形式，DemoFlow 中就存在这样的一些方法。由于其复杂性和所需的较多计算资源，学生几乎不可能通过阅读完整的商业 CFD 代码了解其工作原理及其特性，并使用该代码。请记住，正如医生最好的老师是临床经验一样，CFD 从业者最好的老师是工程经验。DemoFlow 旨在成为一个可以与用户交互的求解器，从而使得在用户探索不同求解格式的特点时反映求解器的优缺点。图形用户界面（GUI）将有助于将输入保持在合理的范围内，并限制某些在特定情况下可能无效的输入。这本书的网站上已经创建了一个喷管流动的教程来帮助学生运行代码。

DemoFlow 支持以下四种具有代表性的求解器类型：

- 显式 Runge - Kutta 时间推进，在空间中使用 Roe 近似黎曼求解器；

- 显式 Runge-Kutta 时间推进,在空间中使用增加标量耗散的 Jameson 中心差分;
- 隐式时间推进,在空间中使用 Roe 近似黎曼求解器;
- 隐式时间推进,在空间中使用增加标量耗散的 Jameson 中心空间差分。

我们练习的目标是使用这四种不同的求解器以不同的参数设置计算数值解,将计算结果与精确解进行比较,并得出关于改变参数的影响的结论。具体目标如下:

- 测试时间推进原理,以获得定常流场的求解方法;
- 获得时间积分方法的实践经验;
- 演示网格细化和人工黏性的效果;
- 更好地了解各种方程的稳定性极限。

可以更改上游和下游大气条件、网格节点数、时间步数、CFL 数和黏性系数等参数。程序会显示精确的稳态解和每 N 步的数值逼近解。有了 DemoFlow 代码,学生可以自由地进行 CFD 计算实验。在 4.4.5 节及其后的章节将讨论实践练习。

4.4.1 网格划分

DemoFlow 使用等间距网格 $x_j = j\Delta x$,其中,$\Delta x = \dfrac{L}{M-2}$。 第一步是生成沿 x 方向的网格点,如图 4.19 所示。中心编号为 $i=1$ 和 $i=M$ 的单元是用于保存边界条件的虚拟网格。虚拟网格中的状态(ρ,u,p)由给定的大气条件和 4.4.4 节所述的相邻内部单元中的流动变量来构造。这允许通过所有单元 $(2,\cdots,M-1)$ 的通量用标准差分方法来计算。

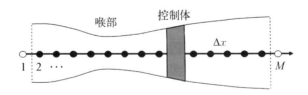

图 4.19　一维欧拉方程求解的网格和控制体

4.4.2　精确解的定义

精确解可由等熵流动关系和激波跃变关系确定。定义精确解的一种方法是给定激波的位置,然后根据等熵关系确定上游和下游的解。DemoFlow 中的此选项通过设置出口边界处的压力,将激波设置在所需位置。另一种方法是设置背压条件。

4.4.3　流场初始化

该代码通过在入口和出口处压力和温度的精确值之间进行线性插值来初始化流场。速度往往缺乏已知条件难以预测,因此我们可以将速度设置为 0。

4.4.4　边界条件

时间推进方法要求在时间上推进求解,直到所有扰动都通过边界排出,流动变得稳定。因此,最重要的是能够在较少的时间步内达到定常流动。开口边界处的条件应设置为允许波从边界上通过而不发生反射,这种条件称为无反射或吸收边界条件(ABC)。

特征线法确定了每个边界所需的边界条件数量,以便从边界和初始条件中确定唯一解(即使得初-边值组合具有适定性)。适定性还意味着对预设数据的敏感性有限,这是根据物理设置条件推导出数学问题的重要条件。这些条件称为物理条件,如果物理条件太少,则无法确定虚拟网格节点上的完整状态,因此必须使用来自流动的信息,称为数值边界条件。上述高分辨率有限体积方法是五点方法,需要来自两侧各两个单元的数据,因此计算域的两端必须有两个虚拟网格节点,其值由物理和数值条件提供。

1) 特征线和物理边界条件

黎曼变量的考虑对一维流动入口和出口处施加的边界条件有很大影响。在入口处,特征线 C_0 和 C_+ 具有斜率 u 和 $c+u$,始终沿着 x 轴正方向。因此,它们将边界信息带入计算域。

第三个特征线的斜率为 $u-c$,其符号取决于入口马赫数。当气流为超声速时,信息被传输到流场中,从而可以确定全场状态。这种情况不会发生在收缩-扩张喷管上。当气流为亚声速时,w_3 的值从计算域中带出。因此,从内部点外推得到 w_3,并结合上游大气 p 和 T 的等熵膨胀,就可以完成边界条件设置。实际上,该理论(线性化)只给出了符合适定性的边界条件的组合,而不是准确的变量组合。但有些组合比其他组合能够更有效地消除波动,从而影响在时间推进中接近定常状态的速度。

可在出口处重复实践以上分析,结果总结在表 4.2 中,并在图 4.20 中说明。

表 4.2　一维无黏流动的物理和数值边界条件

位置	亚 声 速	超 声 速
入口	物理条件：p，T 数值条件：w_3	物理条件：所有变量 数值条件：无
出口	物理条件：p 数值条件：w_1，w_2	物理条件：无 数值条件：所有变量

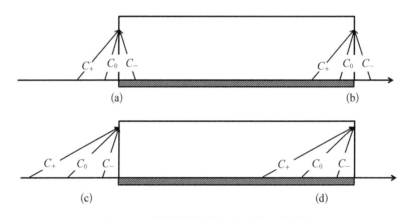

图 4.20　根据特征线施加的边界条件数量
（a）亚声速流入：两个；（b）亚声速流出：一个；（c）超声速流入：三个；（d）超声速流出：无

2）入流边界条件

这些模拟中的入流条件始终为亚声速（即有两个流入和一个流出特征）。一个特征变量需要从内部外推，最终边界条件为一个压力和温度等于大气压力和温度的完整状态。

3）出流边界条件

出流边界条件取决于流动情况：

● 对于超声速出流，所有特征都从计算域中流出，既不需要也不允许添加物理边界条件。边界处的流动变量值（即数值边界条件）通过从内部点外推所有变量获得。

● 对于亚声速出流，有一个特征从出口外界输入，因此需要指定一个变量，即压力，可设置为出口背压 $p(L, t) = p_{exit}$。其余必要的数值边界条件通过内点的线性外推获得。

4）物理和数值边界条件

如前一节所述，物理边界条件必须通过信息外推来完成，即来自内部计算域的数值边界条件。从内部点线性外推黎曼不变量确定数值边界条件的值，由此得出完整的喷管模型边界条件（见表 4.2）。

5）一阶外插法

为了保证流体计算内部的二阶精度，我们必须使用一阶精度估算来计算数值边界条件，该方法通过从两个内部节点线性外插黎曼变量得到。请注意，该方法只涉及一个时间步：我们正在求解定常流动。而时间精确模拟的外插至少需要涉及两个时间步。

6）举例：亚声速出口

在第 n 个时间步时，变量 v 的外插为

$$v_M^n = 2v_{M-1}^n - v_{M-2}^n$$

黎曼变量为

$$w_{1,M} \text{ 和 } w_{2,M}$$

也可以通过外插得到。根据参考压力（背压）可知压力 $p_M = p_{ref}$，所以需要求解三个方程从而得到完整的 $\boldsymbol{U}$ 向量。

4.4.5 选择计算格式和参数

DemoFlow 的 GUI 如图 4.21 所示。喷管、网格和实例在左上面板中定义。$x = 0.35$ 处，喉部面积为 1。其入口和出口的面积（1.5 和 2.5）、网格点数量（150）、"入口大气"和"出口大气"温度和压力（$t_{01} = 288$ K，$p_{01} = 100$ kPa）以及希望的激波位置（0.7）都作为输入。从而可以得到精确解，也就得到了所需的背压 p_2。我们也可以不选择希望的激波位置为输入，而是选择将 p_2 作为输入。

数值方法的控制面板在图 4.21 的下面板中。在底部，选择"显式 Jameson 方法"，然后可以给出相关参数：时间步数（400）、人工黏性参数（Vis2 = 0.25，Vis4 = 0.02）和 CFL 数（1）。求解过程每 10 步绘制一次。绘图和其他窗口以及用户界面管理实际上可能比计算花费更多的时间！在右边，我们看到了数值解（带标记的线），该数值解曲线和精确解曲线画在了一起（黑色虚线），除了振荡的区域。另外还有 $\log_{10}$ 密度均方根（RMS）残差与时间步长的关系图。在相对于初值的残差达到 7×10^{-3} 时已经推进了 2 000 步，这也就意味着我们已经单击了 5 次"Solve"按钮。

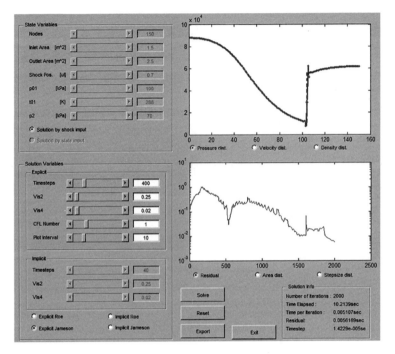

图 4.21　求解后 DemoFlow 的用户界面

时间推进收敛到定常状态

在时间推进解中,在流动变量从一个时间步变化到下一个时间步的过程中求解常微分方程组:

$$\frac{\mathrm{d}\boldsymbol{U}}{\mathrm{d}t}=\boldsymbol{R}(\boldsymbol{U})$$

并且当接近稳态时,残差 $\boldsymbol{R}$ 应该接近 0。能将残差最快速地衰减到任意小值(即"机器零")的算法通常最受欢迎。

通常用迭代 n 步时残差向量的范数 $\|\boldsymbol{R}^n\|$ 作为收敛演化的度量。我们可以通过要求残差下降预定的量级来设置收敛标准。

首先我们通常通过引入参考量 $\boldsymbol{U}_{\mathrm{ref}}$ 对残差进行无量纲化。对于外流问题,自由来流的特性可以提供这些参数,通常是作为对流场的初始猜测。喷管实例本身没有自由来流,因此需要根据等熵、等焓膨胀的假设进行粗略估计。现在,$\boldsymbol{R}^n$ 是一个数组 $R_{i,j}$ $(i=1, \cdots, M; j=1, \cdots, N)$,其中 M 是网格点的数量,N 是 DemoFlow 的变量(3)的数量。通常用于指示对每个变量的残差的度量:

（1）均方根，或称为 $\|L_2\|$ 二范数 $\mathrm{RMS}_k^n = \dfrac{\sqrt{\sum_i (R_{i,k}^n)^2}}{\sqrt{M}}$。

（2）L_∞ 无穷范数，残差的最大值 $\|R_k\|_\infty^n = \max_i |R_{i,k}^n|$。 残差的初值无关紧要；相反，重点是它们随 n 衰减的速度。图 4.21 中右下角的曲线图显示了 CFL＝1 的 Runge‐Kutta‐Jameson 方法在 2 000 步迭代期间，均方根密度残差是如何减少的，其收敛速度并不亮眼。

4.4.6　自主学习 DemoFlow

DemoFlow 中采用的方法为当前可压缩流 CFD 代码的代表，其中包括来自瑞典的竞争者 EDGE、德国宇航中心（DLR）的代码 TAU 和斯坦福大学的开源代码 SU2。DemoFlow 中使用的方法已在上文中描述，让我们来再次回顾一下：

- Jameson 方法是一种附加标量人工黏性的中心差分方法，除激波处之外为二阶精度。

- Roe 方法依赖于线性化的黎曼求解器，在单元面上进行有限制的线性重构，在激波处不会产生振荡。除激波处外为二阶精度，符合高分辨率格式的条件。

- 对于上述任一空间差分方法，时间推进可以是 Runge‐Kutta 或隐式欧拉。后者在每一步均使用牛顿迭代求解，通过数值差分生成雅可比矩阵。该方法试图在求解过程中选择尽可能大的时间步长，但必须要求牛顿迭代的初始试探解足够接近准确解。从某种意义上说，除了其光滑性和雅可比矩阵的条件外，该方法在求解时并没有使用有关解的任何信息。

从解的图像中可以明显看出，显式方法的波在边界和激波处会反射（总衰减率为常数）。隐式方法最初遵循类似的模式，直到它在正确的位置得到激波，然后在几次迭代中收敛。

对于显式方法，总计算量为 $O(M^2)$，其中 M 为网格点的数量。根据物理原理，当入口和出口边界条件的反射产生足够的误差时，收敛必会发生在某个“真实”时间。“真实”时间步长的 CFL 限制为 $O(\Delta x) = O(M^{-1})$，因此必须使用 $O(M^{-1})$ 的时间步长。每一步计算都需要 $O(M)$ 的计算量，因此我们可以估算得出总的计算量。

而对于隐式求解器，我们无法这样简单地估计其计算量。对隐式求解器来说，问题具有鲁棒性：最初的猜测通常是非常不正确的，所以该方法必须遵循物理特性开始迭代，直到解足够接近定常解。这就是时间推进技术的全部要点。

除了开发(准)CFL数的自适应确定方法外,即使是通过牛顿迭代处理定常问题的CFD代码,也需要添加时间导数的近似值,以使求解器更加稳定。因此,在数值分析中,我们还提供了具有合适的阻尼的牛顿方法。

那么这四种方法中哪一个是最佳选择呢? 正如你所料,答案并不简单,这取决于具体实例的情况:激波有多强? 求解方法必须有多精确? 它有多"单调"? 它离初值还有多远? CFD实践者将通过使用代码提供的选项,获得关于所选问题的结论与经验。那么现在,轮到你通过"DemoFlow喷管模拟"教程了解CFD的实际应用了。

现在我们已经了解了如何计算一维无黏流中的激波,那么分析三维问题的下一步就是如何描述飞机形状并围绕其生成网格,这就是下一章的主题。

4.5   通过计算学习更多知识

通过使用在线资源,你可以获得本章涉及的计算工具的实际操作经验。练习、教程和项目建议可在图书网站www. cambridge. org/rizzi上找到。用于计算所示示例的软件可从http://airinnova. se/education/aero-dynamic-design-of-aircraft上找到,本章对应的示例为DemoFlow喷管模拟器。

参考文献

[1] J. D. Anderson. *Computational Fluid Dynamics: The Basic with Applications*. McGraw-Hill, Inc. , 1995.

[2] S. K. Godunov. A difference scheme for numerical solution of discontinuous solution of hydrodynamic equations. *Math. Sbornik*, 47: 271 - 306, 1960. Translated US Joint Publ. Res. Service, JPRS 7225.

[3] B. Gustafsson. *High Order Difference Methods for Time Dependent PDE*. Springer Verlag, 2008.

[4] A. Harten. High resolution schemes for hyperbolic conservation laws. *Journal of Computational Physics*, 49: 357 - 393, 1983.

[5] C. Hirsch. *Numerical Computations of Internal and External Flows*, Vol. 1 and 2. Wiley, 1990.

[6] A. Jameson. Analysis and design of numerical schemes for gas dynamics 1: artificial diffusion, upwind biasing, limiters, and their effect on multigrid convergence. *International Journal of Computational Fluid Dynamics*, 4: 171 - 218, 1995.

[7] A. Jameson. Analysis and design of numerical schemes for gas dynamics 2: artificial diffusion and discrete shock structure. *International Journal of Computational Fluid*

Dynamics, 5: 1 - 38, 1995.

[8] P. D. Lax and B. Wendroff. Systems of conservation laws. *Communications on Pure and Applied Mathematics*, 13(2): 217 - 237, 1960.

[9] R. J. LeVeque. *Finite Volume Methods for Hyperbolic Problems*. Cambridge University Press, 2002.

[10] R. W. MacCormack. The effect of viscosity in hypervelocity impact cratering. Technical report. AIAA paper 69 - 354, 1969.

[11] E. M. Murman and J. D. Cole. Calculation of plane steady transonic flows. *AIAA Journal*, 9: 114 - 121, 1971.

[12] NASA. Shadowgraph images of re-entry vehicles — gpn-2000 - 001938. jpg, 1960. Available from https://commons. wikimedia. org/w/index. php? curid=16903011.

[13] A. Rizzi and B. Engquist. Selected topics in the theory and practice of computational fluid dynamics. *Journal of Computational Physics*, 72(1): 1 - 69, 1987.

[14] P. L. Roe. Approximate riemann solvers, parameter vectors, and difference schemes. *Journal of Computational Physics*, 43: 357 - 372, 1981.

[15] J. C. Tannehill, D. A. Anderson, and R. H. Pletcher. *Computational Fluid Mechanics and Heat Transfer*. Taylor and Francis, 1997.

[16] B. van Leer. Towards the ultimate conservative difference scheme. II. Monotonicity and conservation — combined in a second-order scheme. *Journal of Computational Physics*, 14(4): 361 - 370, 1974.

[17] J. Von Neumann and R. D. Richtmyer. A method for the calculation of hydrodynamic shocks. *Journal of Applied Physics*, 21: 232 - 237, 1950.

第5章 计算机辅助飞机设计和自动网格生成

21世纪初，网格生成技术发展迅猛，它的应用价值反而超过它最初的目的——有限元方法。计算机动画广泛使用三角化曲面模型；在计算机图形学会议上，关于使用、处理和生成网格的新思想层出不穷……如今，网格生成技术已经在数百种应用中得到广泛使用，如航空土地测量、图像处理、地理信息系统、无线电传播分析、形状匹配、人口抽样和多元插值等。网格生成技术已经成为一个真正的跨学科课题。

——Jonathan Shewchuk

本章将讨论两个问题：外形几何模型的生成和流场计算网格的生成，主要涵盖以下主题：

- 几何建模工具；
- 曲线和曲面的描述与变换；
- 用于飞行器形状的特定建模器 Sumo；
- 网格生成的通用性和 Delaunay 方法；
- 表面三角形网格；
- 体积四面体网格；
- Sumo 中的网格控制和故障排除。

有关计算机辅助几何设计的背景知识，请参考 Farin 的书[13]以及 Boor 关于 B样条曲线的经典著作[12]或 Piegl 和 Tiller 的"NURBS 书"[22]。正如开头 Shewchuk 所说，网格生成及其自动化是一个快速发展的课题。网格生成的自动化技术要求在任何几何体上都能够生成"可证明良好"的网格。然而，早期的网格生成技术十分脆弱，非常依赖用户的经验。对生成结构网格或六面体网格感兴趣的读者可以阅读背景文献，如 Thompson 等[30]通过美国国家网格项目出版的书。参考文献[29]中给出了最新的方法综述。有关最新发展,请参见 Shewchuk 的主页 https：//people. eecs. berkeley. edu/jrs/,其中列出了相关的书籍、会议和论文集。

5.1　引言

在第 3 章中,我们介绍了通过涡格法计算薄升力面的流动模拟。其几何由机翼平面形状和曲面定义来描述。机翼平面形状由一些专有名词定义,如上反角、梢根比、展弦比和后掠角;曲面是根据翼型曲线插值定义的薄片。高速飞行器所需的更先进的流动模型则是用偏微分方程(PDE)表示的,求解该方程需要对飞机的外表面进行详细描述,并尽可能包括推进系统的细节：螺旋桨盘、喷气发动机进气口和排气口。一旦定义了机身几何结构,其外部体积必须细分为小单元——即计算网格——用于 PDE 的数值求解。在第 4 章中,我们仅用了很小的篇幅来介绍计算网格,但实际上绘制网格会占用工程师相当多的时间。目前,自动化网格生成技术正逐渐成为现实,本书使用 Sumo 和 TetGen 软件,将飞机专用的几何描述格式转换为欧拉方程计算流体力学(CFD)的高质量网格。

5.1.1　模型划分网格的过程

1) CAD 建模问题

我们通常在工业领域标准的通用计算机辅助设计(CAD)软件中进行几何建模,如 CATIA(www. 3ds. com/products/catia)。对于 CAD 模型,通用网格生成器如 Pointwise(www. pointwise. com),可创建能够导出到 CFD 求解器的计算网格。但是,该方法有一定的缺点：通用的 CAD 软件、网格生成器以及高保真 CFD 求解器是非常复杂的,需要使用者具备 CFD 和 CAD 方面的专业知识,加上软件的许可和培训成本很高,使得该方法难以得到广泛应用,尤其是在教育领域;另外,对于 CFD 模拟,CAD 模型中的细节过于复杂,需要在导入网格生成器之前进行简化;除非正确创建的 CAD 模型,否则几何模型的构建很容易存在瑕疵,需要在生成网格之前进行"修复",这需要大量的工作,因此 CAD 模型的自动修复是加速仿真过程的关键因素;尽管对经验丰富的 CAD - CFD 工程师来说,上述问题可能非常容易解决,但是烦琐的任务仍然使得工作容易出错。

当我们不需要详细的设计时,例如在构型的早期设计阶段,通常的做法是使用**专用 CAD 建模器**,这类建模方式的构型布局仅需要较少的参数,因此比一般的 CAD 系统**更简单**,例如 RDS[23]、AAA[6] 和 VSP[15] 软件系统。VSP 支持以标准格式(如 IGES[32]、STEP[5] 和 CGN)导出网格(http://cgns. sourceforge. net)。

专用 CAD 软件开发了参数化设计概念的几何表示,并针对不同分析工具的计算离散化对其进行管理、创建和编辑。本章讨论的机身 CAD 工具 Sumo 为欧拉方程 CFD 提供的几何设计、初始图形交换规范(IGES)输出和高质量的非结构表面网格,可以与 TetGen 体网格生成器联合使用。

2) 参数化

Cpacs 可扩展标记语言(XML)格式是一个支持权衡研究、设计空间探索和优化的格式,可以支持完整的参数化模型。该语言系统可处理所有类型的升力面和所有主要控制面,但是针对外形模型的细节建立,如进气口和控制面偏转,仍需要进一步研究。

XML 格式最初广泛用于管理数据的业务,如今也被工程界接受,应用于科学计算中遇到的大型复杂数据集。XML 文件包含带注释的树状结构数据,并且很容易被软件解读。大多数文本编辑器或浏览器解读该格式的文件时,都可以显示带有缩进、彩色文字等的格式。这增加了文件的可读性,也使得文件更易于被他人编辑。

许多飞机设计工具都使用 XML 格式(如 Sumo、AAA、DFS、VampZero、VSP 等),这使得编写不同软件之间的接口从而实现几何变换的任务变得简单,这鼓励我们开发包含飞机从早期概念阶段到生产阶段的**所有**设计数据的数据集。

Cpacs 标准[11]由德国宇航中心(DLR)支持并开发,已获得多家欧洲航空航天公司和研究机构的认可。它支持蒙皮以及翼梁、肋、纵梁等所有结构元件,推进系统、任务剖面、重量和配平数据等详细几何数据,以及模拟(或测量)结果,如空气动力、载荷、稳定性和控制数据库。在当前的 Cpacs 理念中,大多数部件(如机翼或机身)都是通过横截面或轮廓线参数化的,每个横截面或轮廓线仅由一定数量的点表示。这种表示法本身并不允许通过经典的机翼几何参数(扭转角、梢根比、后掠角等)进行参数设置,但此类操作可由 Cpacs 模型顶层的软件支持。

3) 网格生成器

为促使 CFD 分析周期加快,商业化发展使得 CFD 在自动化程度、可靠性、基于物理感知的网格生成等方面取得了重大进展。对于外流场空气动力学,目前已有多种商业化的网格生成器,如针对非结构化四面体-六面体-棱柱网格的 Pointwise(www. pointwise. com/about/index. html)和 Ansys ICEM - CFD (www. ansys. com/products/icemcfd. asp)以及针对多块六面体网格的 Numeca

HexPress(www. Numeca. com/index. php? id＝16)。

5.1.2　构型的边界表示

图 5.1(a)为"协和"式飞机的表面曲面模型,图 5.1(b)为曲面模型的**线框模**型。曲面由曲线放样而成,然后相交构成机翼、机身和垂直尾翼。生成的曲面是闭合且可有方向性的(如流形),从而可以定义内部体积。因此,它是该体积的边界表示(BREP)。这种曲面允许创建近似多面体——曲面网格。封闭在曲面中的区域和曲面本身之间的体积可以被细分为非重叠计算单元的体网格。创建体网格的算法需要向几何模型询问点是否在曲面包围的体积内部,这就需要曲面具有方向性。允许自动网格划分的几何模型称为可生成网格的模型。

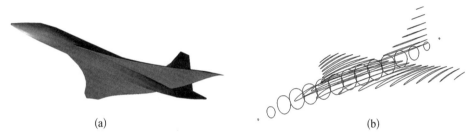

(a)　　　　　　　　　　　　　　　(b)

图 5.1　(a)"协和"式飞机的表面曲面模型;(b)"协和"式飞机的线框模型

飞机曲面是分段光滑闭合的,但可能具有锐边和顶点。其封闭体积通常是单连通的,但也有例外,例如盒式机翼或者带有喷气发动机模型的开放式管道。

5.2　曲线与曲面的几何表示

本节概述飞机 CAD 中使用的曲线和曲面的计算机表示方法。

5.2.1　从点到线

大多数曲线都可以用参数方程表示(例外见 5.3.1 节),例如空间曲线:

$$p(s) =[x(s),\ y(s),\ z(s)],\quad 0< s< s_{max}$$

大多数读者都将熟悉计算机绘图程序。在这些程序中,用户通过操纵控制点(有些控制点还附有切线),最终产生视觉上"好看"的曲线。在大多数 CAD 程序中,这种曲线是由控制点列表表示的。例如,为了显示曲线的数值,函数 $[x(s),\ y(s),\ z(s)]$ 在多个点 s_i 处进行求值,并绘制多边形 $[x(s_i),\ y(s_i),\ z(s_i)]$。例如,在图 5.2(a)中,三阶 Bezier 空间曲线 $p(s)$ 是由四个控制点

$P_i (i = 0, \cdots, 3)$ 决定的。

$$p(s) = \sum_{i=0}^{3} P_i B_i(s)$$

Bernstein 多项式 $B_k(s) = \dfrac{3!}{k!(3-k)!} s^k (1-s)^{3-k}$。

注意：

- 曲线通过 P_0 和 P_3；
- 线段 $P_0 P_1$ 和 $P_2 P_3$ 是曲线端点处的切线。

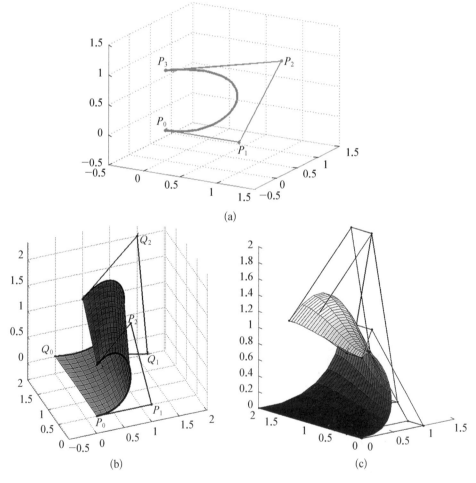

图 5.2 （a）三阶 Bezier 空间曲线；（b）两条 Bezier 曲线形成的直纹曲面；
（c）双三次 Bezier 曲面

我们可以通过移动 P_1 和 P_2 来操作曲线端点。像这样的三阶 Bezier 曲线可以串联在一起,形成通过给定的有序点集的连续曲线。当控制点 P_{3i-1},P_{3i},$P_{3i+1}(i=1,2,\cdots)$ 相邻时,曲线的切线就会具有连续性。

我们也可以通过约束控制点来实现曲率的连续性。注意,我们对 $p(s)$ 参数导数的连续性并没有要求,只对曲线的几何性质有要求。

然而,用控制点表示曲线需要额外的阶数信息。用曲线上的点而不是控制点来定义平滑曲线是一种更基本的、更容易解释的外部表示法。如果给定的点的间距足够近,那么不同插值公式给出的曲线将只在可接受的公差范围内存在差异。正如我们将看到的,Sumo 几何工具使用点集作为输入,在内部使用参数多项式进行表示。

5.2.2　从线到面放样

从一组曲线产生曲面的过程通常称为**放样**。在计算机时代之前,形状定义是在大型平面(通常是绘图室的地板)上进行的。**直纹曲面**是指给定两条曲线,通过在其上移动一条直线而形成的曲面。在数学上,我们通过将 x、y 和 z 描述为两个参数 u 和 s 的函数来定义参数曲面。第一条曲线 $p_1(s)$ 就是图 5.2(a) 中的那条,第二条 $p_2(s)$ 也是三阶 Bezier 曲线,其控制点为 $Q_i(i=0,\cdots,3)$。 直纹曲面上的点可以表示如下:

$$S(u,s)=(1-u)\cdot p_1(s)+u\cdot p_2(s),\quad 0\leqslant u,s\leqslant 1$$

如图 5.2(b)所示。

通过将 Bernstein 多项式的线性插值推广至三阶,发挥作用的控制点将新增 8 个,因此我们将所有 16 个控制点重新编号为四行四列的控制点网格 $P_{ij}(0\leqslant i,j\leqslant 3)$。 其结果是一个参数化的双三次曲面:

$$S(u,s)=\sum_{i,j=0}^{3}P_{ij}B_i(u)B_j(s)$$

控制点、网格和曲面如图 5.2(c)所示。

表面建模器 Sumo 通过利用直纹曲面或双三次曲面,从一组由点定义的翼型中形成机翼的定义。双三次曲面是由切线(但不一定是曲率)在连接处连续的面片构成的。

历史评论

　1962 年,雷诺的工程师 Bezier 发布了 Bezier 曲线。当时图纸已经实现数字化,这使得放样成为一项编程运动。雪铁龙的 Casteljau 在 1959 年开发了这种曲线,他使用的曲线评估算法是一种重复的线性插值,因此即使对高阶多项式来说该方法也是数值稳定的。这种曲线有许多特性,如仿射不变性,这使得曲线在控制点移动时具有可预测性。但该方法不能精确地描述圆锥曲线,如椭圆或二次曲面(如抛物线)。在 Bezier 曲线出现之前,第一架用圆锥曲线设计的飞机是第二次世界大战时期的 P-51"野马"。圆锥剖面曲线的数学形式是用圆锥曲线的几何投影来描述的,该方法依赖于关于圆锥切线的古老定理:切线在射影后保持不变。现在,二次 Bezier 曲线是一个抛物线——一个特殊的圆锥曲线——可以投射到其他类型的圆锥曲线上,并且保持与射影切线的相切性。这一观察结果为推广有理二次参数函数(包括圆锥曲线)开辟了道路,但代价是增加了参数的维度——增加了另一组参数:权重。

现在的工业标准是任意阶数的非均匀有理 B 样条(NURBS)曲线和曲面。除了控制点和权重之外,有理 B 样条还引入了**节点**的概念。通过控制节点的个数,该方法提供了一种连接曲线或曲面片的系统化方法,并控制其连续性,从而使得尖锐的边缘可以像具有曲率连续性的曲线一样容易被建模。数学家 Boor 发展了 B 样条理论和算法,并在一本经典教科书[12]中普及了它们。"B"可以代表 Boor,但这个名字最初是由 Schoenberg 创造的,是"basis spline"的简称。

5.2.3　自由变形

计算机动画的从业者很快就意识到,从头开始建立物体是很耗时的,通过移动控制点来修改已经存在的模型通常要快得多。自由变形技术(FFD)仅仅移动点,所以拓扑结构并不受影响。因此,体、曲面和曲线都可以进行变形。1984 年,Barr 首次描述了这种通用的 FFD[7]方法。如今,FFD 已经成为一种高度发达的交互技术。FFD 在 CFD(如 SU2 软件)中用于几何形状的修改、网格变形和形状优化。

FFD 的基础知识

为了修改物体 G,我们定义一个由等距 $(N_x+1)\times(N_y+1)\times(N_z+1)$ 网格中的控制点 P_{ijk} 定义的封闭矩形框 B。使用 Bezier 多项式,B 内的点 $p = (x, y, z)$ 移动到新的位置:

$$p + \sum_{i,\,j,\,k=0}^{N_x,\,N_y,\,N_z} \delta P_{ijk} B_i^{N_x}(x) B_j^{N_y}(y) B_k^{N_z}(z)$$

式中，δP_{ijk} 为控制点 i, j, k 从初始位置出发的移动量。该方法通过在控制框内移动所有定义点来修改 G，这些定义点可以是多面体中的顶点，也可以是定义几何实体的控制点。

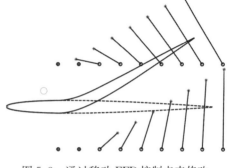

　　例如，图 5.3 显示了 NACA0012 翼型，前缘位于 (0.25, 0)，通过移动 9×2 的控制点使翼型从大约 $x = 0.6$ 处向上弯曲 30°。最右边的 7 对 FFD 控制点绕 (0.7, 0) 旋转，左边的 2 对控制点不动。这使得前缘没有发生变化，然后平滑过渡（C^1 连续）到弯曲的部分。

图 5.3　通过移动 FFD 控制点来修改 NACA0012 的形状

　　另一个应用如图 5.4 所示，图中展示的是一维 FFD 示例，其中有 6 个控制点用于修改曲线。任务是将沿机翼展向的相对厚度从基准模型修改为具有更好的空气动力特性的形状。原始机翼的 CFD 显示，根部区域有不利的等压线。正如第 9 章所述，我们可以通过增加其厚度或将最大厚度的位置向前移动来改善。图 5.4 显示了原始曲线（粗线），修

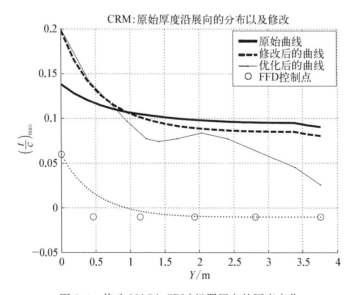

图 5.4　修改 NASA CRM 机翼展向的厚度变化

改后的曲线(粗虚线)，控制点(空心圆)，以及对原始曲线的增量(虚线)。黑色的细曲线是通过非线性优化得到的厚度分布[20]，其参数变化更加明显。

第一个点被"上移"从而加厚根部。正如快速计算所示，这使得增厚区域延伸过远，因此我们将其余的点聚集至根部，最后将它们下移。

5.2.4　曲线修改器

当我们需要修改曲线形状(如为了优化它的某些目标)时，我们可以通过添加扰动来进行修改。Hicks‑Henne 鼓包函数[16][式(5.1)]通常可以用于表示机翼形状的变化。

$$H(x, m, \mathrm{tw}) = \left[\sin\left(\pi x^{\frac{\lg 5}{\lg m}} \right) \right]^{\mathrm{tw}}, \quad 0 \leqslant x \leqslant 1 \tag{5.1}$$

上式中 $H(0) = H(1) = 0$，$0 \leqslant H \leqslant 1$，最大值为 1 在 $x = m$ 处，凸起的宽度由指数 tw 控制。曲线 $y = f(x)$ 所受扰动如下：

$$f_p(x) = f(x) + \sum_{i=1}^{N} \alpha_i H(x, m_i, \mathrm{tw}_i)$$

图 5.5 显示了 5 个最大值在 $N = 5$ 的 Chebyshev 横坐标上的 Hicks‑Henne 鼓包函数 $H(\cdot)$，$m_i = \frac{1}{2}\left(1 - \cos\frac{i\pi}{N+1}\right)$ $(i = t, \cdots, N)$，并且 tw=3。第 7 章和第 8 章中将展示使用 Hicks‑Henne 鼓包函数进行形状优化的示例。

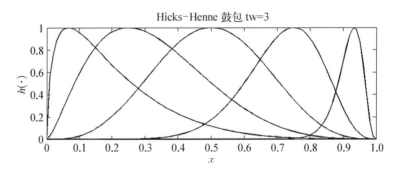

图 5.5　5 个 Hicks‑Henne 鼓包函数，其最大值在 Chebyshev 横坐标上

5.3　翼型和曲面

升力面是设计工作的主要处理对象。我们通常针对机翼、翼型以及由一组翼型组成的机翼的流向截面进行设计和分析。自载人飞行开始以来，风洞翼型

测试已经形成了庞大的力和力矩数据库,因为这些气动参数仅取决于攻角、气流速度和雷诺数。在使用由两到三个翼型构成直机翼的时代,设计师往往可以在数据库中找到他们需要的数据。但是,现代客机需要实现高效的跨声速飞行,因此必须对机翼形状进行非常详细的优化,所以设计师并不能只用少量的翼型来描述机翼。因此,每个项目都必须设计新的机翼,并为精确的 CFD 分析和模型制造提供参数化的形状。下面我们将讨论机翼的几何建模和机身 CAD 表面建模器 Sumo,该软件将负责创建我们示例中所需的机翼形状。

5.3.1　翼型

大多数翼型是由点集定义的,并且可从网络资源库中获得,如伊利诺伊大学香槟分校(UIUC)的翼型坐标数据库[4]。

点的坐标为 (ξ_i, η_i),$0 \leqslant \xi_i \leqslant 1$。 弦长为 c 的机翼截面形状可以表述为

$$x_i = c\xi_i, \quad y_i = c\eta_i$$

对于某些翼型系列,它们具有给定的最大相对厚度 $\mathrm{TOC}\left(\dfrac{t}{c}\right)$,这种翼型可以通过下式描述:

$$x_i = c\xi_i, \quad y_i = c\,\frac{\left(\dfrac{t}{c}\right)}{t_0}\eta_i$$

式中,t_0 为模板翼型的厚度。

机翼性能与许多几何特征密切相关,这些将在第 8 章详细讨论:

(1) 前缘半径;

(2) 最大厚度;

(3) 最大厚度的位置和最大厚度附近的曲率;

(4) 最大弯度和最大弯度的位置;

(5) 带有后缘角度的压力恢复区域。

因此,翼型参数化应该允许以一种透明的方式控制这些几何特征。本章将提出两个方法:三阶 Bezier 方法和**类别-形状函数转换**(CST)方法,即在参考文献[18]中描述的方法。

1) 三阶 Bezier 方法

图 5.6 显示了 4 条 Bezier 曲线的控制点(见 5.2.1 节),这 4 条 Bezier 曲线

共同定义了翼型。假设后缘由一个点封闭。除自由的 P_5 和 Q_5 外，控制点只能沿着其边界矩形的边缘移动。除了后缘处，该形状具有切线连续性。由于前缘和最大厚度点的曲率具有连续性，因此必须满足 3 个（非线性）关系。因此，总共有 11 个自由度。

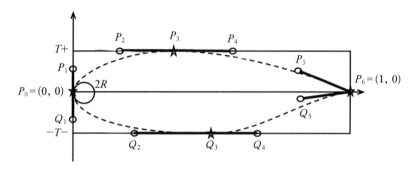

图 5.6　三阶 Bezier 曲线翼型

2）CST 方法

控制点法用参数曲线 $x(t)$、$y(t)$ 表示形状。CST 方法[19]通过 x 的多项式分别定义上、下表面。前缘处的无穷大斜率处理方法如下：翼型具有光滑的圆形前缘，可以很好地用 $y = \sqrt{x}$ 来近似，另外翼型的后缘往往很薄。因此 CST 方法如下：

$$y_{up} = C(x) P_u(x) + \xi_u(1-x) \tag{5.2}$$

$$y_{lo} = C(x) P_l(x) + \xi_l(1-x) \tag{5.3}$$

式中，$C(x) = \sqrt{x}\,(1-x)$ 为**类别函数**；**形状函数** P_u 为光滑的并且可以被 N 阶多项式很好地近似表示，$P_u(x) = \sum_{i=0}^{N} c_{ui} x^i$。

3）由点定义的翼型的特性

上文指出，定义翼型的点集应该足够密，并且有足够的算术精度。这样，通过任何合理的内插法获得的曲线——参数化的 $y(x)$——的斜率和曲率都应该在严格的公差内符合要求。但是情况并非总是如此。

4）示例

Göttingen 298 翼型被用于福克 DR1 三翼机。在 UIUC 收集的资料中，它由 33 个 5 位小数的坐标点来确定形状；没有提供精确的数学描述。图 5.7 显示了这些点、弧长的三次样条曲线插值以及曲率。在前缘处，曲率偏离了公差允许量。显然,该曲线的曲率变化并不理想。

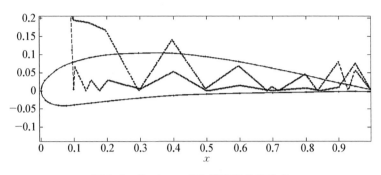

图 5.7　Göttingen 298 翼型和曲率分布

　　由此可见,该形状上的压力分布将具有与曲率相关的强烈偏差,这是由点的稀疏性导致的。在计算机时代之前,我们通常会提前给出前缘半径用于制作光滑的翼型。有了这样的补充数据,我们可以在前缘上放更多的点,但在这种情况下,翼型的形状必须是经过光顺的。在这里,我们使用 7 阶 CST 曲线对这些点进行了近似处理,这使得坐标的最大误差为 0.000 4。在多项式的阶数达到 17 之后,增加多项式的阶数作用并不大,因为 17 阶多项式可以插值所有的点,从而使误差彻底消失,但是这种方法得到的曲率变化较大,并不可取。因此,我们必须权衡拟合度和曲率变化的影响,从而给出较优的结果。图 5.8 显示了原始点集和光滑点集的计算压力曲线。

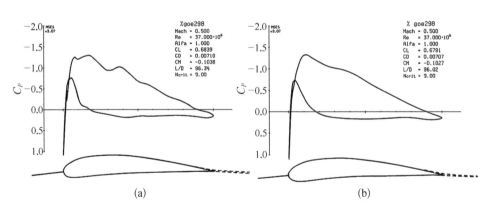

图 5.8　压力分布
(a) 在原始点集上;(b) 在 CST 逼近的形状上

5.3.2　由 Sumo 创建的曲面

最初,Sumo 是由 KTH 的 David Eller 开发的,作为瑞典国家航空研究计划独立的建模和网格生成工具。因此,它可以创建一般的飞机几何形状,并生成高质量的非结构表面网格,从而用于面元法势流求解器。后来,Sumo 实现了与四面体网格生成器 TetGen[28]的接口,这样就可以在 Sumo 中创建适合的基于欧拉方程 CFD 的非结构网格。在本书的网站上可以找到 Sumo 的迷你手册,这里只给出简短的概述。Sumo 可以处理由横截面定义的形状,但是并不能处理复杂的细节(如展开的起落架)。全局坐标系是一个机体坐标系,x 的方向为从机头到机尾,y 的方向为从右舷机翼向外,z 的方向为垂直。

1) 升力面

Sumo 使用直纹曲面或双三次曲面片,从横截面的数据集中给出升力面的定义。

机身、尾翼、发动机舱和其他类似的部件也是通过沿中心曲线的横截面来定义的。通常情况下,由点定义的横截面曲线是曲率连续的。沿中心曲线的放样是三阶的。Sumo 并不是通过计算参数化曲面得到的交线来调整曲面。相反,它在机身和机翼上形成表面网格,并据此生成相交的网格,详见下文。

2) Sumo 例子

图 5.9(a)显示了小型商务喷气机定义的点集,它有两台尾吊发动机、T 形尾翼、装载主起落架的机身整流罩,以及带有小翼的小后掠角梯形机翼。合理使用对称性可以让设计更加方便。实际上,该商务机的短舱就是左右对称的,它在另一侧有一个对称的短舱。但是 Sumo 只能识别一种对称方式,所以在几何文件中同时出现了左侧短舱和右侧短舱。翼型的定义用到了数百个坐标点,但机身横截面的点就少得多,除了驾驶舱的风挡玻璃,机身其他地方的截面都是圆形的。绘制曲线可以得到如图 5.9(b)所示的线框图。

最后,将曲线放样至曲面[见图 5.9(c)]。请注意,所有的曲面都是完整显示的。隐藏的线和面是由图形引擎中的 z-buffer 算法管理的。翼尖没有封闭,机头和机尾以及整流罩和短舱也没有封闭,因此可以放大查看机身内部的机翼部分。

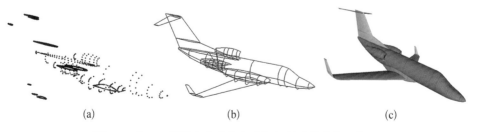

(a)   (b)   (c)

图 5.9　Sumo 根据点集为商务喷气机创建的曲线和曲面

　　该图像对检查曲率、寻找表面之间的缝隙等要求来说已经做得足够好了。但是几何模型只是一些曲面,在围绕它建立计算网格之前我们还有很多工作要做:翼尖、机身末端等处的孔洞必须封闭,并计算出交点,从而形成连通(不一定是单连通)的内部区域,使得产生的多面体表面确实将内部与外部分隔开。几何模型保存为 XML 文本文件。

3) 分级几何模型

　　虽然不同系统之间的细节有所不同,但几何表示的原则是统一的,因此我们在这里可以展开描述。

　　对象是由子对象组成的,而这些子对象又是由次级子对象组成的,以此类推。也就是说,对象是其子对象和子子对象的上级。因此,所有对象都可以被收集在一个树状结构中。图 5.10 显示了商务喷气机的树状结构。

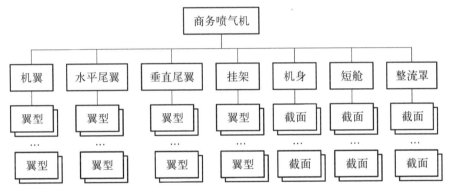

图 5.10　商务喷气机的树状结构

　　每个对象都在其自身的局部坐标系 x_o 中描述,然后通过线性变换与其上级 a 的坐标系 x_a 相连,其中线性变换通过使用对角矩阵 $\boldsymbol{D}$、旋转矩阵 $\boldsymbol{R}$ 以及平移矩阵 $\Delta\boldsymbol{x}_a$ 实现在 (x_o, y_o, z_o) 中进行平移和缩放。因此,这种变换不能剪切对象。缩放对象是非常有用的,例如,翼型的几何形状是以单位弦长来定义的:

$$x_a = \boldsymbol{R} \cdot \boldsymbol{D} \cdot x_o + \Delta x_a$$

其中旋转矩阵 $\boldsymbol{R}$ 通过一系列绕坐标轴 (x_a, y_a, z_a) 的顺序的旋转角 α, β, γ 来定义:

$$\boldsymbol{R} = \boldsymbol{R}(z_a, \gamma) \cdot \boldsymbol{R}(y_a, \beta) \cdot \boldsymbol{R}(x_a, \alpha)$$

绕一个坐标轴旋转十分常见,也很容易理解,但绕两个或三个轴旋转的情况就比较麻烦。如果组件都像刚体一样连接在一起，那么修改该组件时，无须进一步操作就会对其子级组件有正确的影响，而对其上级组件则没有影响。

4）模板

由于修改模板比从白纸开始建模更容易，因此 Sumo 提供了一套包含从滑翔机到四发重型运输机的飞机模板。图 5.11 显示了双螺旋桨模板以及调整后掠角和使梢根比更小后的模型。该飞机模板的调整是通过改变两个参数来实现的，因为该机翼是由翼根和翼尖两个翼型定义的直纹曲面。注意，发动机不会移动，因为它们并不是机翼的子级部件。

(a)   (b)

图 5.11　(a) Sumo 中的双发螺旋桨飞机模板；(b) 调整机翼的后掠角和
　　　　 梢根比后的模型

5）导出至 CAD

完整的曲面几何表示可以写入符合 IGES 标准 5.3 版[32]的 IGES 文件中。之所以选择 IGES 格式，是因为它远没有其他格式复杂，如产品数据交换标准（STEP），因此可以在有限的资源下提供合理的实现方法。Sumo 已经经过调整，可以生成具备"共同标准"的几何模型，从而使得其导出的文件能够被所有CAD 系统识别。

6）在 Sumo 中修改机翼的平面形状

考虑到机翼平面形状的标准描述用语：后掠角、上反角和梢根比。因此我们希望能够通过修改 Sumo 模型中的少量数据项来改变这些高级参数。上反角是如下所述的一个参数，但改变后掠角和梢根比则可能引起它的其他变化。

● 上反角表征机翼围绕标准机身固定坐标系 x 轴进行的刚体旋转。因此，在以全局坐标定义机翼坐标时，它以旋转角度"dihedral"出现。

● 后掠角表征整个机翼围绕机体 z 轴的旋转（即"yaw"）。但是同时它也导致机翼（包括翼尖）旋转，这是并不希望看到的。如果希望改变机翼平面形状，但要使翼型保持平行于 x 轴，那么机翼的偏航角度也必须相应改变：

$$\Delta\mathrm{yaw}(翼型)=-\Delta\mathrm{yaw}(机翼),\quad k=1,2,\cdots,n$$

- 修改具有直前缘和后缘的机翼的梢根比需要通过调整翼型坐标系与机翼坐标系之间的比例因子来进行。假设一个半翼展为 s 的机翼，翼尖弦长为 c_t，翼根弦长为 c_r，那么，对于从翼根 $y=0$ 处到翼尖线性放样的机翼，位于展向位置为 y 处的机翼必须具有如下弦长：

$$c(y)=c_r+\frac{y}{s}\cdot(c_t-c_r)$$

7) Sumo 的建模概念

在下面的章节中，我们将对几何建模中使用的基本概念进行总结。

（1）曲面表示和拓扑结构。

由于 Sumo 的主要功能是对飞机进行建模，而不是对一般的机械工程部件进行建模，因此 Sumo 采用表面建模的方法。Sumo 几何图形只提供表面建模的功能，而不使用实体的概念。所有创建的曲面都是非流形的，只有最终的曲面网格才能够代表流形。图 5.12 显示了代表 T 形尾翼相交面的视图。垂尾明显是开放的，并且平尾穿过垂尾。在图 5.13 中，显示了相同几何形状的表面网格。在这里，我们使用圆形的盖子封闭垂尾的开放端曲线，并移除了几何体拓扑内部的部分网格。

 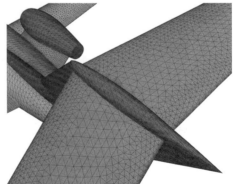

图 5.12　非流形的曲面　　　　　　　图 5.13　流形曲面网格

（2）数值表示。

大多数曲面，如一般的机身、发动机短舱或弯曲机翼，都可以表示为具有单位权重的非均匀有理 B 样条（NURBS）曲面[22]，因此它们是多项式非均匀 B 样条曲线(NUBS)而非有理的。这提高了曲面导数的评估性能,并且由于不需要指定控制点权重,因此大大简化了交互式建模。但其缺点是不能准确地表示二次曲面,必须进行近似处理。如果可以实现其相关优势,那么我们可以使用不同的曲面表示方法:例如,分片线性(直纹)曲面就直接用这种方式表示,因为这能明显提高性能。由于 Sumo 是一个交互式程序,因此曲面点和导数的评估性能对可用性至关重要。

- 机身表面是根据俯视图和侧视图建模的,横截面可以交互修改。

- 升力面是由机翼创建的,可以从文件中读取或生成。机翼可以是线性或三次 B 样条曲线,连接主翼和小翼的双三次曲面可以自动生成。

- 控制系统编辑器根据铰链线指定可移动的机翼区域。这些控制面的定义是独立于网格的。受襟翼运动影响的网格区域在导出的网格文件中被标记为边界条件区域。

(3) 交互式几何修改。

曲面由插值截面构成,而插值截面又反过来插值点集。因为没有直接修改样条曲线来控制点的选项,所以我们在直接操作控制点时需要谨慎小心。

用于插值曲面的截面曲线要么是缩放旋转的翼型坐标,可以直接生成或是从文件中加载;要么是自由形式的机体剖面。后者通常通过交互式修改,直到达到需求的形状。另一种方法是,自由形式的截面也可以限制为基本的分析形状,如超椭圆等。在撰写本章时,图形截面编辑器假定截面是关于纵坐标对称的。为了从一组插值曲线创建曲面,我们可以选择两种不同的局部插值方案:Bessel 方法可以实现曲率的连续性,而默认的 Akima 方法的优点是三个相同的截面按顺序形成了完全笔直的曲面段[22],尽管连续性有所下降。

5.4 网格生成

在对控制方程进行数值求解之前,我们必须对所有边界的表面进行离散化处理,并在流域内生成体网格。在前几章中,我们得到了从欧拉到 RANS 和 LES 的流动模型。第 4 章和第 6 章给出了解决它们的计算方法。首先,将计算流动的空间(即**物理空间**)划分为大量的几何元素,这些几何元素称为**网格单元**。这个过程称为**网格生成**。该过程也可以看作是在物理空间中首先放置网格点(也叫节点或顶点),然后以它们为顶点形成单元。表面网格通常由三角形和四边形组成,而体网格则由四面体、六面体、棱柱或者棱锥组成。

本节将讨论以下主题:

- 网格生成的基本原理,结构网络与非结构网格;
- 格点法和格心法网格及网格要求;
- Delaunay 三角剖分/四面体化;
- 用 Sumo 和 TetGen 生成网格。

　　网格生成的目的是使计算网格覆盖机身与流场外边界之间的体积。对自由飞行来说,流场外边界是几个翼展之外的球体或长方体的表面。对风洞中的流动来说,流场外边界是洞壁和流入、流出的截面。网格必须解析边界的所有几何细节。在飞机上,对网格精细度要求较高,但在速度接近自由来流的远端边界上对网格要求较为粗糙。RANS 网格在壁面的法线方向上必须非常精细,而欧拉方程模拟的流动中没有边界层,所以网格可以更加各向同性。准确表示激波需要在激波附近有精细的网格。同样,在 RANS 和欧拉流场中,涡的建模也需要精细的网格,以免人工黏性将其过于抹平。

　　我们可以选择**结构网格**或**非结构网格**。下面在对结构网格进行简短讨论后,我们将重点讨论非结构网格。

5.4.1　结构网格

　　网格生成可以贴合物理空间的边界,在这种情况下,我们称之为**贴体网格**(见图 5.14)。这种方法的主要优点是可以非常精确地解析沿固体表面剪切层的流动,但是其代价是网格生成工具较为复杂。

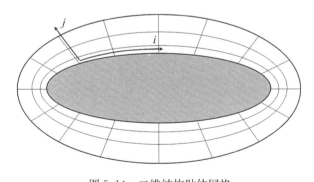

图 5.14　二维结构贴体网格

- **结构网格**(见图 5.14)的每个网格点(顶点、节点)都由下标 i,j,k 和相应的笛卡儿坐标 $x_{i,j,k}$,$y_{i,j,k}$ 和 $z_{i,j,k}$ 唯一定义。网格单元在二维是四边形,在三维是六面体。如果网格是贴体的,那么我们也可以称之为**曲线网格**。
- 在**非结构网格**中(见图 5.15),网格单元以及网格点都没有特定的顺序。相

邻的单元或网格点不能直接用它们的下标来识别(如单元16与单元23相邻)。非
结构网格通常由二维的四边形和三角形以及三维的六面体、四面体、棱柱、棱锥混合
组成,从而能够正确地解析边界层。因此,我们称这种情况下的网格为**混合网格**。

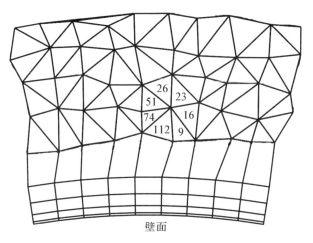

图 5.15　非结构混合网格,网格单元的序号是独立的

5.4.2　多块结构网格

结构网格的主要优势来自下标 i,j,k 代表一个线性地址空间,该空间可以
直接对应于流量变量在计算机内存中的存储方式。这一特性允许计算机快速访
问网格点的邻近点,因此梯度和通量的评估以及边界条件的处理都能够得到简
化。由于通量雅可比矩阵具有有序性,因此隐式格式也更便于使用。

如图 5.16 所示,我们还可以将物理空间划分为一些拓扑学上比较简单的块
(此处为 5 个),从而可以更容易进行网格划分——**多块网格方法**。当然,流动求

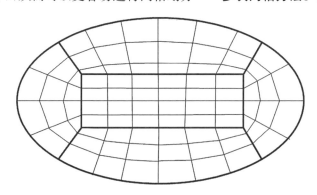

图 5.16　分块结构网格,粗实线代表块的边界

解器的复杂性会有所增加,因为需要特殊的逻辑来交换各块之间的物理量或通量。虽然这只是一个小麻烦,但为复杂的几何形状生成分块结构网格却非常耗费工程师的时间。

5.4.3　非结构网格

非结构网格在处理复杂的几何形状方面具有较强的灵活性,而且原则上可以自动生成网格,与域的复杂性无关。当然,为了获得高质量的网格,我们仍然需要适当地设置一些参数。此外,为了准确地解析边界层,建议在壁面附近采用棱柱或六面体单元。对于几何要求较高的情况,生成混合网格并不容易,但其所需的时间仍然远远低于多块结构网格。

非结构网格求解器由于需要间接寻址,因此需要采用复杂的数据结构。根据计算机硬件的不同,这将或多或少导致计算效率降低。此外,与结构网格相比,非结构网格的求解器对内存的要求一般较高。

非结构网格通常由各种单元类型组成。例如,边界层通常使用六面体和棱柱进行离散化,流域内的其余部分可以由四面体填充。棱锥用作六面体和四面体之间的过渡单元。在有边界层的壁面上,结构化的六面体或棱柱体网格的优点是在高度拉伸的网格中保持了壁面法线方向的精度。而非结构四面体网格的理想特征是能够离散复杂的几何形状,如图 5.17 所示。混合网格则试图结合结构网格和非结构网格这两种方法的优点。

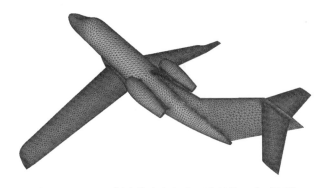

图 5.17　Sumo 创建的商务机表面非结构三角形网格

20 世纪 80 年代,Jameson 和 Baker[17]以及 Cabello[8]等人首创用于外部流动的自动化四面体网格生成器。非结构四面体网格的自动生成比结构六面体网格的生成更为简单,原因如下:

- 四面体是三维单形体,可以更容易地填充任意形状的体积。

● 结构网格需要网格单元之间的远距离协调,而非结构网格的单元可以更灵活地与邻近点相连。

图 5.17 显示了在 Sumo 默认设置下,在商务机构型上生成的三角形曲面网格。请注意前缘和后缘以及曲面交汇处的网格细化情况。属于襟翼、副翼、方向舵和升降舵的三角形网格用颜色标记,但这在打印的黑白模式下是看不出来的。

任何三维点网格的凸包都是 Delaunay 四面体,其中四面体的封闭圆周只包含该四面体的四个顶点。人们也开发了一些计算 Delaunay 四面体的有效算法,这为创建体网格开辟了道路:首先在其边界面上构建非结构三角形表面网格,然后在其间创建点集,最后应用自动四面体网格生成器。Delaunay 四面体网格生成将在 5.4.5 节中介绍,在 5.5.1 节中我们将讨论在飞机上创建三角形表面网格。

控制体

定义控制体相对于网格的形状和位置的两种基本方法如下:

● **格心法**:流动量与网格单元的中心点相关,因此控制体与网格单元是相同的。

● **格点法**:流动变量与网格点相关。控制体可以是共享网格点的所有单元的集合,也可以是以网格点为中心的某个体积单元。前者称为**重叠控制体**,后者则称为**对偶控制体**。

第 6 章将讨论 EDGE 代码中关于离散化和计算机实现的格点法公式。

5.4.4 网格质量标准

网格的质量对模拟的准确性有很大影响,对非结构网格来说尤其如此。老话说得依然正确,如果 CFD 流场结果的质量看起来很差,那么就做一个更好的网格。制作网格最重要的要求,是网格要完全填充体积并且单元格相互不重叠。当然,网格必须足够细,从而能够解析相关的流动特征。网格的两个属性很容易量化:网格单元(四面体)的大小和形状(以某种方式量化,见下文)以及邻近点之间形状指标的变化。首先,离散化误差会随着网格单元从完全规则的形状逐渐扭曲变形而增长。这也意味着单元应该具有相同的旋转模量,但这与单元向外部边界生长的能力相冲突。空间一阶偏微分方程的离散化,如欧拉方程,对单元畸变的敏感性不如二阶偏微分方程。由此可见,我们必须特别注意边界层的网格划分;好在附着流的黏性效应在边界层之外的影响很小。

我们需要避免使用一些形状不好的四面体:钝角单元、"切片"(即有四个几乎共面的点的单元)、针形和楔形四面体。只有使用棱柱网格才能避免在靠近壁面的黏性区域出现楔形拉伸的四面体。然而,由于壁面法线方向(楔形的短边)上的流动梯度才是最重要的,所以数值误差并不会造成干扰。

　　基于解的自适应网格划分

　　在许多情况下,表面网格和体网格生成器提供的控制方法足以创建适当的网格分辨率。但是,远离表面的高梯度流动特征的分辨率,如尾流、激波和涡等并不能以该方式控制。基于解的自适应网格划分可以根据当前的流动特征调整网格。图 5.18 显示了 SACCON 无人战斗机(UCAV)在跨声速飞行条件下的网格自适应划分。

上半部分:Sumo 生成的 200 万网格量的网格;　　　上半部分:u,ρ,p 梯度自适应网格;
下半部分:CAD+脚本工具生成的 600 万网格量的网格。　　下半部分:600 万网格量的基础网格。
　　　　　　　　(a)　　　　　　　　　　　　　　　　　　　(b)

图 5.18　(a) SACCON 的 Sumo 网格,CAD+Ansys ICEM‐CFD
网格生成器;(b) 跨声速自适应网格

(由 M. Tomac 提供,博士论文[31],经许可重印)

　　后掠的前缘和不同的扭转角在机翼上表面产生了复杂的激波形态,因此我们必须细化表面网格。初始网格[见图 5.18(a)]由 Sumo 生成,流场解由 EDGE代码的欧拉求解器获得,网格自适应由 u、ρ 和 p 的梯度控制。某些参数的范围(如马赫数和攻角)需要根据具体情况进行不同的调整。从初始网格开始,通过一系列调整来运行每个案例会花费相当高的成本。如果流动求解器不仅支持网格细化,还支持网格粗化,那么每个案例都可以从之前的自适应网格开始,因为该网格比初始网格更接近理想的网格。

5.4.5 Delaunay 三角剖分

Delaunay 三角剖分本质上是一种定义唯一的三角剖分(三维空间则为四面体化),它是由一组点组成的三角剖分,使得总的边长较小,而最小角度不会太小。三角形(四面体)的外接圆只包含其顶点,而不包含其他点,除非在点集具有特别的、有规律的退化的情况下。Delaunay 三角剖分定义了一组覆盖点的凸包的三角形(三维中的四面体)。

Delaunay 三角剖分与 Dirichlet 在 1850 年提出的方法有关,该方法将空间唯一地划分为一组凸区域。首先,给定一组点;其次,在每个点的周围划分一定的区域,该区域内的点比其他任何点都更接近该点。这些区域形成的多边形(三维为多面体)称为 Dirichlet 镶嵌图或 Voronoi 图。如果我们用直线连接共享 Voronoi 图中某线段(面)的点对,就得到了 Delaunay 三角剖分。

许多人提出将基本的 Delaunay 三角剖分扩展为网格生成器的算法(见文献[14])。图 5.19(a)显示的是机翼平面上向前缘聚集的一组点的 Delaunay 三角剖分。图 5.19(b)显示了相应的对偶格点法离散化,其中单元的"中心"是三角形的顶点,单元由三角形的中垂线组成。这些单元不一定是凸的(如靠近前缘区域),但是属于某个三角形顶点的单元只包含共享顶点的部分三角形,而

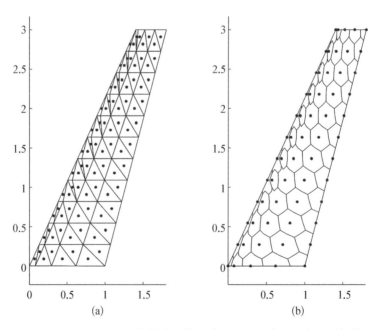

图 5.19　(a) Delaunay 三角剖分和单元质心;(b) 三角形顶点和对偶单元

Voronoi 单元可以延伸到更多的三角形。三维格点法网格是四面体和中垂面的类似物,我们将在第 6 章中进行介绍。

　　Delaunay 方法代表了一种连接网格点的特殊方式,但是点的位置必须由其他技术来确定。因此,构建 Delaunay 网格的通用方法是将节点依次插入初始三角剖分中,然后对网格进行局部的重新三角化,以满足空外接圆标准。基本网格生成器包括用于插入顶点增量的 Delaunay 算法、用于插入约束条件(边和三角形)的算法、用于确保满足边界条件的边界恢复算法,以及用于提高四面体(三角形)质量的细化算法。这些计算需要较高的算术精度,并使用经过处理的精准几何预测。

　　增量 Delaunay 网格生成的核心任务是将新的点插入一个有效的三角剖分。为了选择(或定位)新的点,我们必须关注单元的质量(最小角度、长宽比等)及相对于相邻单元的尺寸(体积、边长等)。尺寸限制可以作为空间位置的函数给出;通过创建几何对象来传递信息,如粗框或粗网格,从而帮助实现这种限制。

5.5　Sumo 网格生成

　　构建构型外部流动的体网格可以分两步进行。首先,Sumo 创建三角形表面网格;其次,从 Sumo 内部调用外部程序 TetGen,以便在构型和外边界之间建立高质量的四面体网格。图 5.20 和 5.21 说明了这些步骤。

 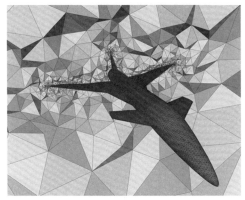

图 5.20　Sumo 表面网格,117 000 个三角形　　图 5.21　Sumo 体网格分割,803 000 个四面体

5.5.1　表面网格生成

　　流动问题的数值解的准确性受到表面网格离散化质量的影响。由于目前大多数 CFD 方法使用基于节点或单元平均值的局部低阶多项式求解方法,因此表

面网格必须做到以下几点：

- 充分准确地近似几何表面。
- 能够解析流动特征，如压力峰值和激波。

虽然在大多数情况下，第一个要求是满足第二个要求的必要条件，但它并不总是充分的。举一个例子：考虑一个升力面后缘附近的压力恢复的情况。尽管该区域的表面几何形状通常是比较平坦的，但需要使用小单元来捕捉陡峭的压力梯度。表面网格生成器会自动确保上述第一个要求在给定的公差内得到满足。下面描述的一组几何启发式方法，用于细化观察压力变化较大的特定区域。

所有的曲面都由 $(x, y, z) = S(u, v)$ 形式的双参数曲面片表示，其中至少关于参数 u 和 v 的一阶导数是连续的。网格生成是通过在参数空间 (u, v) 中修正 Delaunay 算法进行的，就像 Chew[10] 所提出的那样，如果任何 (x, y, z) 三角形的**外接球**不包含任何其他三角形的顶点，则定义网格是 Delaunay 的。定义外接球是在三角形的平面上包含外接圆的最小球体。

非结构曲面网格无须用户干预就可以生成。启发式方法给出了网格生成代码的默认参数，用这些参数通常可以产生令人满意的网格。当然，我们也可以手动调整这些参数。

- 三角剖分基于三维球内准则，对于陡峭的曲面（如薄的后掠三角翼），该准则能够比曲面 Delaunay 方法生成质量更好的网格。
- 几何细化方法可以在强曲率区域生成更细的网格，同时可以对最小单元尺寸进行限制，以避免解析无关的几何细节。
- 非结构的体网格可以由表面网格生成，例如 Hang Si 的四面体网格生成器 TetGen[1]。体网格可以保存为 CFD 通用符号系统（CGNS）格式[2]，可用于 CFD 求解器 EDGE[3] 和 SU2，或者保存为 TetGen 的普通美国信息交换标准代码（ASCII）格式。

在流动显示出强方向性的区域，各向异性网格可以在不影响求解精度的情况下，减少三角形的数量，从而减少体网格的数量（见图 5.22）。例如，使用 RANS 进行模拟时，在升力面的展向方向上不需要具有很高的网格分辨率。如图 5.22 所示，在高曲率区域正确定向表面单元是很重要的，Sumo 知道如何生成沿正确方向拉伸的表面网格。

Ruppert[24] 和 Shewchuk[26] 开发了通过插入一系列顶点来提高三角形网格质量的算法。Chew 的结果表明，每个最初符合外接圆标准的三角形网格，都可以通过顶点插入的方式进行细化，从而保持这一特性。对于在曲面的参数空

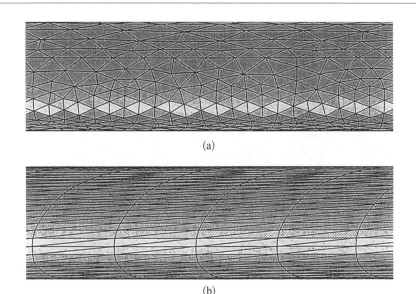

(a)

(b)

图 5.22 前缘的非结构表面网格

(a) 没有特定方向的各向同性网格；(b) 沿展向拉伸和定位的网格

间中生成表面网格，该标准远远优于 Delaunay 标准。

1) 网格控制参数

Sumo 试图尽可能地从曲面的几何属性（如前缘半径）来确定合适的网格质量标准。由于这些默认参数通常应能够确保有网格可用，因此参数设置一般都比较保守。为了生成初步计算所需的粗网格，Sumo 需要一些用户干预。用户可以设置以下参数。

- 二面角：共用一个边缘的两个三角形法向量之间的角度。该参数主要影响强弯曲区域的分辨率，如机翼前缘。

- 网格边长：可以通过强制执行最小和最大边长来控制。最小边长的作用是避免解析无关的几何细节。

- 三角形拉伸比：三角形中最长边与最短边的比值。这里，最大可接受比值的大小完全取决于所使用的流动求解器的特性。高的拉伸比允许用较少的单元来离散具有强曲率区域的大型平面，如薄翼面。

- 前缘和后缘的细化因子：将这些因子设置为大于 1.0 会逐渐减少前缘/后缘的最大允许边长。这有助于改善薄翼面上的网格质量，否则从粗网格到细网格的变化会非常快。此外，人们发现，非常精细的后缘网格对作为棱柱网格生成算法的背景网格的体网格生成至关重要。

　　针对尺寸和形状的网格改进是通过细化的迭代过程进行的。为了使用近似Delaunay 的表面网格来初始化这个过程，首先在每个表面上创建结构四边形网格，然后将其转换为几何自适应的三角形网格。图 5.23 显示了转换为三角形单元后的网格和最终的 Delaunay 网格。

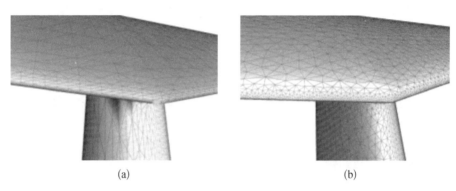

(a)　　　　　　　　　　　　　　　(b)

图 5.23　Ranger 2000 T 尾上的表面网格细节
(a) 初始三角形网格；(b) Delaunay 网格

　　在表面曲率半径较小的情况下（如在薄翼的前缘附近），三角形采用级联方法构建，如图 5.24 所示。一旦违反拉伸准则，拉伸四边形线段就会在展向上被逐渐分割，从而形成特征的二元分割模式。

　　高质量的网格需要改进质量，包括多次拉普拉斯平滑迭代（使用表面投影）和重复顶点插入，直到尽可能满足所有要求的质量指标，如图 5.25 所示。这个过程大量使用了 Shewchuk 的自适应精度几何推断[25]。如果没有它，那么整个细化过程是没法实现的。

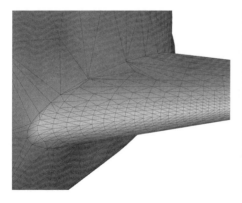 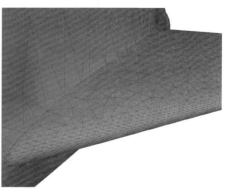

图 5.24　初始级联网格　　　　　图 5.25　加密和光滑后的网格

2）曲面交点

Sumo 并不会根据连续几何体的交点计算"修剪后的表面"，因为这需要额外的用户交互才能确定需要修剪的组件。因此，曲面交点是根据每个曲面上的三角形网格来计算的。当前的实现方式要求在一个点上相交的曲面不超过三个。一旦对每个孤立表面进行网格划分，那么所有离散的三角形交点就会通过树状分割程序计算出来，然后应用 Möller 三角形交点算法[21]，通过沿交线行进并识别分支点，可以稳健地建立或重建相交段的连通性。在后处理阶段，要尽可能删除过短的线段。后续的网格细化过程必须避免干扰交线，因此，在表面交线附近的网格质量标准可能无法得到满足。

3）浸润表面网格的创建

一旦对所有表面都进行网格划分并且满足所有相交约束，那么就会合并离散网格，并消除相交处重复的顶点。剩下的操作就是通过拓扑遍历单元边来确定三角形的"浸润"集合。只要交线附近网格的连通性与曲面本身的连通性相同，那么这个过程就是可靠的。

5.5.2　故障诊断

在表面网格生成中，人们在处理常见几何困难方面已经做了很多工作，但仍有一些困难的情况。由于网格划分问题的主要来源往往是退化的几何特征，因此用户往往可以轻松解决这种困难。

1）斜率不连续

斜率不连续的表面，如具有大后掠角的前缘和大扭转角的线性直纹翼面，会被自动识别并进行特别处理。但是当表面交线处具有斜率不连续性时，Sumo 将会很难准确确定交线，从而导致交线处出现小的环形或极小的孤立圆。解决这个问题的方法往往相当简单，因为造成该问题的几何形状实际上并不是真实如此的。例如，我们可以在扭转处附近插入新的截面，从而将扭转的角度减少一半，使得尖锐的脊线不再相交。如果插入的截面能够正确放置在另一个实体内，那么外部的几何形状就可以保持不变。

2）锐角交线

当两个粗网格表面以极小的角度接触或相交时，也就是相交的三角形几乎共面时，就会出现另一个问题。由于网格三角形只是近似于真实的表面，因此计算出的离散交线可能与光滑表面的实际交线相距很远。为了解决这类问题，我们只需减少允许的网格最大边长或受影响表面的许可法向量差，这样可以减少三角形与表面之间的间隙。

5.6 TetGen 生成欧拉计算的体网格

创建高质量的表面网格后,用于求解欧拉方程的非结构四面体网格可以用 TetGen 生成,该软件是由柏林 Weierstrass 研究所的 Hang 所开发。TetGen 是一个非常高效和高质量要求的四面体 Delaunay 网格生成器。从区域的初始约束的 Delaunay 四面体开始,动态插入节点,直到满足给定的网格质量标准。网格生成区域以 Sumo 创建的飞机构型的表面网格和远场边界为界。TetGen1.4.3 版中提供的四面体网格质量标准包括以下内容:

- 最大网格单元体积;
- 外接球半径与四面体边长的最大比值;
- 网格面之间最小的二面角。

此外,一旦存在体网格,最大允许的单元体积就可以定义为随坐标(x, y, z)变化,但 Sumo 对 TetGen 的调用尚未用到这个特性。为了达到规定的网格单元质量要求,如果明确允许,则 TetGen 将对边界三角形进行细分。因为 TetGen 没办法访问原始表面的样条曲面描述,所以边界细分是在多面体的表面进行的。

生成封闭三角形曲面网格后,就可以创建四面体的体网格。飞机被嵌入一个球域中,该域的外边界被离散化为递归细化的二十面体。然后调用 TetGen,用满足一定质量要求的四面体填充整个体积[27]。目前 Sumo 使用的体网格选项如下:

- 四面体外接圆半径与边长之比;
- 允许的最大四面体体积;
- 边界三角形的分割开关。

其中第一个设置参数对网格细化水平有很大的影响,因为它规定了四面体允许的拉伸量,即外接圆半径与边长的比值。该比值越大,网格中允许拉伸的四面体就越多。在图 5.26 和图 5.27 中,显示了基于同一表面网格生成的两个不同的体网格。图 5.26 中粗网格有 72 000 个网格点,图 5.27 中细网格则包含 200 000 个网格点。此两图说明了半径与边长的比值对表面附近细小单元在远场中生长为较大四面体的速度有较大的影响。

 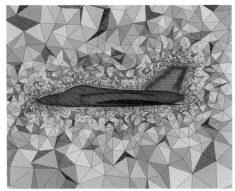

图 5.26　外接圆半径与边长的比值为 1.6　　图 5.27　外接圆半径与边长的比值为 1.1

最大四面体的体积的影响是相当明显的。这个选项在默认情况下是启用的，此时设置的最大单元体积由远场边界的细化级别来决定。如果禁用该选项后，最大的四面体将出现在远场边界和表面网格之间的自由空间，那么在某些情况下，可能只需使用少数几个极大的网格就可以填满整个流域。

最后，边界三角形的分割开关决定是否允许 TetGen 对表面的三角形进行分割，用以达到规定的外接圆半径与边长的比值。由于体网格并没有关于底层表面几何形状的信息，因此它被迫通过线性插值插入新点。允许表面网格单元的分割可以大大改善 EDGE 求解器的收敛情况，从而减少给定精度下的运行时间，即使生成的网格单元可能更多。

1）TetGen 的局限性

TetGen 是一个基于迭代细化的网格程序，它并不能保证在有限的网格数量下收敛[27]。尽管 TetGen 对高质量的表面网格来说是非常稳健的，但是当需要较小的外接圆半径与边长的比值时，如果使用粗糙的、低质量的、有拉伸的三角形表面网格，则它可能需要很长的网格生成时间。在这种情况下，TetGen 可能会被迫生成大量四面体单元以达到所需的质量。如果 TetGen 运行速度过慢，可以尝试中断它并改进表面网格或降低质量要求，然后重新运行。

最后，与 TetGen 的通信过程涉及非常多的临时文本文件的写入和读取。这些文件在使用后会被删除。对于网格数较多的情况，这些文件可能大到数百兆字节——每一百万个四面体大约会生成 52MB 的文件。

2）典型的使用案例

我们假设已有一个 SMX 文件（Sumo 本地外部模型格式），其中有所需构型的几何图形。将 SMX 文件导入 Sumo 中，在选项"Rendering"中进行视觉检查。从图 5.28 和图 5.29 可见，通过这种方式很容易发现小的建模错误的情况。在大多数情况下，处理这类模型特征并不在计划中。因此，对几何体的快速视觉检查可以避免在糟糕的网格上进行昂贵的模拟。最快的补救措施是在 Sumo 内部修改几何体，比如改变图 5.28 中尾翼的位置：右键点击左侧组件树中的"Vertical tail"条目，选择"Edit properties"，改变组件位置的 z 坐标。修改后的模型可以保存为 SMX 格式。如果模型的来源是 Cpacs 文件或其他转换为 SMX 格式的文件，那么我们应该在原始文件上进行修改。

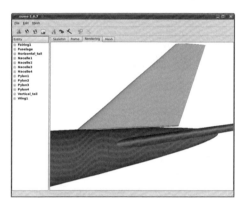 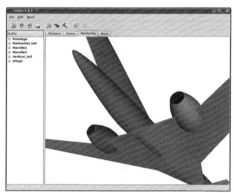

图 5.28　垂尾和机身之间的空隙　　　　图 5.29　后缘与机身之间的间隙

正确导入表面几何形状后，我们就可以生成表面网格。通常情况下，默认的网格参数能够创建可以使用的表面网格。但是，这既不是最粗的网格，也不是最精细的网格，因此，如果我们需要更粗的或更精细的网格，则有必要手动修改第5.5.1 节所述的表面网格生成参数。

检查表面网格后，可以通过"Mesh"菜单中的"Generate volume mesh"选项来调用 TetGen。第一次启动时，Sumo 会询问 TetGen 可执行文件的位置，除非能够自动找到文件位置。同样地，选择默认值可能会产生可用的，但不一定是最佳的网格。如果体网格用于大批量或高质量的模拟，那么我们可能需要修改默认设置。

为生成 EDGE 求解器的网格文件，我们需要选择"bmsh"作为输出格式。与网格文件同时生成的，还有一个具有相同名称前缀的边界条件文件。目前，边界条件定义文件已经收入适合于欧拉方程模拟的壁面和远场条件，并控制表面单元使用渗透边界条件（见第 6 章）。发动机的进气和排气条件必须在 Sumo 软件之外添加。

教程：Sears‑Haack 翼身组合体构型的网格生成

本书网站上的教程介绍了 Sears‑Haack 的机身，其外形可将波阻降至最低。我们的任务是验证当使用后掠翼设计时，机身需要修形从而使得波阻达到最小。该过程可以通过使用 EDGE 或 SU2 等 CFD 软件包进行模拟来完成。现在，我们可以开始体验用于欧拉模拟的 Sumo‑TetGen 网格生成技术了。

我们现在可以对三维几何体进行建模，并围绕它构建网格。下一章将介绍求解器在这些网格上通常使用的各种差分方法，从而近似逼近控制方程的无黏项和黏性项。典型的跨声速翼型绕流的演示计算演示了现代定常和非定常流动求解器的工作原理。

5.7 通过计算学习更多知识

通过使用在线资源，可以获得本章主题的计算工具的实践经验。练习、教程和项目建议可在本书网站 www. cambridge. org/rizzi 下载。用来计算案例的软件可以从 http：//airinnova. se/education/aero‑ dynamic‑design‑of‑aircraft 获得。可以使用 Sumo 和其模板模型创建表面网格和体网格。

参考文献

［1］ http：//wias‑berlin. de/software/tetgen/.

［2］ www. grc. nasa. gov/WWW/cgns/CGNS_docs_beta/user/index. html.

［3］ www. foi. se/en/Customer‑‑Partners/Projects/Edge1/Edge/.

［4］ UIUC airfoil coordinates database. Available from http：//m‑selig. ae. illinois. edu/ads/coord_database. html.

［5］ Industrial automation systems and integration product data representation and exchange part 21：Implementation methods：Clear text encoding of the exchange structure, 2016. Available from https：//en. wikipedia. org/wiki/ISO‑10303‑21.

［6］ W. A. Anemaat and B. Kaushik. Geometry design assistant for airplane preliminary design. Presented at 49th AIAA Aerospace Sciences Meeting including the New Horizons Forum and Aerospace Exposition, Orlando, FL, January 2011.

［7］ A. Barr. Global and local deformations of solid primitives. *Computer Graphics*, 18 (3)：21‑30,1984.

［8］ J. Cabello, R. Löhner, and O. P. Jacquotte. A variational method for the optimization of two‑ and three‑dimensional unstructured meshes. Technical report. AIAA paper 92‑0450,1992.

[9] S. W. Cheng, T. K. Dey, and J. R. Shewchuk. *Delaunay Mesh Generation*. CRC Press, 2012.

[10] L. P. Chew. Guaranteed-quality mesh generation for curved surfaces. In *Proceedings of the Ninth Annual Symposium on Computational Geometry*, San Diego, May 1993. Available from: portal. acm. org/citation. cfm? id=161150.

[11] P. D. Ciampa, B. Nagel, P. Meng, M. Zhang, and A. Rizzi. Modeling for physics based aircraft pre-design in a collaborative environment. Presented at 4th CEAS Air & Space Conference, Linköping, Sweden, September 2013.

[12] C. de Boor. *A Practical Guide to Splines*. Springer, 1978.

[13] G. Farin. *Curves and Surfaces for CAGD: A Practical Guide*, 5th edition. Elsevier, 2001.

[14] L. Guibas, D. Knuth, and M. Sharir. Randomized incremental construction of delaunay and voronoi diagrams. *Algorithmica*, 7: 381 – 413, 1992.

[15] A. S. Hahn. Vehicle sketch pad: a parametric geometry modeler for conceptual aircraft design. Presented at 48th AIAA Aerospace Sciences Meeting, Orlando, FL, January 2010.

[16] R. M. Hicks and P. A. Henne. Wing design by numerical optimization. Technical report. AIAA paper 79 – 0080, 1979.

[17] A. Jameson and T. Baker. Solution of the euler equations for complex configurations. Technical report. AIAA paper 83 – 1929, 1983.

[18] B. M. Kulfan. A universal parametric geometry representation method — "CST". Technical report. AIAA paper 2007 – 0062, 2007.

[19] B. M. Kulfan. Universal parametric geometry representation method. *Journal of Aircraft*: 142 – 158, February 2008.

[20] Z. Lyu, G. K. Kenway, and J. R. R. A. Martins. Aerodynamic shape optimization studies on the common research model wing benchmark. *AIAA Journal*, 53(4): 968 – 985, 2015.

[21] T. Möller. A fast triangle-triangle intersection test. *Journal of Graphics Tools*, 2 (2): 25 – 30, 1997.

[22] L. Piegl and W. Tiller. *The NURBS Book*. Springer, 1997.

[23] D. P. Raymer. *Aircraft Design: A Conceptual Approach*. AIAA Education Series, 5th edition. AIAA, 2012.

[24] J. Ruppert. A delaunay refinement algorithm for quality 2 – dimensional mesh generation. *Journal of Algorithms*, 18(3): 548 – 585, 1995.

[25] J. R. Shewchuk. Adaptive Precision Floating-Point Arithmetic and Fast Robust Geometric Predicates. *Discrete & Computational Geometry*, 18(3): 305 – 363, 1997.

[26] J. R. Shewchuk. Delaunay refinement algorithms for triangular mesh generation. *Computational Geometry*, 22: 21 – 74, 2002.

[27] H. Si. On refinement of constrained delaunay tetrahedralizations. Presented at Proceedings of the 15th International Meshing Roundtable, September 2006. Software available from http://tetgen. berlios. de, July 2009.

[28]　H. Si and K. Gaertner. Meshing piecewise linear complexes by constrained delaunay tetra-hedralizations. Presented at Proceedings of the 14th International Meshing Roundtable，September 2005. Software available from http：//tetgen. berlios. de，July 2009.

[29]　J. F. Thompson，B. K. Soni，and N. P. Weatherill，editors. *Handbook of Grid Generation*. CRC Press，1998.

[30]　J. F. Thompson，Z. U. A. Warsi，and C. W. Mastin. *Numerical Grid Generation: Foundations and Applications*. Elsevier North-Holland，Inc. ，1985.

[31]　M. Tomac. *Towards Automated CFD for Engineering Methods in Airfcraft Design*. KTH School of Engineering Sciences，2014.

[32]　US Product Data Association，Charleston，SC. Initial Graphics Interchange Standard 5. 3，September 1996. Available from www. uspro. org.

第6章　定常和非定常流动的计算流体动力学

当人们各执一词时，我们可以简单地说：让我们仔细计算，再判断谁是对的。

——Gottfried Wihelm Leibniz，《发现的艺术》(1685 年)

所有的数学科学都是建立在物理定律和数学定律之间的联系上的，因此科学的目的是将自然问题简化为数学运算。

——James Clerk Maxwell

第 4 章介绍了如何用数值格式准确计算一维欧拉方程中的激波。通过第 5 章中的几何描述和网格生成，我们现在希望利用这些知识来求解二维和三维的 Navier‑Stokes 方程，并说明气动仿真问题的工作流程。有限体积法是用到的数值计算模型。标准的湍流建模产生了雷诺平均的 Navier‑Stokes 方程，被广泛应用于航空航天领域可压缩流动的计算流体力学(CFD)代码中。

本章将介绍 CFD 用户需要了解的求解过程，以便将典型的 CFD 代码应用于高速空气动力学的一个核心问题：翼型跨声速流动。收敛速度对求解定常流动问题的所有方法都至关重要，本章也将讨论加速收敛的方法。然而一些翼型流动是非定常的，因此本章也将提出一种时间精确的方法，并通过一个案例说明。

6.1　引言：范围和目标

第 4 章详细介绍了求解包含激波流动欧拉方程计算方法的细节，并在求解准一维喷管问题的教程中介绍了实际操作经验。那个例子相对简单，可以通过解析的方法求解。目的是说明各种方法如何处理非线性模型问题。本章采用了相同的方法，但现在将现代计算流体力学(CFD)的 RANS 求解器应用于一个更真实的问题,即经典的跨声速翼型,这个问题在 20 世纪 70 年代推动了 CFD 技术的发展。

即使在第 4 章中计算激波流动的背景下,仍需要更多的材料来涵盖现代 CFD 代码的所有功能。例如,我们必须从第 4 章中的一维情况拓展到三维,从欧拉方程发展到包含湍流模型的 RANS 方程等。无黏对流项是相同的,其空间离散化格式也是通用的,但黏性项及其离散是新的问题。

本章讨论问题的深度以及涉及的范围如下:深入到读者能够成为现代 CFD 代码的熟练用户所需的程度。因此,我们不会详细介绍从头开始编写这样的代码所需的细节。

本讨论旨在让读者实现以下目标:

(1) 理解航空航天中使用的 CFD 代码的用户手册。

(2) 了解所涉及的各种选择的背景。

(3) 从可用的选项中明智地进行选择。

(4) 可以有效地解决手头的特殊问题。

人们应该意识到各类视频教程的丰富性,特别是商业代码的教程。在许多情况下,通过点击软件的各种下拉菜单和按钮的图形用户界面就可以实现模型的定义。软件开发人员努力通过创建"向导"的方式,通过经验规则来预设许多参数,从而降低学习过程的难度。现在已经有商业的"虚拟风洞"可用,只需要一个几何模型的 STL 文件和少量的数据,如攻角、侧滑和速度就可以进行计算分析。

我们通过研究跨声速翼型问题可以展示现代 CFD 代码的强大功能,就像在 20 世纪 50 年代初的风洞测试那样,可以探索在跨声速范围内飞行的非线性流动现象。

第 5 章对机体的几何建模和计算网格生成进行了一般性讨论。第 4 章中的喷管问题展示出当不考虑时间精确性的问题时,可以采用加速收敛技术更快地获得收敛定常解。但是有一些非定常流动现象需要关注的情况,因此也给出了非定常跨声速流动的例子,本章的最后一部分介绍这是如何实现的。在讨论这些话题之前,让我们先看看获取 CFD RANS 代码的可能方法。

6.2　RANS 软件

RANS 求解器已成为工业界研究定常跨声速空气动力学的标准工具,原因如下：

（1）数值模型和软件已达到足够的成熟度和鲁棒性，可供日常使用。

（2）计算机硬件的进步大大降低了计算机模拟的成本，因此 RANS 模型成为一种可行的设计工具。

（3）风洞试验成本高昂，且与飞行雷诺数不匹配。

20 年前，Vos 等[28]调查了 CFD 方法中的 RANS 模型和软件在飞机设计中的应用能力，与湍流的物理建模一样，分离流的预测在当时和现在仍还是一个挑战。Rizzi 和 Luckring[19]在附着流和分离流条件下，提供了最近关于飞机设计的 CFD 模拟的综述和展望。

区分特定 CFD 代码的主要特征类别如下：结构或非结构网格；湍流模型和转捩模型；空间离散化格式；时间推进方法的选择；高性能计算编程结构和语言。还有一个代码的典型特征是运行系统平台（如运行 Linux、MacOS 或 Windows 的集群或笔记本计算机）。

本节的预期目标是使用经过验证且可靠的 RANS 求解器。目前有许多用于航空航天的 RANS 代码，可以通过三种主要途径进行获取和使用：

- 商业软件，如 NUMECA 代码、CFD++、Ansys Fluent、STAR‐CD 等。
- 基于联合贡献者/开发者团队协议的合作软件。例如，在欧洲有德国宇航中心（DLR）和某些德国大学之间的 TAU 代码，法国国家航空航天研究中心（ONERA）与某些法国大学和研究所之间的 ELSA 代码，瑞典国防研究院（FOI）和瑞典大学之间的 EDGE 代码，CFS 工程公司（CFSE）与特定合作伙伴之间的 NSMB 代码等；在美国也有类似的合作关系，例如 NASA 和某些大学之间的 FUN3D 代码，美国空军和某些大学之间的 Kestrel 代码。
- 开源软件，SU2、OpenFOAM 等。

在这本书中，我们将使用 EDGE 或 SU2 代码来处理实例、练习和教程，并简要介绍 EDGE 代码。

6.2.1 典型的航空航天 RANS 求解器：EDGE 代码

瑞典的求解器 EDGE[3,9]是由 FOI 与其他国家和国际合作伙伴合作开发的。EDGE 可以采用不同的气体模型，利用非结构网格求解 RANS（或 URANS）可压缩流动。湍流模型包括一方程和两方程的涡黏模型和显式代数或微分雷诺应力模型，同时还提供混合 RANS‐LES 模型。

求解器采用基于格点的有限体积法，在由网格生成模块产生的原始网格基础上形成的对偶网格上求解控制方程(见图 6.1 左图)。采用严格的一对一网格搭接方式,不允许有"悬挂节点"。

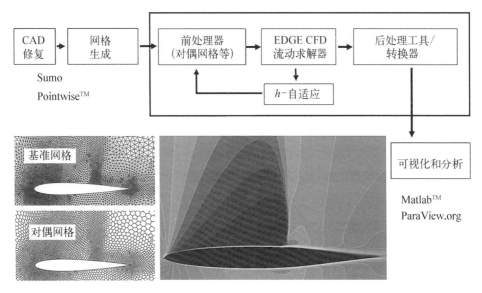

图 6.1　EDGE 软件模拟的工作流程

　　定常问题采用 Runge - Kutta 时间步推进,利用多重网格上的全近似格式、隐式残差光顺和低速预处理方法加速收敛。采用局部线性隐式格式,允许在薄边界层上采用较大的时间步长。以下是一些计算的运行时间案例,使用多重网格加速、一方程 Spalart - Allmaras(SA)模型,计算了 1 000 步的RANS。

- 翼型,5 万网格,1 核:5 min。
- 单独机翼,100 万网格,2 核:2 h。
- 翼身组合体,500 万网格,2 核:一晚上。

　　为了在 URANS 或者混合 URANS - LES 模式下也能进行时间精确求解,可以采用隐式双时间步方法进行计算。

　　在介绍了具有代表性的 RANS 流动求解器(如 EDGE)的主要特点之后,我们来进一步了解如何应用。6.5.1 节展示了由 EDGE 计算的 $0.7 \leqslant Ma_\infty \leqslant 1.2$ 的翼型跨声速流动。图 6.1 介绍了求解所涉及的步骤。首先采用计算机辅助设计(CAD)软件和第 5 章介绍的网格生成器生成原始网格,由 EDGE 预处理器生成对偶网格后,求解器进行时间推进求解,最后对计算数据进行后处理以实现可视化流动,并且计算力和力矩等。

一个自适应网格细化(AMR)模块允许根据从流动中得出的特征量,对混合网格进行局部 h -细化,即通过单元格细分。这些特征量可以基于总压、熵增和速度梯度张量的特征值[11]来分析和识别涡的位置。

接下来是一些关于湍流物理模型的描述。

6.2.2　CFD 软件中的标准物理模型

CFD 代码中为 RANS 提供了多种湍流模型。第 2 章对它们进行了粗略的描述,但其细节还需要参考软件文档。尤其是湍流模型可能严重依赖于靠近壁面的计算网格,软件文档中会给出高质量网格的一些指导。通过比较来自不同模型的结果以评估不同模型造成的不确定性,这是一个好办法,而且这也是软件使用要求所规定的。下面将介绍 EDGE 中最常用的三个模型。

6.2.3　SA 一方程模型

文献[24]中发展的 SA 模型求解的是关于 $\tilde{\nu}$ 的模化输运方程[式(6.1)],其中 $\tilde{\nu}$ 相当于涡运动黏度。湍流由两个特征尺度决定(如速度和长度)。由于 SA 模型只求解一个变量,因此还需要一些额外的信息,这里它引入了壁面距离。该模型方程是模拟湍流物理量的典型输运方程。例如,它包含一个壁面破坏项,这一项会降低壁面附近的湍流黏性,在那个区域的流动是层流。这一项在整个边界层内都是激活的,正比于 $\left(\dfrac{\tilde{\nu}}{d}\right)^2$,其中 d 是网格单元到最近壁面的距离。显然,壁面上的 $\tilde{\nu}$ 值为 0。

$$\underbrace{\frac{\mathrm{D}\tilde{\nu}}{\mathrm{D}t}}_{\text{对流项}} = \underbrace{c_{b1}\tilde{S}\tilde{\nu}}_{\text{产生项}} + \underbrace{\frac{1}{\sigma}\left\{\nabla\cdot\left[(\nu+\tilde{\nu})\,\nabla\,\tilde{\nu}\right] + c_{b2}(\nabla\,\tilde{\nu})^2\right\}}_{\text{扩散项}} - \underbrace{c_{w1}f_w(r)\left(\frac{\tilde{\nu}}{d}\right)^2}_{\text{耗散项}}$$

$$(6.1)$$

当生成项与破坏项相互平衡时,涡黏性与 $\hat{S}d^2$ 成正比,其中 $\hat{S}$ 为局部应变率 $\sqrt{\sum_{i,\,j}S_{ij}^2}$ 。

该模型的详细定义见参考文献[24]。与这里介绍的其他模型类似,它需要积分至壁面,这要求壁面处的第一层网格高度满足 $y^+\sim1$ 。关于无量纲壁面距离 y^+ 的定义,请参见本书"符号与定义"部分。SA 模型是专门为涉及壁面流动的航空航天工程应用而设计的,并且已经证实在受逆压梯度影响的边界层中也能够给出良好的结果。

6.2.4　两方程涡黏性模型

两方程湍流模型求解关于湍动能 k 和一些辅助量的两个输运方程,如湍动能耗散率 ε 或湍流脉动频率 ω。k - ω 类的模型有很多种,这里描述其中的标准模型与 Hellsten 变体模型,其中 Hellsten 变体模型是专门基于 Wallin - Johansson 雷诺应力模型发展的。

Wilcox 标准 k - ω 湍流模型

Wilcox 于 1988 年[33]提出的标准 k - ω 湍流模型可以用式(6.5)的等式形式表示,这里讨论 k 方程和 ω 方程中的源项:

$$\binom{q_k}{q_\omega} = \begin{pmatrix} P_k - \beta^* \rho k \omega \\ \gamma \dfrac{\omega}{k} P_k - \beta \rho \omega^2 \end{pmatrix} \tag{6.2}$$

式中,P_k 为湍动能的生成项,形式如下:

$$P_k = \frac{\partial \widetilde{v}_i}{\partial x_j} \left(\mu \widetilde{S}_{ij} - \frac{2}{3} \bar{\rho} k \delta_{ij} \right) \tag{6.3}$$

式中,$\widetilde{S}_{ij}$ 为平均应变率。涡黏性计算如下:

$$\mu_{\mathrm{T}} = \rho \frac{k}{\omega} \tag{6.4}$$

Wilcox 标准 k - ω 模型对自由来流有非物理的依赖性,而 Menter 的基准模型和剪切力输运模型克服了 k - ω 的这种依赖性。这些 k - ω 模型一般都为得出一个标准的涡黏性关系,但显式代数雷诺应力模型(EARSM)则与之不同。有一个新的 k - ω 模型是从 EARSM 推导而来的,所以与 EARSM 基本一致,被称为 Hellsten 模型[8]。

6.2.5　Wallin - Johansson EARSM 模型

EARSM 可以看作低阶模型和微分雷诺应力模型(DRSM)方法的结合。EARSM 只采用两个输运方程,一般是湍动能和耗散率的方程。雷诺应力张量的分量通过非线性代数关系与输运量之间建立联系。与 DRSM 方法相似,该模型能够预测旋转湍流。参考文献中的 EARSM[29]是在弱平衡极限下的完整雷诺应力输运模型的合理近似，可以认为其中雷诺应力各向异性在时间和空间上是常数。雷诺应力张量可以用速度梯度和湍流尺度显式表示。EDGE 中的 EARSM 已在不同的流动中进行了广泛的测试，并且是推荐的默认模型。

6.3 RANS 有限体积法数值模拟

这里讨论的重点是 EDGE 软件，得到的结论也可以适用于其他外流空气动力学求解器，如使用单元-节点法的 SU2。

EDGE 使用了基于可压缩流的 RANS 的守恒形式的积分型方程[3]，这样能够正确地捕获激波等间断。此外，求解器还提供了多种湍流模型的选择。控制体表面 S 包含的体积 Ω 中的平均质量、动量和能量方程的守恒形式由式（6.5）给出。通量函数在式（6.6）和式（6.7）中给出。

$$\int_\Omega \frac{\partial \boldsymbol{u}}{\partial t} \mathrm{d}\Omega + \int_S (\boldsymbol{F}_I - \boldsymbol{F}_V)\boldsymbol{n}\,\mathrm{d}S = \int_\Omega \boldsymbol{q}\,\mathrm{d}\Omega \qquad (6.5)$$

式中，$\boldsymbol{n}$ 为 S 的外单位法向量；$\boldsymbol{u}$ 为守恒变量 $[\rho \quad \rho u \quad \rho v \quad \rho w \quad \rho E \quad \rho k \quad \rho \omega]^{\mathrm{T}}$ 的向量，E 为总能量，ρ 为密度，$\boldsymbol{V} = [u \quad v \quad w]^{\mathrm{T}} = [v_1 \quad v_2 \quad v_3]^{\mathrm{T}}$ 为速度。压力 p 由守恒型变量计算得到。这里给出一个具有湍流黏度 μ_T 的两方程 $k-\omega$ 湍流模型的方程[式（6.5）]。$\boldsymbol{q} = [0 \quad 0 \quad 0 \quad 0 \quad 0 \quad q_k \quad q_\omega]^{\mathrm{T}}$ 是源项的向量，它来自湍流模型。$\boldsymbol{q}$ 中的零值可以换成体积力，例如在旋转坐标系中的惯性力，也可换成热源。

通量函数由无黏通量 $\boldsymbol{F}_I$ 和黏性通量 $\boldsymbol{F}_V$ 的和构成。对 $\boldsymbol{F}_V$ 需要计算空间导数，而对 $\boldsymbol{F}_I$ 只需要求值。如果多面体单元的表面是面 S_k，则表面积分可以变成各个面上的积分之和，每个积分面都有一个常数单位法向量 $\boldsymbol{n}_k$。

$$\boldsymbol{F}_I = (\boldsymbol{F}_{Ix}\ \boldsymbol{F}_{Iy}\ \boldsymbol{F}_{Iz}) = \begin{pmatrix} \rho u & \rho v & \rho w \\ \rho u^2 + p & \rho v u & \rho w u \\ \rho u v & \rho v^2 + p & \rho w v \\ \rho u w & \rho v w & \rho w^2 + p \\ u(\rho E + p) & v(\rho E + p) & w(\rho E + p) \\ \rho u k & \rho v k & \rho w k \\ \rho u \omega & \rho v \omega & \rho w \omega \end{pmatrix} \qquad (6.6)$$

$$
\boldsymbol{F}_V = (\boldsymbol{F}_{Vx}\,\boldsymbol{F}_{Vy}\,\boldsymbol{F}_{Vz}) = \begin{pmatrix} 0 & 0 & 0 \\[4pt] \tau_{11} & \tau_{21} & \tau_{31} \\[4pt] \tau_{12} & \tau_{22} & \tau_{32} \\[4pt] \tau_{13} & \tau_{23} & \tau_{33} \\[4pt] (\boldsymbol{TV})_1 + h_1 & (\boldsymbol{TV})_2 + h_2 & (\boldsymbol{TV})_3 + h_3 \\[4pt] \mu_k\,\dfrac{\partial k}{\partial x_1} & \mu_k\,\dfrac{\partial k}{\partial x_2} & \mu_k\,\dfrac{\partial k}{\partial x_3} \\[8pt] \mu_\omega\,\dfrac{\partial \omega}{\partial x_1} & \mu_\omega\,\dfrac{\partial \omega}{\partial x_2} & \mu_\omega\,\dfrac{\partial \omega}{\partial x_3} \end{pmatrix} \tag{6.7}
$$

式中，$\tau_{ij} = (\mu + \mu_T)\left[\dfrac{\partial V_i}{\partial x_j} + \dfrac{\partial V_j}{\partial x_i} - \dfrac{2}{3}(\nabla \cdot \boldsymbol{V})\delta_{ij}\right]$；$\boldsymbol{T}$ 为湍流中的应力张量；$\boldsymbol{h} = (h_1,\ h_2,\ h_3)$ 是根据傅里叶热传导定律 $-(\kappa + \kappa_T)\nabla T$ 求出的热流通量，κ_T 是热传导系数中的湍流贡献部分。通常，它通过湍流普朗特数 Pr_T 由 μ_T 来模化。

$$
\frac{\kappa_T}{C_p} = Pr_T \mu_T
$$

Pr 取决于气体类型，空气的值为 $0.7 \sim 0.9$。

6.3.1　有限体积单元

有限体积方法是通过计算跨单元表面的通量值来进行求解的。第 4 章将有限体积方法应用于一维欧拉方程。一维情况下创建计算单元是很简单的。现在考虑到二维或三维，我们必须在物体周围包裹大量的控制体（网格单元），以完全填充流体域。第 5 章描述了如何生成这样的网格，在这里我们讨论将要使用的特定有限体积法的特征。在二维中的网格通常包含三角形和（或）四边形，而在三维中则包含四面体、棱柱、棱锥和六面体。二维物体的边界（固体表面）上的表面网格由线段组成，如在第 7 章中所关注的翼型；而在三维问题中由三角形和四边形的小平面组成。图 6.2 给出了这些不同的多面体的示意图，它们的顶点即单元格顶点都进行了编号。

控制体单元——格点中值的对偶网格

有限体积方法通常采用单元平均值进行计算。通常单元的平均值与一个点关联，其中自然的点是网格单元的质心。在单元格心法中，控制体就是输入网格单元本身；而在单元格点法中，解与网格点坐标相关联。所以还会构建一个对应的对偶网格来确定控制体，此时节点（接近）为单元质心。为了使多维问题的离

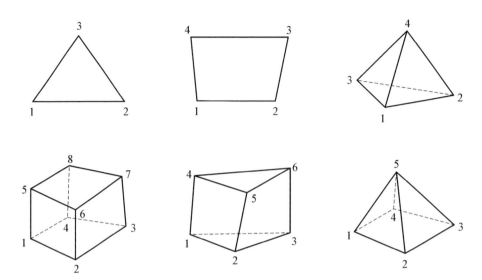

图 6.2 典型的多面体网格：三角形、四边形、四面体、六面体、棱柱形单元和棱锥体

散化过程的描述尽可能清晰，我们大多数时候都先展示二维图形，避免三维图形可能带来的凌乱。一种构造对偶网格的想法是让控制体是节点集的 Dirichlet 分割，一个节点周围的控制体单元由最接近它的所有节点组成，可以参见第 5 章中关于 Delaunay 三角剖分的讨论。EDGE 代码使用的对偶网格的边是输入网格三角形的中位线，这就是中值对偶网格。每个节点的对偶网格单元是由与该节点连接的 N_0 个三角形单元中的多边形构成的。然而，由于三角形两条边的中位线不一定是共线的，因此每个多边形有 $2N_0$ 个顶点。需要一些额外的算术运算［见式(6.8)］，用来产生给定方向上的单元间面的总和。预处理器生成对偶网格作为求解器的输入。图 6.3 展示了一个二维情况下输入网格及其中值对偶网格的示例。节点周围的控制体标为灰色，Sn_{01} 显示了控制体的法向量。

位于边界处的控制面会自动构成封闭的控制体。在图 6.3 中，与节点 v_0 相连的所有边组成了与节点 v_0 相关的控制面。边界节点的控制体（如 v_9）则由原始网格单元的边界封闭。

6.3.2　有限体积单元面的通量

现在式(6.5)中积分的体积是一个计算单元。离散化方程组的演化过程如下：

- 从单元平均值中重构单元内的场，以便根据格式要求评估和积分通量

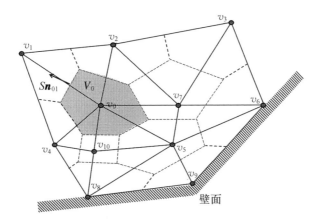

图 6.3　三角形(实线)输入网格及对应的对偶网格(虚线)。控制
体内部节点 v_0 和边界上的节点 v_9 用灰色表示

函数。

● 通过显式 Runge‑Kutta 或隐式欧拉时间积分来演化动力系统经过时间 Δt 后的值。

● 将演化后的场值取平均,得到单元平均值。

这个过程源自 Godunov 格式,但是对基于单元-格点的格式来说并不是显而易见的,因为需要将单元平均值与原始网格节点上的值关联起来。因此平均值计算是简单的,但是重构过程则在通量函数的评估中进行,如 4.2.4 节所述。

1) 空间离散化

将积分形式的式(6.5)应用于围绕节点 v_i 的控制体 V_i 的有限体积离散化,得到式(6.9)。求解器需要平均通量向量与边的特定方向投影的面积之和的数量积,如下所示:

$$\boldsymbol{n}_{01}S_{01} = \boldsymbol{n}_{01.1}S_{01.1} + \boldsymbol{n}_{01.2}S_{01.2} \tag{6.8}$$

$$\frac{\mathrm{d}}{\mathrm{d}t}(\boldsymbol{u}_i V_i) + \sum_{j \in N(i)} \hat{\boldsymbol{F}}_{I\,ij}\boldsymbol{n}_{ij}S_{ij} - \sum_{j \in N(i)} \hat{\boldsymbol{F}}_{V\,ij}\boldsymbol{n}_{ij}S_{ij} = \boldsymbol{q}_i V_i \tag{6.9}$$

式中,$N(i)$ 为节点 i 的相邻节点集合;$\hat{\boldsymbol{F}}_{I\,ij}$ 和 $\hat{\boldsymbol{F}}_{V\,ij}$ 为节点 i 和 j 之间离散化的无黏和黏性通量矩阵;$\boldsymbol{n}_{ij}$ 为节点 i 和节点 j 之间的单位法向量;S_{ij} 为节点 i 和节点 j 之间的面积。式(6.9)是半离散的控制方程组。

2) 无黏通量

这里考虑的无黏通量 $\boldsymbol{F}_{I0k}$ 采用中心格式离散,添加人工黏性或迎风型通量差分分裂的耗散项[3]，如第 4 章中所讨论的。

3）黏性通量所需要的梯度信息

重构是为了确定控制体面上的速度分量和温度的梯度信息，用于计算黏性通量以及 Jameson 格式的人工黏性和高分辨率（Hi‐Res）迎风格式的限制器。在结构化网格中，Jameson 格式在单元边界处需要使用三阶差分，而迎风格式需要比较相邻单元之间的差值。下面会提供一些关于如何推广到非结构化的单元‐格点方法的一些建议。

4）梯度

格林‐高斯（Green‐Gauss）定理近似将标量函数 ϕ 的梯度表示为通过控制体 V 表面 S 上的外单位法向量与 ϕ 乘积的面积分，如下所示：

$$| V | \cdot \nabla \phi \approx \int_V \nabla \phi \, dV = \int_S \phi \boldsymbol{n} \, dS \qquad (6.10)$$

在节点处的梯度结果如下（见图 6.3）所示：

$$\nabla \phi_i \approx \frac{1}{| V_i |} \sum_{j \in N(i)} \frac{1}{2} (\phi_i + \phi_j) \boldsymbol{n}_{ij} S_{ij} \qquad (6.11)$$

5）Jameson 格式的二阶和四阶人工黏性

首先，我们注意到在结构化的一维网格上反复使用 Green‐Gauss 公式会导致非紧致的二阶导数公式，如下所示：

$$\frac{d^2 f}{dx^2} \approx \frac{(f_{i-2} - 2f_i + f_{i+2})}{4 dx^2}$$

上式对交替序列 $\{-1, 1, -1, 1, \cdots\}$ 不敏感，因此在抑制短波振荡方面没有作用。标准的紧致公式为

$$\frac{d^2 f}{dx^2} \approx \frac{(f_{i-1} - 2f_i + f_{i+1})}{dx^2}$$

在单元‐格点网格中，相应的差分公式约去 dx^2 可得：

$$\nabla_U^2 \phi_i = \sum_{j \in N(i)} (\phi_j - \phi_i)$$

式中，∇_U^2 称为全拉普拉斯算子。

节点 v_0 和 v_1 之间的无黏通量计算如下：

$$\boldsymbol{F}_{I01} = \boldsymbol{F}_I\left(\frac{\boldsymbol{u}_0 + \boldsymbol{u}_1}{2}\right) - \boldsymbol{d}_{01} \tag{6.12}$$

式中，$\boldsymbol{d}_{01}$ 表示人工黏性。Jameson 的二阶和四阶差分混合对应于通量的一阶和三阶差分混合（见 4.2.2 节）。下面的形式被证明是可行的：

$$\boldsymbol{d}_{01} = \left[\varepsilon_{01}^{(2)}(\boldsymbol{u}_1 - \boldsymbol{u}_0) - \varepsilon_{01}^{(4)}(\nabla_U^2\boldsymbol{u}_1 - \nabla_U^2\boldsymbol{u}_0)\right]\varphi_{01}\lambda_{01} \tag{6.13}$$

式中，∇_U^2 为全拉普拉斯算子。

因子 φ_{01} 用于考虑网格的拉伸，因为网格通常是各向异性的。它由特征值和单元的几何形状定义，在结构化的正交网格中收敛到一个相似的因子，在参考文献[13]中有具体定义。这样可以得到与最大特征速度按拉伸方向缩放的单元面积成比例的耗散，而在其他方向上较小。

$\varepsilon_{01}^{(2)}$ 是基于压力的开关函数，在激波区域开启二阶耗散，在流动平滑区域关闭二阶耗散：

$$\varepsilon_{01}^{(2)} = \kappa^{(2)}s_2 \frac{\left|\sum_{k\in N(0)}(p_k - p_0)\right|}{\sum_{k\in N(0)}(p_k + p_0)} \tag{6.14}$$

式中，$\kappa^{(2)}$ 为输入的常数（与 4.2.2 节的 Vis2 相同）；s_2 为一个缩放因子，用来减小对相邻单元数目的依赖。

四阶差分耗散在激波附近是被关闭的（见第 4 章）。

6）高分辨率通量分裂格式

除了中心格式外，还有高分辨率格式可供选用。迎风格式属于类似于 Roe 通量差分分裂的类型，与 MUSCL 稍有不同。迎风格式与中心格式一样，无黏通量的计算包含中心部分加上额外的耗散[参见 4.2.5 节；回顾式(6.12)]：

$$\boldsymbol{F}_{I01} = \frac{1}{2}\left[\boldsymbol{F}_I(\boldsymbol{u}_0) + \boldsymbol{F}_I(\boldsymbol{u}_1)\right] - \boldsymbol{d}_{01} \tag{6.15}$$

这里计算的迎风耗散 $\boldsymbol{d}_{01}$ 如下：

$$\boldsymbol{d}_{01} = \frac{1}{2}\boldsymbol{R}\widetilde{\boldsymbol{\Lambda}}\boldsymbol{R}^{-1}\mathrm{d}\boldsymbol{u}_{01} = \frac{1}{2}\boldsymbol{R}\widetilde{\boldsymbol{\Lambda}}\boldsymbol{L}^{-1}\mathrm{d}\boldsymbol{v}_{01} = \frac{1}{2}\boldsymbol{R}\widetilde{\boldsymbol{\Lambda}}\mathrm{d}\boldsymbol{W}_{01}$$

$$\mathrm{d}\boldsymbol{W}_{01} = \boldsymbol{W}_1 - \boldsymbol{W}_0,\text{等} \tag{6.16}$$

式中，u、v 和 W 分别表示守恒变量、原始变量和特征变量。原始变量是代码中使用的变量。矩阵 R 和 L 是通量雅可比矩阵的右特征向量矩阵。

$$\frac{\partial F_I}{\partial u} = R\Lambda R^{-1}, \quad \frac{\partial F_I}{\partial v} = L\Lambda L^{-1} \tag{6.17}$$

$\widetilde{\Lambda}$ 如下所示：

$$\widetilde{\Lambda} = |\Lambda^*|(I - \Phi) \tag{6.18}$$

式中，Φ 为一个对角矩阵，其限制器作用在原始变量上，$\Phi = 0$ 对应于一阶迎风格式。

对于一阶迎风格式，其中的 Φ 是对原始变量施加限制器的对角矩阵。对于 Roe 通量差分分裂格式，R、L 和 Λ 通过 Roe 平均计算得到。

对角矩阵 $|\Lambda^*|$ 包含熵修正的特征值 Λ 的绝对值，以使它们远离零值（即声速时），以避免非物理解（如膨胀激波）。

结构网格中的限制器使用相邻单元的斜率（或变量差值）的比值（参见第 4 章）。在这里，斜率是由单元梯度［见式(6.11)］计算得出的，如下所示。EDGE 使用特征变量 W 的差值来避免压力的振荡，尽管计算代价更高一些。

计算节点中的特征变量差，需要计算所有基本变量的梯度，对于相邻节点 0 和 1 中 $\mathrm{d}W_0$ 和 $\mathrm{d}W_1$ 的计算如下：

$$\begin{aligned} \mathrm{d}W_0 &= 2L_0[\nabla V_0 \cdot (x_1 - x_0)] - \mathrm{d}W_{01} \\ \mathrm{d}W_1 &= 2L_1[\nabla V_1 \cdot (x_1 - x_0)] - \mathrm{d}W_{01} \end{aligned} \tag{6.19}$$

这对应于一维格式中单元面 $i + \dfrac{1}{2}$ 通量的左、右紧致差分。更显然的表达式是类似于非紧致中心差分，会导致解的振荡。EDGE 提供 minmod、van Leer 和 Superbee 限制器。有关限制器的描述请参见第 4 章。在边界上不需要对格式进行特殊修改。由于迎风耗散格式，数值通量为 0，并且边界面上的单元面积通量通过边界条件计算。

6.3.3　边界条件

1) 弱条件

大多数边界条件采用弱形式（即通过通量来设置边界条件，所有边界上的未知量都像内部未知量一样进行更新）来实现。

然而也存在一些例外情况(如在黏性壁面上的无滑移条件,通过强制预设速度变量,而不是将其视为未知量来处理)。

以下是一些边界条件的理论描述,由图 6.3 中的符号表示。注意只有对流项和黏性项对边界上的通量有贡献,能量方程中的耗散通量设置为 0。

2) 进口边界和出口边界

4.4.4 节中的边界条件可以通过在边界法向上投影来实施。不必使用出射波的相容关系,通常可以简单地外插相应的黎曼不变量(见图 6.4),其中 c_b 是单元边界 b 处的局部声速。考虑一个亚声速出口边界,在 b 处,$0 < u_b \cdot n < c_b$,其中与外法向单位向量 n 相邻的单元是 i。假设选择时间步长 Δt,使得在单元 i

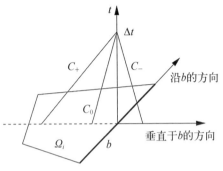

图 6.4　亚声速出口边界单元

上特征 C_+ 满足 $\dfrac{\mathrm{d}n}{\mathrm{d}t} = u_b \cdot n + c$ 及 C_0 满足 $\dfrac{\mathrm{d}n}{\mathrm{d}t} = u_b \cdot n$,于是在忽略切向导数和源项的情况下,可以通过下式近似计算相应的黎曼不变量:

$$\frac{p_b}{\rho_b^\gamma} = \frac{p_i}{\rho_i^\gamma}, \quad \text{熵}$$

$$u_b - (u_b \cdot n)n = u_i - (u_i \cdot n)n, \quad \text{切向速度} \tag{6.20}$$

$$u_b \cdot n + \frac{2}{\gamma - 1}c_b = u_i \cdot n + \frac{2}{\gamma - 1}c_i, \quad \text{黎曼变量} \tag{6.21}$$

利用边界条件 $p_b = p_a$ 可以确定 V_b,其中 p_a 是环境压力。从而可以计算无黏边界通量 $F_I(U_b)$。通常黏性边界通量 $F_V(U_b)$ 是忽略的。

6.3.4　时间积分到定常状态

离散化可以将偏微分方程(PDE)转化为一组常微分方程(ODE),然后需要得到定常解或准确追踪其随时间的演化。这个过程与第 4 章中的准一维喷管模型的处理方式类似,但也有一些新的问题。其中包括采用 Runge - Kutta 方法求解黏性项时需要精细化地选择时间步长;而隐式时间推进则可能是一个挑战,因为线性系统变得非常庞大,采用高斯消去的方法在这种情况下不可行。

加速收敛方法

多年以来,为了加速定常流动的计算,开发了各种加速收敛的方法。这些加速收敛技术在非定常流动计算中的双时间步内迭代中同样适用。其中包括当地时间步长、残差光顺和更通用的多重网格技术。几乎所有用于航空航天的空气动力学的 RANS 求解器都提供多重网格技术。自 20 世纪 80 年代开始,Antony Jameson 一直是这些方法最熟练的开发者,并且他证明了 RANS 解可以在不到 20 个多重网格循环内收敛到定常解。采用多重网格方法加速需要生成有层级的网格,这对非结构化网格来说很具有挑战性,延拓和限制算子也更加复杂。这些技术背后的理论在这里不再进一步解释,可以参考 Wesseling 的文献[32]中的概述和介绍。

定常计算中加速收敛的方法还包括残差光顺、低马赫数预处理和局部隐式推进格式。时间精确的模拟可以采用隐式时间推进格式。它们提供时间阻尼并作为动力学的低通滤波器,因此必须谨慎地选择时间步长。在每个时间步内就像求解定常问题一样,代数方程可以通过(准或双)时间步方法进行求解,因此加速收敛方法同样有效。

6.4　CFD 注意事项

CFD 的验证主要涉及计算结果与实验数据的比较,不特别涉及如何改进计算模型以提高与实验结果的一致性,也没有特别涉及模型在验证比较工况之外的其他工况的准确性。

从模型预期用途的角度,确定模型作为真实问题表示的准确性,这是一项要求非常高的任务。它涉及对概念模型和计算模型中的错误和不确定性进行识别和量化。

6.4.1　敏感性分析

不确定性在数学建模中无处不在,不确定性量化(UQ)是一个正在快速发展的研究领域,大部分依赖于高级的数学统计学,因此这超出了本书的范围。

但是当涉及的"不确定"参数数量较少时,问题可以通过敏感性分析来解决。这是对影响感兴趣的量 QOI_j 的参数的定量分析。尽管通过敏感性分析得到的信息有限,但与不确定性分析相比,敏感性分析在计算需求和所需信息方面的要求较低。敏感性分析也称为假设分析或扰动分析。

进行多次模拟以确定模型的某些组成部分,如输入参数 p_k（如攻角）或建模假设（如湍流模型）对选定的 QOI 的影响,即 $\lambda_k = \dfrac{\Delta \mathrm{QOI}}{\Delta p_k}$。 当为一组输入量 $p_k (k = 1, 2, \cdots)$ 计算 QOI 的敏感性时,可以对其敏感性 λ_k 进行排序。

方法论

熟练的用户必须确保解决方案是合理和可信的。一种方法是通过以下敏感性研究来实现:

- 数值建模:系统地改变网格大小并观察其对仿真的影响。随着网格的减小,数值误差会减小,QOI 应该会收敛,则表明达到了网格收敛。

- 物理建模:系统地改变控制方程和湍流封闭模型。例如:关闭所有黏性项以查看边界层对整体流动的影响;通过采用不同类型的湍流模型计算一系列算例。

在对 CFD 解决方案的质量进行详尽分析后,按照 CFD 工作流程的最后步骤进行操作:

- 分析并解释结果。

- 可视化流场。

- 从空气动力学问题的解中得出结论。

6.4.2　数值建模

首先假设求解器之前已经经过验证,并且正将其应用于经过验证的问题上,例如此处的跨声速翼型流动问题。给定一个稳定、一致且鲁棒的数值方法,数值模型在 CFD 求解中的三个主要误差来源是空间离散分辨率不足、时间分辨率不足或迭代过程的收敛不足。

这些误差来源（空间离散误差、时间离散误差和迭代误差）可以通过客观措施进行控制。尽管在计算上代价高昂,但可以将它们自动降低到用户期望的水平,软件开发人员已经在这方面付出了巨大努力。

收敛到稳定状态和网格收敛

图 6.5 绘制了残差及 QOI,即力和力矩收敛曲线,用来表示收敛到定常状态。相比残差所需要减少的数量级,力和力矩更容易达到可接受的误差数值。

图 6.5(b)采用三套不同（粗-中-细）网格是为了让翼型压力分布达到网格收敛。临界压强系数 C_p^* 显示为虚线,下表面处于亚临界状态。

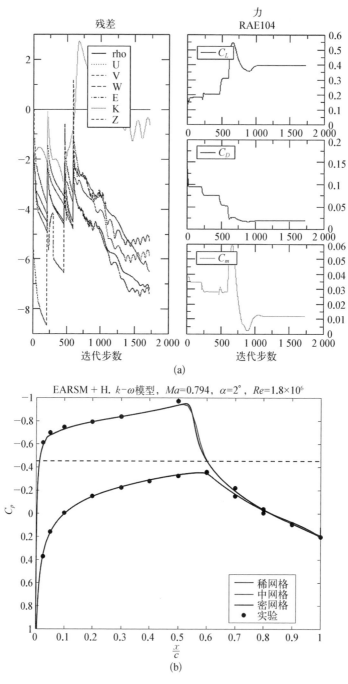

(a)

(b)

图 6.5 （a）残差及力和力矩（QOI）收敛到定常状态；（b）网格收敛

注：使用 EDGE 求解器 EARSM+H. $k-\omega$ 模型，RAE104 翼型，$Ma_\infty =$
0.794，$\alpha =2°$，$Re =1.8\times10^6$。

6.4.3　物理建模和湍流模型

图 6.6(a)中对比了不同马赫数,采用欧拉和 RANS 方法得到的结果和实验数据: $Ma=0.85$ 和 $Ma=0.875$ 的解实际上是非定常的,因为出现了激波-边界层干扰,导致残差出现波动,这表示可能需要时间精确的求解,6.6 节将解释如何实现这一目的。

图 6.6(b)比较了不同湍流模型计算得到的压力分布。所研究的案例对 CFD 来说很具挑战性。这里评估了许多湍流模型,包括一方程 SA 模型[25],两方程 k-ω SST 和采用 Hellsten k-ω 的 EARSM 模型,这些模型在现在的 CFD 分析中广泛应用。尽管这些模型在实现方法上有很大的不同,但它们的计算结果之间没有显著差异。图 6.6 还显示了没有激波-边界层干扰且激波位置错误的欧拉方程计算的结果。RANS 方法计算的结果都很接近,SA 模型计算的激波位置略有不同,两方程模型和 EARSM 模型计算的结果符合得很好。

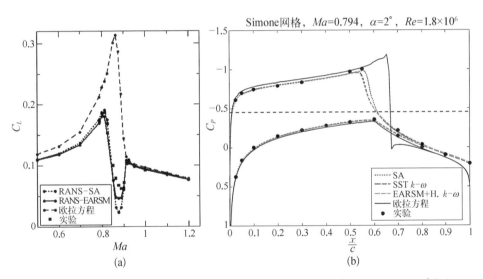

图 6.6　(a) 不同马赫数跨声速状态,升力与马赫数在 $\alpha=0.9°$ 和 $Re=1.8\times10^6$ 状态下,欧拉、RANS-SA 和 RANS-EARSM+H. k-ω 模型与实验相比,RAE104 翼型;(b)压力分布对物理建模的敏感性:欧拉和 RANS 以及一系列湍流模型,RAE104 翼型,EDGE 求解器,$Ma_\infty=0.794$,$\alpha=2°$,$Re=1.8\times10^6$

6.4.4　可视化并理解计算结果

图 6.7 展示了翼型上表面的摩擦系数分布和总压等值线。没有出现回流,激波波后的边界层明显增厚。波后的总压损失及相应的波阻非常明显。

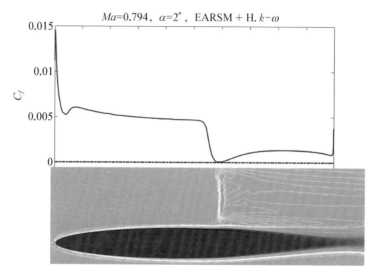

图 6.7 （a）上表面摩擦系数分布；（b）总压等值线 p_{tot}

注：RAE104 翼型，EDGE 求解器 EARSM+H. k-ω 模型 $Ma_\infty = 0.794$，$\alpha = 2°$，$Re = 1.8 \times 10^6$。

6.5　随着 Ma_∞ 增加的非线性空气动力学

即使在固定攻角时，翼型的升力也会随速度的增加而增大。当到达某个速度后，升力随着速度的进一步增加显著下降，而阻力继续增大。相对厚度、弯度和前缘半径等参数也会影响压缩性效应。跨声速流动对物体表面的轮廓线非常敏感，因为表面斜率的变化会影响激波的位置，因此也会影响边界层外的流场以及下游边界层本身。此外，激波-边界层相互作用和激波下游可能出现的流动分离对边界层的特性、厚度以及在干扰位置的速度分布非常敏感。由于湍流边界层可以抵抗比层流边界层更强的逆压梯度，所以湍流边界层的激波-边界层干扰较小。

6.5.1　跨声速流动中的压缩性效应

一般情况下，$Ma_\infty < 0.2$ 低速飞行时空气密度变化很小，因此我们通常说这是接近不可压缩的亚声速流动。然而也存在例外，在起飞和降落时使用的高升力系统中，尽管飞机飞行速度非常低，但局部会产生较大的流动速度，从而产生压缩性效应。

在飞行马赫数 $Ma_\infty = 0.3 \sim 0.7$ 的情况下，必须考虑压缩性效应。普朗特-

格劳特修正方法可以基于低速结果(如在低速风洞中或通过线性化势流理论计算)来推断高速机翼的气动特性。基于 Ackeret[1] 的相似性修正方法,也可以在细长飞机构型的超声速流动中使用。

当飞行速度接近 $Ma_\infty = 1$ 时,上述修正变得没有意义。普朗特–格劳特对升力和俯仰力矩的修正系数 $c_{..} \sim 1/\beta$,这在 $0 < Ma_\infty \leqslant 0.75$ 时有效。但这对阻力是无效的,因为它并未模拟激波阻力。Ackeret 法则的系数 $c_{..} \sim 1/\beta$ [注意式(2.17)中的定义]在超声速范围内以及对波阻都是适用的,大致范围为 $1.2 \leqslant Ma_\infty \leqslant 5.0$。对 Ackeret 法则来说,如果超声速范围过于接近 $Ma = 1$ 就不适用。$0.80 \leqslant Ma_\infty \leqslant 1.20$ 的范围称为跨声速区域。

6.5.2　CFD 计算翼型跨声速流动($0.7 \leqslant Ma_\infty \leqslant 1.2$)

图 6.8 展示了马赫数在 $0.5 \sim 1.2$ 的范围内升力线斜率 $c_{L,\alpha}$ 和零升阻力。普朗特–格劳特模型预测的结果从 $Ma_\infty = 0.5$ 开始,用虚线表示。

在 $Ma_\infty \leqslant 0.75$ 时可能可以获得纯亚声速流动。跨声速流动范围从(较低的)临界马赫数 Ma_{crit} 开始。在这个马赫数下,如果飞行马赫数进一步增加,则将首次出现一个被激波终止的超声速流动区域。一旦上临界马赫数超过约 1.2,就会出现弓形激波。除了前缘的一个小区域为亚声速之外,其他区域都是超声速流动,此时可以应用 Ackeret 修正方法。

图 6.8 展示了激波失速现象,这是早期高速飞机在跨声速飞行范围内遇到高度非线性的压缩性效应时所表现的行为。

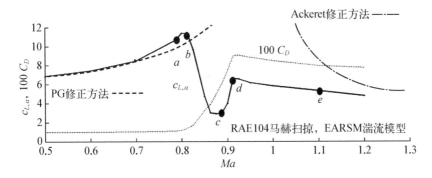

图 6.8　RAE104 升力曲线斜率 $c_{L,\alpha}$ 和 $100\,C_D$ 与马赫数的 RANS 计算显示了压缩性的强非线性效应。请参阅图 6.9～图 6.13,了解与该图上 5 个字母点(a)～(e)对应的流场

(由 P. Eliasson 提供)

1) RAE104 翼型的激波失速

在 20 世纪 50 年代,英国的国家物理实验室通过大量的风洞实验研究了激波失速现象,案例可以参考文献[4]。在这里,我们在跨声速范围($0.50 \leqslant Ma_\infty \leqslant 1.2$)的工况下,针对 10% 相对厚度的对称 RAE104 翼型,使用 EDGE 求解器重复了上述试验。我们针对 5 个马赫数提供如下结果。

- 图 6.5 中的升力曲线斜率和阻力系数。
- 压力系数和摩擦系数分布 $C_p(x)$ 和 $C_f(x)$。

计算得到的流场还允许对激波下方和后方的边界层细节进行研究。在中等马赫数区域,随着马赫数的增加,激波会迅速向后移动,其确切位置由激波与边界层的相互干扰确定,如 2.5.2 节所述。

计算结果表明,在速度约为三分之一声速的范围内,流动可视为基本上保持不变,即不可压缩流动区域。随着马赫数的变化,升力系数的变化表明在跨声速范围内存在复杂的流场变化,分别用字母(a)~(e)标志。在这 5 个不同马赫数下,流场之间存在显著差异。

(1) 如图 6.9 所示,在 $Ma_\infty = 0.787\,5$ 时只在上表面出现超临界流动,并形成单激波,在激波后方的边界层变厚。这是一种典型的跨声速客机的巡航状态。

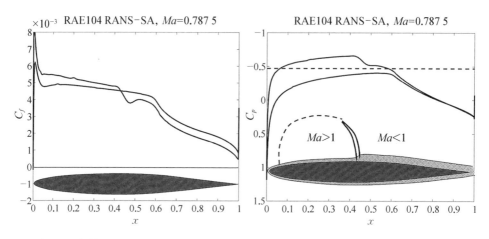

图 6.9 案例(a):$Ma_\infty = 0.787\,5$。表面摩擦系数(左);压力系数和边界层(右)。
EDGE 代码 RANS-SA 模型,RAE104 翼型,$\alpha = 0.9°$,$Re = 1.8 \times 10^6$
(由 P. Eliasson 提供)

(2) 如图 6.10 所示,在 $Ma_\infty = 0.812\,5$ 时升力系数达到最大值,大约是低速时的 2 倍。上表面出现一道激波,波后突然的压力上升使得边界层变厚,在翼型后部形成了更强的尾流,同时波阻的增加导致阻力增大。同时下表面的速度刚刚达到临界,进一步增加 Ma_∞ 会导致升力的突然下降。

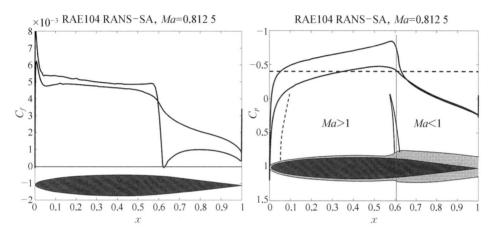

图 6.10　案例(b):$Ma_\infty = 0.812\,5$。表面摩擦系数(左);压力系数和边界层(右)。
EDGE 代码 RANS-SA 模型,RAE104 翼型,$\alpha = 0.9°$,$Re = 1.8 \times 10^6$

(由 P. Eliasson 提供)

(3) 如图 6.11 所示,在 $Ma_\infty = 0.875\,0$ 时升力系数达到最小值(即激波失速),流动在整个下表面几乎都已是超声速,并在尾缘处由一道激波终止。与此同时,上表面的激波尚未达到尾缘,导致上表面的激波后方的压力比下表面更

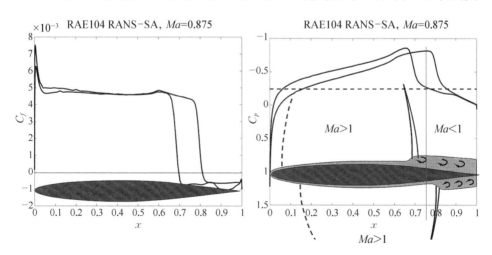

图 6.11　案例(c):$Ma_\infty = 0.875$。摩擦系数(左);压力系数和边界层(右)。EDGE 代码 RANS-SA 模型,RAE104 翼型,$\alpha = 0.9°$,$Re = 1.8 \times 10^6$

(由 P. Eliasson 提供,个人通信)

高。因此,升力急剧减小。上表面激波波后的分离现象更加明显,湍流尾迹区域较宽。

(4) 如图 6.12 所示,当 $Ma_\infty = 0.9125$ 时出现了第二个最大的升力系数,上表面的激波也到达了尾缘,因此增加了吸力,从而使升力再次增加。上表面和下表面大部分区域的局部马赫数都是超声速的。摩擦系数显示沿着尾缘都是附着流动,激波和压力上升使得边界层在它们汇合为尾流的地方变厚。

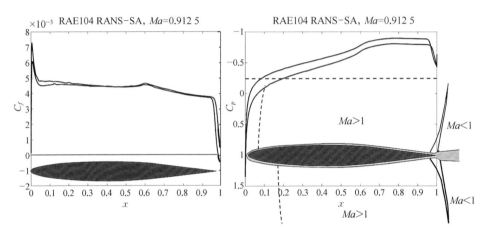

图 6.12 案例(d):$Ma_\infty = 0.9125$。表面摩擦系数(左);压力系数和边界层(右)。
EDGE 代码 RANS‐SA 模型,RAE104 翼型,$\alpha = 0.9°$,$Re = 1.8 \times 10^6$
(由 P. Eliasson 提供,个人通信)

(5) 如图 6.13 所示,当自由来流为超声速时,在绘图区域的左侧出现了一个弓形激波(即前缘之前的脱体激波)。除了靠近前缘处的小区域之外,翼型周围的流动处处为超声速。翼型尾缘处的"鱼尾形"激波仍然存在,但它们已变得比较弱。

2) 阻力突增和阻力发散

跨声速飞行区域是当今空客或波音的亚声速商用飞机所飞行的区域。如图 6.5 所示,在临界马赫数(Ma_{crit})之前,总阻力几乎与马赫数无关。在超过临界马赫数后,总阻力急剧上升。当 $Ma_{dd} > Ma_{crit}$ 时,阻力发散是因为激波阻力增加到了飞行器总阻力中。此外,由于激波的波后压力升高,导致边界层变厚或者分离,因此黏性引起的压差阻力或形状阻力增加。可以将 Ma_{dd} 定量定义为当

$$\frac{\mathrm{d}C_D}{\mathrm{d}Ma} \geqslant 0.1$$ 时的最小马赫数。

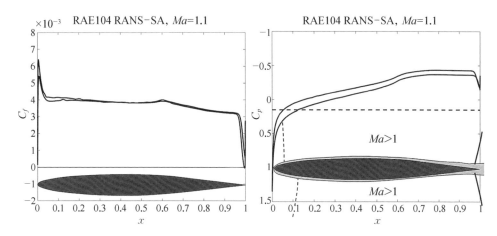

图 6.13　案例(e)：$Ma_\infty = 1.1$。表面摩擦系数(左)；压力系数和边界层(右)。EDGE
代码 RANS‐SA 模型，RAE104 翼型，$\alpha = 0.9°$，$Re = 1.8 \times 10^6$
（由 P. Eliasson 提供，个人通信）

激波‐边界层干扰可能带来强烈的非定常现象，产生激波振荡和抖振，在
6.8.2 节中给出了一个例子。此外，在跨声速区域，压力中心会向下游移动，气
动中心从 $\frac{1}{4}$ 弦长位置向后移动至弦长中点位置，导致俯仰力矩快速变化。飞行
员将其描述为俯仰增量和下沉。气动中心的后移增加了俯仰稳定性，飞机对升
降舵的指令的响应速度变慢。这将在第 10 章中讨论。

飞机加速超过 $Ma_\infty > 1$ 必须首先克服跨声速范围内的阻力突增。高亚声速
时能够高效巡航，比如商用飞机要求临界马赫数（Ma_{crit}）和 Ma_{dd} 都尽可能高。

激波失速特性导致激波的不同步运动以及其对机翼俯仰力矩的影响，给早
期跨声速战斗机带来了许多稳定性和控制难题。厚翼型会加剧上述现象，并在
较低速度下失速。在 20 世纪 40 年代后期得出结论，更薄的翼型可以大大减轻
这些影响并将阻力发散推迟到更高的马赫数。由于与厚度相关的波阻与相对厚
度的平方成正比，因此对超声速飞机的需求进一步降低了相对厚度，解决了仅通
过后掠角的增加带来的结构限制。

6.6　时间精确模拟

在第 2 章引入的数学模型侧重于针对完整的可压缩 Navier‐Stokes 偏微分
方程的各种简化情况找到定常流动解。前面也对 RANS 模型及其相关的湍流

模型进行了详细讨论,并且第 4 章展示了求解非定常方程的时间推进方法。但是,正如我们在前文所看到的,弱收敛到定常解并且残差有振荡的工况可能表明该工况出现了非定常流动,必须进行时间精确计算。时间精确模拟的模型,特别是 LES 及其与 RANS 的混合模型,将在 6.7 节中描述,并且在 6.7.1 节将展示如何调整时间推进方法。

6.7　非定常流动的混合 RANS‑LES 方法

RANS 方法已经证明在相对较低的计算成本下能够很好地预测附着流动。另一方面,LES 方法已经被证明能够准确计算分离流动。虽然 LES 模拟湍流流动的计算成本比直接数值模拟(DNS)要低得多,但对涉及靠近壁面的薄边界层的工程应用问题来说,计算成本依然较大。因为为了捕捉这些边界层所需的分辨率会对 CPU 的计算能力和内存提出极高的要求。

Spalart 等[26]提出了一种基于一方程 SA 涡黏性模型的 RANS‑LES 混合湍流模型作为替代方案。这种混合方法也称为分离涡模拟(DES)方法,它采用传统的 RANS 模型来解决靠近壁面的分辨率问题。这种鲁棒的方法旨在处理高雷诺数的分离流问题,它在壁面边界层采用 RANS 湍流模型,在远离壁面的地方切换到 LES 模型,这样可以明显改善单纯 RANS 模型的结果。这对于精确评估大范围分离流动下的气动载荷至关重要,例如大攻角情况下的三角翼流动。

在 DES 方法中,通过修改 SA 模型破坏项中的长度尺度 d,使得涡黏性由近壁面处的 SA‑RANS 涡黏性向远离壁面处的 LES 涡黏性过渡,采用类似于 Smagorinsky 的方法定义 LES 的涡黏性。SA 壁面破坏项与 $\left(\dfrac{\tilde{\nu}}{d}\right)^{2}$ 成比例[见式(6.1)],可以将湍流黏性在层流黏性子层减小,其中 $\tilde{\nu}$ 是涡黏性,d 是到最近壁面的距离。当该项与生成项平衡时,涡黏性变成与 $\hat{S}d^{2}$ 成比例,其中 $\hat{S}$ 是局部应变率。另一方面,Smagorinsky LES 模型根据局部应变率和网格尺度调整其亚格子尺度(SGS)湍流黏性,形式如下:

$$\nu \propto \hat{S}\Delta^{2} \tag{6.22}$$

式中,Δ 为单元的直径。因此,如果在壁面破坏项中用 Δ 替换 d,SA 模型就会起到类似于 Smagorinsky LES 模型的作用。因此,DES 模型的形式可以通过在 SA 模型中将壁面距离 d 替换为 $\tilde{d}$ 来得到:

$$\tilde{d} \equiv \min(d,\ C_{\text{DES}}\Delta) \tag{6.23}$$

因此,从 RANS 到 LES 的切换取决于空间离散。当长度尺度 d（到壁面的距离）小于与壁面平行的网格间距 Δ 时模型表现为 RANS 模型,这通常适用于边界层中高度拉伸的网格单元。当 d 大于 Δ 时表现为 Smagorinsky LES 模型。图 6.14 为相应的示意图。这种方法只在一方程 SA 模型中引入了一个额外的模型常数（$C_{DES}=0.65$）。

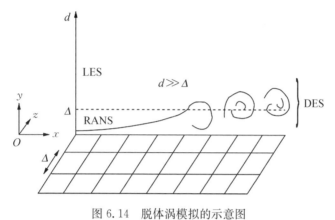

图 6.14　脱体涡模拟的示意图
（由 S. Görtz 博士论文提供[7],获得授权转载）

DES 具有一个强大的特性,即随着网格加密,它能够直接解析的湍流精度逐渐提高[15]。需要注意的是,在 RANS 中计算的是平均流动,网格加密的作用是确保数值解的收敛性,并尽量减小（或消除）网格的影响。在网格加密到极限的情况下,RANS 预测结果的准确性由湍流模型控制。然而在 LES 和 DES 中,网格加密可以解析出额外的物理特征:随着网格尺度的减小,更大范围的湍流旋涡可被捕捉。相应地随着网格的加密,湍流模型对解的贡献减小。LES 加密网格的极限是一个没有湍流模型误差的解,即 DNS。

尽管 DES 不是一个分区方法,但会出现对网格要求非常不同的流动区域。Spalart[23]提供了一些适用于 DES 方法的网格生成指南。他指出,在"LES 区域",最好使用各向同性网格单元（对于结构化网格即为立方体）,以利于解析非定常和依赖于时间的特征。各向同性网格单元的优势在于,对于给定的单元体积可以确保最小的 Δ 值,从而可以降低涡黏性,解析出更多的脉动。此外,湍流结构的方向事先是未知的,因此各向同性网格单元展示了解析湍流长度尺度的逻辑方法。

时间精确模拟的数值方法

LES 模型及其与 RANS 的混合模型是非常类似于完整的 Navier‐Stokes

模型的动力学模型,通过添加项来模拟雷诺应力或 SGS 旋涡的影响。由此可知,对于定常问题(第 4 章和第 6 章),可以应用与时间推进 RANS 相同的数值方法。6.3.4 节中的所有加速收敛技术也可以用于通过双时间推进技术加速时间精确的计算。

为了避免限制性的时间步长条件,在具有非常不同的时间尺度(如高雷诺数流动)的非定常问题中,首选的是隐式推进方法。后向差分公式由 Gear("Gear 的方法")[6]推广用于一般的 ODE 系统,并且该方法的二阶格式广泛应用于非定常流动问题,因为它还对短时间尺度模态提供了很强的阻尼:

$$\frac{3}{2}\boldsymbol{W}^{n+1} - 2\boldsymbol{W}^n + \frac{1}{2}\boldsymbol{W}^{n-1} = \Delta t \boldsymbol{R}(t_{n+1}, \boldsymbol{W}^{n+1}) \tag{6.24}$$

时间阻尼是一个低通滤波器,因此时间步长必须设置为可通过对所研究现象有重要作用的所有模态。然后需要解非线性方程组来获得 $\boldsymbol{W}^{n+1}$ 的解。为了简化表示,我们将式(6.24)重写如下:

$$\frac{3}{2}\boldsymbol{W} - \Delta t \boldsymbol{R}(t_{n+1}, \boldsymbol{W}) = \boldsymbol{r} \tag{6.25}$$

式(6.25)是为了求解 $\boldsymbol{W}$,其中 $\boldsymbol{r} = 2\boldsymbol{W}^n - \frac{1}{2}\boldsymbol{W}^{n-1}$。

1) 牛顿法

牛顿法需要进行线性化。如果线性化准确,并且初值猜测良好,例如 $\boldsymbol{W}^{v=0} = \boldsymbol{W}^n$,则迭代会很快收敛。

$$\left[\frac{3}{2}\boldsymbol{I} - \Delta t \frac{\partial \boldsymbol{R}(\boldsymbol{W}^v)}{\partial \boldsymbol{W}}\right] \Delta \boldsymbol{W}^v = \boldsymbol{r} - \frac{3}{2}\boldsymbol{W}^v + \Delta t \boldsymbol{R}(t_{n+1}, \boldsymbol{W}^v), \quad v = 0, 1, 2, \cdots$$

$$\tag{6.26}$$

式中,$\Delta \boldsymbol{W}^v = \boldsymbol{W}^{v+1} - \boldsymbol{W}^v$。迭代会一直进行,直到达到收敛准则 $\|\Delta \boldsymbol{W}^v\| \leqslant \varepsilon$。然后,$\boldsymbol{W}^{v+1}$ 被接受作为 $\boldsymbol{W}^{n+1}$。

通常,只需要进行一次牛顿法的迭代,即仅计算 $v=0$ 时的式(6.26)。

2) 线性系统的解

对于每个 v,式(6.26)表示一个稀疏线性系统。对于一维和简单的二维流动问题,线性系统具有较小的带宽,可以通过高斯消去法直接求解。对于三维流动问题,必须设计适合式(6.26)的迭代方法。以下是一些常用的方法。

● Yoon 和 Jameson 提出的上下对称高斯-赛德尔(lower-upper symmetric Gauss-Seidel，LU – SGS)方法[34]，后来由 Langer [10] 和 Otero [16,17]等进行了改进。Gauss – Seidel 松弛方法按顺序求解每个网格点的未知量，保持其他点不变。对于采用两方程湍流模型的三维流动问题，每个点有 7 个未知量，因此需要解 7×7 的线性系统。这个"对称"过程遍历所有网格点，然后再返回，收敛速度取决于点的排序。处理过程应该从一个点移动到相邻点，而不是跳跃到远离的点。这对于结构化网格很容易实现；但非结构化网格需要使用排序算法，目前最佳的排序准则还没有确定。

● Saad 和 Schultz 提出了广义最小残差(GMRES)方法[21]。GMRES 方法是共轭梯度法在非对称、正定矩阵上的推广。线性系统 $Ax = b$ 的解位于由初始值 x_0 的残差 $r_0 = b - Ax_0$ 和 r_0 经过 A 的幂运算生成的 Krylov 子空间中。这个过程只涉及矩阵-向量和向量-向量运算，而矩阵-向量乘积可以通过对 $R(W)$ 的差分来近似，这个矩阵就是雅可比矩阵 $\dfrac{\partial R(W)}{\partial W}$。

3）双时间步推进

对于非定常问题需要求解式(6.25)，1991 年 Jameson 提出了在双时间 τ 上开展人工非定常问题的时间推进，直到达到定常：

$$\frac{\mathrm{d}W}{\mathrm{d}\tau} = -\frac{3}{2}W + r + \Delta t R(t_{n+1}, W) \tag{6.27}$$

注意到有 $-\dfrac{3}{2}W$ 这一项出现，与原始的 $\dfrac{\partial R(W^v)}{\partial W}$ 相比，将极点向左移动。预计在大约 100 个双时间步 τ 上，$W(\tau)$ 能够趋于稳定。

对于上述用于定常求解的所有收敛加速方法(即当地时间步推进)，现在可以采用 Gary 类型[5]的 Runge – Kutta 方法，配合残差光顺、多重网格技术等。通常情况下，对于非定常欧拉方程，可以在 $O(10)$ 个多重网格循环中计算得到 W^{n+1}。

6.8　定常和非定常分离流

流动分离必须得到控制，这样才能使流动处于"健康"状态。机翼前缘涡可以是定常的，并对机翼的性能起到积极作用。但是大多数的激波-边界层干扰分离和机翼后缘分离会导致不希望的非定常流动。如果分离过大会产生抖振。下面给出两个例子：① 跨声速条件下双三角翼上的定常流动，其中涡的来源不同；② 零升力翼型上非定常、极限周期性的激波-边界层干扰流动。

6.8.1 案例一：湍流模型对定常涡脱落的敏感性

在进行验证分析时，必须检查对物理模型的敏感性，特别是在发生流动分离的时候。下面我们来看一个例子，当湍流边界层从机翼表面抬升并远离机翼表面时，会脱落一系列相干的涡结构。

F-16XL 构型上的涡抬升

通过第 1 章中的图 1.9，可以得到关于实验中 F-16XL 改装机的大量飞行数据，包括压力分布图。

图 6.15 展示了 F-16XL 双三角混合机翼的几何形状。内侧三角翼面具有大后掠角，并且前缘下垂用来提高低速时的升力。内侧三角翼与机身融合的 S 形曲线具有较小的后掠角和尖锐的前缘，而外翼段具有较小的后掠角和机翼厚度。机身上的作动器舱放置了控制面的作动器。在上游延伸的薄板类似于边界层挡板，这里称为"空气挡板"。其功能是稳定作动器舱诱导的涡流，如果涡流不稳定或破裂会导致控制面效率降低。图 6.16 展示了机翼上的几个涡结构，后面将在 9.4.3 节中进一步研究。我们这里考虑的是来流马赫数 $Ma_\infty = 0.97$，小攻角 $\alpha = 4.3°$ 和 $Re_{MAC} = 8.88 \times 10^7$ 时的高亚声速飞行状态。在这个较小的攻角下旋涡不是很明显，并不像在大攻角下那样主导整个流场。图 6.16(d) 中的总压等值线显示了机翼上的涡层，表明出现了流动分离，但是抬升的剪切层依然保持在上表面附近，紧靠在边界层的上方。

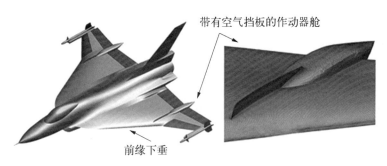

带有空气挡板的作动器舱

前缘下垂

图 6.15　F-16XL 机翼几何形状，包括加强的空气挡板和作动器舱的图像
（由 M. Tomac 博士论文提供，获得授权转载）

这个案例对 CFD 仿真来说很有挑战性，需要研究数值（网格）的影响来排除物理模型的影响。这里比较了几种常用且经过充分研究的 RANS 湍流模型与

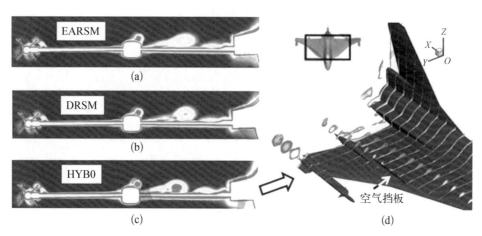

图 6.16　物理模型对涡强度的敏感性影响，使用 EDGE 代码计算。FS492 展向剖面
上的涡量大小：(a) EARSM+H. $k-\omega$ 模型；(b) DRSM；(c) HYB0；(d) 几
个机体轴法向剖面的总压等值线，FS492 站位由大箭头指示。$Ma_\infty=0.97$，
$\alpha=4.3°$，$Re=8.88\times10^7$

（由 M. Tomac 博士论文提供，获得授权转载）

非定常混合 RANS-LES 模型的结果。总体而言差异并不是非常显著，除了在
某些特定的飞行条件（如此处的条件）下。

　　图 6.16(a)～图 6.16(c) 比较了 EARSM[29]、$k-\omega$ DRSM[30] 和混合
RANS-LES 模型 HYB0[18] 在展向剖面 FS492 上的涡量大小。剖面由图
6.16(d) 中的箭头表示，图中展示了 HYB0 预测的几个机身法线平面上的总
压等值线。这里出现了三个涡，前缘涡从机身和内翼段的作动器舱之间的
边界层抬升，作动器舱的涡从空气挡板处脱落，而翼尖的导弹诱导的涡与该
处的多个升力面相关。

　　在导弹和作动器舱涡流上，这几个湍流模型几乎没有区别，但在内翼段的旋
涡上有区别。内翼段旋涡从光滑表面分离，因此其"产生"对湍流建模来说非常
敏感。作动器舱的涡流是由空气挡板产生的，因为其尖锐的边缘限定了流动分
离。导弹上类似于鳍的作用产生了导弹涡。

　　显然，与其他两个模型相比，HYB0 模型在下游保持了更远的涡流。时间精
确计算的 HYB0 模拟使用了总共 10 000 个物理时间步长，每个物理时间步长为
1 ms，每个物理时间步长最多进行了 100 个内迭代。与 RANS 模型相比，HYB0
模拟可以更好地保持表面压力分布，内翼上的吸力峰值更高。9.4.3 节将会进
一步阐述该案例的 CFD 详尽分析。

6.8.2　案例二：圆弧翼型的跨声速抖振

下面我们考虑一个周期性自激的非定常抖振湍流流动，绕流物体是一个相对厚度为 18% 的圆弧翼型，其弦长为 c，计算条件为 $Ma_\infty = 0.76$，$\alpha = 0°$，$Re_{chord} = 1.1 \times 10^7$。计算结果在 Goertz[7] 的博士论文中获得。这种条件下的流动是周期性的，上下表面的激波以 180° 相位差运动。流动的非定常性来源于激波、边界层和尾流中的涡脱落相互作用。这个案例具有实验数据[12,14,22]以及前人的计算结果[20,31]可供对比。

1）网格及算例设置

使用商业网格生成软件 ICEM CFD 生成了一个包含 12 000 个节点的二维混合网格（见图 6.17）。翼型上有 216 个网格点，并且使用 50 层四边形单元来解析边界层。第一层网格距离壁面的高度为 2 μm，以保证 $y^+ < 1$。离开壁面的单元尺度增长率为 1.2（参见第 5 章）。圆形远场距离翼型 25 倍弦长。翼型的边界条件设置为固壁。远场边界采用基于特征变量的自由来流条件。

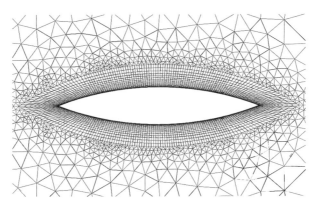

图 6.17　计算网格的局部放大图
（由 S. Görtz 博士论文提供，获得授权转载）

采用 EDGE 软件中的 URANS 进行了非定常流动计算，采用双时间步和 EARSM 湍流模型。前人的计算结果[31]表明，在相同的几何形状和流动条件下，相比代数和两方程涡黏模型，EARSM 模型可以更好地预测由激波-边界层干扰引起的非定常现象。这个算例计算采用了全湍流假设，湍流模型方程采用一阶迎风格式进行离散。

外迭代（物理）时间步长设置为每个振荡周期大约 250 个时间步。双时间步长内迭代的 Courant - Friedrichs - Lewy(CFL) 数设置为 0.7。内迭代中使用了三重多重网格和残值光顺。

非定常数值模拟采用定常解进行初始化。计算了总共 2 000 个外迭代时间步,相当于 0.2 s 的真实时间。对于每个外迭代时间步,要求内迭代循环的密度最大范数残差降低 2.5 个数量级,这足以保证在内迭代中气动系数收敛。内迭代的步数没有限制。

2)计算得到的抖振特性

数值模拟重现了抖振随时间变化的特性。图 6.18 展示了周期性流动形成后的 6 个不同时间点的瞬时马赫数等值线。在翼型后半部分,近乎垂直的等值线的汇聚显示了激波的形成。激波在靠近尾缘的地方形成,正好在尾缘分离区的上方。随着波前局部速度的增加,激波强度也随之增加。激波强度增加进一步导致激波诱导分离,于是激波和分离区域开始向前移动。激波上游的局部表面速度继续增加,并保持在一个最大的速度分布。随着激波继续前进进入速度较低的区域,它的强度减弱,并在分离点回到尾缘处时消失。这样就完成了一个振荡周期。与此同时,类似的过程也在 180° 相位差的下表面发生。

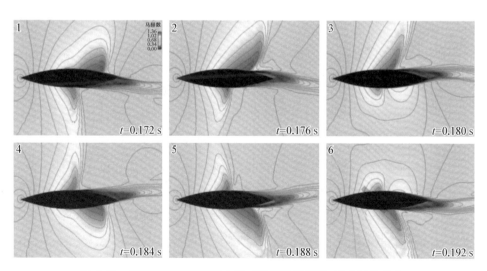

图 6.18　圆弧翼型周围流场中瞬时马赫数等值线,展示振荡分离;
$Ma_\infty = 0.76, Re = 1.1 \times 10^7$
(由 S. Görtz 博士论文提供[7],获得授权转载)

这种周期性流动现象的频率为 f,导致气动力产生振荡。图 6.19 展示了升力系数 C_L 和阻力系数 C_D 随时间变化的历程。

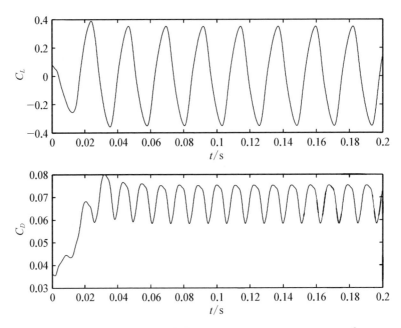

图 6.19　升力系数和阻力系数随时间变化；$Ma_\infty = 0.76$，$Re_c = 1.1 \times 10^7$，$\Delta t = 0.1\,\mathrm{ms}$
（由 S. Görtz 博士论文提供[7]，获得授权转载）

　　在初场影响衰减后，升力系数几乎以正弦波的形式围绕 0 均值振荡，振幅约为 0.35。阻力系数以 2 倍的频率围绕 0.067 的均值振荡，振幅为 0.008。计算得到的升力系数的缩减频率 $k = \dfrac{\pi f c}{V_\infty} = 0.485$，实验值 $k_{\mathrm{exp}} = 0.49$[14]。图 6.18 展示的是图 6.19 中的最后一个周期。

　　这个例子演示了 RANS 求解器在跨声速流动中的应用。设计一个翼型需要多次求解流动问题，因为在优化过程中翼型会发生微小的变化，并逐渐接近最优外形。下一章将介绍如何构建一个专用求解器，以便比通用的 RANS 求解器更快地计算翼型问题，从而成为翼型分析和设计的理想工具。

6.9　通过计算学习更多知识

　　通过使用在线资源，结合实际操作计算工具，可以深入了解本章中涉及的主题。书籍网站 www.cambridge.org/rizzi 上提供了练习、教程和项目建议。例如，将 RAE100 翼型运行在"复杂多变的"跨声速区域，并与图 6.6 中的 RAE104 结果进行比较。用于计算所示示例的软件可以从 http://airinnova.se/education/

aero-dynamic-design-of-aircraft 网站获得。

参考文献

[1] J. Ackeret. Luftkräfte auf flügel, die mit größerer als schallgeschwindigkeit bewegt werden. *Zeitschrift für Flugtechnik und Motorluftschiffahrt*, 16: 72 – 74, 1925.

[2] A. Brandt. Multi-level adaptive solutions to boundary-value problems. *Mathematics of Computation*, 31: 333 – 90, 1977.

[3] P. Eliasson. EDGE, a Navier-Stokes solver for unstructured grids. In *Proceedings of Finite Volumes for Complex Applications III*. Hermes Penton Ltd, 2002, pp. 527 – 534.

[4] W. Farren. The aerodynamic art. *Aeronautical Journal*, 60: 431 – 449, 1956.

[5] J. Gary. On certain finite difference schemes for hyperbolic systems. *Mathematics of Computation*, 18: 1 – 18, 1964.

[6] C. W. Gear. *Numerical Initial Value Problems in Ordinary Differential Equations*. Prentice-Hall, Inc. , 1971.

[7] S. Görtz. *Realistic Simulations of Delta Wing Aerodynamics Using Novel CFD Methods*. KTH School of Engineering Sciences, 2005.

[8] A. Hellsten. New advanced $k - \omega$ turbulence model for high-lift aerodynamics. *AIAA Journal*, 43(9): 1857 – 1869, 2005.

[9] P. Eliasson and P. Weinerfelt. High-Order Implicit Time Integration for Unsteady Turbulent Flow Simulations. *Computers and Fluids*, 112: 35 – 49, 2015.

[10] S. Langer. Application of a line-implicit method to fully coupled system of equations for turbulent flow problems. *International Journal of Computational Fluid Dynamics*, 27(3): 131 – 150, 2013.

[11] Y. LeMoigne. Adaptive mesh refinement sensors for vortex flow simulations. Presented at ECCOMAS 2004, Jyväskylä, Finland, July 2004.

[12] L. L. Levy Jr. Experimental and computational steady and unsteady transonic flows about a thick airfoil. *AIAA Journal*, 16(6): 564 – 572, 1978.

[13] L. Martinelli and A. Jameson. Validation of a multigrid method for the Reynolds averaged equations. Technical report. AIAA paper 88 – 0414, 1988.

[14] J. B. McDevitt and R. A. Taylor. An investigation of wing-body interference effects at transonic speeds for several swept-wing and body combinations. Technical report. NACA RM A57A02, NACA, 1957.

[15] S. A. Morton, J. R. Forsythe, J. M. Mitchell, and D. Hajek. Des and rans simulations of delta wing vortical flows. Technical report. AIAA Paper 2002 – 0287, 2002.

[16] E. Otero. *Acceleration of Compressible Flow Simulations with Edge Using Implicit Time Stepping*. PhD thesis, KTH Kungl Tekniska Högskolan, December 2014.

[17] E. Otero and P. Eliasson. Parameter investigation with line-implicit lower-upper symmetric Gauss-Seidel on 3D stretched grids. Technical report. AIAA Paper (2014 - 2094), 2014.

[18] S.-H. Peng. Hybrid RANS - LES modelling based on zero-and one-equation models for turbulent flow simulation. Presented at 4th International Symposium on Turbulence and Shear Flow Phenomena, Williamsburg, NY, 2005.

[19] A. Rizzi and J. M. Luckring. Evolution and use of cfd for separated flow simulations relevant to military aircraft. In *Separated Flow: Prediction, Measurement and Assessment for Air and Sea Vehicles*. Neuilly-sur-Seine, 2019, pp. 11 - 1 - 11 - 58.

[20] C. L Rumsey, M. D. Sanetrik, R. T. Biedron, N. D. Melsom, and E. B. Parlette. Efficiency and accuracy of time-accurate turbulent Navier-Stokes computations. Presented at 13th AIAA Applied Aerodynamics Conference, San Diego, CA, June 1995.

[21] Y. Saad and M. B. Schultz. GMRES: A generalized minimal residual algorithm for solving nonsymmetric linear systems. *SIAM Journal on Scientific and Statistical Computing*, 7(3): 856 - 869, 1986.

[22] H. L. Seegmiller, J. G. Marvin, and L. L. Levy Jr. Steady and unsteady transonic flow. *AIAA Journal*, 16(12): 1262 - 1270, 1978.

[23] P. R. Spalart. Young-person' guide to detached eddy simulation grids. Technical report. CR-2001 - 211032, NASA, 2001.

[24] P. R. Spalart and R. S. Allmaras. A one-equation model for aerodynamic flows. Technical report. AIAA paper (92 - 439), 1992.

[25] P. R. Spalart and R. S. Allmaras. A one-equation turbulence model for aerodynamic flows. *La Recherche Aerospatiale*, 1: 5 - 21, 1994.

[26] P. R. Spalart, W.-H. Jou, M. Strelets, and S. R. Allmaras. Comments on the feasibility of LES for wings and on a hybrid RANS/LESapproach. In C. Liu and Z. Liu, editors, *Advances in DNS: Proceedings of the First AFOSR International Conference on DNS/LES*. Greyden Press, 1997, pp. 137 - 147.

[27] M. Tomac. *Towards Automated CFD for Enginerring Methods in Airfcraft Design*. KTH School of Engineering Sciences, 2014.

[28] J. Vos, A. Rizzi, D. Darracq, and E. Hirschel. Navier-Stokes solvers in European aircraft design. *Progress in Aerospace Sciences*, 38(8): 601 - 697, 2002.

[29] S. Wallin and A. Johansson. An explicit algebraic Reynolds stress model for incompressible and compressible turbulent flows. *Journal of Fluid Mechanics*, 403: 89 - 132, 2000.

[30] S. Wallin and A. V. Johansson. Modelling streamline curvature effects in explicit algebraic Reynolds stress turbulence models. *International Journal of Heat and Fluid Flow*, 23: 721 - 730. 2002.

[31] D. Wang, S. Wallin, M. Berggren, and P. Eliasson. A computational study of unsteady turbulent buffet aerodynamics. Technical report. AIAA - 2000 - 2657, December 2000.

[32] P. Wesseling. *An Introduction to Multigrid Methods*. R. T. Edwards，Inc. ，2004.

[33] D. C. Wilcox. Reassessment of the scale determining equation for advanced turbulence models. *AIAA Journal*，26(11)：1299 - 1310，1988.

[34] S. Yoon and A. Jameson. Lower-upper symmetric-Gauss-Seidel method for the euler and Navier-Stokes equations. *AIAA Journal*，26(9)：1025 - 1026，1988.

第 7 章　翼型流动的快速计算

在普朗特之前,我们无法得到 Navier - Stokes 方程的封闭解,也无法得到翼型阻力的理论解。然而在 1904 年,当普朗特提出简化与壁面相邻的薄流动区域内的方程的想法时,流体力学取得了突破性的进展,并据此提出了边界层的概念与可处理的数学方法。人们可以通过这些边界层方程求解翼型的表面摩擦。

——John D. Anderson Jr.

在无黏外流和边界层方程之间进行迭代……往往是不稳定的……如果遇到分离,也会直接导致失败……最可靠的方法是用牛顿法同时求解无黏和黏性方程。

——Mark Drela

本章介绍一种计算翼型截面流动的快速方法(即绕翼型的平面流动)。示例包括低雷诺数的翼型和现代高速翼型,如目前跨声速客机的翼型。正如我们所知,涡格法模型无法描述马赫数接近 1 的流动,也无法描述导致失速和激波-边界层相互作用的边界层行为。此类计算可以通过 CFD 代码求解雷诺平均 Navier - Stokes 方程来完成,但也可以通过将无黏外流耦合到由边界层方程描述的边界层流动的方法来更快地实现,从而利用普朗特分区方法的思想。 MSES[3]和 Xfoil(https://web. mit. edu/drela/Public/web/xfoil/)软件是典型的翼型设计工具,可以根据给定形状计算压力分布曲线。但其问题是无法处理大范围分离和超声速来流的流动。Xfoil 是一个公开的流动求解器,但仅限于求解没有超声速区域的流动,而 MSES 则是可以用于处理马赫数接近 1 的流动的商业软件产品。

7.1　引言

过去十年内发展的各种翼型分析和设计方法采用了两种不同的数学求解方法:第一种是采用雷诺平均 Navier - Stokes(RANS)的计算流体力学(CFD)代

码,如 SU2 与 EDGE;第二种是采用普朗特分区方法来求解定常无黏流动方程,
并与边界层流动的定常模型相结合。通常情况下,对常规设计工作来说,RANS
相比于分区方法计算速度较慢,并且没有显示出任何精度优势。但 RANS 方法
在马赫数和流动分离方面更加稳健,并且正如我们在第 6 章的 EDGE 演示中看
到的那样,它可以计算整个激波失速现象。MSES 和 Xfoil 代码对边界层和尾流
区域使用**积分**公式,从而可以计算分离泡和再附。

7.2　分区方法: 物理观察

考虑细长体周围空气的流动,例如小攻角的翼型,如图 7.1 所示。气流附着
在翼型壁面上(无滑移条件),与较远处的气流相比壁面附近的流动被延缓。在
远离翼型的区域,气流速度接近在无黏介质中的速度场。含有黏性流动的区域
称为**边界层**。在边界层底部,平行于表面的速度分量在法线方向迅速增加。由
于摩擦力与法向速度梯度成正比,因此摩擦力在靠近翼型处最大。在边界层外,
摩擦力消失。普朗特[9]指出将流场划分为以下几个区域是合理的:

- 边界层区域,黏性影响十分重要;
- 边界层外的区域,表现为无黏流。

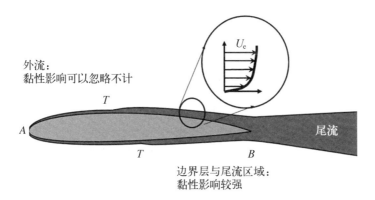

图 7.1　亚声速高雷诺数流动区域——外层无黏流与内层黏流

7.2.1　薄边界层

在进行进一步处理之前,我们有必要了解边界层厚度 δ 的大小。假设在边
界层中,黏性项与惯性项的量级是相同的。单位体积的惯性力为 $\dfrac{\rho u \partial u}{\partial x}$,其中 ρ
是密度。对于长度为 l 的平板,其梯度 $\dfrac{\partial u}{\partial x}$ 与 $\dfrac{U_e}{l}$ 成正比,其中 U_e 是边界层外缘

的速度。那么,可以看到惯性力的量级为 $\dfrac{\rho U_e^2}{l}$。单位体积的摩擦力为 $\dfrac{\partial \tau}{\partial z}$;假设流动是层流,摩擦力为 $\dfrac{\mu \partial^2 u}{\partial z^2}$。垂直于壁面的速度梯度 $\dfrac{\partial u}{\partial z}$ 的数量级为 $\dfrac{U_e}{\delta}$,因此,单位体积摩擦力等于 $\mu \dfrac{U_e^2}{\delta^2}$。根据惯性力与黏性力量级相同的假设,可以得到以下结果:

$$\mu \frac{U_e}{\delta^2} \sim \frac{\rho U_e^2}{l} \quad \text{或} \quad \delta \sim \sqrt{\frac{\mu l}{\rho U_e}} = \frac{l}{\sqrt{Re_l}}$$

我们还需要确定数值系数。Blasius[2] 解决了零攻角平板上不可压层流的情况。这种情况下,流向压力梯度为 0,并可以得到以下结果:

$$\delta = 5.836 \frac{x}{\sqrt{Re_x}}$$

在 $Re_l = 10^6$ 时,边界层厚度约为平板长度的 0.6%。正如 Blasius 表达式所示,(在同样的 x 位置处)边界层厚度随雷诺数的减少而增加。如 Falkner - Skan[6] 边界层模型所示,边界层厚度也随着逆压梯度增加而增加。真实模型还必须考虑到图 7.1 中 T 点所示的层流到湍流的转捩点。由于湍流更容易与高速外流混合,因此湍流边界层在分离前能够承受更大的逆压梯度。

正如我们在 2.3.2 节中所看到的,即使几何边界条件与时间无关,湍流边界层的流动也是与时间相关的。非定常性是指流动对小干扰的非定常响应。定常的边界层模型,如 RANS 模型,考虑的是时间平均的速度。

平板流动

图 2.10(b)显示了平板的层流和湍流边界层的实测速度曲线,体现了在给定雷诺数下的层流和湍流速度分布的差异。图 7.2 显示了层流边界层速度分布及其边界层厚度 δ 和位移厚度 δ^*。

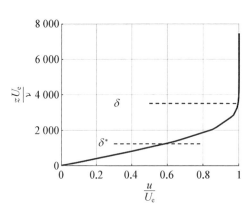

图 7.2　平板的层流速度型分布(带有边界层厚度 δ 和位移厚度 δ^*)

7.2.2　边界层内部与外部区域的耦合

接下来,我们考虑定常二维不可压流动。在边界层中,由于表面法向速度分量比切向速度分量小,因此表面法向的动量方程可以简化。整个边界层内的压力不发生变化,所以在外部流动区域确定的压力也适用于翼型表面。

针对图 2.10 的情况,考虑图 7.2,其中边界层外缘的速度为 U_e。据此,我们可以根据式(7.2)计算边界层厚度 δ 以及用于表示边界层质量流量损失的位移厚度 $\delta^*(x)$。

边界层的位移效应可以通过修改翼型形状或在其表面作为质量源对外部流动区域产生影响。外流计算给出的结果是速度分布 $U_e(x)$。当 δ^* 非常小时,可以交替重复计算,并且计算过程可能会最终收敛。

边界层内外流动的相互作用必须考虑到尾流的存在。然而,在后缘的上游有摩擦力作用于流动,在下游则没有。后缘的这种特殊现象导致难以将流动方程用于尾流区域。即使是附着流,对较厚的边界层来说,计算过程也没有收敛性。因此对于这种情况,我们有必要同时求解两个不同区域的方程,正如在 MSES 中的方法那样。

任何基于边界层方程的方法的可靠性都会随着边界层厚度的增加而降低。在轻度分离(也被称为"分离气泡")的情况下,该方法仍然可以得到合理的结果;但是分离较大的情况下,我们需要使用 RANS 方法进行求解。正如图 2.22 所示,对 MSES 来说这种情况分离过于剧烈,甚至对 RANS 来说可能也是如此。

7.3　MSES:翼型快速分析与设计系统

MSES 是一个翼型数值开发系统,它具有分析、修改以及优化单段和多段翼型的能力,适用于较大的马赫数和雷诺数范围,其有效范围包括低雷诺数和跨声速马赫数,并且能够预测具有转捩分离气泡、激波和激波诱导分离的流动。我们将在 7.5.3 节讨论分离气泡,图 7.10 显示了激波与边界层相互作用的情况和实验结果。直至失速状态($C_{L,\max}$),给出的表面压力和气动力的预测都是准确的。转捩位置可以作为流动计算的一部分进行强制设置或被预测。同时,它还提供了对攻角和马赫数的扫描自动计算。更多关于该程序的基本原理可以在参考文献[5]中找到,参考文献[3]是程序的使用指南。

翼型设计是通过表面压力的交互式调整来完成的,其结果是给出翼型的几何形状。分析计算可以在设计过程中的任意时刻进行。边界层通过其位移厚度

δ^* 影响外部流动,外部流动的压力分布会决定边界层的特性。对外部流动使用**定常**欧拉方程(7.4 节)进行建模计算,而对边界层使用边界层积分方程(7.5.2 节)进行建模计算。

现任麻省理工学院航空学科教授的 Mark Drela 在 20 世纪 80 年代中期与 Mike Giles 共同编写了 MSES 代码,并作为他在麻省理工学院博士论文的一部分。他是一位具有原创性的思想家,他在这个翼型分析与设计软件包中加入了许多新颖的功能。

7.4 外部欧拉流动求解器

我们将要计算的流动是如图 7.3 所示的无黏流区域、边界层以及尾流区域。

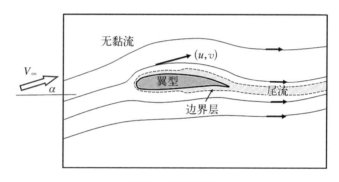

图 7.3 流动区域

MSES 的特点总结如下:

(1)欧拉方程在守恒型的流线型网格上进行离散化,方程与使用位移厚度和边界层外缘速度的两方程可压缩边界层积分方程的公式强耦合。

(2)速度迎风,相当于加入人工黏性,用于稳定超声速区域的解。

(3)亚声速远场由位于翼型上的涡、源和偶极子奇点表示。

(4)边界层模型中包含 $e^{N_{crit}}$ 方法的转捩预测公式。

(5)整个离散方程组,包括黏性公式和转捩公式,通过全局牛顿法作为一个完全耦合的非线性系统进行求解。这是一种快速可靠的方法,用于处理在跨声速和低雷诺数的翼型流动中不可避免的强黏性与无黏相互作用。当使用参数扫描计算时,如极曲线计算,这种方法尤其有效。

下面介绍的结果可以证明以下几点:

● 低速转捩的分离气泡及其相关损失的预测。据此,我们可以准确预测当雷诺数减小时翼型性能的快速下降。

- 激波诱导分离的跨声速翼型计算,这可以显示全局牛顿求解程序的稳健性。该程序与实验结果有很好的一致性,因此进一步证明了本节展示的边界层积分公式的性能。

固有的流线型网格消除了相邻流管之间的扩散作用,在亚声速区域可以提供完全无耗散的格式,这使得阻力可以从远场的熵和黏性尾流中计算得到。这种方法比翼型表面力的积分更不易出现数值误差。

流线型网格上等焓流动的离散化

流场的无黏区域由定常欧拉方程的积分形式描述,其中的积分围绕法线为 $\boldsymbol{n}$ 的封闭曲线 $\partial\Omega$ 进行。

$$\oint_{\partial\Omega}\begin{pmatrix}\rho\boldsymbol{u}\\\rho\boldsymbol{uu}+p\boldsymbol{I}\\\rho H\boldsymbol{u}\end{pmatrix}\cdot\boldsymbol{n}\,\mathrm{d}S=0 \tag{7.1}$$

对于比热容不变的理想气体有 $p=R_{\mathrm{gas}}\rho T$,比总能量 $E=\dfrac{R_{\mathrm{gas}}}{\gamma-1}T+\dfrac{1}{2}u^2$,

总焓 $H=E+\dfrac{p}{\rho}$。

在自由来流中,总焓值 H_∞ 为常数。能量方程可以表示为总焓沿着每条流线都保持恒定——即**等焓**流。因此,有

$$p=\rho\frac{\gamma-1}{\gamma}\Big(H_\infty-\frac{1}{2}u^2\Big)$$

式(7.1)简化为一个质量守恒方程和两个动量守恒方程——共三个。该方程适用于任意控制体,因此也适用于任意类型网格中的每一个单元。

传统类型的网格[见图 7.4(a)]在整个求解过程中保持静止。相反,Drela 选择使用**基于流线**的网格以适应流动[见图 7.4(b)],其中一组网格线对应流线,另一组网格线则几乎垂直于流线。这种网格减少了需要求解的方程数量,这是有限体积方法的新特点,尽管该特性早已应用于求解流线曲率的方法之中。

图 7.5 给出了两条相邻流线之间的流管、控制体以及所使用的变量。四边形网格由每个单元一个角的坐标 (x,y) 定义,欧拉方程的变量 ρ,u,v,p 与横

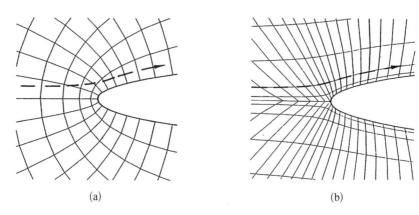

(a)   (b)

图 7.4　MSES 使用基于流线的网格,其中一组网格线对应流线

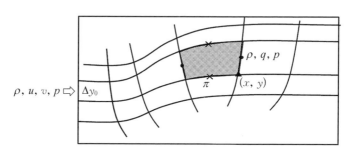

图 7.5　网格中带有未知量的流管

跨流线的网格线的中点有关,而压力 π 则与流线的中点有关。因此,每个单元都有 7 个未知数,但现在欧拉方程只有 4 个方程。如上所述,我们可以通过等熵条件消去一个变量,并且在流线网格上由单元的角点坐标定义速度方向。此外,流管中的质量流量沿流管是恒定的,因此一旦网格点已知,我们就可以从入流边界条件中得知质量流量。因此,速度 $\sqrt{u^2+v^2}$ 和密度 ρ 的乘积可以从质量守恒方程中得到。现在,我们只剩单元角的坐标 (x,y) 和密度 ρ 以及流管边缘的压力 $\pi(\cdot)$ 作为流动的未知量,所有其他的变量都可以通过这些未知量使用简单的赋值语句计算出来。因此,剩下的两个动量方程由 π 和 p 之间的关系来补充,表示它们在整个单元内具有相同的平均值,并且通过固定横向网格线,使得 y 直接决定单元角点的位置。

最后的计算结果是每个单元有两个未知量和两个动量平衡方程。考虑到边缘和角点单元以及翼型和远场的边界条件,方程和未知量的数量是匹配的。

边界条件

为了尽可能减少未知量的数量,我们必须使计算域越小越好。对于自由飞行的翼型,这意味着需要将远场移到尽可能靠近翼型的地方。这就需要一些特殊的技巧,下面进行解释。

(1) 壁面。

封闭的离散欧拉方程所需的表面边界条件非常简单(见图 7.6)。在固体表面,只有相邻流线的位置需要约束,表面压力是计算的结果。对于黏性情况,表面流线仅垂直于壁面法向,距离壁面的位移为 $\delta^*(x)$(见 7.5.2 节)。在反设计计算中,对全部或部分翼型表面施加压力,计算结果为壁面的流线位置。对此有必要进行一些特殊处理,从而确保所产生的几何形状在边界条件和反设计边界条件之间的过渡点处连续光滑。简单的边界条件与反设计边界条件的转换使得分析和设计计算之间具有完全的兼容性,并提高了 MSES 代码作为设计工具的整体有效性。

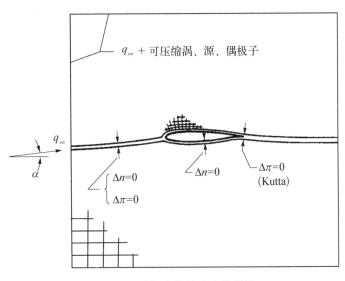

图 7.6　计算中使用的边界条件

(2) 入流边界、出流边界和远场。

在亚声速远场流动条件下,对于欧拉方程组,在入流边界处每个节点需要两个边界条件,在其他地方每个节点需要一个边界条件。其中一个入流边界条件是预设的每个流管的滞止密度。

在亚声速区域的最外层流线上施加均匀自由来流的速度以及涡、源和偶极子的扰动速度,以构建非零马赫数的小扰动势流。涡的强度由升力定义,源是边界层位移产生的原因,而偶极子则与翼型上的力矩有关。

边界条件规定了流入和流出的角度以及基于此远场扩展的外部流线压力。偶极子强度通过最小化两条离散的最远处流线与 V_∞ 方向的偏差来确定。

这种边界处理方法需要外边界只在翼型上下约 $\dfrac{2}{\sqrt{1-Ma_\infty^2}}$ 单位弦长处,刚好可以包含任何嵌入的超声速区域。

（3）全局变量。

边界条件引入了对解有全局影响的物理量,如涡的强度。无黏方程所需的最后一个边界条件是 Kutta 条件,该条件要求流出角度是自由的,并且翼型后缘压差为 0。除了守恒定律之外,MSES 还能识别一组此类全局变量和约束条件,并将它们纳入待求解系统中。

风洞设备和标准的 CFD 软件包一般将攻角视为给定值,如 EDGE,用来计算或测量升力系数。而 MSES 不做这种区分：你可以将所需的 C_L 指定为全局约束,而将 α 指定为全局变量,反之亦然。这种自由度大大增加了 MSES 的通用性。尽管用户界面没有"语法糖"来指导新手,但掌握变量和约束的选择仍然值得新手多去尝试。

（4）尾流。

尾流被视为壁面剪切力为 0 的两个边界层。因此,与尾流相邻的两条流线之间的间隙等于上下尾流位移厚度之和。尾流上还需要施加零压力跃变条件。有了这些尾流边界条件,由两条边界流线定义的尾流轨迹就可以作为整个流场解的一部分进行演化。

7.5　边界层和边界层积分模型

下面将给出 MSES 中边界层模型的背景：
- 定义并讨论边界层的特征：厚度、位移厚度、动量厚度以及摩擦系数。
- 讨论层流和湍流以及转捩判据。
- 讨论边界层和外部流动之间的相互作用。
- 讨论黏性阻力和激波阻力。

7.5.1　边界层偏微分方程模型

考虑如图 7.7 所示的平面或微弯的平板上的黏性流动,图上展示了随着 x

增加时速度曲线 $\dfrac{u}{U_{e}}$ 与壁面距离的关系。壁面距离长度尺度 $L=\dfrac{\nu}{U_{e}}$，运动黏性系数为 ν。

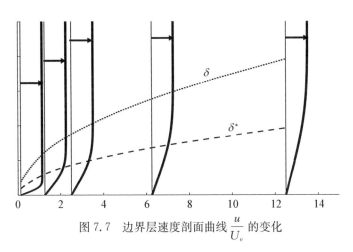

图 7.7 边界层速度剖面曲线 $\dfrac{u}{U_{e}}$ 的变化

流体介质为空气，并且气流的速度比较大，因此雷诺数很高，这使得边界层很薄。在物体的表面流速为 0，即无滑移条件。在远离表面的位置，流速迅速增加，逐渐接近自由来流的速度。在距离壁面 δ 时，速度已经达到自由来流速度的 99%。边界层的速度较慢，它会将流体从表面挤出流向外部区域，该位移量称为边界层的位移厚度 δ^{*}。我们可以通过该厚度与速度 U_{e} 得到质量流量的亏损，如下所示：

$$\delta^{*}=\int_{0}^{\delta}\left(1-\frac{u}{U_{e}}\right)\mathrm{d}z \tag{7.2}$$

该定义对 δ 的精确值并不敏感，只要 δ 足够大即可。因为随着距离 z 的增加，u 逐渐趋向于 U_{e}。

边界层速度的降低也使动量减少。动量厚度 θ 乘以 U_{e} 可以得到边界层 δ 内的动量亏损：

$$\theta=\int_{0}^{\delta}\frac{u}{U_{e}}\left(1-\frac{u}{U_{e}}\right)\mathrm{d}z \tag{7.3}$$

局部剪应力 τ_{w} 通常以壁面摩擦系数 c_{f} 给出：

$$\tau_{w}=\mu\left(\frac{\partial u}{\partial z}\right)_{z=0},\ c_{f}=\frac{\tau_{w}}{\frac{1}{2}\rho U_{e}^{2}} \tag{7.4}$$

不可压层流的控制方程在式(2.23)中给出。为方便起见,在此再次列出:

$$\frac{\partial u}{\partial x} + \frac{\partial w}{\partial z} = 0 \tag{7.5}$$

$$u\frac{\partial u}{\partial x} + w\frac{\partial u}{\partial z} = U_e \frac{\mathrm{d}U_e}{\mathrm{d}x} + \nu\frac{\partial^2 u}{\partial z^2} \tag{7.6}$$

$$\frac{\partial p}{\partial z} = 0 \tag{7.7}$$

式中,ν 为运动黏性系数,$\nu \equiv \dfrac{\mu}{\rho}$。

我们可以从前缘驻点($x=0$)向下游推进求解方程。但是当 $u(x,0)$ 接近 0 时,解就会发散,所以分离流动不能单独用这个模型来描述。一般来说,我们需要完整的 RANS 模型来描述分离流动。但如下文所述,轻微分离的情况可以通过边界层积分模型来处理。

7.5.2 边界层积分模型

Theodore von Kármán 推导出一个常微分方程(ODE)模型来取代上述的偏微分方程模型。其推导过程见参考文献[4],得到的 von Kármán 边界层积分方程如下:

$$\frac{\mathrm{d}\theta}{\mathrm{d}x} + (2 + H - Ma_e^2)\frac{\theta}{U_e}\frac{\mathrm{d}U_e}{\mathrm{d}x} = \frac{c_f}{2} \tag{7.8}$$

式中,形状因子 $H = \dfrac{\delta^*}{\theta}$;边界层外缘马赫数 $Ma_e = \dfrac{U_e}{a_e}$。该方程及其各项适用于层流和湍流。通过补充 H 和 c_f 的关系,我们可以使方程封闭,正如经典的 Thwaites 方法(见第 4 章文献[4])。注意该方程中并没有出现 u,所以只有当 U_e 为 0 时才有可能使解发散。MSES 使用另一个常微分方程,即动能形式的参数方程:

$$\frac{1}{H^*}\frac{\mathrm{d}H^*}{\mathrm{d}x} = \frac{2C_\Delta}{H^*\theta} - \frac{c_f}{2\theta} + (H-1)\frac{1}{U_e}\frac{\mathrm{d}U_e}{\mathrm{d}x} \tag{7.9}$$

这里出现了以下一些新的量。

动能形状因子:

$$H^* = \frac{\theta^*}{\theta} \tag{7.10}$$

动能厚度：

$$\theta^* = \int_0^\delta \left(1 - \frac{u^2}{U_e^2}\right) \frac{u}{U_e} \mathrm{d}z \tag{7.11}$$

耗散积分：

$$\Delta = \int_0^\delta \tau \mathrm{d}u \tag{7.12}$$

耗散系数：

$$C_\Delta = \frac{\Delta}{\frac{1}{2}\rho U_e^3} \tag{7.13}$$

这两个常微分方程对层流和(时间平均的)湍流都有效。但是它们必须补充经验关系式从而使得方程组封闭,例如,H^*、H、c_f、C_Δ 和 H 与边界层厚度雷诺数 Re_θ 的关系。层流和湍流区域的相应关系可能是不同的,因此必须确保在层流与湍流之间过渡的数值能够平稳。常微分方程通过隐式中心差分,即二阶格式进行离散,常微分方程组为 $\dfrac{\mathrm{d}w}{\mathrm{d}x} - f(w) = 0$。

$$w(x + \mathrm{d}x) - w(x) - \frac{\mathrm{d}x}{2}\{f[w(x + \mathrm{d}x)] + f[w(x)]\} = 0 \tag{7.14}$$

整个方程组与外部流动的方程组相连。

7.5.3　转捩为湍流

边界层开始时通常是稳定的层流,通过某个下游位置点后才会转捩到湍流。实际上,转捩发生在一个区域内,并且是不稳定的。但在我们的模拟中,假设从层流到湍流的过渡是在翼型上的某点立即发生的。由于转捩点两侧的动量厚度必须是相同的,并且由于层流和湍流的速度曲线不同,因此位移厚度和形状因子必定存在跃变。

当用户指定转捩点后,MSES 就会提供强制转捩的选项,这可以与使用砂纸条等设备触发转捩的实验相互对比。自然转捩利用不稳定波运动的增长——Tollmien - Schlichting 波引起转捩,转捩发生在当最不稳定波的波幅上升到用

户指定的 $e^{N_{crit}}$ 值(通常设置为 9)时,就会发生转捩,因此也称为 e^9 准则。如图 2.10 所示,层流和湍流具有完全不同的平均 $u(z)$ 曲线,这将反映在所用的 H, c_f 模型中。

参考文献[1]中使用 e^9 准则预测了大量情况下的转捩,发现转捩雷诺数 $Re_{x,tr}$ 与形状因子 H 有关,其半经验公式如下:

$$\lg(Re_{x,tr}) = -40.455\,7 + 64.806\,6H - 26.753\,8H^2 + 3.381\,9H^3,$$
$$2.1 < H < 2.8 \tag{7.15}$$

使用该方程从前缘驻点开始推进直至预测转捩点(如果有的话),从而可以计算层流边界层。转捩点位于两式相等的地方。表 7.1 给出了参考文献[13]中 Blasius 的层流平板边界层的特征数据以及 $\frac{1}{7}$ 幂律的湍流数据。我们可以注意到,$\frac{1}{7}$ 幂律在靠近壁面的区域是错误的,因为其梯度变得无限大;$c_{f,turb}$ 是基于实验测量得到的。在脉动较小的"层流黏性子层"中,壁面应力应遵循层流公式,如图 2.10 中的壁面对数分布。

表 7.1　平板流动的边界层特性:Blasius 层流数据,$\frac{1}{7}$ 幂律的湍流数据

参　数	层　　流	湍　　流
$\dfrac{\delta_{99}}{x}$	$\dfrac{5.00}{\sqrt{Re_x}}$	$\dfrac{0.37}{\sqrt[5]{Re_x}}$
$\dfrac{\delta^*}{x}$	$\dfrac{1.721}{\sqrt{Re_x}}$	$\dfrac{0.046}{\sqrt[5]{Re_x}}$
$\dfrac{\theta}{x}$	$\dfrac{0.664}{\sqrt{Re_x}}$	$\dfrac{0.036}{\sqrt[5]{Re_x}}$
c_f	$\dfrac{0.664}{\sqrt{Re_x}}$	$\dfrac{0.057\,6}{\sqrt[5]{Re_x}}$
H	2.59	1.28

1) 流动分离

考虑在压力非常低的区域的翼型上的流动。在这样的区域内,边界层外部

的速度非常大,速度梯度也是如此 $\left(\dfrac{\partial u}{\partial z}\right)_{z=0}$,因此摩擦力 τ 也非常大。在翼型后部的压力恢复区域内存在逆压梯度。由于流体质点在克服摩擦力时已经消耗了一部分动能,因此可能无法再继续前进,而是停在某个地方。随后,迎面而来的气流就不得不产生偏离,流向远离翼型的地方(见图 7.8)。与层流相比,对于具有更多与外部高速气流混合的湍流来说,气流可以前进得更远。当 u 为 0 时,给定 U_e 的边界层方程的初值问题将具有奇异性,因此必须寻找一些补救措施来处理有分离气泡的情况(即流动定常且边界层不太厚的情况)。

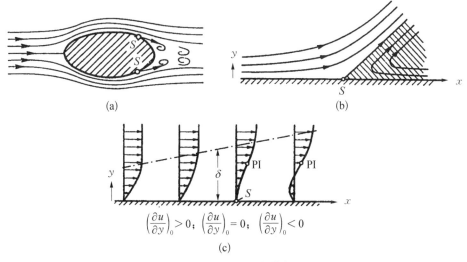

图 7.8 边界层的分离

(a) 流经有分离现象的物体(S 为分离点);(b) 分离点附近流线的形状;(c) 分离点附近的速度分布(PI 为拐点)

(摘自 H. Schlichting[10],经许可后复制)

2) 层流分离泡

图 7.9 展示了翼型上边界层中的层流分离泡现象。翼型前缘的边界层是层流的,但是通常在 $Re > 2\times10^5$ 时,它在上表面(吸力侧)的某个地方会转捩到湍流。对于上表面高度弯曲(或上表面弯曲较小但攻角较大)的翼型,层流边界层开始分离。然而,边界层厚度的增加导致向湍流边界层的转捩,而湍流边界层对失速并不敏感。因此,气流会重新附着,形成一个封闭的循环回流的气泡。

图 7.10 展示了低速的例子,对比了参考文献[8]中的风洞数据与 Eppler 387 翼型在 $Re_{\text{chord}} = 200\,000$、$\alpha = 2.0°$、$Ma_\infty = 0.04$ 自由转捩时的 MSES 计算

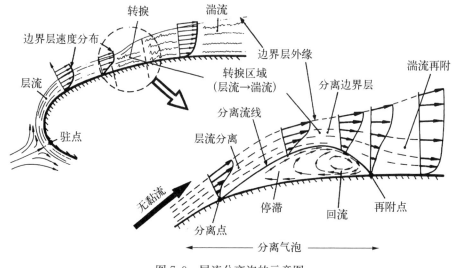

图 7.9　层流分离泡的示意图

(由 K. Huenecke 提供[7])

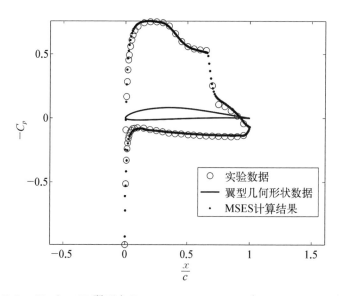

图 7.10　Eppler 387 翼型在 $Re_{\text{chord}} = 200\,000$、$\alpha = 2.0°$、$Ma_\infty = 0.04$ 下的
数据和 MSES 压力分布

结果。圆圈符号以及 MSES 点描述了由气泡造成的压力分布局部急剧下降的
现象,结果吻合度很高。

层流分离泡对翼型性能的影响是显著的,除了对压力分布有明显影响外,还
有两个原因:第一,层流分离泡是敏感的,气流可能完全分离而不再重新附着,

从而导致阻力大大增加。第二,层流分离泡出现在低雷诺数范围内($1 \times 10^4 \sim$ 2×10^5),并可能随着飞行速度的增加而消失。这使得当想要在很宽的速度范围内进行比较时,如果使用小型风洞模型来开发全尺寸飞行器,就会造成气动力数据的严重偏差。

我们可以通过引入干扰因素来强制实现层流向湍流的转捩——"触发边界层"。这可以通过微型涡流发生器(与边界层高度相当的楔形物)来实现,或者可以在预设的转捩处使用粗砂纸条来触发转捩。由于湍流边界层更具有保持流动附着的能力,因此通过使用这种技术可以减小分离流的阻力,从而产生减阻效益。

7.6　阻力的计算

在许多情况下,总阻力的测定是十分困难的。将计算或测量得到的压力分布在表面上进行积分,意味着需要加入正负相反符号的贡献,从而会导致准确性较差。在风洞测试中,悬索或其他模型的支撑装置可能会带来很大的误差。翼型在风洞测试中通常横跨整个风洞,因此风洞壁面之间的边界层使得流动不再是二维的。飞行测试面临的难题是确定飞行状态以及如何分解阻力与推力。一种有效的替代方法是皮托管横移法,从尾流的压力分布中确定型面阻力。本节将描述二维情况,该方法也已被推广至旋成体。

Squire - Young 公式[12]是计算翼型阻力的常用工具,MSES 和 Xfoil 就是使用的这种方法。对于跨声速流动,翼型会受到黏性阻力和激波阻力。当然,它们的总和可以从下游的动量亏损中得到。在 MSES 中,这两个部分实际上是可以区分的:来自尾流的黏性阻力和来自外部无黏流动区域的波阻。

7.6.1　动量亏损的考虑

在图 7.11 中,控制体设置在翼型的周围。在远上游处,压力为 p_∞,速度为 U_∞;在下游处,压力为 p_∞,速度为 $u(z)$。在边界层边缘处,速度为 U。

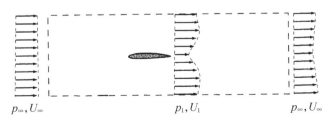

$$p_\infty, U_\infty \qquad\qquad p_1, U_1 \qquad\qquad p_\infty, U_\infty$$

图 7.11　气流流过翼型截面的控制体

在自由来流方向进入和离开控制体的净动量等于阻力 D。

$$D = \rho \int_{z=-\infty}^{\infty} u(U_\infty - u)\,\mathrm{d}z$$

式中，z 为沿控制体垂直于气流方向的垂直坐标，ρ 是流体的密度。积分必须在下游足够远处流线平行，静压恢复到 p_∞ 的截面上进行。这样计算出来的阻力为总阻力，在一般的 CFD 计算中，我们很难将黏性阻力和激波阻力分开。请注意，翼型并不存在升力诱导阻力。

7.6.2　激波阻力

在 MSES 中，波阻很容易提取出来，因为它只出现在边界层以外的无黏流动区域。流线型网格的流管覆盖了无黏区域。通过流管的质量流量可以从来流条件中准确得知。因此我们只需将出口气流的状态等熵地外推为自由来流状态，并将所有流管的结果相加。

7.6.3　黏性阻力

考虑翼型的二维流动，如图 7.1 所示。在给定的压力分布下，对于边界层的发展，从驻点 A 至转捩点 T 用层流分析，从 T 至 B 用湍流分析。

对于翼型，我们可以使用基于动量亏损（7.6.1 节）或边界层特性的方法，如下所述。

边界层将外部气流从翼型表面排开。如外部无黏流动所示，由于形状的改变，边界层和尾流的位移厚度导致压力分布的变化。因此，黏性不仅产生了摩擦阻力，而且产生了压差阻力。然而，如上所述，计算壁面引起的压差阻力是十分困难的。

除边界层和尾流外，流体的总压是恒定的，如图 7.1 和图 7.3 中的阴影区域所示。在后缘，上下表面的边界层汇聚成尾流，并向下游延伸。尾流在靠近后缘下游处具有最小的厚度，然后逐渐变宽。尾流中的静压在翼型后缘处最大，并向下游递减，最终与自由来流静压相等。

尾流中的动量厚度 θ_∞ 和阻力系数 C_D 定义如下：

$$\theta_\infty = \int_{-\infty}^{\infty} \frac{u}{U_\infty}\left(1 - \frac{u}{U_\infty}\right)\mathrm{d}z$$

$$C_D = \frac{D}{\frac{1}{2}\rho U_\infty^2 c} = \frac{2\theta_\infty}{c} \tag{7.16}$$

式中, c 为弦长。因此,我们可以根据边界层积分方程计算得到 θ 值,然后计算翼型阻力。然而,对于在飞行测试或风洞中,我们无法获得下游无穷远处的动量厚度。因此,我们要寻找 θ 随尾流位置的变化关系,从而根据后缘或计算网格的出口气流处的 θ 值来预测下游较远处的厚度。

尾流可以视为一个黏性层。在后缘,尾流的动量厚度等于上下表面的动量厚度之和,一个从上表面得来,一个从下表面得来。因此动量厚度在后缘是连续的,而其他边界层特性则不一定是这样。

由于湍流与外部流动的混合,尾迹宽度向下游不断扩展,因此当 U 接近 U_∞ 时,形状因子 $H = \dfrac{\delta}{\theta}$ 在后缘处的值逐渐下降到远下游处的单位值。尾流的动量积分方程为式(7.8),其中的表面摩擦力 c_f 为 0。

$$\frac{\mathrm{d}\theta}{\mathrm{d}x} + \frac{U'}{U}(H+2)\theta = 0$$

式中, x 为尾流中心线的下游坐标; θ 为尾流的动量厚度。该方程需要对 x 从后缘点至远下游处进行积分。将 $H(x) + 2$ 用代数平均值 $\dfrac{H_1+1}{2} + 2$ 来代替,可以得到如下结果:

$$\theta_\theta = \theta_1 \left(\frac{U_1}{U_\infty}\right)^{\frac{H_1+5}{2}}$$

式中, H_1 为后缘的形状因子,从边界层的计算中可知。结合式(7.16),可以得到翼型阻力的 Squire - Young 公式:

$$C_D = \frac{2\theta_\infty}{c} = \frac{2\theta_1}{c} \left(\frac{U_1}{U_\infty}\right)^{\frac{H_1+5}{2}} \tag{7.17}$$

式中,下标 ∞ 表示下游无穷远处;下标 1 指的是后缘略靠近下游处; U_1 为该处尾流层边缘的速度; H_1 为边界层形状因子。

参考文献[11]将大量翼型的实验阻力值与式(7.17)的计算结果进行了比较。对于攻角低于 6°的情况,两者的吻合情况较好,误差只有几个百分点。但随着攻角的增加,误差逐渐增加。

7.7　牛顿迭代法

对于方程组 $\boldsymbol{R} = \boldsymbol{0}$,需要得到减少到 0 的残差,这个方程组是由离散欧拉方程、边界层模型(包括从层流到湍流的转捩关系)、Kutta 条件以及其他全局约束条件定义而成。未知数 Q 的集合来自外流、边界层和尾流中的变量以及全局变量。完整的非线性方程组 $R(Q) = 0$ 通过阻尼牛顿法求解,具体如下:

$$对于 n = 0, 1, \cdots$$
$$对 h_n 求解线性方程 J(Q_n)h_n = R(Q_n)$$
$$令 Q_{n+1} = Q_n - \lambda h_n$$

我们可以通过解析计算求解构成雅可比矩阵 J 的导数,$J_{ij} = \dfrac{\partial R_i}{\partial Q_j}$。$J$ 中与外流变量和残差有关的部分是稀疏的,但全局变量创建的列中会包含很少的 0。当利用适当的排序消去项和未知数时,稀疏方程组的求解时间可以大大降低。众所周知,当 $\lambda = 1$ 时,牛顿法平方收敛,即

$$\frac{\| h_{n+1} \|}{\| h_n \|^2} \to K$$

如果初始猜测 Q_0 足够好,则 $n \to \infty$。除非残差是无量纲的,否则 K 是有量纲量。对于低马赫数和高雷诺数情况,没有边界层的解是一个很好的初始猜测,但在激波与低雷诺数流动的强相互作用情况下,它可能存在较大的误差(如果有一个无大分离的解)。因此,标准的方法是调整步长 λ:当残差**没有**迅速降低时减少 λ,当残差迅速降低时增加 λ,这样就可以得到最终二次方的收敛。$O(10)$ 次迭代是一般的非困难情况下的典型迭代次数。

比较困难的情况是通过让 MSES 进行**扫描**计算处理的,例如马赫数或其他一些全局量的扫描计算(如攻角)。

对于 $Ma_\infty = Ma_0, Ma_1, \cdots, Ma_{desired}$,运行 MSES。选择 Ma_0 是简单起见,而 Ma 值的序列会一直增加到(并超过?)期望值。然后 MSES 将用 Ma_n 的结果作为 Ma_{n+1} 的初始猜测,希望能够足够接近以让 $n+1$ 的求解变得简单。如果不是很好的初始猜测,则 MSES 将采取较小的 Ma 值增量,并再次尝试直到成功,从而能够进入下一个 Ma。如果当用户指定的增量已经减少到了 $\dfrac{1}{32}$ 而仍不成功,则必须承认求解失败。

当参数化的解(在示例中为 Ma_∞)是连续的且增量足够小时,这种迭代方法

可以成功。但是我们必须控制增量过大的趋势。使用小的增量可能只需要几次牛顿迭代，可以提高稳健性，而且几乎不需要额外的成本。

7.8　翼型计算

第 8 章将介绍许多亚声速和跨声速翼型的 MSES 结果。本节只讨论 Ma_∞ ＝0.794 时 RAE104（对称）翼型的结果。

RAE104 翼型跨声速流动

1）实验、EDGE 和 MSES

图 7.12 显示了 RAE104 翼型在 Ma ＝0.794，α＝2°和 Re＝1.8×10⁶ 下的压力分布。直至翼型后缘处，流动都始终附着在翼型表面，MSES 和 EDGE 都采用 EARSM - H. k-ω（见第 2 章和第 6 章）湍流模型，其结果与实验结果非常吻合。

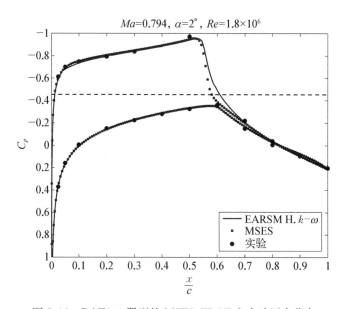

图 7.12　RAE104 翼型的 MSES、EDGE 和实验压力分布

2）MSES 结果的选择

通常情况下，我们需要从 Ma 或 α 扫描中获得 C_p 分布和极曲线。边界层形状特性，如 c_f、H 和 δ^*，以及转捩位置对帮助我们理解激波与边界层相互作用的耦合效应非常有用（见图 7.13）。

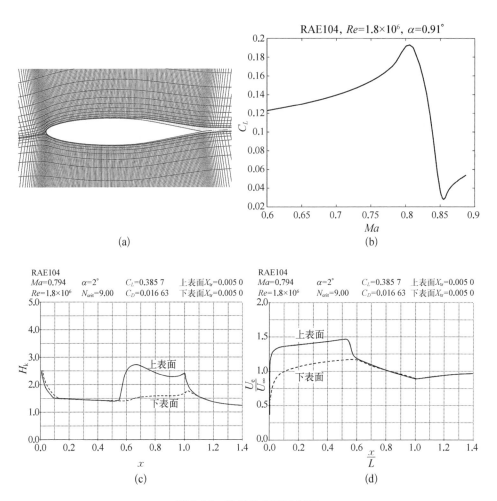

图 7.13 选择的 MSES 结果

(a) RAE104 翼型,边界层外缘和 MSES 网格;(b) 在固定的 Re 和 α 条件下,C_L 对 Ma 的扫描;

(c) 形状因子 H;(d) 边界层边缘的速度比 $\dfrac{U_e}{U_\infty}$

7.9 MSES 设计程序

7.9.1 反设计

反设计的工作原理如下:首先找到符合设计要求的压力分布,然后确定能产生该目标压力的几何形状。注意与第 3 章的涡格法设计任务的区别:在第 3 章任务中,翼型的**弯度曲线**是由**升力分布**决定的。制订良好的目标压力分布需要经验丰富的工程师参与。我们将在第 8 章中详细讲解反设计。

图 7.14 展示了流线曲率迭代位移（SCID）法的通用反设计方法。

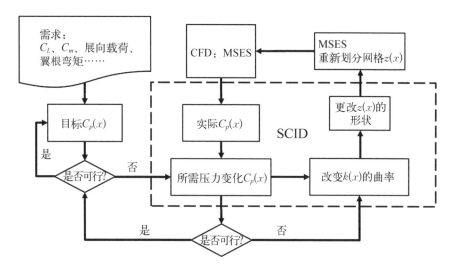

图 7.14 以 MSES 为 CFD 工具的 SCID 算法

1）目标压力分布的选择

空气动力学家对翼型压力分布的不良特征有着丰富的知识。例如，应该避免在前缘出现太强的吸力峰值，因为逆压梯度会诱发边界层分离。同样地，激波应该较弱从而减少波阻。等压线应与机翼后掠角尽量一致以避免正激波。翼型最大厚度下游压力恢复区域的压力梯度应该较小，以避免边界层分离。翼尖的载荷过大会增加翼尖失速的风险。

然而，可行的压力分布曲线（即那些可以由满足几何和结构约束的翼型形状产生的压力分布）尚不清楚。因此，我们必须通过修改原始目标压力分布来反复执行该程序，因为反设计表明了可能的情况。压力分布单独决定压力而不是摩擦力。此外，压力需要其他热力学量（如熵）来补充，才能全面描述存在激波的可压缩流动的特征。这再次对可行的压力分布曲线提出了限制条件。由于摩擦阻力受到流线方向压力梯度的影响，因此我们可以通过计算边界层来估算摩擦阻力。

2）算法

图 7.15 显示了在给定的 α 条件下将 NACA0012 翼型变形为一个在相同 Ma_{∞} 无黏流动中能产生 RAE2822 压力分布的翼型。因此，目标压力分布显然是可行的。利用压力法线梯度和流线（即翼型表面）曲率 κ 之间的关系，SCID 算

法对形状进行迭代修改。

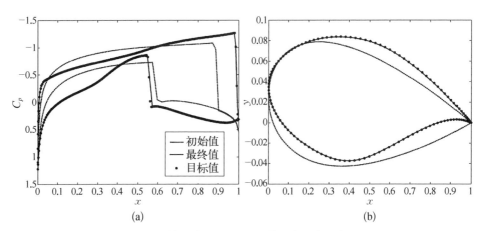

图 7.15　使用 SCID 算法将 NACA0012 翼型变形为具有 $Ma_\infty = 0.8$、
无黏流中 RAE2822 压力分布的翼型

(a) 压力分布；(b) 翼型坐标
(由 M. Zhang 提供，个人通信交流)

$$\frac{\mathrm{d}p}{\mathrm{d}n} = \frac{(p - p_\infty)}{l} = \rho \kappa u^2$$

长度尺度 l 是一个需要调整的参数。实际的和期望的表面压力之间的差异会修改曲率，然后通过积分平面内曲线 $x(s)$ 的弧长得到新的流线形状，$\hat{\boldsymbol{e}}_s$ 为单位切线，$\hat{\boldsymbol{e}}_n$ 为单位法线。

$$\begin{aligned} \frac{\mathrm{d}\boldsymbol{x}}{\mathrm{d}s} &= \hat{\boldsymbol{e}}_s \\ \frac{\mathrm{d}\hat{\boldsymbol{e}}_s}{\mathrm{d}s} &= \kappa(s)\hat{\boldsymbol{e}}_n \end{aligned} \qquad (7.18)$$

三维关系即 Frenet - Serret 公式，还需要单位副法线 $\hat{\boldsymbol{e}}_b$ 来构建局部正交坐标系和曲线的扭转 $\tau(s)$。

7.9.2　设计实例：增加 RAE104 的 Ma_{dd}

图 7.16 显示了设计将 RAE10× 系列扩展至 RAE104mod 的练习，通过使翼型最高点向下游移动来增加阻力发散速度 Ma_{dd}。表 7.2 给出了翼型最高点所在位置。

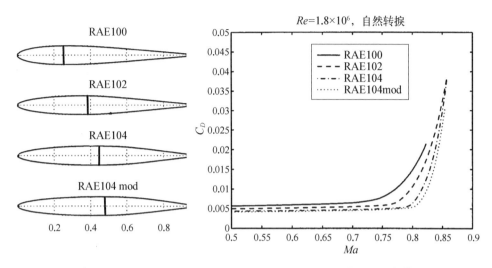

图 7.16　RAE100、RAE102、RAE104 和 RAE104mod 的 Ma_{dd} 随翼型
最高点位置的增加而增加

表 7.2　RAE10×翼型系列的最高点所在位置

翼　　型	RAE100	RAE101	RAE102	RAE103	RAE104	RAE104mod
$\dfrac{x}{c}$ 最高点	0.26	0.30	0.36	0.40	0.42	0.440 2

$Ma_{\infty} \geqslant 0.5$（高到 MSES 还能收敛的程度）的零升阻力显示了 Ma_{dd} 随着翼型最高点位置的增加而增加，但从 RAE104 到 RAE104mod 只有一点微小的变化。将最高点向下移动至 0.42 的位置时，数值变化是非常敏感的。RAE104 翼型在 80% 之后的下游基本上都是楔形的，因此人们希望在最高点后曲率减少。为防止过早分离，曲率需要具有连续性。但即使是 RAE104 翼型，其曲率在最高点后也会增加一些。我们可以看到，早期喷气式飞机的翼型是对称的，翼型的最高点在 0.40~0.45 之间。

我们通过使用 MSES 形状优化器中的鼓包修形（如 Hicks–Henne 鼓包）手动改变翼型形状，以确保最大厚度的变化不会超过可允许的范围、曲率的变化是平滑的，以及不管是激波引起的还是其他原因引起的分离都应尽量避免。我们只修改了上半部分，RAE104mod 翼型实际上在后缘有反弯度。可以看出，Ma_{dd} 的改善约为 $Ma=0.01$。图 7.17 显示了巡航效率收益。

我们的工具集已经完成了 RANS 代码和翼型代码 MSES，下一章将在翼型

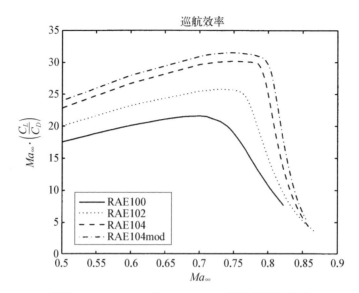

图 7.17   RAE100 至 RAE140mod 的巡航效率收益

设计时应用这两个工具。

7.10   通过计算学习更多知识

通过使用在线资源,获得关于本章主题的计算工具的实践经验。练习、教程和项目建议可登录本书网站 www. cambridge. org/rizzi。例如,可以运行 Eppler 翼型在不同攻角下的程序,观察层流分离泡的发展。用来计算案例的软件可以从 http://airinnova. se/education/aero-dynamic-design-of-aircraft 获得。

参考文献

[1] J. J. Bertin and M. L. Smith. *Aerodynamics for Engineers*, 3rd edition. Prentice-Hall, Inc., edition, 1998.

[2] H. Blasius. Grenzschichten in Flüssigkeiten mit kleiner Reibung. *Zeitschrift für Angewandte Mathematik und Physik*, 56: 1 - 37, 1908.

[3] M. Drela. *A User's Guide to MSES 3. 05*. MIT Press, 2007.

[4] M. Drela. *Flight Vehicle Aerodynamics*. MIT Press, 2014.

[5] M. Drela and M. B. Giles. Viscous-inviscid analysis of transonic and low Reynolds number airfoils. *AIAA Journal*, 25(10): 1347 - 1355, 1987.

[6] V. M. Falkner and S. W. Skan. Some approximate solutions of the boundary-layer equations. *Philosophical Magazine*, 12: 865 - 896, 1931.

[7]　K. Huenecke. *Modern Combat Aircraft Design*. Naval Institute Press，1987.

[8]　R. J. McGhee，B. S. Walker，and B. F. Millard. Experimental results for the eppler 387 airfoil at low reynolds numbers in the langley low-turbulence pressure tunnel. NASA Technical Memorandum 4062. NASA，1989.

[9]　L. Prandtl. Über flüssigkeitsbewegung bei sehr kleiner reibung. In *Proceedings Third International Congress of Mathematicians*，*Heidelberg*，1904，pp. 484 - 491; English translation："On the motion of fluids of very small viscosity." NACA - TM - 452，March 1928.

[10]　H Schlichting. *Boundary-Layer Theory*. McGraw-Hill，1979.

[11]　A. M. O. Smith and T. Cebeci. Remarks on predicting viscous drag. In *AGARD Conference Proceedings No. 124*. AGARD，pp. 3. 1 - 3. 26.

[12]　H. B. Squire and B. A. Young. The calculation of the profile drag of aerofoils. ARC Technical Report R. &. M. No. 1838. ARC，1937.

[13]　D. C. Wilcox. *Turbulence Modeling for CFD*. DCW Industries，Inc. ，1998.

第8章　翼型设计的考虑

通过理论的翼型设计方法,可以设计出超出现有翼型适用范围的新翼型,设计出完全符合应用要求的翼型,还可以对各种翼型概念设计进行经济的探索。

——Dan M. Somers,Airfoils 公司

正如普朗特的升力线理论所假设的那样,除了沿展向变化的诱导攻角外,平行于来流的各个机翼截面的行为可以认为是相互独立的。因此,任何截面上的流动都是平面的,没有沿展向的分量。相应地,无限翼展机翼的空气动力特性称为"机翼截面特性""翼型截面特性"或简单的"翼型特性",它们决定了边界层流动和压缩性效应。对机翼特性的研究可以通过将其分解为两个弱耦合系统——截面和平面形状——来进行简化,这两个系统可以单独考虑;第3章中分析了平面形状对机翼特性的影响。

即使是具有任意平面形状和任意扭转的机翼,也可以从翼型数据中预测出高速和巡航条件下的零升攻角、升力线斜率、展向载荷分布和阻力等特性。如果没有展向不连续或截面、弦长、扭转的剧烈变化,如果机翼没有明显的后掠,并且如果机翼有足够大的展弦比,则这种分析方法在低、中等升力系数下是非常有效的。由此可见,建立一个翼型特性的知识库是有价值的。

本章将解释说明在低速和高速飞行中,翼型的几何形状和其产生的压力分布之间的联系。配置缝翼和襟翼可以增加起飞和降落的升力,多段翼型可以展示这些增升装置的效果。RAE2822 翼型的阻力最小化的例子可以描述改变几何形状以优化其性能的数学过程。

8.1　翼型设计介绍

对于大展弦比和小后掠角的机翼,在一个给定的弦向站位的流动类似于此

处翼型的二维流动。因此,研究这种二维流动是非常有用的。

翼型设计基于对边界层行为以及几何形状和压力分布之间关系的认识。翼型设计有许多目标。在给定的升力下,大多数情况下要求翼型截面产生低阻力,有时也要求其中一些截面甚至根本不需要产生任何升力;但对其他截面而言,产生尽可能大的升力是非常重要的。为了达到这一性能,截面可能需要在厚度(为了强度、存储空间和燃料),俯仰力矩,非设计点性能,或在后缘有足够厚度以允许设置增升装置机构等方面受到约束。选择翼型时还应考虑制造过程的便利性。

在过去,设计者会从翼型目录中找出一个翼型(如文献[3—5])。这种方法的优点是可以获得现成的测试数据。而今天有了计算翼型特性的强大能力,定制化翼型设计是很常见的。有一些设计上的考虑,可以使得翼型在很大的弦长范围内都能产生较大的载荷,因而对于一个给定的升力条件,允许减少机翼面积,产生更高的翼载。另一个设计上的考虑是希望在翼型上尽可能大的范围内保持层流。

首先需要获得一个关于翼型周围流动的总体概念,以及它是如何被形状、风速和攻角所影响的。用一个简单的例子来说明形状与流动之间对应关系的复杂性。仅考虑风速的影响,它的影响主要来源于两种机制。一种是以雷诺数为特征的机制,如第 7 章所介绍的,通过边界层的行为,决定其边界层厚度和分离的趋势。另一种是以马赫数为特征的机制,是压缩性的影响。当然,正如预期的那样,这两个不同的物理机制也会相互干扰,因此必须一起考虑,比如第 2 章中介绍了由激波与边界层干扰引起的激波-失速现象。图 2.7 显示了大范围改变翼型的弦长和速度(雷诺数)会导致升阻比 $\dfrac{L}{D}$ 的数量级差异。本章涉及的翼型雷诺数 Re_{chord} 范围为 $1 \times 10^{6} \sim 1 \times 10^{8}$。

8.1.1　翼型参数将外形与流动进行对应

翼型的预期用途决定了它的形状。翼型的尺寸、速度范围和飞行高度决定了它的雷诺数和最终的性能。

第 2 章指出厚度和弯度是翼型的两个基本几何参数,第 5 章展示了机翼的几何形状是如何通过翼型堆叠建立的。本章将进一步阐述翼型形状参数的细节。回顾图 2.5,其中介绍了翼型的几何形状。翼型形状的参数化提供了一种描述翼型形状与流动的对应关系的工具。简单的翼型系列可以由某几个参数来描述。美国国家航空咨询委员会(NACA)的四位数翼型系列就是一个例子,但它的前缘半径和厚度不能独立变化。这样一个给定的厚度分布可以缩放为不同的最大厚度 $\dfrac{t}{c}$。然后,前缘半径 $\dfrac{r_{\text{nose}}}{c} = \text{const} \cdot \left(\dfrac{t}{c}\right)^2$。

我们将用不同的翼型族来说明外形-流动对应关系的几个关键特征。下面是对压力分布有明显影响的几何特征。

(1) 前缘曲率半径。

(2) 最大厚度及其位置、上表面曲率。

(3) 弯度曲线、最大弯度及其位置、前缘和尾缘区域下垂等。

我们在下文将进一步量化这些影响因素。另外还需要考虑结构问题,如翼盒的体积和高度以及后缘厚度。通常情况下,这些是通过满足允许的厚度下限的方法来考虑的。

1) 几何对分离形态的影响

在平面流动中,有几种类型的分离形态。机翼截面的几何形状与失速特性以及升力和俯仰力矩曲线的形状相关。本章主要考虑两种有代表性的翼型失速类型:后缘失速和前缘失速。

如图 2.4 所示,**后缘失速**是大多数厚度约为 15% 或更大的翼型的特点,其特征是上表面的湍流边界层逐渐变厚导致失速。随着攻角的增加,流动分离从后缘逐渐向前移动,升力曲线的斜率也随之下降。升力曲线在峰值点附近是平滑的;并且俯仰力矩随升力的变化也是平稳的,在失速处没有突变。

薄翼型可能会出现前缘失速,即翼型前缘附近的气流突然分离。如图 8.1(a)所示,厚度小于 6% 的翼型在前缘有一个小的分离泡,即使在很小的攻角下也是如此。图 7.9 显示了气泡的内部结构。如果层流边界层在转捩到湍流之前分离,那么流动会迅速再附,产生一个"短气泡",随后转捩成为湍流边界层。压力分布不会明显受到短气泡影响。如果增加攻角,则会使得分离点在吸力峰的逆压梯度作用下进入翼型曲率急剧增加的区域,因此湍流剪切层无法再附,于是分离泡破裂,整个上表面的气流完全分离。当超过最大升力所对应的攻角时,升

短气泡

(a)   (b)

图 8.1　翼型前缘失速的特点:失速前(a)后(b)薄翼型前缘的分离泡

力和力矩曲线会产生突变,升力曲线不平滑,而且会观察到由压力中心后移导致的俯仰力矩突然向负方向偏移。薄翼失速常发生在尖前缘翼型截面上,如NACA64A206。在失速特性、翼型前缘几何形状和雷诺数之间存在着一种关系,在不同参数下可以观察到后缘和前缘失速的各种组合。不同类型的失速不应该与厚度有太密切的关系。失速特性很难预测,对翼型几何的微小变化都非常敏感。

2) 案例:福克 DR1

德国在第一次世界大战中使用的福克 DR1 三翼机的爬升性能优于当时的大多数战斗机,如英国皇家空军(RAF)的索普威斯“骆驼”双翼机。如图 8.2(a)所示,DR1 的 Göttingen298 翼型(GOE298)比 RAF15 翼型更厚,前缘半径更大。当 $\dfrac{r_{\text{nose}}}{c}$ 较小时,$c_{L,\max}$ 会随着厚度的增加而大幅增长。从伊利诺伊大学香槟分校(UIUC)翼型数据库中获得的翼型的坐标点太过稀疏,无法准确定义形状,因此利用第 5 章所述的方法对其进行了预处理,以便用于第 7 章所述的 MSES 翼型模拟程序进行流动计算,获得的升力曲线如图 8.2(b)所示。GOE298 翼型具有更高的最大升力系数($c_{L,\max}=1.5$)和温和的失速特性:当攻角增加到 8°时,失速之后升力才缓慢下降。RAF15 翼型在 6°时突然失速,$c_{L,\max}\approx 1$。

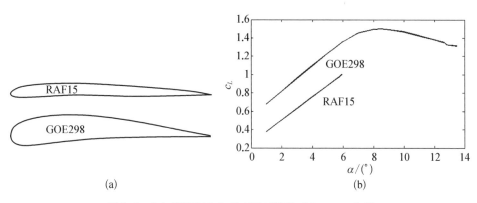

图 8.2 (a) GOE298 和 RAF15 翼型;(b) c_L-α 曲线

表 8.1 显示了翼型形状发展的历史。从表上可以看到从最后一架大型螺旋桨客机道格拉斯 DC7 到更现代的通勤飞机 SAAB SF340,再到现代跨声速运输机设计的例子,如通用研究模型(CRM)的翼型演变过程。表中 SAAB JAS-39 “鹰狮”是第四代马赫数达到 2 的多用途战斗机。

表 8.1 历史上飞机使用的翼型(1930 年至今)

飞　机	速　度	翼　型	相关年份
道格拉斯 DC‑3	333 km/h	NACA2215	首飞于 1935 年
道格拉斯 DC‑7	653 km/h	NACA23012(翼尖)	首飞于 1953 年
SAAB SF340	470 km/h	NASAMS(1)‑0313	首飞于 1983 年
CRM	跨声速,$Ma = 0.85$	CRM 65%	设计于 2012 年
梅塞施密特 Me‑262	900 km/h	NACA00011‑0.25‑35	首飞于 1941 年
北美 F‑86"佩刀"	1 068 km/h	NACA0008.5‑64(翼尖)	首飞于 1947 年
SAAB J‑29"圆桶"	1 060 km/h	FFA5106mod	首飞于 1948 年
"协和"式	$Ma = 2.04$	3% 薄翼	首飞于 1969 年
通用动力 F‑16"战隼"	$Ma = 2$	NACA64A204	首飞于 1974 年
SAAB JAS‑39"鹰狮"	$Ma = 2$	NACA64A206mod	首飞于 1989 年

图 8.3 顶部显示了 $Ma_\infty = 0.3$,$Re_{\text{chord}} = 3.7 \times 10^7$ 和 $\alpha = 3°$ 时四种翼型的厚度、弯度曲线、剖面形状和压力分布。运输机翼型厚度为 12% 和 13%,超声速战斗机翼型厚度为 6%,在表 8.2 中给出了它们的性能,表中选择的流动情况可能不是机翼的设计点。例如 MS10313 翼型的设计 c_L 为 0.6。客机翼型设计的趋

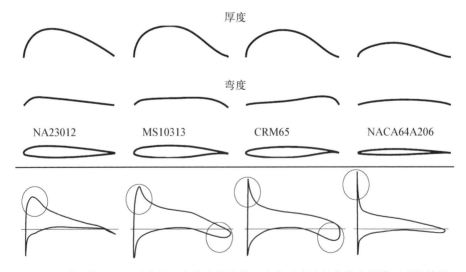

图 8.3　翼型外形以及对应的压力分布的演化。注意吸力峰的变化和尾缘下垂的效果

势是最大弯度位置向后移动,最大厚度位置也是如此。比较 SAAB SF340 和 CRM,跨声速翼型 CRM65 的最大弯度位置十分靠后,并且厚度也是非凸的。战斗机翼型是为低波阻而设计的,因此厚度较小。

表 8.2 四种翼型的低速性能

参　数	NA23012	MS10313	CRM65	NACA64A206
c_L	0.50	0.75	0.79	0.53
$c_D \times 10^4$	63	67	66	56
$\dfrac{L}{D}$	78	110	118	94

8.1.2 根据目标选择翼型

翼型选择的标准取决于具体的情况,但对于不同的情况,有一些共同的理想翼型特征。

(1) 温和的失速特性(可以被机翼平面形状和扭转进行部分补偿)。

(2) 襟翼伸出时有较大的 $c_{L,\max}$,从而具有较低的起飞和降落速度(与基础翼型的 $c_{L,\max}$ 有关)。

(3) 在以下两种情况下应该有更低的阻力:

a. 巡航 c_L 和 Re_{chord},从而具有更低的燃料消耗和更高的巡航速度。

b. 爬升 c_L 和 Re_{chord},从而具有较好的第二、第三阶段爬升性能。

(4) 临界马赫数 Ma_{crit} 足够高。

(5) 力矩系数 c_m 的绝对值较低,从而获得更小的配平阻力。

8.1.3 设计最优的升阻比

飞机外形设计应该以气动效率最大化(即以尽可能大的 $\dfrac{L}{D}$ 飞行来执行任务)为目标。作为最初的近似,机翼升力系数 C_L 可以设定为与翼型升力系数 c_L 相同的值。然后,首先要考虑的是设计升力系数,即出现最佳 $\dfrac{L}{D}$ 的升力系数。在实践中,这种选择也是基于经验的。对大多数飞机来说,设计升力系数一般在 0.5 左右。

1) 为获得最优压力分布的外形设计

图 2.8 指出了理想压力分布的一些基本属性,如吸力峰和压力恢复区。

于是设计任务如下：首先，确定最大升力条件下的压力分布；其次，找到产生这种压力分布对应的翼型形状，即所谓的反设计。翼型的形状设计是为了获得理想的压力梯度，用来驱动翼型表面的边界层。例如，翼型上表面的边界层过早分离会限制可用升力，必须加以避免。

边界层分离受以下因素控制：

（1）逆压梯度分布曲线；

（2）在逆压梯度区开始位置，边界层损失了多少动能。

如 2.2 节所述，层流的表面摩擦力比湍流小得多。因此，保持层流也可以成为一个设计目标。形状轮廓影响层流特性的因素如下：

（1）前缘半径影响顺压梯度的斜率和上表面的最低压力。

（2）压力梯度维持流体沿壁面的流动，同时也总会对流动稳定性和转捩产生重要影响。顺压梯度可以稳定流动，逆压梯度则会破坏其稳定性。压力梯度会强烈影响层流速度剖面的曲率，并能延迟拐点的发生。这种增加稳定性的特性是二战前不久开发层流机翼时利用的基本物理原理。

（3）将翼型的最大厚度位置向下游移动，可以使最小压力点以及速度剖面的拐点向下游移动。

（4）对于跨声速翼型，设计策略是减小翼型上的激波强度以减少波阻。前缘半径以及最大厚度位置之后的翼型形状对结果有很大影响。

2）案例：获得高升力系数

一个"理想的"最优压力分布如图 8.4(a)所示。

（1）在翼型下表面压力应尽可能大，上表面和下表面气流在后缘平滑地相遇，以满足 Kutta 条件。

（2）在翼型上表面压力应尽可能低，对最小压力的限制是 $C_p > C_p^*$，以避免超声速流动，对压力梯度的限制是避免流动分离。

Stratford[16]制定了一个分离标准，在此用于绘制即将分离的吸力面的边界层的压力。这就限制了低压平台区的长度和压力恢复的起始。图示也是"平顶"这一称谓的原因。

这种翼型设计的策略，加上 Stratford 压力恢复准则，被 Liebeck[11]成功地用于开发低雷诺数的高升力翼型[见图 8.4(b)]。注意图上压力分布曲线明显的拐折，这是层流分离泡的标志，这没有包括在形状优化中。图上的压力恢复曲线与 Stratford 很相似。

同样的推理过程适用于其他设计情形：

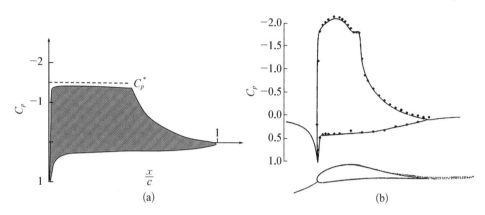

图 8.4 （a）最大升力系数对应的理想压力分布；（b）Liebeck LNV109A 翼型。
使用 MSES 计算，$Re = 5 \times 10^5$，$\alpha = 7.4°$，$c_L = 1.234$

- 优化压力分布以使得层流区尽量长。

- 优化压力分布以使得跨声速特性好。例如，让外形对称，前缘半径不要太小，大厚度位置尽量靠后用来减弱激波等。

- 优化压力分布以使得超声速特性好。较小的厚度、弯度以及较小的前缘半径可以减小阻力，但是做出改变的程度要比跨声速情况下更大。

本章以下各节分别讨论不同速度范围的翼型以及高升力多段翼型，最后以一个外形优化的例子结束。

8.2 亚临界速度翼型（$Ma_\infty \leqslant 0.7$）

表 8.3 中的飞机是在 20 世纪 50 年代和 60 年代设计的，大部分由螺旋桨提供动力，少数由涡轮螺旋桨提供动力，它们展现了传统经典的 NACA 翼型的标准用途。例如，NACA2412 仍被用于如今的一些轻型飞机。NACA230×× 翼型或其小的改型，提升了通用航空飞机的性能，如赛斯纳"奖状"Ⅱ 和比奇"空中国王"。NACA23018 - 23009 分别表示用于翼根和翼尖的翼型。

表 8.3　1950 年代到 1960 年代几种飞机的翼型选择

飞　机	翼　型
赛斯纳"奖状"Ⅱ	NACA23014 - 23012
比奇"空中国王"	NACA23018 - 23012

（续表）

飞　　机	翼　　型
"空中指挥官"500	NACA23012
比亚乔 P166	NACA230××
道尼尔 Do 28 D"空中仆人"	NACA23018

8.2.1　经典 NACA 翼型分类

在 20 世纪 20 年代初，NACA 兰利实验室承担了翼型设计的系统化和翼型空气动力特性预测的工作，对改进翼型的各种途径进行了积极探索。根据翼型的最大弯度及其位置和最大厚度，将翼型系列和空气动力特性联系起来，这是最初的重要成就之一，使飞机设计师可以随时获得大量的空气动力性能信息，以选择最适合的特定飞机及其任务的翼型。NACA 四位数翼型目录在低速设计中赢得了突出的地位。

20 世纪 30 年代初，这项研究的延伸带来了修改版四位数翼型，而约在同一时间，研究人员正在开发一个具有新的弯度线的翼型系列以增加最大升力。230 型弯度线是这个系列中最著名的。将这些新的弯度线与标准的 NACA 厚度分布相结合，形成了 NACA 五位数翼型系列。

1930 年左右的一项重要理论突破首次通过计算任意翼型周围的无黏流动促进了这项工作[18]。这个新工具，加上风洞里关于湍流、转捩和边界层增长的新结果，允许研究人员用数学方法设计具有给定压力梯度的翼型，以便在设计条件下获得较长的层流段。在 20 世纪 30 年代末和 40 年代，NACA 设计、测试了层流翼型，并撰写了相应报告[3]。NACA 的 6 系列翼型可能是最成功和最常用的。这里对最常见的 NACA 翼型系列做一个简短的总结。

1）NACA 四位数翼型（××××）

这些机翼截面基本是由早期哥廷根和 Clark Y 形截面综合而成的，是在战前实验数据的基础上凭经验发展出来的。关于哥廷根和其他较早的翼型的数据可以在参考文献[14]中找到。翼型的厚度分布和中弧线的构成曲线都是以多项式形式定义的；截面有一个近乎椭圆形的前缘形状。最大弯度大约在 $\frac{1}{2}$ 弦线的位置。表 8.4 举例说明了 NACA 四位数翼型的编号含义。

表 8.4　NACA 四位数翼型编号含义

例子：NACA2412，赛斯纳 150 的机翼截面

数　位	含　义	示例/%
1	最大弯度	2
2	最大弯度位置	40
3 和 4	厚度	12

尽管四位数系列的翼型截面不是低阻翼型，但阻力随升力的增加是相当平缓的。带弯度的翼型具有相对较高的截面升力，并且失速较为温和。这些特性使 NACA2412 和 NACA4412 翼型成为轻型飞机的机翼和尾翼合适的翼尖截面。鉴于阻力和俯仰力矩随升力的变化平缓，四位数翼型常用于轻型教练机，以利于这些飞机在不同的条件下飞行。

然而，作为二战前和二战期间大大增加的研究工作之一，德国空气动力学家对这些 NACA 四位数系列的翼型进行了更系统的研究，并且开展了比兰利实验室速度更快的翼型的研究。而兰利实验室已经转向了五位数系列翼型的研究。

2) NACA 五位数翼型（×××××）

这些机翼截面的厚度分布与四位数系列相同，但弯度曲线不同，其最大弯度位置更靠前。表 8.5 举例解释了 NACA 五位数系列翼型编号的含义。众所周知的 230×× 机翼，其最大弯度在 15% 弦长处，这些翼型在标准的 NACA 翼型库中具有最高的最大升力，但失速行为不是特别令人满意，并对尺度效应比较敏感。对于那些以高升力性能为前提的机翼，230 系列翼型常被使用，有时也在翼尖处与四位数翼型结合使用。

表 8.5　NACA 五位数翼型编号的含义

例子：NACA23015

数　位	含　义	示　例
1	设计升力系数	$c_{L_D} = \dfrac{3}{20} \times 2 = 0.3$
2 和 3	最大弯度位置	$\dfrac{1}{2} \times 30\% = 15\%$
4 和 5	厚度	15%

3) NACA 6 系列翼型(×××ₓ-×××)

依靠(近似的)理论方法(Theodorsen 等人的方法)设计翼型的连续尝试,带来了 6 系列翼型,其目标是在有限的升力系数范围内实现较低的形阻:形成阻力桶形区。层流阻力桶形区的形成是同时在上表面和下表面层流减阻的结果。表 8.6 举例解释了 NACA 6 系列翼型的编号含义。

表 8.6　NACA 6 系列翼型的编号含义

例子：$NACA64_2 - 415$

数　位	意　　义	例　子
1	系列编号	—
2	压力平台区长度	40%弦长处
脚标	层流阻力桶形区宽度的一半	$\Delta c_L = 0.2$
3	设计升力系数	$c_{L_D} = \dfrac{1}{10} \times 4 = 0.4$
4 和 5	厚度	15%

在一个修改过的翼型系列中(如 $NACA64_2A415$),第四位数字前的"A"意味着翼型轮廓在 80%弦长后基本上是直的。6 系列很大的一个优点是翼型特性已经被广泛地测试过,并有系统的报告。设计者可以通过系统地改变形状参数来建立最佳的翼型形状。NACA63 和 NACA64 系列的翼型都有在前缘突然失速的倾向。

4) 层流翼型

通过避免吸力峰值、保持局部低速,并在上表面的前部施加顺压梯度,可以稳定翼型前部的层流边界层。层流边界层的范围受到后部湍流边界层分离的限制。这些翼型上较低的最大速度也有利于实现更高的临界马赫数。

由于层流翼型的前缘半径相对较小,因此它们的最大升力明显低于 NACA四位数和五位数系列,尽管其厚度、弯度与 NACA 翼型的差异很小;层流翼型也可以表现出缓和的失速特性。虽然层流翼型的形阻在理想条件下非常低,但其对表面粗糙度、凸起物和表面污染都很敏感,因此需要采用特殊的结构来维持层流。在运输机的实际机翼结构上,大范围层流边界层通常很难实现。

在 NACA 6 系列翼型上,降低相对厚度,并将最大厚度点后移到更远的后部,会产生一个窄而深的层流阻力桶形区。

8.2.2　现代 NASA 翼型：新技术

当飞机开始进入高亚声速区域，局部声速成为一个问题时，NACA 6 系列翼型开始发挥其作用。当时人们认为，必须避免在翼型上的任何地方出现声速。6 系列试图保持一个相对平坦的顶部压力分布，而这恰恰是在机翼上任何位置以给定的最大负压系数以获得最大升力所需要的压力分布类型。因此，许多早期的喷气式飞机都使用 6 系列翼型。

在 20 世纪 50 年代初，人们发现 6 系列翼型并不是高速翼型的最佳选择，在翼型的前部有相当大的超声速区是完全可以允许的，甚至是理想的。因此，设计标准从避免任意一个位置出现超声速区变成了避免在上表面最高点处或后面有超声速区。此外，还有必要使负压峰值非常靠前，这样压力系数在弦向位置的导数在吸力峰前的一段距离内是比较平缓的。这使得翼型实际上更接近 NACA 四位数翼型的前缘吸力峰值，但与四位数翼型不同的是，它们具有相当陡峭的吸力峰。在那个时期的许多运输机上都可以看到这类尖峰翼型。

从 20 世纪 40 年代末开始，许多通用航空飞机都使用了 6 系列翼型，或是为了利用所谓的层流，或只是为了看起来更现代。但是其层流从未实现过，而且 6 系列机翼的最大升力特性很差。即使层流边界层在一般情况下是可以实现的，但是螺旋桨的滑流也很可能会使其后方的机翼造成转捩。

在后来将近 15 年的时间里，美国没有进行系统的翼型研究。研究兴趣的恢复主要来源于理查德- T -惠特科姆和他在兰利 8 ft 跨声速增压风洞的研究中坚持不懈的努力，而这也导致了 1965 年著名的 NASA 超临界翼型的突破。

英国的皮尔西（Pearcy）在尖峰翼型上的出色工作和德国的沃特曼（Wortmann）的高性能滑翔机翼型，也使得人们注意到新的翼型设计的重要性。

1973 年，NASA 以其翼型研究计划作为回应，其技术目标是开发用于预测任意翼型周围的完整流动的计算方法，并最终优化其外形，以使得翼型能够在低速黏性流动和超临界黏性流动的情况下优化。基础实验和特定的验证试验在这一工作中发挥了重要作用。如今，几乎所有的翼型都是为其特定的设计要求量身定做的。旧的 NACA 四位数、五位数和 6 系列的翼型，除了通用航空飞机制造商之外，一般很少使用。NASA - MS - 0313 翼型被用在 SF340 通勤机上。

1）*NASA 层流翼型*

在自然层流（NLF）计划中，NASA 为通用航空飞机设计了 NLF 机翼。结果显示，新的 NLF 机翼即使在前缘附近固定转捩位置，也能达到与 NASA 低速翼型相同的最大升力。同时，在固定了转捩位置的情况下，NLF机翼表现出的巡航阻力并不比同等的湍流翼型高。因此，如果新的NLF翼型用在无法实现层流的飞机上，则相对于NASA低速翼型的性能，没有任何性能损失。然而，如果可以实现层流，就会产生非常大的减阻效果（见图8.5）。NACA 6系列翼型是层流翼型家族的成员。偏离设计点将导致上表面或下表面的边界层进入湍流状态。因此，这些翼型在其阻力极曲线上显示出一个"层流阻力桶形区"，如图8.6所示。

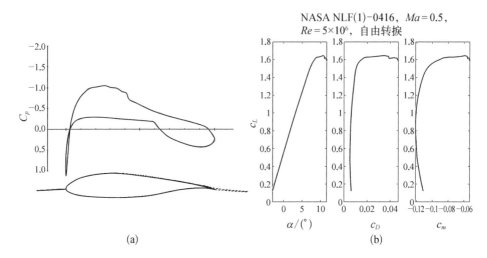

图 8.5　$Ma = 0.5$，$Re = 5 \times 10^6$，$\alpha = -0.8°$，$c_L = 0.5$ 工况下的层流翼型，使用 MSES 计算

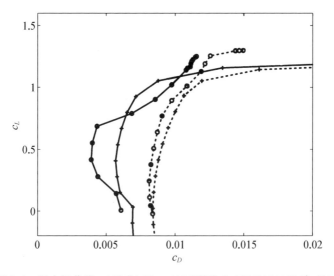

图 8.6　阻力极曲线。NACA65$_1$-412（圆圈）和 NACA23012（加号）；使用 MSES 进行全湍流计算（虚线）和自由转捩计算（实线）

2) NASA 现代中低速翼型

早期的翼型通常是使用老的 NACA 系统的参数化几何定义来创建的,而不是使用空气动力学性能作为主要变量。当然,这有其空气动力学上的影响。一个现代的例子是 NASA 通用航空(Whitcomb)的 1 号翼型 GA(W)-1,也被命名为 NASA - LS(1)- 0417,并被修改为更高雷诺数的 NASA - MS(1)-0313(见图 8.7)。该翼型的设计并不是为了获得高的最大升力,而是为了使其成为一个高质量的通用翼型。设计升力系数为 0.4,相对厚度为 17%。该翼型有较大的前缘半径,使其能适应攻角的变化,薄的后缘以避免后缘压力过高,上表面平缓的压力分布(见上面的讨论),以及在翼型的后部有一定弯度以产生更多的升力。这种设计策略与传统翼型设计方法相比,其优势在结果中可以看到。

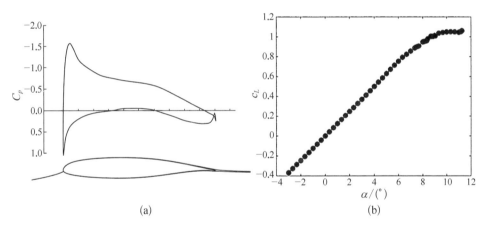

(a)　　　　　　　　　　　　　　(b)

图 8.7　NASA - MS(1)- 0313

(a) 翼型几何形状与设计压力分布;(b) 升力曲线

在较高的升力系数下,$c_{L, \max}$ 和 $\dfrac{L}{D}$ 都得到了明显的改善。后者是非常重要的,例如,更高的升阻比可让动力不足的飞机具有良好的爬升性能。

8.3　跨声速翼型 $(0.7 < Ma_\infty \leqslant 0.9)$

在翼型附近有一些区域,当地的流动速度高于飞行速度。高速飞行时,虽然来流速度低于声速(例如 $Ma_\infty = 0.8$),但也可能会在流场中有一些超声速的流动区域。这种流动称为跨声速流动。由于从超声速到亚声速的局部流动减速一般与激波有关,翼型受到的阻力就会增加。通常,开始产生波阻的飞行马赫数被

定义为临界马赫数 Ma_{crit}，即刚好出现超声速流动的速度。还有阻力发散马赫数 Ma_{dd}，即使 $\dfrac{\mathrm{d}C_D}{\mathrm{d}Ma_\infty} = 0.1$ 的（最小）马赫数；另一种定义方式是将 Ma_{dd} 定义为波阻增加到 20 个 count 时的飞行马赫数。在超临界速度下，翼型的空气动力学特性的实验和理论测定都很困难。然而，由于大型客机的速度在稍高于阻力发散点时非常经济，因此为这个速度范围设计翼型是一个非常重要的课题。

跨声速翼型的设计旨在限制特定跨声速流动下的激波阻力损失。这实际上限制了可以允许的最小压力系数。由于升力和厚度都会使最小 C_p 降低（绝对值增加），因此跨声速设计的问题变成创造一个具有高升力和/或大厚度的翼型，但不产生过强的激波。适当的超声速流动是可以允许的，因为这只增加少量的阻力。这样，机翼的大部分截面就可以在超临界流动中高效运行。一个经验原则是在设计良好的超临界翼型上，最大局部马赫数不应该超过 1.3。与完全的亚临界设计相比，这样可用的升力明显增加。为跨声速流动设计高效翼型的尝试可分为"平顶翼型""尖峰翼型"和"超临界翼型"（见图 8.8）。

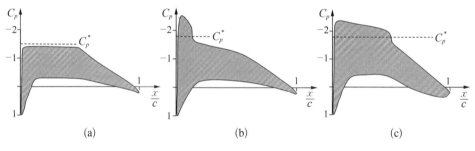

图 8.8　目标压力系数分布
（a）声速平顶翼型；（b）尖峰翼型；（c）超临界翼型

很清楚的是，翼型的最大厚度 $\dfrac{t}{c}$ 是跨声速翼型的主要影响因素，也是决定超声速波阻的最重要的形状参数。然而，在结构重量和机翼容积已经接近临界值之时，翼型厚度的减少非常有限。这里讨论的翼型相对厚度约为 10%。

为了避免极低的压力，需要避免翼型上表面气流速度过大，设计者将上表面的低压区"分散"开来，于是产生了声速平顶翼型。然而，当超过设计马赫数时，超声速低压区将作用于翼型上表面斜率为负的部分（翼型尾部），因而阻力迅速上升。

　　增大前缘半径可以增加翼型前部区域的速度。在尖峰翼型上,翼型的前缘设计将会诱导几乎等熵的压缩和一个弱激波:前缘吸力有一个很大的向前分量,使阻力发散被推迟到更高速度。如果该翼型的飞行速度超过了设计马赫数,则超声速区域在最大厚度的前方发展,阻力不会迅速上升[见图 8.8(b)]。与相同厚度的常规翼型相比,尖峰翼型的 Ma_{crit} 值大约高 0.03～0.05,而且偏离设计点的性能得到改善。此类翼型已用于 BAC 1 - 11、VC - 10 和 DC9 飞机。这些翼型的发展是高度经验化的。

　　NASA 的 Whitcomb 开发的超临界翼型也是主要通过实验手段设计的。其重点是获得一个速度不太高的、缓慢减速的、较长的超声速区域,所以最后的激波会很弱[见图 8.8(c)]。这类翼型比尖峰翼型或平顶翼型更能延迟阻力发散。压力面后部的弯度能够在上表面吸力不足的情况下产生更多升力。

8.3.1　跨声速翼型设计的早期尝试

对跨声速翼型的历史发展进行回顾是很有启发性的。

1) 德国人的早期工作:Me - 262

Me - 262"燕子"是历史上第一种可运行的喷气式战斗机。毫无疑问,这是一架超前于时代的飞机,因为这架飞机本身就是对未来战斗机的一种展望。然而,它的发动机并不可靠,高温合金和其他材料在战争中供不应求,这使得 Me - 262 在二战的大部分时间里都是在地面上而不是在空中。

　　德国人预见到了 Hans Joachim Pabst von Ohain 在 1936 年建造的喷气发动机的巨大潜力。在世界上第一架喷气式飞机——海克尔 178 于 1939 年 8 月成功试飞后,他们将喷气式发动机用在了先进的战斗机上。因此,Me - 262 在二战开始前就已经作为 1065 项目(P. 1065)进行开发了。

　　负责这个项目的空气动力学家是 Ludwig Bölkow。他最初设计机翼时使用了 NACA 四位数翼型,并对前缘部分进行了修改。后来在设计过程中,这些翼型被改成了德国航空研究所(DVL)的 NACA 衍生翼型,翼根使用 NACA00011 - 0.825 - 35,翼尖使用 NACA00009 - 1.1 - 40。

　　Adolf Busemann 与 Albert Betz 一起创造了高速飞行的后掠翼,并获得了德国专利。他们设计了一个后掠角为 30°的机翼,但在高速飞行时遇到了严重的俯仰稳定性问题[6,12],最后实际设计的机翼后掠角为 14°。这里面更多的是为了通过适应重心的位置以确保稳定性,而不是为了延迟跨声速阻力突增。

　　机翼的俯冲试验表明,Me - 262 在速度为马赫数 0.86 的俯冲中会失去控制,更高的马赫数会引起机头下俯配平,而飞行员无法抵消。由此产生的更加陡峭的俯冲将导致更高的速度,可能使机体的结构解体。

　　梅塞施密特没有尝试超过马赫数 0.86 的极限。战后,当时高速研究的主要机构之一,即英国皇家航空研究院(RAE)重新测试了 Me - 262,目的是帮助英国尝试超过马赫数 1 的飞行。RAE 测试了高达马赫数 0.84 的速度,并证实了梅塞施密特俯冲试验的结果。1943 年期间,RAE 进行了大量的飞行试验,"喷火"11 的速度超过了马赫数 0.86,在 20 世纪 50 年代,RAE 开发了 RAE100～RAE104 系列的对称高速机翼,我们已经在第 6 章研究了这些翼型。

　　2) 早期跨声速翼型

　　表 8.7 列出了早期后掠翼喷气式战斗机的翼型形状的主要特征,以及与之同时代的洛克希德 P - 80 的平直翼截面和现代(2012 年)CRM 带拐折的机翼的截面特征。P - 80 成为美国第一种实用的喷气式战斗机(后改为 F - 80),前四架飞机使用了对称翼型,类似于 Me - 262 上使用的 DVL 修改的 NACA 四位数翼型(见下文)。该表显示了四分之一弦线后掠角,按照前缘法线和流向测量的截面厚度。表 8.8 给出了按照 DVL NACA 命名规则,五位数编号 $2\,2\,0\,9 - 1.1 - 40$ 的解释。所有的长度都以翼型弦长 c 为单位。前缘半径参数是 0.275 的倍数,似乎只有 0.550、0.825 和 1.100 被使用:NACA 四位数翼型的参数为 1.100。NACA DVL 的弯度曲线与 NACA 四位数系列相同,但厚度分布不同。

表 8.7　早期喷气式飞机翼型和现代超临界翼型的特点

飞机型号	后掠角/(°)	$\dfrac{t}{c}$/%	最大 $\dfrac{t}{c}$ 位置	前缘半径
Me - 262	15.3	9.0	40.0	0.89
	流向	8.7	41.6	0.83
F - 86	37.6	8.5	40.0	0.79
	流向	7.1	43.1	0.55
J - 29	24.9	10.0	45.0	0.55
	流向	9.2	47.8	0.46
P - 80	0.0	13.0	40.9	1.12
CRM	流向	10.5	40.2	0.69

表 8.8 NACA DVL 编号的意义

2	$100 \times$ 最大弯度
2	$10 \times x$ 为最大弯度所在位置
09	$100 \times$ 最大厚度
- 1.1 -	前缘半径$\Big/ \left(\dfrac{t}{c} \right)^2$
40	$100 \times x$ 为最大厚度所在位置

P-80 和 CRM 的机翼是带弯度的,P-80 使用 NACA 6 系列翼型,CRM 采用的是外形优化定制的超临界翼型。与表 8.7 相对应,图 8.9 中的马赫数-后掠角图显示了 MSES 计算的升力系数为 0.3,$Re_{chord} = 3.7 \times 10^7$,在 2%弦长处固定转捩的阻力突增曲线。将流动简化为平面流动,这是在与自由流平行的机翼截面上进行计算的,同时考虑到了后掠角和梢根比(见表 8.7)。CRM 翼型是沿流向定义的,所以后掠在这里并不重要。

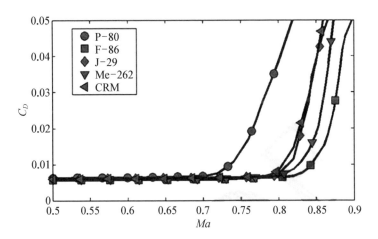

图 8.9 MSES 计算出的五种翼型的阻力发散。$c_L = 0.3$,$Re_{chord} = 3.7 \times 10^7$,转捩位置固定在 2%弦长处

有效相对厚度是波阻的决定性参数,所以 F-86 的阻力发散马赫数最大(见图 8.9),其次是 Me-262。P-80 的 NACA65-213 是图上最厚的翼型,它显示了更早的阻力发散。但是它的大前缘半径使得它的失速很温和,这种设计在多型 T33 喷气式教练机上使用了几十年。还要注意机翼后掠造成的前缘半径的大幅度减小,其比例为 $\left(\dfrac{t}{c} \right)^2$。10.6%厚的现代 CRM 翼型与 65 年前设计的

9.2%厚的 J‑29 翼型一样好,当时还没有跨声速空气动力学的计算工具。

8.3.2 平顶翼型

这类翼型在上表面的前部有一个平缓变化的或近似恒定的压力分布,因此速度较为均匀,故在设计条件下推迟了临界马赫数 Ma_{crit} 的出现。由于压力分布的选择主要是为了获得较低的最大速度,而不是获得特定的高速特性,所以在超过 Ma_{crit} 后不久,翼型上就会出现强激波和快速的阻力发散,然后相应的吸力发生在相对于自由来流方向的最高点附近或后面。

NACA 6 系列翼型在一定的 c_L 值范围内,在亚临界速度下有这种类型的压力分布。

具有平顶压力分布的翼型的阻力发散马赫数可以通过将平顶向后延伸来增加。这就是第 7 章研究的 RAE100、RAE101、RAE102 和 RAE104 翼型的发展路径。例如,相对于吸力峰位于 30% 弦长的翼型,吸力峰位于 60% 弦长的翼型可以使 Ma_{crit} 值增加约 0.04。但是不能过度利用这种效应,因为边界层可能无法应付平顶后的逆压梯度而导致分离。源于 1950 年左右的 Aerospatiale Caravelle 的机翼是基于 NACA65 系列翼型设计的;这种飞机的运行速度相对较低,允许 12% 的相对厚度。

"声速平顶"指的是在翼型前半部分具有声速流动。声速平顶翼型是为跨声速而设计的,但在设计条件下的流动正好在上表面的平坦区域达到声速。

对于一个给定的设计点,翼型的最大厚度受以下条件制约:

(1) 吸力面的压力不能达到临界值。

(2) 压力系数分布的积分必须达到设计的 c_L 值。

(3) 吸力峰的位置不能太靠近翼型尾缘,要保证吸力峰后的压力增加不会导致边界层分离。

对设计点以外的约束条件进行考虑(如非设计点的 $c_{L,max}$ 可能会产生额外的约束)。第一架空中客车飞机 A300(于 1972 年 10 月首飞)使用了声速平顶机翼,其平顶的 C_p 分布被限制在刚好低于临界 C_p^* 的值。

平顶翼型案例:RAE104 翼型

由 Squire 在 1945 年设计的 RAE104 翼型被用于高速飞行,其最大厚度为 10%,最大厚度出现在 42% 的弦长位置。80% 弦长以后的翼型后部是楔形的。在零升力时,亚临界压力分布几乎是平顶形状,且平顶几乎延长至 60% 的弦长位置,然后压力均匀地恢复。

图 6.10 显示了 RAE104 厚度为 10% 的翼型的升力在跨声速范围内随着马赫数的变化而急剧变化，图 6.11～图 6.15 显示了相关的压力分布、激波位置、摩擦系数和（描绘出的）边界层的发展趋势。

8.3.3　现代超临界翼型

最成功和经久不衰的高速翼型是超临界翼型。对于任意给定的厚度，这类翼型可以提供比传统翼型更高的 Ma_{dd}，比最好的尖峰翼型高出约 0.06，比 NACA 6 系列高出 0.09。有了这些翼型，我们可以创造出比尖峰设计范围更大的无激波超声速流动。图 8.10(a) 显示了在 $Ma=0.725$，$Re=3.19\times10^6$，$\alpha=1.77°$ 时的 C_p 平台区，这时 $c_L=0.784$，$c_D=115\times10^{-4}$；图(b)是阻力极曲线，$c_{L,\,max}\approx1.1$。图 8.9 显示了 CRM 翼型的阻力发散情况。

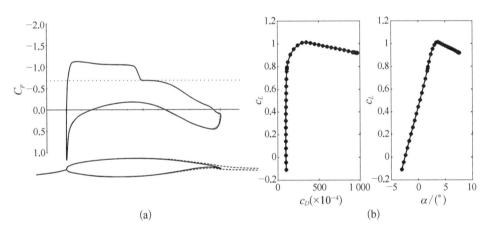

(a)　　　　　　　　　　　　　(b)

图 8.10　CRM 机翼 65% 翼展位置处翼型的 C_p 分布和极曲线。使用 MSES 计算；$Ma_\infty=0.725$，$c_L=0.784$，$Re=3.19\times10^6$，自由转捩

超临界翼型是由 NASA 兰利研究中心的 Whitcomb 开创的。"超临界"这一名称其实是一个错误的说法，因为此前的尖峰翼型在巡航时周围也有大面积的超声速区($Ma>1.0$)，而且阻力损失也很小。超临界翼型在更大程度上利用了这种效应，它的上表面大部分都有较小的表面曲率，因此在吸力峰后面相当长的距离内，斜率为负的上表面轮廓线在垂直方向的投影面积都维持在一个很小的值。

此外，对翼型后部增加弯度，将载荷移至尾部，可以降低任意给定 C_L 对应的吸力峰处的速度，从而提高 Ma_{dd}。此类翼型的另一个特点是在后缘处的上下表面相互平行。这可以减少后部的高逆压梯度，并允许在不会增加太多压差阻力的情况下增大后部弯度。

就像许多技术进步一样,超临界翼型也有一些不利因素。它的后缘非常薄,这对结构设计是一个问题。采用蜂窝结构可以提供所需的强度和刚度,而不会增加过多的重量。另外尾部的弯度导致了很大的低头力矩,这必须由尾翼来平衡,导致更大的配平阻力。

在机翼根部,较大的逆压梯度不仅影响机翼边界层,而且影响机身边界层。因此,在较高的攻角下,翼根流动分离是一个问题。在后掠翼上这个问题不是非常严重,因为由后掠导致的机身-机翼干扰问题使得无论如何都需要在翼根减少弯度。

尽管存在这些问题,超临界机翼依然可以在给定的机翼后掠和厚度下允许更大的速度,或者在给定的 Ma_{dd} 下允许更小的后掠角和/或更大的相对厚度。较小的后掠角和较大的厚度可以减轻机翼的重量,其好处是可以减少机翼面积,降低燃料消耗,并降低运行成本。

超临界翼型固有的大前缘半径提供了温和的失速特性。在高马赫数下,大的低头力矩造成的坏处并不明显。在较低的马赫数下,超临界流动的优势无法体现,其配平阻力较大是一个缺点。

超临界翼型技术:对 Ma_{dd} 和厚度的取舍

Mason[13]分析给出了一种有关超临界翼型性能的简单经验公式:

$$Ma_{dd} + 0.1c_L + \frac{t}{c} = \kappa_A$$

这个公式称为科恩公式,包含阻力发散马赫数 Ma_{dd}、升力系数 c_L、相对厚度 $\frac{t}{c}$,以及反映翼型技术水平的 κ_A。κ_A 对 NACA 6 系列翼型来说约等于 0.87,对超临界翼型来说等于 0.95。直观的解释是,对于一个给定的翼型,在飞行马赫数、升力系数和相对厚度之间存在着一种权衡关系。这种关系使得在这些量之间进行取舍变得简单。图 8.11 是该式的一个图示。

8.4 超声速翼型 ($0.9 < Ma_\infty \leqslant 2.0$)

超声速飞行的翼型是非常薄的,因为 c_D 随着 $\frac{t}{c}$ 的增加而大幅增加。一个具有亚声速前缘的高度后掠的超声速机翼具有非常复杂的弯度和扭转的表面,需要进行复杂的数学分析才能得到。图 9.19 显示了一个超声速机翼的例子,马赫数为 2 的"协和"式机翼。它的相对厚度约为 3%,前缘有下垂,并且有展向和

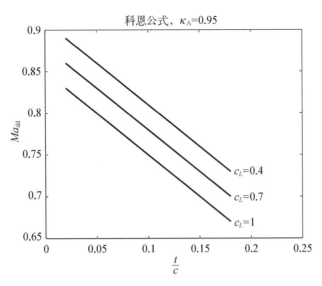

图 8.11　跨声速翼型性能的科恩公式,超临界翼型 $\kappa_A = 0.95$

弦向的弯度。它的 S 形前缘形状也可称为 ogee 或 sigmoid 曲线。

在更高的跨声速和超声速范围内,设计的重点是阻力,处理这个问题的方法是使机翼变薄,构型变得更细长。图 1.14 显示了平面形状随马赫数的变化。图 8.12 显示了 NACA64A2×× 翼型的波阻如何随着翼型厚度的增加而急剧增加。该计算是针对无黏流的,激波-边界层干扰可能会在一定程度上改变数值,

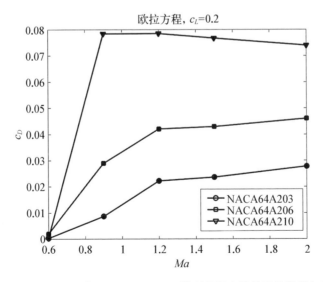

图 8.12　$c_L = 0.2$ 时,NACA64A2×× 翼型的阻力随着马赫数增加而增加,也随着厚度增加而增加。使用 EDGE 进行欧拉方程计算

但该图显示的趋势是正确的。

F‐104 星式战斗机马赫数 2 截击机

喷气发动机推力的持续快速增加,推动了超声速飞机的发展并使之成为可能。超声速飞机出现了两个类别。一类使用高度后掠的机翼或三角翼,如"协和"式飞机和 J‐35 Draken 双三角翼构型。另一类依靠非常薄的和小展弦比的机翼,以洛克希德在 20 世纪 50 年代早期的星式战斗机(后来成为 F‐104)设计为主要代表。它的首要设计目标是速度和爬升率:它能以马赫数 2 轻松巡航,并比同时代的飞机更快地爬升到更高的高度,保持了许多速度和高度的记录。它最初是作为战略高速轰炸机的空中优势截击机,后来被改编为攻击轰炸机,并成为出口的成功案例。

它的机翼是展弦比为 2.45、后掠角为 26° 的平面机翼,采用 3.3% 厚度的双弧翼型。机翼前缘的厚度为 0.4 mm,以尽量减少弓形激波的阻力。F‐104 的超声速性能超过了预期,但可以预料的是其低速操控和转弯能力受到了影响。加装了缝翼和吹气襟翼用来降低着陆速度,但该机依然不容易操纵。在所有制造的星式战斗机中,约损失了 24%,主要是由于发动机问题和低空飞行中的"飞行员失误"。

8.5　高升力多段翼型

为了在不同条件下飞行,飞行员必须改变机翼的几何形状。一个实用的选择是襟翼。图 8.13 是主翼、前缘缝翼和后缘襟翼的示意图。如该图所示,部件

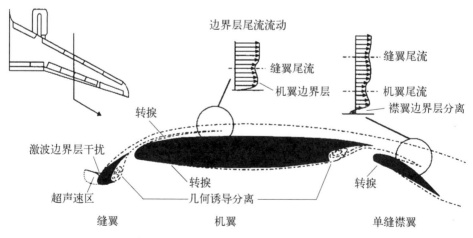

图 8.13　发生在三段翼上的流动现象举例

(Flaig[7] 和 Hirschel 提供[10],在得到许可的情况下使用)

之间的缝隙被设计用来帮助上表面的边界层贴附在壁面上。后缘襟翼将空气向下引导以增加升力,而前缘缝翼用来调整前缘形状,使来流可以顺利通过前缘区域的大转弯。一些典型的结果绘制在图 8.14 的曲线中。

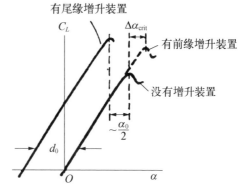

图 8.14　前缘缝翼和尾缘襟翼的典型作用

　　图 8.14 中的实线适用于没有前缘增升装置的情况,而虚线显示了增加了前缘缝翼的相同构型。对于小攻角 α,缝翼会减少一点升力,但其主要作用是帮助气流绕过前缘,从而增加 α 的范围,使翼型能达到更高的升力系数。

　　准确计算高升力多段翼型的流动仍然是一个挑战。最大升力、阻力和俯仰力矩都很难精确计算,特别是在一个或多个翼型部件上存在局部流动分离的情况时。多段翼部件之间的尾流和边界层的混合使问题更加复杂。

L1T2 三段翼型算例

L1T2 算例有一系列重要的特点:

- 它是飞机工业感兴趣的一个实际构型。
- 它包含复杂的流动特征,包括流动分离和尾流-边界层干扰。
- 可以获取可靠的实验数据。

　　因为实验测量的准确性,实验数据对于计算流体力学(CFD)代码的验证非常有价值。测量的准确性主要来源于风洞流场的高度二维性。

　　该构型由缝翼、主翼和单缝襟翼组成。L1 缝翼的角度为 $25°$,T2 襟翼是一个单缝襟翼,偏角为 $20°$,是典型的起飞构型。

　　图 8.15 显示了四个布置方式案例。试验条件为 $Ma = 0.197$,$Re_{\text{chord}} = 3.52 \times 10^6$。对转捩的设置方式如下:缝翼和襟翼的上、下表面均为自由转捩,主翼的上、下表面在 $\dfrac{x}{c} = 0.125$ 处固定转捩。图 8.16 显示了延伸缝翼和(或)襟翼的计算和测量的效果,为四种布置情况下的 c_L-α 和阻力极曲线。这些结果可以与图 8.14 中的"一般性"示意图,即襟翼和缝翼展开时的实验,以及其他配置情况下的 CFD 结果进行比较。尾缘和前缘增升装置的影响是巨大的,此外它们共同作用的效果近似等于单独作用效果之和。

图 8.15　L1T2 的四种布置方式

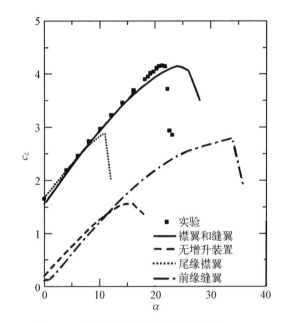

图 8.16　延伸缝翼和(或)襟翼的效果，$c_L - \alpha$

(由 P. Eliasson 提供，私人交流中获得)

　　这一验证工作似乎表明，准确的高升力多段翼计算是可能的，至少对于襟翼上的气流处于附着流态的起飞构型是如此。对阻力的预测则不太准确。持续准确地计算这种流场的能力是以一些重要条件为前提的。

- 合适的网格密度和网格点分布。
- 由于接近网格外部边界，需要时进行远场边界校正。
- 准确地给定转捩位置和条件。
- 可压缩的 RANS 方法和准确的湍流模型。

　　该测试算例的结果表明，为了获得更加精确的阻力解，以下几个方面还需要改善：

（1）确定结果达到与网格无关。

（2）尝试精确地预测转捩位置。

该流动包含分离和尾流–边界层的相互作用，根据推测，它对转捩位置很敏感。图 8.17(b)显示了测量的 C_p 与使用 Spalart – Allmaras 湍流模型的 RANS 计算的比较。图(a)的图片显示了这个构型的流线，可以清楚地看到缝翼上和主翼后缘下表面的回流区。

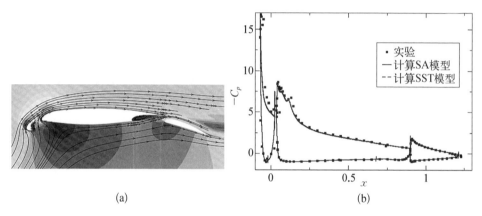

图 8.17　计算得到 L1T2 三段翼周围的流线和压力系数分布

（由 J. Vos 和 P. Eliasson 提供，私人交流中获得）

8.6　优化示例：ADODG 验证算例 RAE2822

ADODG[1]致力于为翼型和机翼的优化建立良好的研究案例。其目的是鼓励研究人员在有现成的几何定义、计算结果和风洞数据的案例基础上测试其算法。后者有助于突出优化过程中使用的 CFD 模型的质量。我们在此报告了使用 EDGE 和 ModeFrontier[2]软件包中提供的若干优化算法进行练习，用于分析和参数化设计优化[8]。毫不奇怪，这项工作表明，不同的算法可能会产生不同的结果，一些算法明显指向一个共同的最优解，而另一些算法则可能通往其他的局部最优解。对于任何复杂算法的比较都是在意料之内的，对这一点的讨论不在本书的范围之内。我们转而关注由此产生的外形修型。

RAE2822 使用 EDGE 进行单设计点阻力最小化

这个任务是修改基准 RAE2822 翼型，使其在 $Ma_\infty = 0.734$，基于弦长的雷诺数 $Re = 6.8 \times 10^6$ 时的阻力最小，而升力或力矩的允许变化范围很小。

求解最小 c_D 的条件范围如下：

$$\left| \frac{c_L}{c_{L,\,base}} - 1 \right| \leqslant 0.02$$

$$\left| \frac{c_m}{c_{m,\,base}} - 1 \right| \leqslant 0.02 \tag{8.1}$$

$$\alpha_l \leqslant \alpha \leqslant \alpha_u, \quad \beta_l \leqslant \beta \leqslant \beta_u$$

参数 X 是 Hicks-Henne 鼓包函数的系数（5.2.4 节）$H_i(\cdots, x)$，上表面（吸力侧）设计变量为 $\alpha_i(i=1,\cdots,a)$，下表面设计变量为 $\beta_i(i=1,\cdots,b)$，其范围均在区间 $[0,1]$ 内。几何约束被表述为对设计参数的限制，预计优化会使翼型更得更薄。力和力矩是在 $\alpha=2°$ 时得到的。另一种表述是让优化求解器改变攻角，使升力完全保持在基准值。如图 5.5 所示，在前缘和后缘选择间隔更近的鼓包函数中心。这里给出的结果是 $a=5$，$b=6$，所以设计维度 $\dim(X)=11$。

优化外形

最终的变化主要是在吸气面。压力面与初始形状相比只有轻微改变。在吸力面，弦长的前 $\frac{2}{3}$ 处，翼型形状的厚度有所减少。在弦长的后 $\frac{1}{3}$ 部分，翼型形状略微加厚。这样就消除了吸力面的激波（见图 8.18）。

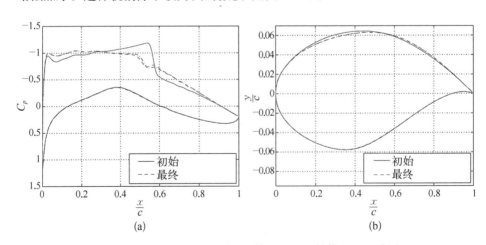

图 8.18　RAE2822 翼型的优化，使用 EDGE 软件，RANS 方法

(a) 压力系数分布；(b) 表面形状

(D. Franke 提供[8]，经同意后使用)

摩擦系数图［见图 8.19(a)］显示在基准和优化外形上都没有分离,所以没有分离导致的总压损失。y^+ 分布图［见图 8.19(b)］显示边界层的网格单元很小,足以解析边界层。因此,湍流模型应该是准确的,摩擦力的预测也应该很好。摩擦阻力增加了 1.2%,但是消除激波所带来的收益远远超过了它。总的来说,该案例将阻力从 165 个 count 降低到 136 个 count,这改进是很明显的。但我们必须记住,这个改进是针对给定的巡航马赫数的某一特定工况进行的。一个更贴近现实的案例是必须考虑几个工况,然后性能指标(FOM)的选择便成为一个问题。

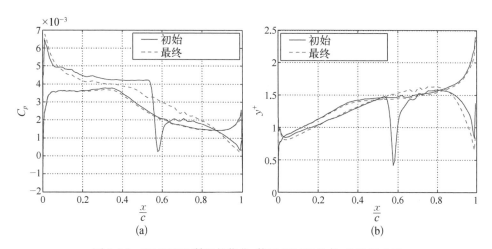

图 8.19　RAE2822 翼型的优化,使用 EDGE 软件,RANS 方法

(a) 摩擦系数；(b) y^+ 分布

(D. Franke 提供[8],经同意后使用)

由这样少量的 Hicks - Henne 鼓包函数进行的形状修正只能创造出平滑的轮廓线。这阻碍了优化求解器利用非常局部的形状变化,如在激波根部创造一个凸起：如果给优化器太多的可行选择(优化方向),它可能会无法工作。

翼型是机翼的基本构件。有了这些翼型设计的知识,我们在下一章将转向对机翼设计的一般考虑,那时我们将用到 RANS 求解器。

8.7　通过计算学习更多知识

通过使用在线资源,获得与本章主题相关的计算工具的实践经验。练习、教程和项目建议可以在书中的网站 www. cambridge. org/rizzi 获取。例如,将 P - 80 NACA65 - 213 翼型放大到 10% 的相对厚度,计算其跨声速阻力发散,并与

图 8.9 中的其他翼型进行比较。用来计算许多例子的计算软件可以从 http://airinnova. se/education/aero-dynamic-design-of-aircraft 获取。

参考文献

[1] AIAA ADODG. Available from http://mdolab. engin. umich. edu/content/aerodynamic-design-optimization-workshop.

[2] ModeFrontier ESTECO SpA home page. Available from www. esteco. com/modefrontier.

[3] I. H. Abbot and A. E. von Doenhoff. *Theory of Wing Sections*, *Including a Summary of Airfoil Data*. Dover Publications, Inc. , 1958.

[4] D. Althaus. Stuttgarter profilkatalog i. Technical report. Institut für Aerodynamik und Gasdynamik der Universitet Stuttgart, 1972.

[5] D. Althaus. *Profilpolaren für den Modellflug*, *Windkanalmessungen an Profilen im Kritischen Reynoldszahlsbereich*. Neckar-Verlag VS-Villingen, 1980.

[6] M. Blair. Evolution of the F-86. Technical report. AIAA-Paper-80 - 3039, 1980.

[7] A. Flaig and R. Hilbig. High-lift design for large civil aircraft. In *High-Lift System Aerodynamics*, *AGARD Conference Proceedings*. AGARD, 1993, pp. 31. 1 - 31. 12.

[8] D. M. Franke. Interfacing and testing the coupling of the CFD solver EDGE with the optimization package modeFRONTIER. Diploma thesis, KTH School of Engineering Sciences, 2007.

[9] C. D. Harris. NASA supercritical airfoils. Technical report. TP 2969, NASA, 1990.

[10] E. H. Hirschel, A. Rizzi, and C. Breitsamter. *Separated and Vortical Flow in Aircraft Aerodynamcs*. Springer, 2021.

[11] R. H. Liebeck. A class of airfoils designed for high lift in incompressible flow. *Journal of Aircraft*, (10): 610 - 617, 1973.

[12] H. Ludwieg. *Pfeilflügel bei hohen geschwindigkeiten*. Lilienthal-Ges. Ber. , 1940.

[13] W. H. Mason. AOE 4124 configuration aerodynamics. www. dept. aoe. vt. edu/mason/Mason_f/ConfigAero. html.

[14] F. W. Riegels. *Aerofoil Sections — Results from Wind-Tunnel Investigations and Theoretical Foundationss*. Butterworths, 1961. Transl. D. G. Randall.

[15] R. S. Shevell. *Fundamentals of Flight*, 2nd edn. Prentice-Hall, 1989.

[16] B. S. Stratford. The prediction of separation of the turbulent boundary layer. *Journal of Fluid Mechanics*, 5: 1 - 16, 1959.

[17] T. Theodorsen. Theory of wing sections of arbitrary shape. Technical report, NACA-TR-411. National Advisory Committee for Aviation, 1931. Available from https://ntrs. nasa. gov/citations/19930091485.

第9章 机翼设计的考虑

飞机的定义——一个几乎不会工作的装置。

……飞机的核心是它的机翼。

—— A. M. O. Smith

在1.1节中,特别是1.1.4和1.1.5小节中,将设计循环1描述为对参数空间的广泛探索,从而形成适合于任务目标的基准设计的完整布局。第3章举例说明了该过程中关键的工具——涡格法如何用来研究适合于第2章中不同飞行状态的平面形状的气动特性。如果要进一步推进概念设计方案,下一步就是检查其特性和性能是否满足设计要求。

正如1.2节所述,这就是先进的机翼设计——设计循环2。该过程由空气动力学专业人员使用在第4～8章中开发的工具来完成,这也是本章的主要重点。如图1.10所示,演示文稿中详细地阐述了改善基准性能的空气动力学任务。由于干净机翼是飞机的基础,因此我们首先要对其构型进行细化,即弯度、厚度和扭转角,使用前几章中的工具来阐明设计参数、形状变量和性能指标的衡量标准。设计循环3通过增加机身、翼梢小翼、增升装置、尾翼等进一步构造机翼构型,从而推进布局设计。

考虑到确定最终布局似乎需要考虑无穷多的因素,我们用来介绍该过程的方式是学习专业的空气动力学家在六个构型布局案例中的工作,这些案例展示了在将飞机变为现实时的真实设计选择。作为阐明基础知识的手段,我们专门选择学习这些案例,以便遵循工业领域的空气动力学家在研制机翼时做出的设计决策。我们的目的是研究大师们所做的事情,回溯他们的步骤,计算我们自己的数据,并针对他们的设计提出"第二个选择",以便对飞机为何必须按照大师们设计的形状才能完成任务有更合理的解释。

9.1　机翼气动设计介绍

第1章非常概要地介绍了机翼气动设计的过程,并将其分解为3个不同的设计循环:循环1、2和3。第2章中对机翼流动物理的讨论表明了如何将平面形状与速度分布相匹配,从而产生有益的流动模式。第3章展示了L1级方法(如涡格法)如何对循环1中的气动性能进行有效预测。第4~8章对循环2与循环3的分析工具进行了解释和演示。因此,现在我们有了进入更高级气动设计的基础。前8章的工作可以在本章以及后续章节中使用。

9.1.1　3个设计循环

1) 循环1:确定任务所需的机翼尺寸

确定基准尺寸的过程,即循环1,是对参数空间的广泛探索,包括从空气动力学到制造和成本的许多跨学科类型的分析。如1.1节所述和图1.4所示,循环1需要根据飞机任务以及所需性能确定机翼尺寸。这个过程提供了构型的几何布局以及基本性能指标,从而为我们提供了基本机翼平面参数和其他设计特征。这些主要的参数包括展弦比 AR、翼展 b、机翼面积 S、截面的平均相对厚度 $\left(\dfrac{t}{c}\right)_{\text{ave}}$、梢根比 λ、后掠角 Λ、巡航速度 Ma_{cruise} 和设计升力系数 C_L。

机翼尺寸可以使用L1级方法,如第3章中介绍的涡格法(VLM)来确定展向升力分布。其结果可以对机翼扭转角分布给出初步猜测,该分布通过考虑机翼的弯矩约束的气动与结构的权衡而得到。这里讨论的是没有发动机以及增升装置的机翼,并且未在机身上按照控制面构造的单独的**干净**机翼。

2) 循环2:干净机翼的精细化设计

如果要进一步推进这个概念设计,下一步就是要检查设计的特性和性能是否满足设计要求。因此,正如1.2节所介绍的一样,机翼设计的循环2关心的是机翼和翼型的几何形状,从而确定厚度、弯度、前缘和后缘半径、扭转角以及相对厚度沿展向的变化。循环2通过提升基准设计的性能证明其可行性,如图1.10中进行的定量说明所示,在这个阶段详细说明了设计参数、形状变量和性能指标的衡量标准。

表1.3列出了详细的机翼外形气动设计的**次级参数**(即**截面形状**):厚度沿弦向的分布、弯度沿弦向的分布、前缘半径 R_n 和后缘角 τ_{te} 以及**展向形状**,包括扭转角、弯度和最大相对厚度 $\left(\dfrac{t}{c}\right)_{\text{max}}$ 的变化。

3）循环 3：气动构型设计

基于循环 2 得到的构型，循环 3 通过增加机身、非共面的翼梢小翼、增升装置（如缝翼和襟翼）、发动机等进一步推进机翼设计。

这个工作将一直持续至设计方案足够成熟。这样的决策总是涉及不确定性，因此在循环 3 中，我们通常会对**几个**（通常是两个）替代方案进行详细分析，以便在做出不可逆的选择之前鉴别不断调整的设计方案。最终的结果是**冻结一个方案**作为所有候选设计中的最优设计。尽管付出了种种努力，在飞行测试中仍经常会发现必须补救的空气动力学问题，第 10 章中将通过几个实际飞机设计项目的例子来说明这一点。

1.1.1 节表明了循环 3 在工业层面应用的艰巨性，而本章只涉及该内容的浅显知识。即使是在 TCR 项目的研究层面上，循环 3 也需要耗费几百工时，远远超出了一个学期的课程或项目的范围。

9.1.2 针对干净机翼设计的设计循环 2

从众多工业领域的气动设计专家（Ryle[26]、Lynch[19]、Obert[23]、Mason[20]等）推荐的设计方法中，我们可以总结出干净机翼设计循环 2 的要点（见 1.2.1 节）。这一切的基础是气动设计的核心：对可实现的 $C_{L,\max}$ 有清晰的概念——即设计在可接受的阻力范围内提供飞行包线所需的升力。

步骤如下：

（1）如第 7 章和第 8 章所述，为实现机翼的弦向几何设计，需要先选择并设计二维翼型从而满足设计需求。

（2）根据设计循环 1 中得到的平面形状，将翼型配置在机翼中从而定义机翼表面（第 5 章）。对于平直翼，只需要提供根部和尖部的两个翼型就可以定义出机翼的直纹曲面。但对于高速机翼，通常需要提供多个展向位置的翼型，然后根据放样曲面确定弦向厚度分布、弯度曲线以及前缘和后缘半径。

（3）使用 L2 级和 L3 级方法进行全三维 CFD 分析，从而优化巡航状态下的展向几何形状，包括 $\left(\dfrac{t}{c}\right)_{\max}$ 的展向变化、展向扭转角和弯度。

（4）对于跨声速后掠翼，需要特别关注翼尖和翼根的形状，以维持等压线与后掠角相匹配。检查展向载荷分布，如果需要的话，采用外洗来减小外侧机翼的载荷并避免翼尖过早失速。

（5）检查非设计工况：通过抖振发生边界和俯冲速度 Ma_{dive} 来确认 V-n 图

的边界(见图1.9)。

如第1章所述,机翼设计使用多种方式实现任务优化,但并不是通过使用数值算法求解非常大的复杂优化问题。我们通常将这些参数分组,然后在协调的迭代过程中轮流使用每组参数(如扭转角和厚度分布)进行优化,如后文所述。

9.1.3 机翼流动物理影响平面形状

理解在飞行速度范围内的流动的具体特性以及流动的控制方式,有助于推进机翼设计过程。举一个例子,如果要设计适合大展弦比机翼的形状,则此类机翼能够将分离限制在后缘区域,因此可以将机翼视为一系列二维单元组成,并使用必要的修正和处理将二维流动转变成三维流动。

图2.1绘制了三种机翼的平面形状:平直翼、后掠翼和细长翼,分别对应三种不同的飞行速度:亚声速、跨声速和超声速,其各自对应的 $\frac{s}{l} \approx 0.50, 0.35,$ 0.20。这张图展现了各个平面形状情况下定常且可预测的**流动模式**所提供的高气动效率,从而产生低的气动阻力。特定类型的流动模式本身就是决定飞机形状的一个重要因素。

第2章展示了低速空气动力学现象与高速空气动力学现象之间的明显差异。因此,我们从低速机翼开始讨论,即 $Ma_{\text{cruise}} \leqslant 0.7$ 的情况;接下来再讨论高速,即 $Ma_{\text{cruise}} \geqslant 0.7$ 的情况。平面形状是设计循环1给出的结果。

1) 亚声速机翼设计

亚声速下的机翼是平直翼。总体的设计策略与跨声速翼型的设计非常相似,即直到翼型后缘处流动始终附着在翼面上。通过使用Stratford类型的压力分布特征,可以将上表面的压力恢复区从最大吸力区域推迟到后缘区域,这样可以实现升力的最大化。

据此,可以确定适用于预期任务目标的翼型,并依照9.1.2节中描述的步骤1~5进行设计。

2) 跨声速机翼设计

跨声速飞机是波音、空客等现代商用飞机都非常感兴趣的飞机类型。作为现代航空工业的支柱,后掠翼飞机已经具有较高的先进性和成熟性。但是,许多积累了超过50年的实践经验,并且需要继续向前推进的知识,往往只被少数经验丰富的从业者所掌握。

飞行速度在达到临界马赫数 Ma_{crit} 之前,阻力系数基本上与马赫数无关。

在超过临界马赫数 Ma_{crit} 很小范围后,总阻力就会急剧增加(阻力发散),这是由 $Ma_{dd} \geqslant Ma_{crit}$ 时存在的激波阻力所导致。此外,黏性引起的压差阻力或形状阻力会增加,这是由于在流场内的超声速区域末端处出现的激波会引起压力增加及边界层增厚,甚至会导致边界层分离。

激波与边界层相互作用可能会有很强的非定常性,从而产生激波振荡,并最终导致抖振。此外,在跨声速状态下,由于压力中心会进一步向下游移动,因此俯仰力矩会发生改变(俯仰力矩增加、自动俯冲)。对于商用飞机的典型高亚声速巡航情况, Ma_{dd} 和 Ma_{crit} 需要尽可能地高,因为这直接关系到飞行效率。

首要的设计目标是尽可能地将等压线后掠,从而使得上表面流线不会遇到正激波,因为正激波会比斜激波产生更大的阻力。真实机翼在翼根和翼梢是截断的,这自然会使后掠翼的优势在这些区域消除,因此在 9.1.2 节所描述的设计步骤中,第 4 步需要采取特殊的补救措施。

3) 超声速机翼设计

由于马赫数大于 1 之后波阻很大,因此超声速翼型必须采用较小的展弦比、较小的细长比 $\left(\dfrac{s}{l} \approx 0.2\right)$ 以及较薄的翼型厚度 $\left(\dfrac{t}{c} \leqslant 5\%\right)$。 此时流动完全是三维的,那些适用于亚声速平直翼的准二维近似流动不再成立,让流动保持附着的设计策略也不再适用。

相反,正如 2.1.3 节和 2.5 节所述,要将机翼前缘设计为气动尖锐的形状使其适用于分离流动。从大后掠机翼的边缘脱落的涡会在机翼上表面产生相干的涡流动,从而增加升力,但会使得升力线变得非线性。该增升策略对亚声速和跨声速也同样适用。一架细长的飞机可以在其整个飞行范围内都被设计成相同的旋涡流动模式,一直到旋涡破裂然后变成混乱的气流。其结果自然就是这样一个平面形状:高度后掠、气动尖锐的前缘,可能有侧边,并且几乎无后掠的尖锐的尾缘(类似三角翼的某种变体)。机翼的后掠角必须足够大,确保机翼前缘马赫数的法向分量是亚声速的,否则激波阻力会比较大。

9.1.4　工业设计研究

我们用 6 个案例来说明上述设计方法如何应用到实际的干净机翼构型。这些案例都是按照专业设计人员的设计步骤进行设计的,能够用来证明设计方法的合理性。

第 1 个案例是 Saab-Fairchild SF340 支线客机的亚声速平直翼,以下简称 SF340 或者 340。第 2 个案例是在 20 世纪 40 年代末期研发的第一批跨声速后掠翼飞机之一,即 J-29。第 3 个案例是现代波音-NASA CRM 跨声速运输机机翼的激波阻力最小化。

后面 3 个案例我们关注的是接近声速和超声速的飞机。第 4 个案例是 TCR 工业-学术概念设计研究,该项研究所涉及的内容贯穿全书。它描述了略微低于马赫数 1 的飞行状态,该飞行状态存在大量挑战并且没有飞机在该条件下巡航。这个例子里我们能看到机翼细长比和厚度的相互作用是怎样对激波阻力产生影响的。

第 5 个案例中,我们重新分析现役瑞典战斗机 JAS-39 的气动亮点。第 6 个案例中,我们研究"协和"式飞机的机翼气动设计策略,Aerospatiale-BAE"协和"式飞机是唯一一款超声速客机。

9.2　亚声速平直翼设计

传统的飞机一般飞行速度低于 700 km/h,如表 8.1 上部的螺旋桨客机,飞行过程中干净机翼上没有明显的激波。然而,螺旋桨的滑流可能会造成局部超临界流动,比如 Saab 2000,接下来我们将研究 Saab 2000 的改进版本 340。此类飞机的设计工作一般在各个不同的部件上单独进行,就好像它们相互之间是独立的,凯利范式对这类飞机完全适用,并且以准二维设计方法为主。将各个部件的尺寸和位置进行调整从而得到平衡的布局设计,且具备满足要求的稳定性和操纵特性,以及要求的巡航、起飞和着陆特性。通常,机翼的翼展与机身长度大致相等,在图 1.13 中展示了大概的巡航效率。

亚声速下没有激波的特点,确定了机翼的基本设计策略,并允许机翼可以直接由翼型开始设计。通常只需要两个翼型:一个在翼根,一个在翼尖。最重要的要求是保持附着流,直至机翼尾缘。后续将在第 10 章所述,单独设计的各个升力面是根据平衡、起飞条件、稳定性和控制问题来确定位置的。所选的基本翼型形状限制了飞机速度的极限,性能优越的新翼型技术(见第 8 章)可以提升相应的机翼性能。优化翼展是使诱导阻力最小化的一种方法。剩下的就是将发动机集成到机翼上,并且不会因为螺旋桨滑流和短舱气动干扰而造成明显的性能损失。

在下一节中,对 340 的研究就体现了这种设计策略。通过追溯 Saab 设计团队在循环 1 和循环 2 中采取的设计步骤和做出的选择,我们将简要讨论决定其干净机翼总体形状的核心几何参数是如何影响其气动特性的。

案例研究 1:SF340 客机

Saab 在 20 世纪 70 年代设计了 340 系列,作为其进入客机市场的经济型飞机。该公司成功地生产了一款可容纳 30～40 名乘客的支线客机,在其 40 年的服役历史中,售出的该系列客机比其他任何系列都多。该机的结构、气动以及推进的特点尽管在航空领域都十分常见,但是事实却证明了 340 的设计能够有效地适应其任务。与涡扇或涡喷发动机相比,340 选用涡轮螺旋桨发动机是由于其固有的燃油经济性。机翼是梯形的,采用下单翼,具有较小的上反角,并用一根支撑杆以类似悬臂式的方式安装在机身上。通过对机翼形状的局部调整,将涡轮螺旋桨发动机优雅而高效地集成到布局中。

1) 涡轮螺旋桨发动机的效率

与涡喷发动机和高涵道比涡扇发动机相比,先进的涡轮螺旋桨发动机在稍低的巡航速度下具有明显更高的燃油效率(10%～30%)。速度的劣势对于支线航班并不重要。事实上在比最大巡航速度稍低的速度下飞行时,涡轮螺旋桨飞机具有更大的航程和航时。此外还有环境和经济性方面的优势。涡轮螺旋桨发动机良好的推进效率在起飞和着陆方面也有优势,特别是在陡峭的着陆航线中,可以减少噪声足迹,并且允许在城市机场较短的跑道上起降。

2) 要求:快速爬升和高翼载

在运输机的设计过程中,客户的输入可以定义一个任务,这涉及有效载荷、航程、巡航状态、机场适应性等方面。这些目标结合设计任务和规章要求,以及生产要求,共同决定了基本的机翼设计要求,并进而形成了目标设计参数,如干净机翼的 $C_{L,\max}$ 和 $\dfrac{L}{D}$。

Saab 和 Fairchild 的工程师进行了设计权衡研究,包括上单翼和下单翼布局、增升装置、乘客人数、座位安排、短舱位置和其他相关参数。下面让我们更深入地研究他们的机翼设计。

3) 机翼气动性能:翼型的选择

由于先进的 NASA 翼型能够减少巡航阻力、增加低速升力以及在起飞和爬升过程中具有优异的升阻比,因此可以作为备选的翼型。在选择翼型的过程中,需要考虑的关键设计因素是翼型的形状和厚度,以获得卓越的气动特性,并为燃料提供足够的内部体积。

NASA 的中速(medium-speed,MS)先进翼型具有比传统 NACA 翼型更钝的前缘,并且下表面尾缘有弯曲。与传统 NACA 翼型相比,它们的爬升 $\dfrac{L}{D}$ 提高

了 $31\% \sim 55\%$,同时在巡航 $\dfrac{L}{D}$ 方面保持了轻微的优势,在最大升力方面也有显著提高。第 8 章给出了一些与传统 NACA 翼型的对比结果。MS 翼型具有优越的 $C_{L,\max}$ 和爬升 $\dfrac{L}{D}$,同时初始俯仰力矩也可以接受,因此是 340 的最优选择。

4) 机翼厚度和扭转

对运输机来说,机翼的厚度对可用燃油量有很大的影响,因为所有的燃油都需要储存在机翼中。对 340 机翼的权衡研究表明,最优的平均相对厚度是 14% ,这可为满载乘客的远航任务提供足够的燃油容量,同时保持良好的巡航特性和较小的机翼重量,并可将直接运营成本(DOC)降到最低。

影响展向升力分布和失速的一个重要因素是机翼扭转角。340 机翼是由如下的平直机翼设计步骤进行定义的(见 9.1.3 节):

• 直线生成器(连接翼根和翼尖截面相同弦长百分比的点的线,即直纹曲面);

• 翼根翼型截面 MS(1)-0316 向上扭转 $2°$;

• 翼尖翼型截面 MS(1)-0312 向下扭转 $1°$ 。

5) 优化平面形状(通过 MDO 权衡来设置展向载荷)

对中短程航线和多点航线的飞机运行进行优化,确定所选择的 340 机翼平面形状在满足所需的巡航速度、有效载荷和机场需求下能够使运行成本最低。机翼平面形状参数的选择过程被记录在地毯图上(见图 9.1)。对于下单翼飞机,正的机翼上反角(一般为 $5° \sim 7°$)可以产生有利的偏航-滚转耦合 $C_{l\beta}$,因此我们选择 $7°$ 的上反角。

上述步骤可以获得以下 340 机翼几何参数:

• 机翼面积为 $450\ \mathrm{ft}^2$;

• 展弦比为 11;

• 梢根比为 0.375;

• 相对厚度:翼根为 16% ,翼尖为 12% ;

• 扭转角:翼根为 $2°$,翼尖为 $-1°$;

• 上反角为 $7°$ 。

有了这些参数,我们就可以使用第 3 章的 L1 级方法来确定一些参数,比如确定巡航工况下的展向载荷分布。图 9.2 显示了用 Tornado 计算的展向载荷分布,它是三角形的,与椭圆形载荷的偏离程度大于第 3 章中任意展向载荷。这种

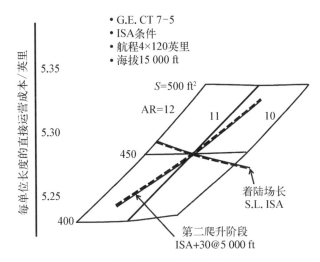

图 9.1　Saab MDO 第一阶段研究,以确定机翼面积和展弦比

（由 T. Jonsson 和 Saab 公司提供,经许可复制）

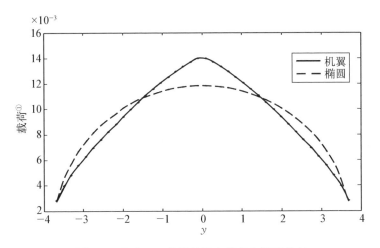

图 9.2　Saab 340 机翼的展向载荷和椭圆分布

差异是由扭转角造成的,并且这也意味着更高的诱导阻力。但是无论如何,设计者得出结论是：通过权衡获得其他的好处,最终倾向于这种选择。

6) $C_{L, \max}$：增加外洗以获得温和的失速特性

SF340 的巡航工况为 $Ma_\infty = 0.5$, $C_L = 0.6$, $Re_{MAC} = 1 \times 10^7$。通过 RANS 数值计算得出了图 9.3 中的阻力极曲线,证实了机翼的扭转角可以使失速行为

---

① 原书中未提供载荷的具体单位。此图的重点在于机翼与椭圆的对比,不用单位也可以确定相应的意义。——译注

明显变得更温和。未扭转的干净机翼在 $10°$ 攻角下有 $C_{L,\max}$，升力曲线的斜率从 $8°$ 攻角开始下降；而扭转的机翼在 $12°$ 攻角才有 $C_{L,\max}$，升力曲线的斜率从 $10°$ 攻角开始下降。两个机翼具有相同的 $C_{L,\alpha}$，但扭转机翼的曲线平移了 $1°\sim2°$。

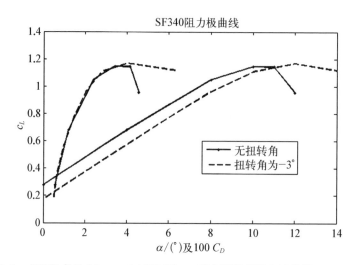

图 9.3　在巡航条件 $Ma_\infty=0.5$ 下 SF340 干净机翼的阻力极曲线。$C_L \approx 0.6$，此时 $\dfrac{L}{D}$ 最大，$\alpha\approx4°$。使用 EDGE RANS 计算有扭转角与无扭转角的两个机翼

（由 P. Eliasson 提供，个人通信）

将这些曲线与 NASA-MS(1)-0313 翼型的阻力极曲线进行比较（见图 8.7），正如我们之前所看到的，翼型厚度越大，$C_{L,\max}$ 越大。340 翼根翼型是 16% 厚度，因此该机翼达到的 $C_{L,\max}$ 比 MS-0313 的翼型更高，MS-0313 翼型在低马赫数时大约在 $10°$ 左右失速。在最大起飞重量下，$15\,000$ ft 巡航要求 $C_L \approx 0.31$，但 $\left(\dfrac{L}{D}\right)_{\max}$ 是在 $C_L \approx 0.6$ 的情况下获得的，因此并不是最优的。但是作为支线客机，340 花费很大一部分时间和燃料以较高的 C_L 爬升从而达到所需海拔高度，因此以高 $\dfrac{L}{D}$ 爬升十分重要。

7）抖振边界：上表面油流图

FAR 第 23 条要求，在巡航状态下 $1.3g$ 的拉升动作不会导致因机翼流动分离产生抖振。RANS 计算验证了在所需的攻角条件下没有任何非定常流动的迹象。然而在大攻角下爬升则是另外一种情况。我们知道翼型和机翼大约在 $8°\sim$

$10°$时失速,并展示了机翼上表面根据表面摩擦力计算的数字油流图[流动工况为 $Ma_\infty = 0.5$, $\alpha = 8°$, $Re_{MAC} = 1 \times 10^7$(见图 9.4)]。对扭转和未扭转的机翼来说,气流都始终保持附着状态。

图 9.4　数字油流图显示了有扭转角与无扭转角机翼上表面的附着流。
$Ma_\infty = 0.5$, $\alpha = 8°$, $Re_{MAC} = 1 \times 10^7$

（由 P. Eliasson 提供,私人通信）

8) 在 $\alpha = 12°$ 时失速的无扭转机翼

与图 9.4 类似,图 9.5 显示了 $\alpha = 12°$ 时上表面的数字油流图,正如升力曲线和数字油流图所示,此时无扭转角的机翼已经失速。有扭转角的机翼在 $C_{L,max}$ 时仅在翼展中部附近有流动分离,但翼尖处的流动仍保持附着状态,这证明了选择扭转分布的正确性。

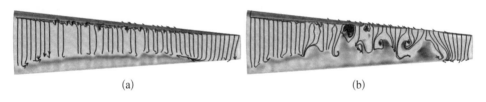

(a)　　　　　　　　　　　　　　　　(b)

图 9.5　在最大升力 $\alpha = 12°$ 下计算的表面摩擦力比较

（a）有扭转角；（b）无扭转角

（由 P. Eliasson 提供,个人通信）

9.3　跨声速后掠翼设计

Me‐262 是第一架服役的喷气式战斗机,其机翼前缘后掠角为 $18.5°$。在二战结束时,盟军发现了在等待飞行测试的更先进的德国原型机,其机翼前缘的后掠角为 $40°$ 或更大,如 Luckring[17] 和 Wänström[32] 所述。正如历史记录的,在这一发现之后,盟军和瑞典人都开始争相设计后掠翼,Blair[1] 称其为“德国化我们的设计”。

Schairer[27] 称,在 1943 年世界上没有任何一个制造商知道如何成功制造跨声速后掠翼。但到了 1945 年初,德国人就已经准备好试飞的原型机,随后其他主要飞机制造商迅速对这一挑战做出响应：北美航空 F‐86 于 1947 年 10 月首飞，波音 B‐47 以及 MIG‐15 于 1947 年 12 月首飞，Saab J‐29 于 1948 年 9 月首飞。F‐86 和 J‐29 都使用了与 Me‐262 密切相关的翼型形状（见图 8.9，展示了它们的翼型阻力发散曲线）。

人们对后掠翼技术的狂热超出了对其设计方法的研究，当时已有的设计知识仍停留在如喷火战斗机和野马战斗机等平直翼开发经验中。20 世纪 40 年代末，机翼虽然采用后掠，但其边缘仍是直的（只有 J‐29 机翼在其后掠的前缘处有拐折），一般很少或没有外洗，并且不使用流动控制装置，如前缘装置、涡流发生器或边界层翼刀等，以实现 Schairer 所说的"细节的剪裁"。然而飞行试验慢慢将人们从狂热中拉回现实，因为后掠翼存在一些明显的缺点并需要补救，比如翼尖失速、俯仰不稳定性、副翼操纵失效等。事实证明，想将后掠翼和喷气发动机应用于运输机，仍需要对许多设计细节进行改进[27]。喷气式战斗机和运输机都需要对细节进行特殊的、不一样的调整。

弦长固定的机翼的后掠理论可以简单地解释如下：与前缘垂直的马赫数分量决定临界马赫数（见 3.4.1 节），但这不一定完全正确。该解释有何根据？当应用于飞机时，它有何特点？为了了解跨声速后掠翼设计的需求，我们需要回答这些问题。

9.3.1　设计挑战

正如 3.4 节所介绍的，后掠理论实际上是一种简化，因为在展弦比相对较低的后掠翼上的流动是非常复杂的三维流动。简单的余弦关系只适用于无限翼展的偏置机翼，并且由于翼根和翼尖的影响，达到 Ma_{crit} 的差量要比预测值小得多。

1）等压线能提供大量有用信息

临界工况的判据普遍比简单后掠理论更好，并且通过研究等压线［即连接压力（或速度）相等的点形成的面或曲线］，可以适用于局部流动工况。在任意形状的机翼上，临界工况为垂直等压线的速度分量（即当地压力梯度方向）达到当地声速。一旦超过临界速度，连续定常的无旋流就不可能出现，激波形式的间断现象就会发生。

在后掠翼上等压线是弯曲的，其不均匀性主要是由翼根和翼尖效应引起的。有限翼展的后掠翼的不理想特征如下：

（1）由于失去了等压线后掠，因此降低了临界马赫数。

（2）由于高吸力峰值和陡峭的逆压梯度，在翼尖附近会过早出现流动分离，导致机翼自动上仰，使情况变得更糟。

1944 年,Buschner[2]是第一个意识到这些缺点的人。他建议对机翼形状进行修改,以便在整个后掠角上将等压线拉直,并且他证明了这是可能的。这使得人们设计机翼的思路向尽可能均匀加载整个机翼的方向发展。然而,并不能说直线等压线是有限机翼最小激波阻力的必要条件。受跨声速流动物理的制约,设计空间是高度非线性的,因此只能通过数学优化技术进行探索。

2) 翼尖突然失速

比等压线不均匀更麻烦的是翼尖突然失速的趋势,这会导致非线性俯仰不稳定。Ludwieg[18]在 1940 年首先意识到这一点。随着后掠角和展弦比的增加,翼尖突然失速的严重性也在增加,正是这个问题延缓了后掠翼的发展。

然而,后掠翼的好处使得其仍然非常值得拥有,以至于早期喷气式战斗机的设计者们将其与不断发展的涡喷发动机的大推力结合起来时欣喜若狂。在其他方面,后掠翼在能使现代机翼的相对厚度得以维持的同时,允许进一步增加 Ma_{crit}。例如,10%厚度的 F-86 Sabre 机翼有足够的空间装载燃料,并且可以采用相对简单的襟翼。

3) 两个设计目标

因此,设计的挑战变成如下:

(1) 通过使机翼后掠以及延迟阻力发散到更高的马赫数来减少阻力。

(2) 通过调整机翼形状,减轻翼根和翼尖后掠效应的损失。

(3) 通过控制翼尖流动分离来减轻翼尖失速和俯仰不稳定性,这通常由激波-边界层干扰引起,并且通常在翼尖处表现最严重。压力通过激波增加:激波后的逆压梯度导致边界层分离。

设计的挑战在于合理的形状调整,以减轻这些不利影响。

4) 保持等压线后掠

通常在设计循环 2 中,其他专业会为气动设计专家提供机翼的平面形状和机翼的最大厚度,并要求气动专家设计机翼扭转角和弯度曲线,以及适当地改变厚度包络线,以获得机翼上与**后掠角平行的等压线**。等压线在翼根和翼尖处的自然趋势是变得不后掠。所以设计者试图减少这种趋势,以获得与几何后掠角一样大的有效气动后掠(即在压力分布中)。一般来说机翼有一个弱激波,增大激波的后掠角可以降低其强度,也可以降低激波阻力。

为了减小翼根和翼尖不后掠的效应,设计者可以进行以下设计修改:

(1) 翼根区域。

a. 前缘效应:通过前缘延伸(LEX,通常称为边条)来延伸翼根,将等压线拉至前面。

　　b. 厚度效应：为了使翼根的等压线向前移动，应增加前部的厚度，减少后部的厚度。

　　c. 升力效应：通过加入正扭转角和负弯度，在翼根截面的前部增加升力，在后部减少升力。

　　（2）翼尖区域。平面形状可以从流向截断改变为曲线形式（即局部倾斜翼尖前缘，将等压线推向更远的后方）。

　　所有这些形状修改都适用于给定升力系数和马赫数的特定设计状态。还要注意，该方法并不是定量的——它并没有告诉我们要对形状进行**多大程度**的改变，因此我们必须通过试验或数学优化算法进行手动尝试与试错。

　　5）缓解翼尖失速和俯仰不稳定性

　　除了让翼尖产生更高的载荷外，后掠翼还会产生沿机翼展向的速度分量，使边界层向翼尖变厚。这两种效应都使得翼尖容易出现过早的流动分离（见2.7节）。该效应也可能在左右机翼不对称地发生，从而产生滚转力矩，如果副翼处于分离流中，那么可能没有足够的控制力来控制滚转。图9.6(b)显示了这种情况是如何发生的，以及机翼前缘翼刀是如何减轻这种效应的。

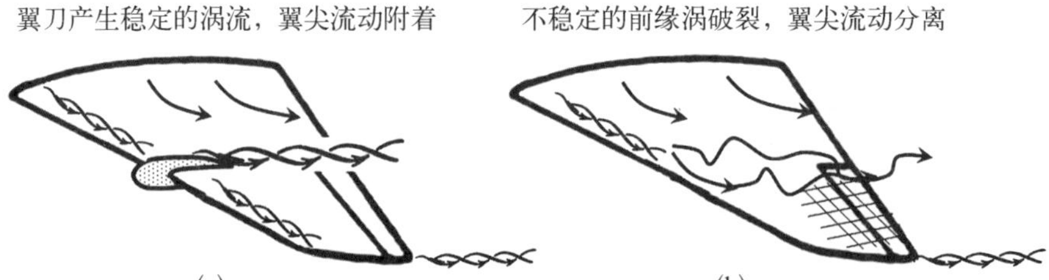

图9.6　前缘翼刀在副翼内侧下游形成了稳定的涡流(a)，以避免不稳定的分离流(b)

　　这种翼尖失速导致飞行品质无法接受。经过大量的飞行试验，人们设计了各种缓解措施来延迟分离或至少使分离可预测。最常见的措施如下：

　　（1）前缘装置［能在空气动力作用下自动打开和关闭的前缘缝翼（在Me-262研制中首创并在F-86上得到改进）、锯齿（在J-29中首创，成为后来Saab飞机的标志）、凹槽等］。

　　（2）分布式装置［机翼上的弦向翼刀（MIG-15）、涡流发生器等］。正如Cook[4]所述，涡流发生器能够有效解决B-47的俯仰不稳定性。

　　大多数控制装置都通过产生涡流来产生作用，正如图9.6描述的翼刀一样。

但是它们的精确效果不容易预测,因此必须通过详细的计算来研究每种具体工况。

　　机翼翼刀被用于早期的后掠翼战斗机,如 MIG‑15 的每个机翼上都有两个大翼刀。翼刀确实对展向边界层流动构成了物理阻碍,并且在更高的攻角下对分离的向内扩散构成了阻碍(见图 9.6)。然而更重要的是,虽然翼刀在前缘突出部分会破坏局部的流动,导致在翼刀的内侧形成分离流动区,在翼刀的外侧形成涡流,但是该分离的流动区域通常不会产生明显的升力损失,也不会产生严重的阻力代价。

　　翼刀外侧的气流对机翼压力分布的影响较大,因为形成的涡流会回流到机翼表面。涡流在其经过的表面上产生了更大的吸力,从而补偿了在翼刀内侧失去的升力。此外,翼刀遏制了展向边界层的移动,并在一定程度上减轻了翼尖载荷。

　　如图 9.7(b)J‑29F 所示,机翼前缘锯齿通常位于超过半翼展的位置,通过

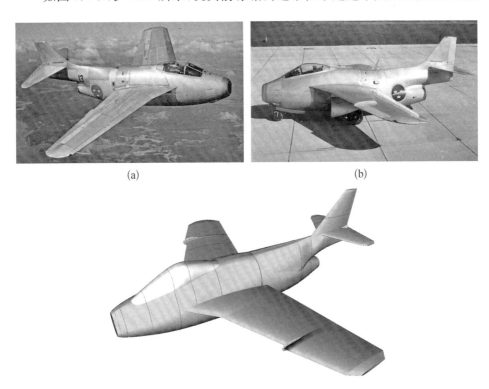

图 9.7　Saab J‑29 的两个机型

(a) J29A;(b) J29F(机翼上有锯齿和翼刀)

(照片由瑞典空军提供,由 Saab 老兵俱乐部档案馆授权转载)

延长该处机翼的前缘形成。锯齿有两个功能：一是形成类似于翼刀产生的涡流，二是减少机翼截面相对厚度，从而降低高马赫数时的阻力。此外，它还可以将前缘下垂引入外翼段。

6）两个跨声速案例研究演示设计步骤

以下各节将介绍两个案例研究以演示设计步骤。第1个案例是关于早期喷气式战斗机 Saab J-29 的后掠翼，第2个案例是关于当代跨声速运输机 CRM 的机翼。我们还将看到原始 J-29 机翼后掠导致的不理想的副作用及其缓解措施，并比较原始未经处理的 A 型机翼和带有锯齿和失速翼刀的 F 型机翼（见图9.7）。

9.3.2　案例研究2：早期喷气式战斗机的后掠翼设计——J-29

对于 J-29，我们在下面概述了设计者在早期应用后掠翼理论时遇到的问题。图9.7展示了最初的 A 型机翼和后来修改后的 F 型机翼的平面形状。

正如第3章所述，后掠翼的翼尖失速与俯仰现象有关。此外分离流通常是不稳定的，这也会产生抖振现象。

在机翼的改进过程中，在平面形状中采用了"锯齿"前缘和能够覆盖裂口的平板，这非常类似于边界层翼刀的效果，从而提高了飞机的高速机动性，也提高了3%的临界马赫数。如图9.8所示，这些装置完全改变了失速形态。B-47喷气式轰炸机上的发动机挂架也产生了类似的效果，能够有效减轻俯仰不稳定性引起的抬头现象。下面我们将用 CFD 来解释翼刀是如何改变流场的。

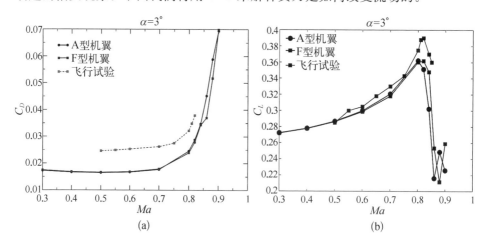

图9.8　用 EDGE RANS 在给定 $\alpha=3°$ 的情况下计算的 A 型机翼和 F 型机翼的 C_D（a）和 C_L（b）随马赫数的变化，并与飞行试验数据进行比较

1) J-29A 和 J-29F 的机翼几何形状

依据传统经典设计方法,该机翼的外形是由在翼根翼型(位于 15% 半翼展)和翼尖翼型(位于 85% 半翼展)拉伸获得的直纹曲面。Saab 工程师选择了第 8 章中介绍的瑞典航空研究院(FFA)翼型 124-5112,翼根处 $\frac{t}{c}=10\%$,翼尖处 $\frac{t}{c}=11\%$。注意前缘是如何在翼根延伸的——这是将等压线向前拉的秘诀。LEX 半径很小,这可能是为了在大攻角时产生涡升力。翼尖的前缘也同样略微向后倾斜,以拉回等压线。

后来,从 J-32 到 JAS-39 的 Saab 系列战斗机也有锯齿和翼刀。但马赫数 2 的双三角翼 J-35 是例外,其特点是在前缘的下侧有"涡流发生器"翼刀,用来减轻升力的抖振。

在 20 世纪 40 年代,工程师们唯一可用的工具就是风洞,而在尺寸有限的风洞横截面中存在着雷诺数和压缩性影响的问题。激波-边界层干扰和分离的细节难以观察,更难以量化。我们将对 A 型机翼的跨声速飞行以及 F 型机翼的修改效果进行 CFD 研究,修改后将机动临界马赫数从 0.86 提高到了 0.89。

2) 重建 J-29 的几何形状

J-29 没有数字化的几何模型,它是由 Saab 的几何办公室开发的,其定义是结合了解析的形状定义和坐标测量。它的形状是通过一系列平行的、对角的和圆柱的截面确定的。机翼本身可以通过轮廓和平面形状精确构建。机身、发动机罩和尾翼的横截面是根据 Saab 档案馆的一张大图纸上的截面数字化得到的。

J-29 的机翼与 DVL 为 Me-262 开发的翼型有着密切的关系,该翼型由美国国家航空咨询委员会(NACA)的对称机翼修改而成。机翼坐标分别位于 15% 和 85% 翼展处。85%~100% 翼展之间的翼尖是被简化了的。对于 LEX,我们通常从翼型截面估算前缘半径。通常后掠翼需要进行"外洗"(即前缘向下扭转),但 J-29 的翼根和翼尖的弦线是平行的。

3) 阻力突增

对于高速巡航工况($\alpha=3°$,$Re=9\times10^6$,一系列马赫数),已经完成的一系列的数值计算结果展示了机翼的基本跨声速特性;与飞行试验的比较如图 9.8 (a)所示。注意计算是针对单独的机翼和机身的,所以整个构型的阻力更大。通过比较发现,在 $Ma_\infty \geqslant 0.8$ 时阻力开始大幅上升,飞行试验也验证了这一点。机翼失速是由在 $Ma_\infty \approx 0.84$ 时机翼上形成的激波导致的。

4) J - 29 的 A 型和 F 型机翼的阻力突增

图 9.8 显示了阻力随着马赫数增加的过程。A 型机翼和 F 型机翼之间有微小的差别,这与 F 型机翼的高速性能略微提高相一致。力矩系数的曲线显示,在 $Ma = 0.84$ 附近的小攻角范围内有事发生,但这点我们已经有所了解。只有在以飞机重心为力矩参考点绘制力矩曲线的情况下,我们才能获取更精确的信息,但这里的讨论并不需要这样做。为了继续研究,我们考虑图 9.9 中的压力分布。首先考虑图 9.9(b)左侧,这是在 A 型机翼上的,这些流动特征类似于跨声速客机机翼上的特征[见图 2.23(a)]。四个 RANS 模拟显示,等压线没有后掠,而且

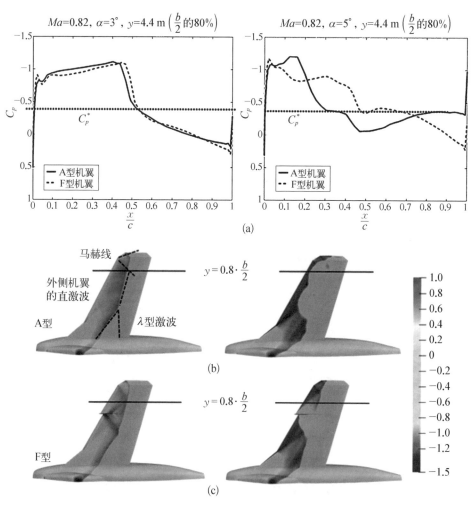

图 9.9　A 型机翼和 F 型机翼吸力侧以及在 3°和 5°攻角下沿 80% 展向的压力分布

（由 M. Zhang 提供,个人通信）

随着马赫数的增加,上表面的激波会向尾缘方向移动。

A 型机翼与 F 型机翼之间的差异在攻角为 5°时更明显,特别是在外翼处。锯齿与前缘翼刀产生了马赫波,流动分离以及由此产生的压力分布在外翼上非常不同。

这个结果代表了早期关于后掠翼的研究。上述情况表明,在翼根和翼尖处采取的抵消翼根翼尖效应的措施并不十分有效。这也说明在翼根和翼尖处选择两个翼型并在两者之间进行线性构造这样的传统设计方法是不够的。为了更定量地了解锯齿和翼刀对气动力的贡献,图 9.10 展示了在 5°攻角下,20%、40%、60%、80%和 95%半翼展截面上的升力(实际上是 C_z)沿弦长的分布情况。F 型机翼到处都有升力,但 A 型机翼外侧部分有明显的负升力,这就是典型的抬头现象。

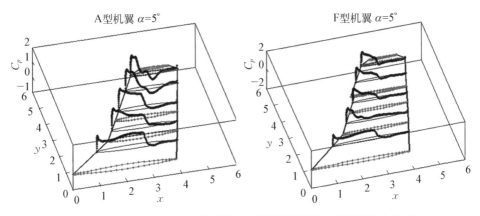

图 9.10 在 5°攻角下,A 型机翼和 F 型机翼沿着给定弦长的法向力 C_z

通过考虑边界层和流动分离行为(见图 9.11),我们可以进一步说明流动物理,回流现象可以通过 $C_{fx} < 0$ 显示出来。在 3°攻角时,激波-边界层干扰产生分离。在 5°攻角时,A 型机翼在大部分区域上都已经失速,但 F 型机翼的分离位置仅限于翼刀内侧的区域。

5) 翼尖失速与跨声速抬头现象的补救措施:锯齿和翼刀

边界层翼刀的作用原理是阻挡沿展向方向减速的边界层流动。在翼刀的外侧,边界层的流动方向将再次变为流向流动,并阻挡了从翼根到翼刀的减速边界层。旋涡卷起并越过翼刀顶部(见图 9.6),可为外侧的气流提供能量。Saab 工程师称这些装置为"涡切割器"(virveldelare),并将其功能归结为通过分割涡流来稳定沿着前缘的涡流。**涡流发生器**位于机翼的压力侧,可以以类似的方式在

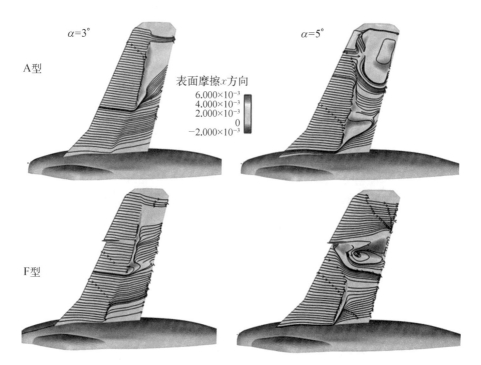

图 9.11　在 3°(左)和 5°(右)攻角时上翼表面摩擦系数向量在 x 方向的
　　　　分量 $C_{f,x}$ 和表面摩擦线

更大的攻角下发挥作用,此时前缘驻点线已远低于前缘顶点。

在上面这个案例中前缘后掠角是连续变化的。如果是大展弦比的平直翼,其行为则更像翼型,小的前缘半径会造成前缘分离泡。大展弦比的后掠翼的工作压力就像是一个垂直于前缘的横截面与展向流动的叠加。因此,前缘分离泡成为前缘涡。更大的后掠角会使得涡向下游移动并变得更强。因此为了在前缘流动中发挥作用,涡切割器只需要延伸到吸力峰和靠近前缘的高速区域。这可以与 MIG－15 和 MIG－17 的全弦长的翼刀形成对比。翼刀的总体效果都是用局部分离取代外侧分离,使正在减速的、内侧的前缘边界层朝着弦向方向转向。

9.3.3　案例研究 3: CRM 机翼,最小阻力设计

教育界和研究界一直需要一个实用的基准后掠翼布局模型,用来研究工程上详细的机翼设计原则,然后说明这些原则如何与数学优化结果相一致。换句话说,数学工具能否探索设计空间,并验证设计方向(与工程师自 1948 年以来在

过去 70 年的实际经验中所发现的有关规律一致），或许还可以进一步，发现工程师们没有意识到的方面？

为了解当今的后掠翼设计可以做哪些工作，我们下面来分析 CRM 机翼。

1) CRM 后掠翼案例

为了响应气动设计优化基准的需求，ADODG 提出了 6 个不同性质的设计优化案例，可以用于比较各种优化方法。案例 4 瞄准的是跨声速飞行中最小化 CRM 后掠翼的阻力问题。CRM 本身被称为 NASA CRM（https://commonresearchmodel. larc. nasa. gov/）。它由机翼、机身和水平尾翼组成，是目前跨声速客机（如波音和空客飞机）模型的典型（和现实）代表，已成为各类型 CFD 对比的广泛基准。

这是一个新的、公开的、有价值的基准后掠翼几何模型，最先进的 CFD 方法以及多学科优化（MDO）设计工具（第 1 章）通常都可以应用到 CRM 上进行验证。

NASA 和波音公司设计 CRM 模型时为其采用了现代跨声速超临界机翼，适用于 $Ma_\infty = 0.85$，$C_L = 0.5$，基于弦长的 $Re = 4 \times 10^7$ 飞行条件。该机翼的定义由 21 个翼型截面构成，可以从 CRM 网站获取。这种机翼设计在设计点附近的合理范围内都能够表现出相当高的性能，它不是单一设计点的设计。这个机翼是 Vassberg 团队努力的结果，尽管文献[31]中基本没有对其设计细节或设计原理的描述，但它是一个相当成熟的机翼，具有后缘拐折（所谓的 Yehudi）、扭转角与展向厚度变化等。

本书练习中的初始几何形状是从 CRM 的几何形状中提取的，其几何形状和参数是由 ADODG 给出的：机身和尾翼被从原 CRM 模型中删除，余下的机翼翼根移动到了对称面。

ADODG 对案例 4 中的参数化指定的唯一要求是：机翼平面形状必须保持固定，几何形状只能在垂直（z）方向改变。详情请见 Martins 团队的网站：http://mdolab. engin. umich. edu/content/aerodynamic-design-optimization-workshop。

2) 问题描述

ADODG 目前的优化问题定义如下：在跨声速流动以及单点和多点设计的条件下，基于三维 RANS 方法将 CRM 机翼阻力最小化。

对于 ADODG CRM 机翼的几何形状，案例 4.1 是基准单点优化，该案例的结果已由密歇根大学的 Martins 和他的 MDO 实验室的团队进行报告，优化结果几何和网格可以公开获得。

形状设计变量由自由变形技术(FFD)的体积控制点的 z 坐标来表示(即只允许在垂直方向上移动)。此外,每个运行工况都有一个独立的攻角变量。每个运行工况下,都强制要求执行升力系数的等式约束。在每次优化中,只有名义飞行工况下($Ma=0.85$,$C_L=0.5$)才执行俯仰力矩的不等式约束。最后还要施加两种几何约束:机翼的内部体积必须大于或等于初始体积,机翼的厚度必须在任意一点大于初始厚度的 25%。

3) CRM 机翼的最小阻力优化

本书的重点不是对气动形状优化软件进行一个深入的描述,因此我们只介绍一下参考文献[13]中 Martins 团队在 CRM 案例 4 中的一些结果。图 9.12 中的左侧机翼是初始 CRM 机翼形状的结果,右侧机翼是优化后的结果。机翼的

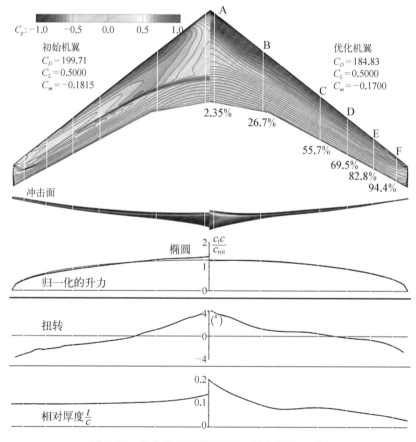

图 9.12 优化后的机翼无激波,阻力降低 7.5%

(由 J. Martins 提供[13],经许可转载)

平面视图显示了在名义运行工况下的 C_p 云图以及相应的阻力系数。在平面视图下面，机翼的正视图也可视化显示了 C_p 云图和激波面，还有机翼的厚度变化。正视图下面，还绘制了展向升力、扭转角和相对厚度的分布，还显示了参考的椭圆形升力分布。原始机翼（CRM）显示了翼根和翼尖典型的等压线**无后掠效应**现象。注意优化程序是如何修改展向的厚度和扭转角分布，从而有效地拉直了等压线。

在名义流动工况下，优化后的阻力系数从 199.71 个 count 减少到 184.83 个 count，减少了 7.5%。在最优状态下，升力系数的目标得到满足，俯仰力矩也减小到允许的最低值。通过精细调节扭转角分布和机翼几何形状，优化后的机翼升力分布更接近椭圆分布，表明诱导阻力接近理论最小值。基准机翼的扭转角分布接近线性。优化后的设计在翼根和翼尖处有更大的扭转角，而在中段翼附近的扭转角减小。整体扭转角只从 8.06° 稍微调整到 7.43°。

优化后的厚度分布与基准机翼厚度分布有明显差异。优化算法选择增加翼根厚度，减少翼尖厚度以保持机翼容积，翼根处的 $\dfrac{t}{c}$ 超过 20%。

然而，在翼尖附近的厚度降低，这会在实践中带来结构重量的增加。更严格的厚度约束可能会带来更适用于工程的设计：最优设计只有在它的限制条件下才具有适用性。

在基准机翼的很大区域，密集的等压线聚集代表形成了激波。优化后的机翼显示了间隔均匀的、平行的等压线，表明在名义飞行条件下得到了一个接近无激波的解。

4）弦向变化：翼根、半翼展和翼尖截面

下面通过 C_p 曲线图来更详细地了解优化算法在翼根[见图 9.13（a）]处所做的改变。通过前缘的加厚和负弯度的增加，有效地消除了激波，并产生了与半翼展截面 C 相似的压力分布。

在翼型 C_p 的分布曲线上也可以看到激波的消除。由激波造成的局部压力急增消失了，变成了从前缘到后缘的缓慢变化。

翼尖截面。优化后的机翼的另一个明显特征是尖锐的前缘。优化算法搜索到了问题表达式中的缺陷：对于单点优化，让前缘变薄是没有代价的。然而，尖锐前缘翼型在非设计条件下表现出不利的性能，因为气流在非设计点下容易分离。

翼尖截面 C_p[见图 9.13（c）]展示了通过前缘的严重削尖和扭转角减小，可以有效地消除激波,并产生与半翼展截面[见图 9.3(b)]相似的 C_p 分布。机翼两端的变化实际上意味着从前缘到后缘的压力恢复斜率沿展向近似相等。

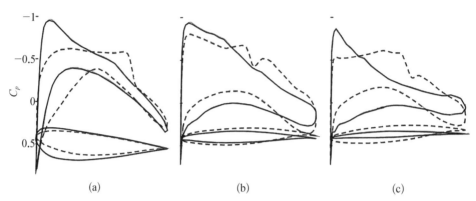

图 9.13 翼根(a)、半翼展(b)和翼尖(c)处的截面形状变化与 C_p 分布变化

(由 J. Martins 提供[13],经许可转载)

5) CRM 机翼的多点优化

当进行机翼形状的单点优化时,会导致即使飞行状态有很小的偏差,其性能也可能会降低。正如 Martins 等[16]所做的研究那样,我们可以通过将不同的飞行状态纳入性能指标(FoM)来避免这种情况,其结果总结如下文所述。

图 9.14 展示了原始机翼、单点优化机翼和多点优化机翼的阻力随马赫数变化的情况。基准机翼从 $Ma = 0.85$ 开始有明显的阻力上升,并随着马赫数的增

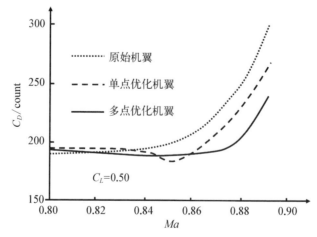

图 9.14 原始和优化的 CRM 机翼的阻力随马赫数的变化曲线

(由 J. Martins 提供[16],经许可转载)

加阻力曲线迅速变陡,与 8.3 节中的翼型阻力上升曲线一致。如果在名义巡航条件下进行阻力最小化优化,则只会在该工况产生最低的阻力,而即使是很小的工况偏差也会使阻力严重恶化。因此对这个工况点而言,该最优解并不鲁棒,这将受到机翼设计师的反对。

多点优化使用了 9 个不同 Ma 和 C_L 工况下的阻力的加权求和。权重的选择是为了反映特定工况带来的成本,这些成本是由在役的波音 777 飞机真实记录所揭示的。CRM 的机翼类似于波音 777 飞机的典型机翼。多点优化机翼产生的阻力上升是渐进且单调的,并且在名义工况下的阻力代价很小:Martins 团队多点优化的机翼形状只付出了 4 个 count 的阻力代价。

要吸取以下两个教训:

● 机翼形状参数化不能允许非常局部的形状变化,因为这会导致整体形状显示出鼓包。单个设计点的激波阻力可以通过在激波位置增加鼓包来缓解,但这显然是一个糟糕的设计。

● 机翼形状必须适合多种运行工况,以避免非常狭小的低阻区。必须应用多工况点优化技术。例如,对不同结果进行加权平均,或将最坏的情况纳入性能指标(FoM)。当然,仍然需要研究权重变化引起的设计鲁棒性变化。

6)结语

此类优化案例具有学术研究的意义,但并不能代表实际跨声速飞机构型的工业气动形状优化,原因如下:

(1)缺少机身会导致不正确的升力分布。事实上,最初的 CRM 与机身结合时,其升力分布比单独的机翼更接近于椭圆形。

(2)该分析是在风洞雷诺数为 5×10^6 的工况下进行的,而飞行雷诺数约为 4×10^7。目前尚不清楚这会对优化设计产生什么影响。

(3)机翼厚度的下限太小,这使得机翼并不实用。优化后的厚度分布将导致很大的结构设计难度。

(4)飞机机翼不是刚性的,会根据实际飞行载荷而变形。这会使机翼发生弯曲和扭转,从而导致不同的升力分布、激波形态和诱导阻力。Martins 团队之前的工作已经研究了通过使用气动-结构优化来解决这些"纯气动"优化的缺点的优化方法,但这超出了 ADODG 基准算例的范围。注意,CRM 案例中已经考虑了这种气动弹性变形,公布的翼型定义实际上是考虑了基准机翼中尺寸基本合理的结构设计下的 1g 巡航飞行形状,而不是地面型架形状。

9.4 超声速细长翼设计

军用飞机超声速飞行的布局在很大程度上取决于任务目标。民用超声速运输机的基本设计理念是比跨声速飞行更注重削弱激波,避免产生过高的激波阻力,如图 1.13、图 2.21 和图 3.1 所示,以及图 8.13 中针对翼型的展示。因此,设计的趋势是采用细长的机身 $\left(\dfrac{s}{l} \leqslant 0.2\right)$,以及更薄的机翼,其基本平面形状是混合的,各部件精心整合而成。虽然机翼比较薄,但机翼严格受到厚度的限制,从而为增升装置的布置提供必要的长度和体积要求。

9.4.1 设计的挑战:克服阻力

超声速飞行有激波阻力大的问题,因此为了设计超声速飞机,我们必须首先了解阻力的来源,并从中找到减小阻力的方法。正如我们所看到的,细长比和机翼厚度都是关键因素,因此带有增升效应的相干涡结构的小展弦比薄翼成了理想的流动模式。注意我们的目标是提高巡航效率 $Ma\left(\dfrac{L}{D}\right)$,因此设计任务就变成了权衡巡航效率损失(即由于阻力上升导致的较大的 D)与超声速巡航速度获得的效率(即较大的 Ma_{cruise})。

我们将在下一节研究这种权衡所涉及的基本原理。掌握了这些基本原理,我们就可以通过两个研究案例(TCR 和"协和"式飞机)来举例说明设计过程中的考虑。

9.4.2 案例研究 4:TCR

与超声速布局类似,近声速 TCR 飞机是细长布局,其机翼也很薄。正如图 1.9 所示,这种布局可以使其临界马赫数高于 CRM 等基本后掠翼方案的临界马赫数,下面的计算也可以证实这一点。

不过这就是后话了。在 1.1.5 节介绍过,Saab 公司在其设计循环 1 中产生的基础 TCR 布局是一种 T 形尾翼布局。但是我们在第 10 章中将会解释,T 形尾翼的 TCR 在配平时带来了过大的阻力,所以它被重新设计为鸭式布局,其最优版本为 TCR - C15。

在这里,我们讨论 TCR - C15 在配平飞行中的一些 CFD 研究。由于我们关注的是高速飞行时的阻力,所以应该将所有对阻力有贡献的因素都考虑进去,包括配平阻力。下一章将介绍配平计算所涉及的内容;在这里,我们将重点讨论表面压力和激波的发展。

1) TCR－C15 激波形态和等压线：$Ma = 0.65 \sim 0.97$

配平计算需要用到多个鸭翼偏转角 δ 下的方程解，但这里我们首先从 $\delta = 0$ 开始。

（1）力和俯仰力矩。

图 9.15 绘制了升力 C_L、阻力 $10C_D$ 和俯仰力矩 C_m，以显示在接近巡航速度时，它们随速度的变化过程。可以看到，在接近 $Ma_\infty = 0.97$ 时，C_L 随 Ma_∞ 的增加比 C_D 的增加更快。在接近 $Ma_\infty = 1$ 时，升力曲线的斜率下降，但激波引起的失速还没有出现。

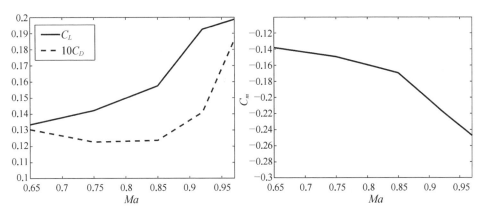

图 9.15 马赫数变化的计算曲线，C_L 和 $10C_D$（a）；俯仰力矩 C_m（b）。
EDGE RANS 计算的 TCR－C15 布局

（由 P. Eliasson 提供[7]，经许可转载）

同时，俯仰力矩 $C_m < 0$ 的幅值持续增大，在 $Ma_\infty = 0.85$ 后也继续保持了增大的趋势。这必须由鸭翼来配平，因此会增加配平阻力。俯仰力矩随马赫数的变化是众所周知的"自动俯冲"现象，即激波向后移动并改变了整体压力分布，从而引起的机头向下的趋势。我们将在下一章中描述，如果采用俯仰控制系统，这个配平问题可以得到缓解。

（2）表面压力。

我们必须分析上表面的压力分布和激波形态，以便更好地理解升力和阻力的增加。图 9.16（a）显示了升力和俯仰力矩的变化来自机翼。表面压力分布显示，随着马赫数的增加，机翼外侧（也就是更靠后的部分）的吸力增加。

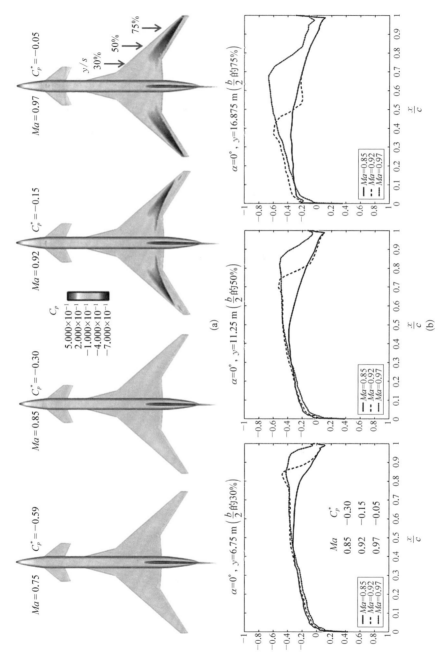

图 9.16 TCR－C15 跨声速压力分布。上表面的等压线（a）；在三个弦向截面中 C_p 分布曲线（b）。$\alpha=0°$，$\delta=0°$。

（由 P. Eliasson 提供[8]，经许可转载）

上表面弦向的压力曲线清楚地展示了随着 Ma_∞ 从 0.85 增加到 0.97,激波和吸力区是如何迅速向后移动的,即产生自动俯冲现象。

请注意,图上的激波并不像机翼前缘的角度后掠,因此有可能通过进一步激波后掠来减少激波阻力的增加。

(3)巡航效率。

图 9.17 显示了 TCR‐C15 配平后的 $Ma \cdot \dfrac{C_L}{C_D}$,它在 $Ma = 0.85$ 甚至 $Ma = 0.92$ 之后仍然继续上升,这与 CRM 机翼的情况不同。这是因为尽管阻力随着 Ma_∞ 的增加而上升,但升力增长得更快。

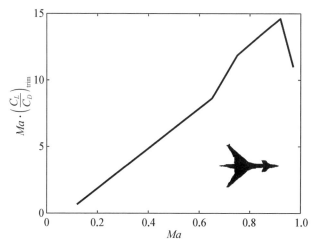

图 9.17　在配平状态下的巡航效率 $Ma \cdot \dfrac{C_L}{C_D}$

(来自 EDGE RANS 计算的气动数据)

我们需要注意,如果我们将巡航速度从 $Ma = 0.97$ 增加到超声速,阻力会怎样变化? 从线性超声速理论的角度来看,第 3 章已经得出结论,亚声速前缘带来的激波阻力较小。下面通过比较超声速飞机的三种经典平面形状,来研究后掠角、细长比和厚度对超声速飞行的影响。详细的分析应该考虑配平的影响,就像上面的 TCR 一样把配平阻力也考虑进来。但是,即使是在固定攻角和无配平的情况下,这些平面形状之间的差异也具有指导意义。

2) 细长比对激波阻力的影响

第 1 章对平面形状的讨论非常粗略(见图 1.11)。现在我们更详细地研究其中的三种平面形状,它们具有相同的展弦比(AR=2)、相同的机翼面积 S 以及相同的相对厚度(4%)。第一种是梯形平面形状,类似于 F-104 星式战斗机,具有圆弧翼型;第二种是三角翼平面形状;第三种是高度后掠的箭形翼平面形状。后两种平面形状采用对称的 4% RAE 翼型。这三种平面形状的更多细节如下:

(1) 无后掠机翼的 $\frac{s}{l} \approx 0.8$,梢根比为 0.6,具有超声速前缘和后缘,故意没有考虑机身。F-104 的机身在 $Ma = 2$ 时具有亚声速前缘。

(2) 三角翼的 $\frac{s}{l} \approx 0.5$,也没有机身,但由于大后掠角,它具有亚声速前缘和超声速后缘。

(3) 大后掠角的箭形翼身组合体 $\frac{s}{l} \approx 0.3$,其后掠角可使前缘和后缘都为亚声速。

下面我们可以从欧拉方程计算中得出一些结论。在 $Ma = 2$ 时的马赫锥角为 30°,而三角翼平面形状的后掠角为 63.4°,因此在 Ma 高达 2.2 时前缘仍然为亚声速。

图 9.18 展示了三个超声速机翼在 $\alpha = 5°$ 时,Ma_∞ 从 0.5 到接近 2 时的 C_D 的变化曲线,可以明显看到每个机翼在激波阻力方面的特性。

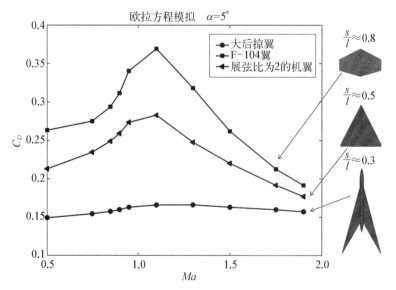

图 9.18　三种超声速机翼在 $\alpha = 5°$ 时的不同马赫数下的无黏阻力,
由 EDGE 欧拉方程计算

3）亚声速和超声速的前/后缘

第 3 章描述了亚声速和超声速前缘对图 1.11 所示典型平面形状的影响。计算结果表面，对于超声速 Ma_∞ 值，带有后掠亚声速前缘的激波阻力低于后掠的超声速前缘；后掠角越大，激波阻力越低。构型应该足够细长，以便能包围在根部前缘的马赫锥内。上面的例子中梯形机翼和三角形机翼在刚过 $Ma=1$ 时都显示出明显的最大 C_D 值，但大后掠角的机翼则没有。

Aerion 超声速商务机。Aerion 公司多年来一直致力于小型超声速飞机的设计。这期间飞机设计技术一直在不断发展进步。该飞机预计可以在 Ma 为 $1.1\sim1.2$ 的速度下巡航，没有超声速的声爆，远程巡航的 $Ma=1.4$。它有一个基本不带后掠的机翼，类似于图 9.18 中的梯形翼布局。

这个方案源于"自然层流"的概念，这是可压缩流体力学的一个基本概念。无后掠机翼在超声速工况下，机翼上的压力从前缘到后缘持续下降，这意味着压力梯度在整个机翼上都是顺压的，并且对于中等的雷诺数，流动可以始终保持层流。由此产生的低摩擦阻力可以成为一项有利的技术。这些因素有助于解释图 3.23 中所示的情况，而且也适用于 JAS-39 等战斗机（见文献[22]）。

9.4.3　案例研究 5：一个类"协和"式布局

在细长的三角翼"协和"式飞机上，前缘加工得非常锋利，即使在巡航低攻角下也能引起分离。该机翼前缘还沿其长度方向翘曲，以确保涡流沿前缘均匀增长。图 9.19 简要说明了这种机翼的复杂性，尽管其弯度、厚度和前缘下垂等细节在照片中难以观察到。

除了前缘翘曲外，机翼还有沿展向变化的弯度，其原因将在后续章节解释。20 世纪 50 年代，$Ma=2$ 的 Saab J-35 和后来的其他高速运输机设计方案中都使用了带有大后掠内翼截面和小后掠外翼截面的双三角翼平面形状。

"协和"式飞机的最初设想是在巡航时以附着流的方式飞行，但在概念研究中发现，最优的巡航状态下具有从尖锐前缘分离出来的小范围涡流，从而产生了如前文图 2.18 和图 2.19 所示的流动模式，并在 1.2.2 节和图 1.13 以及图 2.1 中讨论过。涡流下的高吸力给予了额外的非线性升力贡献，从而降低了固定升力下（如起飞和着陆）所需的攻角。有人进一步论证，并在后来完全证实，这种模式下的流动随马赫数的变化是平滑且渐进的。直到更高的来流马赫数条件，前缘仍将保持亚声速状态。当超声速来流时，激波的后掠会很大，任何激波诱导的分离都仍将倾向于形成自由涡流层。

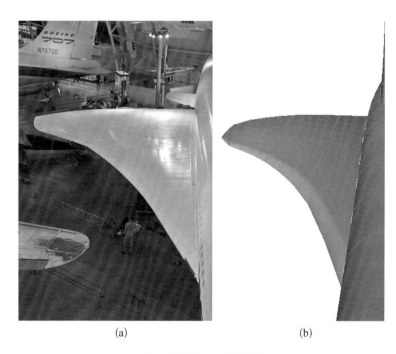

(a)　　　　　　　　　　　　　　　　(b)

图 9.19 "协和"式飞机机翼上侧

（a）作者在 Udvar‑Hazy 航空航天博物馆中心拍摄的"协和"式飞机照片；
（b）Sumo 类"协和"式飞机模型

概念研究探讨了许多空气动力学方面的问题：

（1）前缘后掠改变带来的影响。

（2）三角形、哥特式和双弧形等平面形状的优缺点。

（3）截面面积分布和形状的影响。

（4）使用前后弯度来尽量减少升致阻力和配平特性变化。

（5）低速特性，尤其是超过某个攻角与侧滑角时，涡流就会破裂，稳定的流动模式就会破坏。

图 9.20 定义了超声速飞机设计的一些限制。人们如果想要飞机在 $Ma=2$ 飞行，可以或者说是必须设计一个细长机翼。图中指出了一个"无冲突区域"（即在所有的权衡中，机翼设计的要求都可以得到满足）。因此在确定最终的机翼形式时，允许有一定的自由选择。

这里有四个低速限制条件：

（1）荷兰滚不稳定性的出现。

（2）5°侧滑角时的涡破裂。

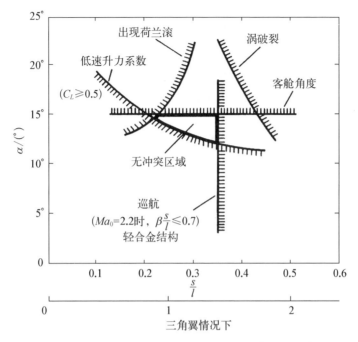

图 9.20　"无冲突区域"表示细长三角翼满足约束条件和需求的区域

（摘自 Küchemann[14]，经 AIAA 许可转载）

（3）客舱的最大地板角度，以确保起飞和着陆时的舒适性。

（4）进近状态所需的 C_L。

此外，为了获得足够的巡航性能，需要满足 $Ma_\infty \approx 2.2$ 时，$\sqrt{Ma_\infty^2 - 1} \cdot \dfrac{s}{l} \ll$

0.7。

超声速飞机的机翼必须满足以下两个相互矛盾的要求：

（1）更小的激波阻力；

（2）满意的低速性能。

第一个要求需要机翼更加细长，从而保证机翼前缘名义上是亚声速的。第二个要求需要展弦比足够大，以确保达到所需的低速性能，当然这与超声速飞行的激波阻力增加非常相关。

双三角翼的内翼段用来满足第一个需求，而外翼段则用来满足第二个需求。此外，还有一个优势，即从亚声速过渡到超声速飞行的过程中，中性点移动的距离较小，这使得配平过程中可以将配平阻力降到最低。在 $Ma = 2$ 飞行时，"协和"式飞机机翼的前缘的一半区域可以被认为是亚声速的,然后在外侧的三角翼是超声速的,最后在翼尖随着后掠的增加,又再次成为亚声速的。

1) 类"协和"式布局的计算模型

本节的目的是通过对类似"协和"式布局的 CFD 计算来解释一些参数空间,这里采用的类"协和"式布局是根据公开文献中发表的数据构建的,并且符合性能的无冲突区域。

AIAA"协和"式飞机的设计手册[24]和 Wilde 与 Cormery 的优秀的综述文章[33]对机翼几何做了足够详细的解释,虽然仍无法确定机翼确切的弯度,但可以对其进行近似估计。图 9.21 显示了我们用 Sumo 构建的类"协和"式几何模型。

图 9.21　用 Sumo 创建和网格化的类"协和"式几何模型

2) 一些"协和"式飞机气动特性的 CFD 图解

前缘涡在机翼上表面引起吸力,该吸力沿弦向保持不变,但后缘区域除外。前缘涡的强度随攻角的增大而增大,涡升力的贡献占总升力的比例增加,升力曲线是非线性的,但在适合实际飞行的范围内是单调的。尽管涡的影响随着马赫数的增加变得不那么明显,但这种涡在超声速时也能保持。

本节展示欧拉方程计算的结果,探索机翼的一些设计问题。涉及的问题包括以下内容:

- 巡航效率;
- 受控分离——非线性涡升力;
- 足够的着陆升力;
- 下垂前缘的阻力代价;
- 上表面等压线和激波。

(1) 巡航效率。

"协和"式飞机巡航时 $Ma_\infty=2$, $C_L=0.1$,此时攻角大致为 $5°$。图 9.22 展示了在此攻角下的无黏流计算情况下,总的巡航效率随马赫数变化的情况,并证

实巡航效率在接近 $Ma=2$ 时是上升的。稳定的直线和水平飞行需要通过升降舵偏转来提供力矩平衡。因为图中配平阻力和黏性阻力还没有加入计算的激波阻力中,所以计算所得 $Ma \cdot \dfrac{C_L}{C_D}$ 偏高。

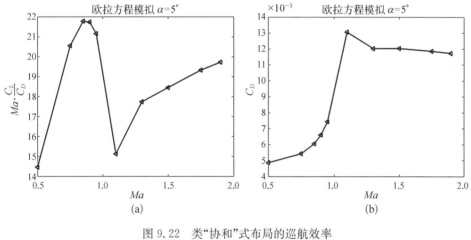

图 9.22　类"协和"式布局的巡航效率

(a) $Ma \cdot \dfrac{C_L}{C_D}$;(b) C_D(马赫数从 0.5 到 2.0)

(2) 受控分离:非线性涡升力。

展弦比 AR 很小的后掠翼,如展弦比为 2.0 的三角翼,其周围的流动模式与大展弦比、中等后掠角机翼的流动模式非常不同。它是高度三维的:"全翼尖效应"是它的一种图形描述方式。

它提出了一种不同于传统的需要抑制流动分离的想法。相反,它建议人们可以积极地诱发一种分离模式,以产生稳定的涡流系统,并可以随着攻角增加呈现规则增长。

图 9.23 显示了无黏流中低速时的非线性涡升力。估算这种涡升力的增升效应非常重要,因为它将决定飞机的着陆姿态是否可以接受。

(3) 足够的着陆升力。

随着攻角的增加,细长三角翼产生的升力只有现代亚声速运输机后掠翼的一半左右。最终的结果是,在没有增升装置的情况下,起飞和着陆不得不以较小的升力系数进行,这也正如巡航激波阻力的出现迫使人们接受比常规低得多的 $\dfrac{L}{D}$ 值。大致地说,亚声速运输机可以采用大约 1.0 的可用升力系数(没

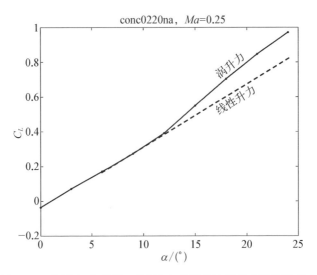

图 9.23　在低速(如着陆)时欧拉方程模拟计算的非线性涡升力

有增升装置),而细长三角翼的升力系数不超过 0.5。即使产生如此低的升力,细长三角翼也必须以接近 15°的攻角飞行,这在亚声速飞行中通常是非常大的攻角。然而,在"协和"式飞机的早期研究中,人们坚定地认为在这样的攻角下,升力是足够的,并且可以达到纵向配平。图 9.24 显示了"协和"式飞机上涡流的发展。

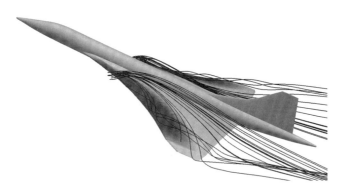

图 9.24　欧拉方程模拟获得的涡流特征,EDGE 代码
(由 M. Zhang 提供,个人通信获得)

(4) 前缘下垂的阻力代价。

最后,我们将花费大量精力来仔细研究对已有设计进行调整后的结果。例如,减少整个展向的前缘下垂可以改善超声速阻力。

"协和"式飞机的设计者非常努力地进行权衡,即通过前缘下垂可以获得着陆的高升力,但带来了额外的巡航阻力。我们对类"协和"式布局的巡航工况进行了两次欧拉计算,用来评估前缘下垂的阻力代价。原机翼被压扁以减少弯度(即减少前缘下垂)。在巡航 $C_L=0.116$ 时,扁平机翼 C_D 为 0.0106,而原始机翼 C_D 为 0.0116。10 个 count 的阻力差代表由前缘下垂带来的巡航阻力代价只有 10%。

(5) 上表面等压线和激波。

图 9.25 展示了在 $Ma=2$ 飞行时上表面的等马赫数曲线,以证实机翼表面上没有激波。在图 9.25(b)中,整个上表面都是超声速的,马赫数从接近前缘位置的 1.5 到有旋涡下的 2.5,最后在尾缘又回到了 2。

图 9.25(a)显示了 $C_p(x)$ 在半翼展宽度的 24%、40% 和 56% 截面处的三个弦向压力分布曲线图。

图 9.25 显示了吸力峰是如何随着涡旋的扩展和抬升在机翼外侧变宽的。这实际上是沿后掠前缘的流向过程。吸力峰值后面是等熵再压缩(即无激波)到自由来流速度($Ma=2$)的过程。机翼的流向截面厚度变化非常缓慢。正如超声速流动所预期的那样,机翼上表面和下表面的压力几乎是恒定的,一直到后缘。机翼后缘是超声速后缘,因此在后缘出现了压力跃变。由于机翼上没有激波,因此激波阻力较小。注意前缘压力侧(下表面)非常尖锐的吸力峰,这是小前缘半径和前缘下垂的结果。它会产生一个下压力,但这个下压力很小,因为它是非常局部的。

正如我们之前所指出的,三角翼的流场是非常复杂并且难以估计的,所以需要 CFD 计算来改变这种状况,并且带有自动网格生成的欧拉计算是非常迅速的。当然,我们仍然需要谨慎地评估无黏流动模型的可信度。

3) 谨慎调查:前缘的气动尖锐

我们展示的所有计算都是欧拉方程的解。前面已经说过,"协和"式飞机的前缘是"气动尖锐的"。这里也有另一种说法:在 RANS 计算中,涡的起始点与欧拉计算实际上是相同的。这只能通过比较两种解来确认,因为没有一个定义"气动尖锐"的先验标准。在同一套网格上,RANS 的计算结果与欧拉计算结果确实存在微小的差异。

对 F-16XL 进行更详细的欧拉与 RANS 计算的比较,以阐明涡流位置、边缘的尖锐度和激波-边界层干扰等问题。

在 $Ma_\infty=0.97$,$Re_{cref}=8.9\times10^7$,$\alpha=4°$ 的工况下,定常跨声速涡流在 F-

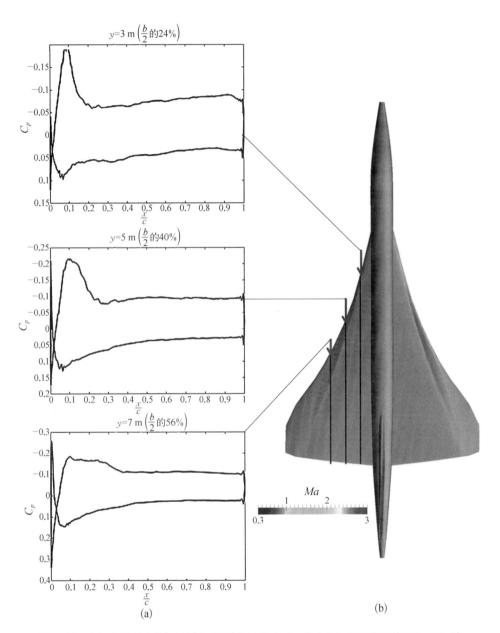

图 9.25 (a) 半翼展 24%、40%和 56%处的弦向 C_p 分布(上表面和下表面);(b) 计
算的机翼上表面马赫数分布

(由 M. Zhang 提供,个人通信)

16XL 上不发生涡破碎是激波-涡流-边界层干扰计算的一个具有挑战性的工况。
Crippa[5]在他的博士论文中对无黏解和 RANS 解进行了有趣的比较,这使得我们对边界层在涡流和激波位置中起到的作用有了一些深入理解。

图 9.26 展示了三重自适应的无黏网格上的欧拉解和单次自适应的黏性网格上的 RANS 结果对比,它们之间在涡核强度上具有巨大差异。虽然将机身连接到大后掠翼段部分的前缘十分锋利,但大后掠翼段朝着机翼转折位置的半径越来越小,从这一点看其可能不能被视为气动尖锐。如果是这样,欧拉解中涡流起始的位置是依赖网格的。对于欧拉方程计算,离散网格负责产生涡量,因此表面网格的细化会改变预测的前缘涡位置,如图 9.26 所示。通过细化大后掠翼段部分的钝前缘,无黏方法计算的分离起始点向下游移动。

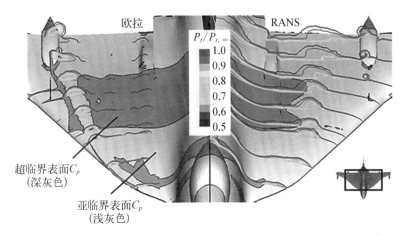

图 9.26　F-16XL 飞行条件 FC-70, $Ma_\infty = 0.97$, $Re_{cref} = 8.9 \times 10^7$, $\alpha = 4°$
时,欧拉和 RANS 在自适应网格上的方案比较。EDGE 代码模拟
(由 S. Crippa 提供,博士论文[5],经许可转载)

图 9.26 还显示了两种计算中超临界区域的拓扑差异。无黏计算结果中,超临界区域在弦向上被前缘涡经过的路径清楚地划分出来。在黏性计算结果中,超临界区域从对称面延伸到翼展中部,因此较弱的涡对其影响较小。最值得注意的是,尽管在 $Ma_\infty = 0.97$ 时,激波有可能很强,但结果比较表明激波-边界层干扰非常弱,因为在欧拉和 RANS 解中终止超临界区域的激波位置几乎没有差别。即使在 $Ma_\infty = 0.85$ 的设计巡航速度下,欧拉方法计算的 CRM 机翼上的激波位置也会与 RANS 计算的激波位置有明显的不同。这使人们相信,薄的细长机翼与跨声速后掠翼(如 CRM)会发展形成明显不同的激波形态。

9.5 布局的进一步发展

机翼设计绝不是仅仅基于单独机翼的基准设计,它还必须包括机身计算,因为机身连接区的流动会强烈影响机翼的气动特性。此外,构型还必须通过尾翼或鸭翼的平衡力矩来进行配平,我们将在下一章讨论这个问题。前面几节已经详细描述了设计循环 2 中干净机翼设计的细节。设计程序的下一步,即设计循环 3,可以从多个不同方向来进一步发展布局。首先是将机身连接到干净机翼上。加入机身会带来干扰效应,引起干扰阻力,这在低速和高速时都会发生。将机翼根部连接到机身时如果没有平滑的过渡,在表面之间就会产生锐角。在低速时,连接区域的气流可能会在尾缘之前分离,形成角隅涡,从而增加阻力。Hirschel 等[11] 展示了 CRM 翼身连接处流动的细节。高速情况下会增加激波阻力,因此必须找到最优的机翼-机身结合方式来减小激波阻力。第 3 章中讨论的面积律提供了减小激波阻力的参考。

该设计循环通常会产生一系列满足要求的可行布局,因此我们需要进行评估并比较这些不同的布局。

现代战斗机

亚声速和跨声速运输机的形状在一定程度上已经收敛,趋于可能的最优布局(见 9.2 和 9.3 节)。自商业航空运输开始,客机的任务基本上是相同的,这也是形状趋同的原因。同样地,所有制造商的设计进程都沿着类似的路线进行了细化和流水线化。事实上,航空航天史学家 Anderson 在他《伟大的设计师》(*The Grand Designers*)一书中,将系统的设计循环追溯到莱特兄弟,然后由一战时期英国 Bristol 飞机公司的主设计师 Frank Barnwell 进行了大量改进。

对于现代战斗机,特别是在跨声速和(低)超声速运行的飞机,这种收敛趋势并没有出现。这类飞机的不同需求特点导致了完全不同的飞行器形状,其中探测技术(雷达、红外)的发展也带来了很大影响。

现代军用飞机大体可分为以下两类布局:

(1) 三角翼鸭式布局;

(2) 混合翼布局(即梯形翼与大后掠边条翼的组合)。

下文将讨论的欧洲设计,如欧洲战斗机公司的 Typhoon 战斗机、Dassault 公司的 Rafale 战斗机和 Saab 公司的 JAS-39 战斗机,都倾向于采用三角翼鸭式布局。而目前美国和俄罗斯大多数战斗机都采用混合翼布局。

在大攻角下,大后掠的边条会发展出具有双重效应的强涡系。它会造成非线性涡升力增加,同时也可以稳定梯形机翼上的气流。大攻角下如果气流在梯形机翼外侧无序地分离,那么有边条时的分离面积将比无边条时小很多。

三角翼鸭式布局和混合翼布局各有优缺点。在某些具体情况下,其中一种可能会比另一种更有优势。最终首选哪种布局取决于任务要求和对单个任务要素的评估。此外如 Hirschel 等[11] 所述,设计团队的经验,甚至制造公司的产品理念,都可能在决策中发挥作用。

在对 Saab JAS-39 气动发展过程的真实曝光中,Modin 和 Clareus 以及他们的同事[3,12,22] 详细描述了最终布局选择的设计步骤。我们在此简要介绍这个历经多年的工业项目,展示这项工作所涉及的本质和工作量。

9.5.1　案例研究 6：JAS-39 的设计循环 3 布局选择

布局评估

如图 1.1 所示,Saab 公司的初始布局研究包括各种不同的布局。详细的(包括结构和系统安装在内)设计研究是针对少数有竞争力的布局进行的,特别是针对图 9.27 中的 2105 和 2102,但也有 2107。它们的基本特征经过详细分析,分析结果作为选择参考布局的基础,这样选择出来的参考布局可进一步完善并开发成最终的飞机。研究工作很快就集中在两个备选布局上：紧耦合的三角翼鸭式布局 2105 和传统的尾翼布局 2102。发动机的选择不应该对布局的相对优劣有任何明显的影响,研究中统一采用 F404 发动机,并将机翼载荷设置在这两种布局上,以提供相同的着陆进近速度。

Modin 和 Clareus 回忆道：对候选飞机布局的不同优缺点进行公平的比较与评估是一项棘手的任务。这是因为,在他们的选择中,设计的技术指标其实是相当接近的。例如,2107 布局飞机在重量和性能方面显示出一些优势,但它在背鳍根部有一个非常规的进气口。在大攻角下,前体遮挡区域可能会使进气道气流发生不可接受的畸变。由于该技术风险,他放弃了 2107 布局。

为了完成这项棘手的选择任务,他们对剩下的两个布局,即 2102 和 2105 的两个主要特征进行比较：高速和转弯性能,就像在 1980 年 12 月做布局选择时一样。关于不稳定性水平(如静稳定裕度)、重量、低速性能等其他因素的进一步讨论,请读者参阅 Modin 和 Clareus[22] 的文献。

(1) 高速性能：面积律。

正如 3.4.5 节所述,通过使飞机的横截面积沿飞机轴线分布过渡平滑,可以将跨声速的激波阻力降至最低,就如低阻力旋转体构型。下面让我们看看

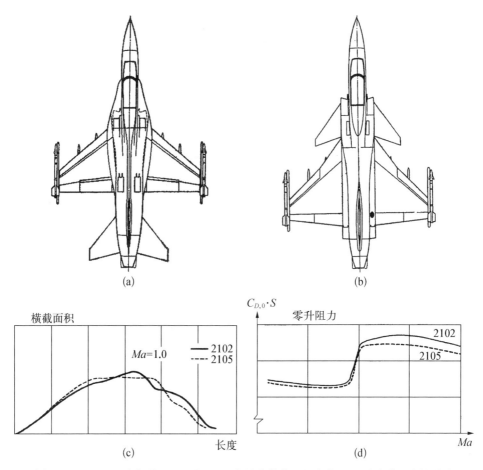

图 9.27　JAS - 39 原型机 2102 和 2105 布局的横截面积变化以及对零升阻力的影响

(由 K. Nilsson[12]，Saab 提供，经许可转载)

(a) JAS - 39 2102 布局原型机的平面图；(b) 使用面积律的 JAS - 39 2105 布局原型机的平面图；
(c) JAS - 39 原型机的横截面积；(d) JAS - 39 原型机的零升阻力

Modin 和 Clareus 描述的通过使用面积律优化对 JAS - 39 飞机进行复杂外形造型的过程。

图 9.27(a)和(b)显示了不使用面积律的 JAS - 39 原型 2102 和使用面积律的 2105 的平面图。图 9.27(c)绘制了两种布局在垂直于长度轴(即对应于 $Ma=1$)的切面上的总横截面积。在 $Ma=1$ 处，先前的鸭翼布局产生了不利的鞍形。然后通过仔细的局部机身设计，2105 的这种趋势变得并不明显，而且在 $Ma=1.1$ 时完全消失了。2105 布局的最大截面积比 2102 布局低约 9%。

朝向飞机尾部的面积分布的斜率对超声速激波阻力尤为重要。这对 2105 布局原型机有利,因为它没有尾翼且机翼在机身上的位置靠前,这对所需的俯仰不稳定性是非常必要的,因此有可能在鸭式布局上获得气动比较干净的尾段,并具有有利的横截面积分布。

图 9.27(d)显示了两种布局的零升阻力。在亚声速时,鸭翼布局只是略胜一筹,但在超声速时,差异非常明显。

(2) 转弯性能。

维持转弯性能的重要参数是更高的奥斯瓦尔德(Oswald)效率因子 e,以及更低的展向分布载荷。低速时,大展弦比的机翼-尾翼 2102 布局比 2105 三角翼鸭式布局更容易获得这两种性能。然而对高速来说,我们需要进行权衡。在超声速时零升阻力是主导参数[见图 9.27(d)],为了减少阻力,2105 鸭翼布局的弯度要小于亚声速机动的最优弯度。鸭翼布局弯度的这种权衡使得 2105 布局的机动性能比 2102 高约 10%。

(3) 最终选择。

在选择最终布局时,我们需要考虑到多种特性,其中一些与气动没有直接关系。在技术评估中,并没有一个单独的优点是对选择鸭翼布局起决定性作用的。然而,权衡所有的优点和缺点,与尾翼布局相比,鸭翼布局飞机是从技术和经济角度均满足指标要求的最优选择。经过两年密集的原型机开发和评估,1980 年12 月,Saab 选择了 2105 三角翼鸭式飞机布局的方案。又经过 8 年的完善和优化,JAS - 39 于 1988 年飞上天空。

9.5.2　布局发展中的主题

上一节指出了飞机布局开发工程中所需工作的广度和深度(设计循环3)。这本书所覆盖的范围并不允许我们深入太多方面,因此我们将针对三个具体问题展开讨论,其中涉及干净机翼的补充。第一个问题是机翼和机身的结合,第二个问题是翼梢小翼设计的考虑,第三个问题是在干净机翼上增加增升装置,同时我们给出了一个分析示例。下一章将探讨尾翼的设计、配平等问题。

1) 机翼-机身结合

不同部件表面之间的连接通常会导致过早的流动分离,从而形成**马蹄涡**(也称为项链涡),导致气动抖振和阻力。在前机身上发展的湍流边界层在遇到机翼表面时,会经历严重的逆压梯度,因此边界层会在机翼前缘的正前方与机身分离。由此产生的流动模式是复杂且完全三维的,在许多情况下会出现马蹄涡,从而导致阻力增加。

如9.3节所述,在跨声速巡航条件下,激波会对流动结构产生强烈的影响。这意味着机身形状也必须进行阻力最小化设计。机翼与机身交界处的流动特性对翼根的几何形状(如后掠角)也非常敏感。这种马蹄涡发生在 CRM 机翼上,Hirschel 等人在参考文献[11]中深入讨论了这个问题,感兴趣的读者可以查阅参考文献。

机翼-机身整流。机翼倒角(和尾翼倒角)的设计用于填充以锐角相交的曲面之间的区域,以保持流动附着,其周围的流场可以在局部速度较低的区域诱发机翼产生额外的升力。图9.28说明了交界处的流动以及倒角如何帮助保持流动附着。

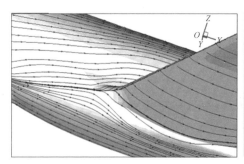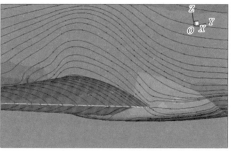

图9.28　倒角填补曲面之间的区域并使其平滑,这些区域以锐角相交,会阻碍并减缓空气流动,从而造成不必要的分离和旋涡

(由 M. Zhang[34]提供,欧盟项目 NOVEMOR,个人通信)

2)翼尖设计

翼尖的形状影响局部流动。如图9.12(a)所示,CRM 平面形状在翼尖处沿流向切断,因此等压线被拉向前方。然而,翼尖边缘的流动也非常重要。翼尖的钝边缘有利于气流从机翼下表面流向上表面;而翼尖采用尖锐的边缘则使上下表面的气流流动更加困难,因此相当于更大的翼展,并能改善气动特性。

图9.29展示了给翼尖更大的后掠角是如何对等压线向下游后掠产生影响的。在20世纪90年代,这种弯曲的翼尖在客机上很常见(如空中客车 A - 321)。

(1)翼梢小翼。

减阻装置也可以集成到翼尖。翼梢小翼是位于翼尖旋转气流中的一个或两个弯曲和扭转的表面,通过形状设计能够产生正向分量的力,从而减少飞机的阻力。翼梢小翼形状仅在一种飞行条件下是最优化的,而在其他条件下,减阻量就比较少。因此,对大部分飞行时间都在单一飞行状态下的巡航飞机来说,翼梢小翼是一个较为有用的装置。然而,波音公司在波音 767 - 400 上采用了向后扫掠(大后掠)的翼尖延伸,而不是最初提出的倾斜的翼梢小翼。

（2）混合翼梢小翼示例。

目前的设计理念似乎倾向于将翼梢小翼融合到整个机翼设计中。这是欧盟 NOVEMOR 项目采用的方法,即设计一个在 $Ma_\infty = 0.78$ 和 $C_{L,\,design} = 0.47$ 时巡航的支线飞机机翼。图 9.30 显示了机翼的混合翼梢小翼,该翼梢小翼约占主翼半翼展的 10%,其设计是为了在翼尖和翼梢小翼上保持与后掠角平行的等压线。

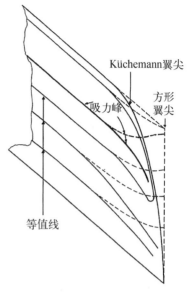

图 9.29　Küchemann 翼尖——后掠翼尖附近的等压线。虚线:等截面和流线型翼尖;实线:弯曲翼尖

（摘自文献[10],经许可转载）

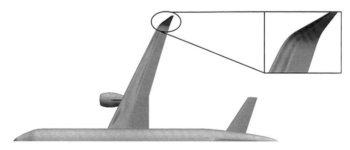

图 9.30　NOVEMOR 参考机翼上混合翼梢小翼的设计实例;马赫数为 0.78,$C_{L,\,design} \approx 0.47$

（由 M. Zhang 提供[34],经许可转载）

9.5.3　增升装置和分析

到目前为止,我们一直在研究干净机翼的布局。但在低速飞行时,如起飞和着陆时,我们需要增升装置。增升装置产生的额外机翼升力来自以下方面:

- 增加机翼弯度;

- 边界层控制,通过增加边界层能量,或移除低能量边界层;

- 增加有效机翼面积。

后缘襟翼能够在给定攻角下增加机翼弯度和升力。前缘襟翼可以将前缘失速推迟到更高的攻角,如第 8 章中的二维情况所示。

精确计算增升装置上的流动是一项具有挑战性的任务。在缝翼的前缘,存在着可压缩流动、非定常的凹腔流动以及层流分离泡的影响。主翼截面上,同时存在着边界层流动和逆压梯度尾迹。AIAA 已经认识到这方面的重要性,并且已经举办了三期增升预测研讨会,其中第一期的测试案例是 NASA 的梯形机翼。

1) 三段 NASA 梯形机翼

Rumsey 等[25]和 Slotnick[28]描述了增升预测研讨会的三段 NASA 梯形机翼案例(缝翼 30°,襟翼 25°),并附有缝翼和襟翼的支架,如图 9.31 所示。

绝热壁面

2) 比较有无转捩模拟的计算结果

众所周知,转捩模拟在二维多段翼型研究中非常重要,因此转捩效应十分重要,我们应该对其进行模拟。图 9.32 展示了使用 EDGE 代码中 Langtry 和 Menter[15]的 $\gamma - \widetilde{Re}_{\theta t}$ 剪应力输运(SST)

图 9.31   NASA 梯形机翼,缝翼 30°,襟翼 25°。此处看不到襟翼和缝翼的支架

(由 M. Tomac 提供[30],经许可转载)

转捩/湍流模型计算出的力和俯仰力矩,并将其与全湍流计算结果和实验结果进行了比较。转捩模型不仅提高了力的绝对值,而且提高了升力失速下降时对应的攻角,如图 9.32(a)和(b)所示。在 13°~28°攻角下,对俯仰力矩的预测也得到了改进。

3) 结果分析

SST $\gamma - \widetilde{Re}_{\theta t}$ 转捩/湍流模型包括两个额外参数的输运方程,即间歇因子和基于当地转捩起始动量厚度的雷诺数。间歇因子可以有效地控制 SST 模型中湍动能(TKE)的产生。

图 9.33 通过观察攻角为 28°时投影在表面上的间歇因子大小和增大后的湍动能等值面,可以显示出层流和湍流区域。

为了清楚地显示层流区和转捩区,我们调整了等值面数值的大小。在图 9.33(a)中,有意将 TKE 的等值面从上表面移除,因为间歇因子可以很好地显示机翼上表面相对干净的流动。

在机翼下表面,流动明显更加复杂,因此透明的等值面也显示出来了。在机

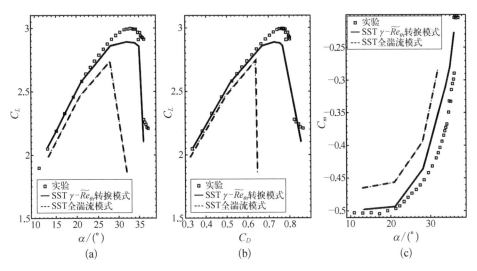

图 9.32　用 EDGE 代码计算的积分后的力和力矩。NASA 梯形机翼，

$Ma = 0.2, Re_{\mathrm{MAC}} = 4.2 \times 10^{6}, \alpha = 28°$

(a) C_L-α；(b) 阻力极曲线；(c) C_m-α

（由 M. Tomac 提供[30]，经许可转载）

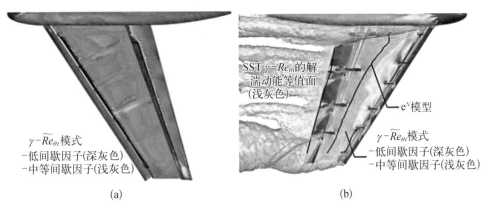

图 9.33　对转捩位置近似预测的比较。NASA 梯形机翼，

$Ma = 0.2, Re_{\mathrm{MAC}} = 4.2 \times 10^{6}, \alpha = 28°$

(a) 上表面 $\alpha = 28°$；(b) 下表面 $\alpha = 28°$

（由 M. Tomac 提供[30]，经许可转载）

翼上表面，结果与 Eliasson 等[6] 使用 e^N 数据库方法与包络方法结合 Spalart - Allmaras 模型来对转捩区域进行计算的结果十分一致，该转捩区域由黑线表示——这种方法适用于三段翼的所有翼面。

在机翼下表面,除了由于支架产生的尾迹而受到影响的边界层流动区域,后缘襟翼的结果一致性仍然很好。但另一方面,在主翼面上结果存在显著差异。虽然 e^N 数据库方法预测了转捩位置大约在半弦长位置,但 SST $\gamma - \widetilde{Re}_{\theta t}$ 结果显示主翼面上主要是湍流。然而,这也表明了目前 EDGE 代码中转捩模型的实现状态。总的来说,这个案例表明,可靠的转捩模型在不久的将来一定会成为气动设计中的标准。

9.6　翼身组合体形状的数学优化

1.3.3 节阐述了数学优化的通用方法。以下章节描述了 Franke[9] 在 KTH 进行的硕士论文项目中的一个练习,其目的是在零升力和 $Ma_{\infty} = 1.02$ 的情况下,使用优化程序对轴对称几何体重新造型,使翼身组合体激波阻力最小。

9.6.1　测试案例的描述

1957 年,McDevitt 和 Taylor[21] 在风洞试验中研究了面积律的影响,选择的风洞条件为 $Ma_{\infty} = 1.02, Re = 4 \times 10^6$,因为在这个马赫数下的结果表明模型 I-A 和模型 I-B 的阻力系数差异最大,定义如下:

- 模型 I-A 是一个带有 NACA64A008 机翼的 Sears-Haack 机身。机翼在 40% 的弦线处后掠角为 40°,展弦比为 6,梢根比为 0.4。机身面积分布结果将在 9.6.3 节中讨论。
- 模型 I-B 与模型 I-A 相似,但通过面积律对机体进行重新造型,使其面积分布(包括机翼)与模型 I-A 机体单独的面积分布相同。

回想一下,对于给定的机体长度 l 和给定的体积 $\dfrac{r}{r_{max}} = \left[1 - \left(1 - \dfrac{2x}{l} \right)^2 \right]^{\frac{3}{4}}$,Sears-Haack 体(见图 9.34)是超声速流动中理论上激波阻力最小的轴对称形状。这里的"理论"指的是激波阻力是通过普朗特-格劳特波动方程模型在远场计算的(见第 3 章)。前缘是平坦的,因此曲率半径会消失。McDevitt 和 Taylor 发现,模型 I-B 的激波阻力要低得多,但没有理由相信它是数学上通过最小化获得的最优结果,当然这也正是我们要研究的重点。这里的优化只修改机身,保

图 9.34　模型 I-A 的主体是一个 Sears-Haack 体,$\dfrac{r_{max}}{l} = \dfrac{1}{18}$

持其轴对称。

　　这个练习有些过于学术,毕竟现代客机并没有可乐瓶式的机身。相反,面积律已经应用于整个构型,包括翼根、整流罩、发动机短舱和襟翼轨道整流罩等,而且肉眼不可见。

　　Ⅰ-A 和Ⅰ-B 模型的压力分布

　　图 9.35 显示了计算的机翼上表面的压力分布。临界压力系数 C_p^* 接近于 0。激波位置接近后缘。对于模型Ⅰ-A[见图 9.35(a)],在整条弦长上,等压线在机身附近都有强烈的弯曲。模型Ⅰ-B 具有按面积律设计的机身,显示了等压线形态的显著改善,机身处几乎没有弯曲。在外侧机身的影响减少,但两个模型在机翼上的等压线仍然不相等。靠近翼尖处出现了激波锥,起点在翼尖前缘。这个结果建立了两个基准,用于与优化结果进行比较。

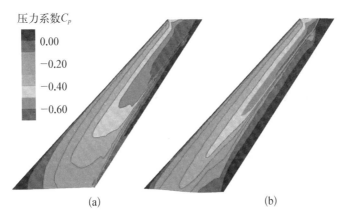

图 9.35　在机翼上表面计算的压力分布 C_p

(a) 模型Ⅰ-A;(b) 模型Ⅰ-B

(由 Franke 提供[9],经许可转载)

9.6.2　通过优化使阻力最小化

　　优化问题是采用 EDGE 代码中的欧拉 CFD,在零升力条件下实现的,因此所剩的唯一阻力为激波阻力。参考 1.3.3 节的定义,属性 P 是系数 C_L、C_D、C_m。因此,品质因子表现为 FoM 的目标函数是 C_D,或等效总阻力。

　　这些约束是对 P 的不等式约束,只允许升力和力矩系数很小地偏离基准值。

　　此外,径向形状偏离基准构型的范围会受到形状扰动函数的上下界的限制,这些构成参数向量 $\boldsymbol{x}$。形状函数采用 Hicks-Henne 鼓包(见 5.2.4 节)。

优化算法必须在 $\dfrac{x}{l} \leqslant 0.4$ 时保证机身不变,用来保持前部机身的体积不变。这在 Hicks-Henne 鼓包函数的定义中得到了实现。

形状优化问题现在看来与第 8.6 节中的式(8.1)完全一样,接下来就是详细说明形状的修改是如何传递到计算网格的,也就是与所有的 CFD 代码所能看到的一样。

优化过程与图 1.17 中的方案接近。基准构型的**表面**网格变形采用有特定用途的"黏合"代码来实现,体网格通过 CFD 代码中的工具进行调整。轴对称几何体上的网格点允许在径向移动。机翼是一个在固定的根部和尖部之间线性放样的曲面,其上的网格点可以因几何变形而沿网格生成器滑动。这些方法必须在交界处进行精细调整,以避免网格单元拉伸比过大,这样的细节很难普适化。在这种情况下,扰动的上下界排除了拓扑结构的变化和不可行的几何形状。

9.6.3 结果

参数的数量为 4～7 个不等,只有机身的形状被改变。机翼截面和尺寸是保持不变的。图 9.36 显示了初始和优化后的马赫数分布,以模型 I-A 和 I-B 为参考。两个不同基准算例的结果比较一致。超声速区域和亚声速区域间的边界由激波和马赫线组成,在此处气流加速至 $Ma = 1$ 通过。

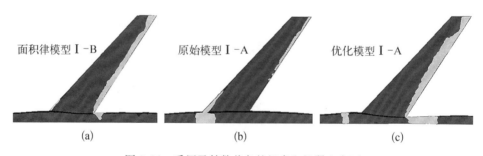

图 9.36　采用马赫数着色的机身和机翼上表面
(a) 面积律模型 I-B;(b) 原始模型 I-A;(c) 优化模型 I-A
(由 Franke 提供[9],经许可转载)

在靠近前缘的位置,超声速流动加速。我们可以识别出机翼上的激波是靠近尾缘的。其中两个模型在机翼前缘附近的机身上产生了另外的激波,模型 I-B 的激波比 I-A 的更靠后。

再看图 9.36,模型 I-B 机身上的激波较弱。模型 I-A 的高激波阻力也是由靠近机身的等压线的不利弯曲所导致的,这与机翼前面的激波有关。再进一步往外,模型Ⅰ-B的激波向前缘移动并减弱。

　　横截面积分布

　　带有七个 Hicks-Henne 鼓包的最终优化形状具有最小的阻力。图 9.37 显示了模型Ⅰ-A、Ⅰ-B 和最优形状的横截面积分布。

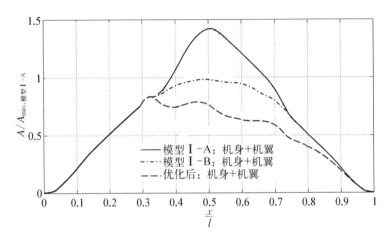

图 9.37　机身构型横截面积,模型Ⅰ-A 和模型Ⅰ-B 及最终优化形状
(Franke 提供[9],经许可转载)

　　不管以哪一个为基准都可以看到,优化后减小了机身的横截面积(所在位置是允许的,即机身长度的 40% 之后),这与面积律的方案是一致的,机身的收缩要比模型Ⅰ-B大得多。机身体积在优化过程中没有受到严格限制,所以这些结果是我们可以预料的。

　　采用两种空间离散格式进行测试,两者之间只有很小的差异:阻力系数只有 3% 的差别。

　　优化后模型Ⅰ-A 的阻力减少了约 60%。通过字面意思解释面积律,模型Ⅰ-B 应该是最优的。但是优化给出了另一种形状,因为 Sears-Haack 的面积分布是针对轴对称物体的。此外,我们还需要研究优化后的形状关于约束条件变化的鲁棒性。

　　到此,对单独机翼设计的学习就结束了。在下一章中,我们将继续对布局进行进一步的探索,包括配平和飞行品质。

9.7　通过计算学习更多知识

　　通过使用在线资源,可以获得本章讨论话题的计算工具和实践经验。练习、教程和项目建议可在本书网站 www. cambridge. org/rizzi 找到。例如，对模型 Ⅰ-A 机翼不采用后掠，计算 $Ma = 1.1$ 时的零升阻力，并与原模型的零升阻力进行比较。也可以在一些小攻角下计算模型 Ⅰ-A 以检验式(3.17)。很多例子的计算软件可从 http://airinnova. se/education/aero-dynamic-design-of-aircraft 获取。

参考文献

［1］ M. Blair. Evolution of the F-86. Technical report. AIAA-Paper-80-3039，1980.

［2］ R. Buschner. Pressure distribution measurements on a sweptback wing with jet engine nacelle. Technical report TM 1226. NACA，1949.

［3］ U. Clareus. Aerodynamiska für och sidoprojekt till jas 39 gripen. 2001. Flygteknik 2001 Congress (in Swedish).

［4］ W. H. Cook. *The Road to the 707: The Inside Story of Designing the 707*. TYC Publishing Company，1991.

［5］ S. Crippa. *Advances in Vortical Flow Prediction Methods for Design of Delta-Winged Aircraft*. KTH School of Engineering Sciences，2008.

［6］ P. Eliasson, A. Hanifi, and S.-H. Peng. Influence of transition on high-lift prediction for the NASA trap wing model. Technical report. AIAA Paper 2011-3009，2011.

［7］ P. Eliasson, J. Vos, A. Da Ronch, M. Zhang, and A. Rizzi. Virtual aircraft design of transcruiser：Computing break points in pitch moment curve. Technical report. AIAA-2010-4366，2010.

［8］ P. Eliasson, J. Vos, A. DaRonch, M. Zhang, and A. Rizzi. Virtual aircraft design of transcruiser — computing break points in pitch moment curve. Presented at 28th AIAA Applied Aerodynamics Conference. American Institute of Aeronautics and Astronautics，June 2010.

［9］ D. M. Franke. Interfacing and testing the coupling of the cfd solver edge with the optimization package modeFRONTIER. Diploma thesis，KTH School of Engineering Sciences，2007.

［10］ A. B. Haines. Computers and wind tunnels：complementary aids to aircraft design. *Aeronautical Journal*，81(799)：306-321，1977.

［11］ E. H. Hirschel, A. Rizzi, and C. Breitsamter. *Separated and Vortical Flow in Aircraft Aerodynamics*. Springer，2021.

［12］ T. Ivarsson, G. Berseus, K. E. Modin, and U. Clareus. Definition av flygplan jas 39. In *Saab-minnen del 19*. Saab Veteran's Club，Link 2009，chapter 13 (in Swedish).

［13］ G. K. W. Kenway and J. R. R. A Martins. Multipoint aerodynamic shape optimization investigations of the common research model wing. *AIAA Journal*，54

(1): 113 - 128, 2016.

[14] D. Küchemann. *Aerodynamic Design of Aircraft*. AIAA Education Series. AIAA, 2012.

[15] R. B Langtry and F. R. Menter. Correlation-based transition modeling for unstructured parallelized computational fluid dynamics codes. *AIAA Journal*, 47(12): 2894 - 2906, 2009.

[16] R. P. Liema, J. R. R. A. Martins, and Kenway G. K. W. Expected drag minimization for aerodynamic design optimization based on aircraft operational data. *Aerospace Science and Technology*, 63: 344 - 362, 2017.

[17] J. M. Luckring. Selected scientific and technical contributions of Edward C. Polhamus. Presented at 34th AIAA Aerodynamics Conference, AIAA Aviation Forum, Washington DC, June 2016.

[18] H. Ludwieg. Pfeilflügel bei hohen geschwindigkeiten. *Lilienthal-Ges. Ber.*, 127, 1940.

[19] F. Lynch. Commercial transports — aerodynamic design for cruise efficiency. In D. Nixon, editor, *Transonic Aerodynamics*, Volume 81 of *AIAA Progress in Aeronautics and Astronautics*. AIAA, 1982, pp. 81 - 144.

[20] W. H. Mason. AOE 4124 configuration aerodynamics, 2016. Available from www. dept. aoe. vt. edu/~mason/Mason_f/ConfigAero. html.

[21] J. B. McDevitt and R. A. Taylor. An investigation of wing-body interference effects at transonic speeds for several swept-wing and body combinations. Technical report. NACA RM A57A02. NACA, 1957.

[22] K. E. Modin and U. Clareus. Aerodynamic design evolution of the Saab JAS 39 Gripen aircraft. Presented at AIAA/AHS/ASEE Aircraft Design Systems and Operations Meeting, Maryland, MD, USA, September 1991.

[23] E. Obert. *Aerodynamic Design of Transport Aircraft*. IOS Press, 2009.

[24] J. Rech and C. Leyman. *A Case Study by Aerospatiale and British Aerospace on the Concorde*. AIAA Professional Study Series. AIAA, 2006.

[25] C. L. Rumsey, J. P. Slotnick, M. Long, R. A. Stuever, and T. R. Wayman. Summary of the first AIAA CFD high-lift prediction workshop. *Journal of Aircraft*, 48(6): 2068 - 2079, 2011.

[26] D. M. Ryle. *High Reynolds Number Subsonic Aerodynamics*. AGARD Lecture Series LS - 37 - 70. AGARD, 1970.

[27] G. S. Schairer. Evolution of modern air transport wings. Technical report 80 - 3037. AIAA, 1980.

[28] J. P. Slotnick, J. A. Hannon, and M. Chaffin. Overview of the first AIAA CFD high lift prediction workshop. Technical report. AIAA Paper 2011 - 0862, 2011.

[29] A. M. O. Smith. Wing design and analysis — your job. In T. Cebeci, editor, *Numerical and Physical Aspects of Aerodynmic Flows*. Springer Science + Business Media, 1984, pp. 41 - 59.

[30] M. Tomac. *Towards Automated CFD for Enginerring Methods in Airfcraft Design*.

KTH School of Engineering Sciences, 2014.

[31] J. Vassberg, M. Dehaan, M. Rivers, and R. Wahls. *Development of a Common Research Model for Applied CFD Validation Studies*. AIAA, 2008.

[32] F. Wänström. Rapport over studieresa till schweiz den 11 – 22 nov. 1945. Travel report, Saab Archive, November 1945 (in Swedish).

[33] M. G. Wilde and G. Cormery. The aerodynamic derivation of the Concorde wing. Presented at 11th Anglo-American Aeronautical Conference, London, England, September 1969.

[34] M. Zhang, R. Nangia, and A. Rizzi. Design and shape optimization of morphing winglet for regional jetliner. Technical report. AIAA 2013 – 4304, 2013.

第 10 章　布局开发和飞行品质

稳定性和控制是飞行中最关键的一项要求。

——莱特兄弟

飞机稳定性和对持续控制的需求,取决于气动力和气动力矩分布沿飞行路径的变化。前几章已经详细讨论了气动特性(即干净机翼形状对升力和阻力的影响)。之前默认飞机可以沿着任务路径稳定飞行,并将飞机理想化为一个具有升力和阻力的质点。现在是时候更深入地分析这个问题了。更符合实际的飞行模拟需要建立一个能对重力、推力和真实气动力与力矩做出响应的模型:即一个六自由度的牛顿**刚体**模型。同时,控制系统拥有从自动驾驶仪到增稳系统的权限,并负责将飞行员的命令传递给控制执行器。这些设计是用控制理论中开发的线性化模型完成的。分析与设计过程需要空气动力学专家与控制、结构力学和飞行力学专家密切互动。

飞行力学模型是由空气动力学数据、机体的质量和平衡特性结合生成的。空气动力学专家的任务是预测气动力和气动力矩,并将其以系数查询表的形式给出。本章我们将解释这些查询表是如何生成的。

飞行模拟的模型可以用来评估飞行品质(即飞行员执行飞行任务的难易程度,可通过飞行员评级进行量化)。飞行品质可在无飞行员的情况下通过飞行力学模型进行预测,也可通过有飞行员参与的飞行模拟来获取。在诸多与稳定性相关的属性中,我们重点关注的是飞机从外部干扰中恢复的能力以及飞机飞行姿态对指令变化的响应情况。

飞机在稳定飞行中对小扰动的反应可以表示为少量的飞行自然模态的叠加,其定量属性提供了量化的飞行操纵品质。

将基准 T 形尾翼的跨声速巡航飞行器重新设计为全动鸭式布局的过程,生动地体现了这些飞行动力学概念的实际应用情况。例如,通过气动数据库的计算,在跨声速配平条件下,速度在 $Ma=1$ 左右,低头力矩剧烈增加,这就需要进一步偏转鸭翼来进行配平(假定在最高飞行速度下鸭翼尺寸适当,并具有足够的偏转空间)。

10.1 引言

在 Cook 的书[5]中,他将飞机的飞行和操纵品质描述为飞机响应飞行员命令的简易性和有效性。图 10.1(a)的信号流程图显示了飞行员对飞行和操纵品质感知的过程。图中实线表示物理、机械或电信号流的路径,虚线表示飞行员接收的信号反馈。飞行员对**飞行品质**的感知是指对飞机执行指令的定性描述,而飞行员对**操纵品质**的感知是指飞机对指令的响应是否充分的定性描述。为了实现我们的目的,这两者是不可分割的,统称其为飞行品质。

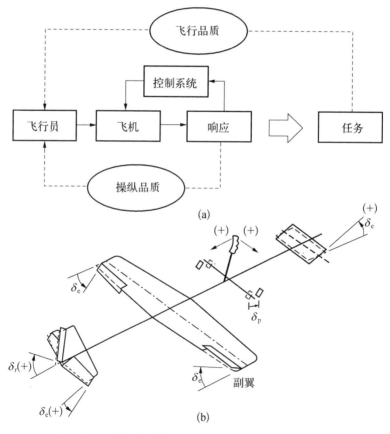

图 10.1 (a) 飞机对飞行员控制动作响应的飞行和操纵品质;(b) 传统飞机的操纵面

(摘自 Nelson[25],经许可转载)

飞行品质的评估与预测

一架具有良好飞行品质的飞机必须能够精确、快速、可预测地服从飞行员的输入,并且没有不必要的偏移、不可控的行为或飞行员过度的体力劳动。飞机最好在整个性能范围内都拥有这些理想的特性。美国国家航空咨询委员会(NACA)的二战试飞员 Melvin N. Gough 以一种略微不同的形式指出:"一架飞机的飞行品质可以定义为稳定性和控制特性,这些特性对飞行的安全性以及飞行员对飞机飞行和操纵的便利性、精确性的印象有重要影响。"

在早期的航空业中,对飞行品质的评估要等到原型机飞行试验时才有可能实现,这对发现控制问题来说是很晚的。1918—1938 年间,在量化飞行品质方面取得了重大进展,参考文献[36]给出了综述。Cooper‐Harper 评级(10.2.2 节)通过对线性化飞行力学模型的分析和飞行模拟来实现量化飞行员的评估,这样就可以在设计循环早期解决潜在的问题。以下是一些讨论。

定杆特性对应固定飞行员操作的飞机。定杆动态特性可以给出**预测的飞行品质**,如 10.2.2 节中所示短周期飞行模态特性。

当飞行员处于模拟器或飞行测试的回路中时,**指定的飞行品质**可以作为未来飞行员的信息提供给飞机。

George Hartley Bryan 的经典著作 *Stability in Aviation* 于 1911 年出版[3],该书通过运动方程的线性化处理飞行稳定性问题,并开创了"导数"这一术语。从那时起,这一术语就已经渗透到飞行力学中。线性化的动态模型的本征模态很早就可以进行分析,特别是 1907 年 Lanchester[19] 和 Bryan 的**长周期模态**。这对我们大多数人来说都很熟悉,因为大家都很热衷于玩纸飞机:爬升,失去速度,然后向下俯冲并加速,随后再次爬升,这个过程会不断重复。10.2.1 节将介绍这组重要模态。模态分析的结果和 Cooper‐Harper 之前的工作表明,飞行员对飞行品质的评价可以通过飞机的数学模型来进行量化。问题可以以系统的方式识别和解决,围绕直线和水平飞行的瞬态运动特性可以用 10.2.2 节中介绍的图表进行量化。

当布局存在飞行品质缺陷时,我们就必须对其进行修改,可以使用的三种方式如下:

(1) 修改气动设计,这也是本章的主题。

(2) 修改质量分布。

(3) 引入飞行控制系统来改善缺陷,并针对需要进行优化。

控制设计是一门独立的学科,已超出本书的范围。然而,了解飞机的空气动力学与稳定和控制特性之间的基本关系非常重要。在这里,我们集中讨论配置或重新设计布局时的气动方面的考虑因素。

10.1.1 配平和机动,稳定性与控制

飞机布局必须能够进行无加速直线平飞,这种状态称为**配平状态**。这通常需要**安定面**(如水平尾翼)提供升力用来平衡俯仰力矩。同样,垂直尾翼在飞行中通过侧滑角来平衡偏航力矩。那么核心问题出现了:一旦处于配平状态,布局如何应对扰乱平衡的阵风?阵风过后飞机是否会恢复到平衡状态?需要多长时间才能恢复到平衡状态?

这就是飞机稳定性所要研究的问题,也是飞行动力学的一门学科,布局开发人员必须对其有一定的了解。

类似地,在机动过程中,当飞行员控制操纵面进行加速时,飞机也会脱离配平状态。例如,操纵升降舵会产生俯仰力矩,移动方向舵会产生偏航力矩,而偏转副翼会使飞机发生滚转。所有这些操纵面都是机身的一部分,需要有合适的尺寸。因此必须评估由操纵面产生的运动特性,而其中的评估工具就是本章的主题。

通过飞行模拟确定飞行品质与操纵品质

升力面和操纵面的几何形状决定了飞机所受的力,而飞机运动的惯性方程给出气动力对飞机的作用以及飞机动态响应间的**关联**。这个非线性方程组构成了飞机行为的数学模型,可以预测飞机的**稳定性和控制特性**,因此可以量化其飞行品质,以便使用这些数据来进一步发展布局。10.2.2 节描述如何量化理想的飞行和操纵品质。10.1.2 节详细介绍飞行动力学的数学模型,10.4 节解释如何获得模型所需的大量飞机信息。10.5.4 节探讨操纵面的尺寸问题。10.5.1 节中使用工具开发 TCR 的概念,在这个构型上我们必须通过改变布局来减少配平阻力。10.5.5 节概述这些工具的其他应用案例。10.5.6 节列举在飞行试验或风洞试验中发现的控制问题。

10.1.2 刚性飞机的飞行模拟模型

飞机是一个在力和力矩作用下的运动体,它的行为可以用数学方法表示为一个动态系统。Etkin[9]、Cook[5] 和 Nelson[25] 的经典教科书展示了从牛顿第二定律到三维飞机运动的完整方程组[见式(10.1)]的数学模型发展过程。该模型并不涉及力和力矩数据的产生和汇总,而是假设气动数据以系数及其相对于飞行状态的导数的形式已经存在。本书旨在帮助填补气动力和力矩系数这一

空白。

该模型是在机体坐标系中建立的,坐标原点为飞机重心。这可以使得惯性张量为常数;缺点是必须对气动系数进行坐标旋转来求解,因为按照惯例,气动力是在风轴系上记录的。平移、旋转和运动学的关系式如下:

平移: $$m\dot{\boldsymbol{V}} + \boldsymbol{\omega} \times m\boldsymbol{V} = \boldsymbol{F}_{aero} + \boldsymbol{F}_{thrust} + \boldsymbol{F}_{gravity}$$

旋转: $$\boldsymbol{I}\dot{\boldsymbol{\omega}} + \boldsymbol{\omega} \times \boldsymbol{I}\boldsymbol{\omega} = \boldsymbol{M}_{aero} + \boldsymbol{M}_{thrust} \qquad (10.1)$$

运动学: $$\dot{\boldsymbol{\Theta}} = \boldsymbol{L}(\boldsymbol{\Theta}, \boldsymbol{\omega})$$

式中,$\boldsymbol{F}$ 表示气动力、推力和重力;$\boldsymbol{M}$ 表示绕重心的气动力矩和推力力矩;$\boldsymbol{V}$ 表示飞机速度矢量;$\boldsymbol{\omega}$ 表示角速度矢量,$\boldsymbol{\omega} = (p, q, r)$;$m$ 表示飞机质量;$\boldsymbol{I}$ 表示其惯性矩;$\boldsymbol{\Theta} = (\Psi, \theta, \Phi)$ 为欧拉角;$\boldsymbol{L}$ 为欧拉角速度;参见"符号与定义"的图 0.2。

式(10.1)构成了一个具有状态向量 $(\boldsymbol{V}, \boldsymbol{\omega}, \boldsymbol{\Theta})$ 的演化模型,该向量通过力和力矩决定瞬时运动状态。但是我们仍然需要从过去和现在的飞行状态来确定这些力和力矩。飞机上的力可以从浸润表面的空气应力张量计算得到,这需要详细了解飞机相对于空气的运动。然而当我们考虑飞机在静止空气中飞行时,力就只取决于飞机的运动,包括瞬时运动和历史运动。

1) 力和力矩数据

力和力矩数据可以通过计算流体动力学(CFD)、风洞试验和飞行试验来确定。参考文献[13]中给出了使用先进 CFD 工具的示例。在本书中,我们重点介绍学生可以自主完成的 CFD 分析。其他两种技术最好由研究机构里面训练有素的专业人员来完成,并且需要充足的预算。CFD 可以用于计算附着流,但对于发生显著分离的非定常流动情况,就需要使用大涡模拟(LES)或类似技术进行昂贵的时间精确模拟。风洞试验需要使用能承受试验载荷的实体模型,因此跨声速模型十分昂贵。同时,风洞试验中我们需要特别关注湍流度、模型安装的影响以及洞壁上的激波反射。此外在大多数风洞试验中,飞行雷诺数无法匹配,因此需要很多修正来从风洞结果外推自由飞行条件。当然,飞行试验在保真度上是最高的,但为了提取力和力矩,我们需要进行大量操作来记录加速度和结构响应。此外,"推进飞行包线"——在极端条件下飞行以试验失速和尾旋,甚至高速俯冲——是非常危险的。

一个完整的动力系统包括飞行员和飞行控制系统(FCS)。为了减少不理想的动态特性,比如抑制过冲和过小的瞬态阻尼,这种方法被称为增稳(见

图 10.2）。Hoei‐jmakers 和 Hulshoff[17]等给出了两种利用仿真来估计气流与飞机动态交互作用的方法。

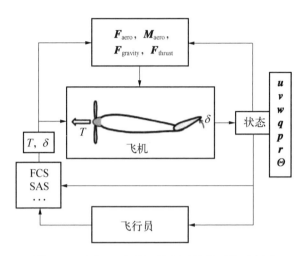

图 10.2 飞机、飞行员和控制系统的系统示意图

注：SAS 为稳定性增强系统。

2）耦合模拟

耦合模拟方法，如 10.1.3 节中的殷麦曼（Immelmann）机动，可以将流体流动方程与飞机运动学方程结合起来。该方法允许将所有空气动力学效应的影响纳入飞机的响应，并且可以进行扩展，将操纵面驱动、推力以及气动弹性效应都考虑进来。然而，尽管该方法有其通用性，但由于需要大量计算来描述飞机在整个飞行包线上的响应[18]，所以耦合模拟方法的成本过高，无法日常应用。

3）分离模型

在第二种方法中，气动行为被封装到仿真使用的预计算模型（如查询表）中。图 10.3 概述了通过 CFD 产生表格（用机器学习的术语来说，就是模型的**训练**）以及随后在飞行模拟器中**使用**查找的整个过程，其中只显示了 $C_L(M, \alpha)$；读者可以想象至少有 9 个独立变量作为查询的输入，最终输出 6 个力和力矩的结果。

通过建立这样简化的、更易处理的气流与飞机相互作用的模型，引出其数学结构的基本问题。

（1）准静态模型。

"准静态"运动的特点是力和力矩对飞机状态（即空速、风向 α 和 β、旋转角

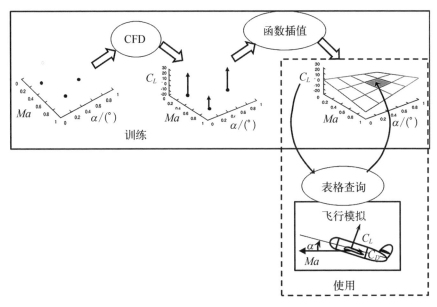

图 10.3　力和力矩系数查询表的制作和使用

速度、油门和操纵面驱动)的即时反应。空气运动适应飞机的速度比飞机对力的反应更快,并且对运动变量历史的依赖性较小,因此 **F、M** 只取决于当前状态,式(10.1)中的方程演变成一组常微分方程。

(2) 非定常运动。

对于快速机动,我们必须考虑其周围空气的状态。

例如,考虑单个大展弦比机翼(见第 3 章),尾涡面向下游移动,对机翼产生作用力,并且涡面"记住"了机翼周围过去的环量状态。另一个影响是受主翼干扰的空气颗粒在影响尾翼之前的时间延迟。一个简单的模型是气动系数取决于过去的飞行姿态,比如 α,$\alpha(t-\tau)$,$\tau > 0$。 对于小延迟 τ,可以近似如下:

$$\alpha(t-\tau) \approx \alpha(t) - \tau\dot{\alpha}(t)$$

因此,通过在力中包含对 $\dot{\alpha}$ 的依赖性,可以在一定程度上考虑气动力的记忆效应。这种依赖关系有数学上的因素:$\dot{\alpha}$ 取决于加速度 $\dot{u}$……(即要从力中计算的数值)。式(10.1)是一个**微分代数**方程组,而不是常微分方程组。然而不必过于担心:对 α 和速度之间的代数关系进行一次微分,我们就会得到一个非奇异线性系统,从而可以求解加速度问题。然而,如果方程包含更高阶的导数,那么将会为求解带来灾难性的困难。

在用 CFD 计算气动力数据表时必须考虑以下两个问题：

（1）CFD 计算成本很高，因为必须对许多参数组合进行 CFD 计算。我们将在 10.4 节讨论这个问题。

（2）在 CFD 分析中，改变来流方向、空速和高度很容易。但如何考虑对 p、q、r 和 $\dot{\alpha}$ 等的依赖是另一个难点，我们将在 10.3 节中讨论。

10.1.3　仿真示例：殷麦曼回旋

考虑 Ranger 2000 飞机执行**殷麦曼回旋**的静止图片序列［见图 10.4（a）］。殷麦曼回旋首先是一个半环，然后在环的顶部完成一个从倒立到正常飞行姿态的半滚。这个动作的目的是为飞机提供对目标的快速重复追击，以及在低空轰炸中躲避自身武器的爆炸效应。这个动作在特技表演中十分常见。在相关的"赫布斯特"机动动作中，爬升非常陡峭，以至于在顶部的转弯几乎是在失速状态下完成的，因此需要高超的飞行技能。殷麦曼回旋在入口处通过启动抬头指令，然后飞行员向后拉操纵杆，使飞机飞出一个环形，最后在环形的顶部倒立翻滚 $180°$。在 Ranger 2000 飞机的殷麦曼回旋进入点，$V=164\ \mathrm{m/s}$，高度是 $2.98\ \mathrm{km}$；在退出点，即环形的顶部，高度是 $3.71\ \mathrm{km}$，而航向正好相反。

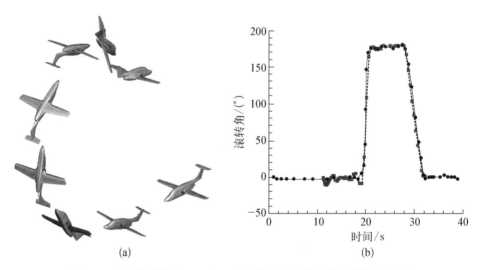

图 10.4　（a）模拟的 Ranger 2000 执行殷麦曼回旋；（b）模拟的滚转角
（方块）和实际飞行中的滚转角（圆圈）

（由 M. Ghoreyshi[14] 提供，欧盟 SimSAC 项目[29]，经许可转载）

这些图片是通过计算机模拟的实际飞行测试的机动动作生成的，同时通过非定常 CFD 计算空气流动，并同步求解式（10.1）。

该模拟认为飞机基本上是一个刚体,仅具有一些额外选定的弹性自由度(DOF),并由牛顿力学建模。这大约需要 20 个自由度。周围的空气由 CFD 建模,视作非定常可压缩无黏流动,有 1 400 万个网格单元。由此可以推断,这种模拟需要大量的计算资源;事实上,对在开发新布局时要评估的大量设计方案来说,这种模拟太过昂贵。模拟结果与真实飞行状态的一致性确实非常好,图 10.4(b)显示了模拟和真实情况下滚转角的对比。

可以这样描述这些动作过程:图上显示滚转角在 20 s 时突然增加到半圈,然后在大约 28 s 时再次缓慢下降。这是作为机动的一部分执行的指令性滚动。这种突然的跳跃是人为操纵现象:在垂直位置,飞机执行了跳跃式的航向变化,比如从 − X 到 + X,这使得滚动姿态也发生了跳跃变化。

但是控制驱动的时间变化(如方向舵偏角)却有相当大的差异,这种差异是由仿真中选择"飞行员动作"的不同造成的。模拟飞行员的任务是使用控制装置尽可能地接近真实飞行。因此,"飞行员"被定义为数学运算问题,在每个瞬间选择控制设置(有适当的限制),以最小化真实飞行和模拟飞行之间的差异。

当然,真实情形和数学模型之间总是存在着差异。实验表明,这种差异非常小,以至于当给出合理但不完全相同的控制信号来补偿差异时,模型可以表现得十分逼真。这表明,**可以通过计算机模拟数学模型来预测飞机的特性,如"飞行品质"**。

10. 2　飞机运动的稳定性

为了研究飞机的运动,我们首先需要确定它可以进入平衡状态(即力和力矩平衡的状态)。稳定性特征可以根据平衡飞行条件确定。如果在运动受到干扰时,力和力矩趋向于恢复平衡,那么飞机就是**静态稳定**的。

动态稳定性描述的是飞机对静态恢复力和力矩的初始响应之后的后续行为。

飞机由人或计算机驾驶,人们通常把驾驶实体看作飞机动力学系统的控制器,如图 10.2 所示。

将六自由度模型[式(10.1)]简记如下:

$$A\frac{\mathrm{d}s}{\mathrm{d}t}=F(s,t,\delta) \tag{10.2}$$

式中,F 为对时间的显式依赖,代表外部因素,如阵风;飞行状态向量 s 有 $N=9$

个分量,如下所示:

$$s = (u, \omega, \Theta) \tag{10.3}$$

δ 是一系列控制变量:典型的飞机的方向舵、副翼、升降舵和推力。矩阵系数 A 是一个常数,形式如下:

$$\begin{pmatrix} mE & 0 & 0 \\ 0 & I & 0 \\ 0 & 0 & E \end{pmatrix}$$

式中,E 为 3×3 的单位矩阵;I 为惯性矩阵。显然,该模型需要根据飞机当前和过去飞行状态 s,包括操纵面和油门设置来评估飞机的力和力矩。一个刚体有三个平移和三个旋转自由度,从而可以得到 12 个一阶常微分方程。式(10.1)给出了平移速度,但没有给出位置关系,所以我们还需要三个运动学关系,如式(10.13)来描述物体在世界坐标系中的运动。构成 F 的力通常以无量纲力系数的形式给出,其中使用的参考量包括机翼面积 S、翼展 b、弦长 c(通常是平均气动弦长 MAC)和动压 q,从而可以转换为力和力矩。此外,还必须提供重心(CG)与力矩参考点的相对位置,用来计算(或测量)力矩。

1) 力矩和静稳定裕度的参考点

气动参考点是飞机机身上的一个固定点。原则上它可以定义在任意位置,只要力矩是相对于该参考点计算的。当模型中具有燃料、起落架、襟翼展开等的弹性变形或移动时,固定参考点就会出现问题,因为这些过程会改变绕重心的惯性。为了使记录的数据易于解释,特别是 C_m-α 曲线,最好将气动参考点放在升力对绕重心力矩的影响较小的地方。

正如我们后面将看到,俯仰方向静稳定的必要条件是增加 α 使升力增加的同时,需要有倾向于使机头低头的力矩变化$\left(\text{即} \dfrac{\mathrm{d}C_{m,\,\mathrm{CG}}}{\mathrm{d}\alpha} < 0\right)$。因此我们必须考虑 $C_{m,\,\mathrm{CG}}$ 随重心位置的变化。对 X 处的力矩系数,通常使用"xx, v"记号来表示 xx 相对于 v 的关系。

$$C_m(X) = C_{m,\,\mathrm{ref}} - C_L \cdot \frac{X - x_{\mathrm{ref}}}{c_{\mathrm{ref}}}$$

$$C_m(X)_\alpha = C_{m,\,\mathrm{ref},\,\alpha} - C_{L,\,\alpha} \cdot \frac{X - x_{\mathrm{ref}}}{c_{\mathrm{ref}}} \tag{10.4}$$

在压力中心(CP)有 $X = x_{cp}$，在气动中心(AC)有 $X = x_{ac}$（参见"符号与定义"部分），方程左侧为 0，故有

压力中心：
$$x_{cp} = x_{ref} + c_{ref} \cdot \frac{C_{m,\,ref}}{C_L}$$

$$(10.5)$$

气动中心：
$$x_{ac} = x_{ref} + c_{ref} \cdot \frac{C_{m,\,ref,\,\alpha}}{C_{L,\,\alpha}}$$

因此，有

$$C_{m,\,CG,\,\alpha} = -C_{L,\,\alpha} \cdot K_n, \quad K_n = \frac{x_{ac} - x_{CG}}{c_{ref}} \tag{10.6}$$

K_n 称为**静稳定裕度**，有助于量化稳定性的程度：如果需要 $K_n > 0$，则必须使 $x_{ac} > x_{CG}$，但这不是俯仰稳定性的充分条件。请注意，x 指向机尾，所以这意味着重心在气动力中心的前面。

重心的位置是飞机飞行安全的重要影响因素。为了保证静稳定性，在任何燃料装载、乘客装载、货物装载、襟翼和起落架收放的条件下，重心都必须始终在前后极限之间。

2）配平条件

在一般的三维运动中，稳定期望速度、爬升和转弯速率所需的配平状态都可以通过求解式(10.2)中所需平衡状态 s^* 的非线性代数系统得到：

$$F(s^*,\,\delta^*) = 0 \tag{10.7}$$

将控制和推力设置 δ^* 作为未知数。当然，这样的非线性方程组可能没有解；也可能有不同的控制输入产生相同的飞行状态。

10.2.1　动态稳定性和运动本征模态

以下内容假定读者对非线性动态系统的数学分析有一定的了解，即可以通过线性化、时间不变的微分方程组进行逼近。这在微分方程和控制理论的教科书中均有所涉及。例如 Richard Bellman 的经典著作《微分方程的稳定性理论》[1]，Gilbert Strang 的浅显易懂的《应用数学导论》（范围更广）[33]，以及控制理论书籍如参考文献[15]。较早的教材侧重于高阶和行列式的微分方程，而现代处理方法则更多采用本书和控制理论中常用的矩阵-向量方法。更为数学化的教材在相关特征多项式的"重复根"问题上花费了大量精力，但这对本书来说

是没有必要的。

配平稳定飞行状态 s^* 中的微小偏移可以由扰动 $\pmb{\delta} s(t)$ 的线化微分方程组控制。对于前文定义的稳定飞行状态 s^*、$\pmb{\delta}^*$，当受干扰控制 $\delta\pmb{\delta}(t)$ 和外部影响，如阵风 $\delta\pmb{f}(t)$ 作用时，将 $\pmb{F}$ 关于 s 和 $\pmb{\delta}$ 的偏微分构成的雅可比矩阵记为 $\pmb{B}$、$\pmb{C}$，$B_{ij} = \dfrac{\partial F_i}{\partial s_j}$，$C_{ij} = \dfrac{\partial F_j}{\partial \delta_j}$。

$$A \frac{\mathrm{d}\pmb{\delta} s}{\mathrm{d}t} = \pmb{B}\pmb{\delta} s + \pmb{C}\delta\pmb{\delta}(t) + \delta\pmb{f}(t) \qquad (10.8)$$

矩阵 $\pmb{A}$ 总是非奇异的，所以解的存在性和唯一性显而易见。这是一组具有恒定系数的线性常微分方程，对于 $\delta\pmb{f}(t) = \delta\pmb{\delta}(t) = 0$，允许指数 $\delta s(t) = \mathrm{e}^{\lambda t}\pmb{v}$ 为解，可以从特征值问题中确定：

$$|\pmb{B} - \lambda\pmb{A}|\,\pmb{v} = 0 \qquad (10.9)$$

该方程提供了特征值 $\lambda_k = \eta_k + \mathrm{i}\omega_k$ 和特征向量 $\pmb{v}_k(k = 1, 2, \cdots)$。在一般情况下，有 N 个线性独立的特征向量，通过这些特征向量的适当叠加，我们可以得到一般解，其系数 a_k 的选择需满足初始条件。

$$\delta s(t) = \sum_{k=1}^{N} a_k \mathrm{e}^{t(\eta_k + \mathrm{i}\omega_k)}\pmb{v}_k \qquad (10.10)$$

式中，ω_k 为角频率；η_k 为第 k 个特征模态 $\mathrm{e}^{\mathrm{i}\lambda_k}\pmb{v}_k$ 随时间演变的增长参数。

因此，如果 $\eta < 0$，则模态是有阻尼的；如果 $\omega \neq 0$，则模态振荡，并且具有两个角频率相同的模态，因为复数特征值必须以复数共轭对的形式出现，相应的向量 $\pmb{v}$ 也是复数形式。式(10.8)中初值问题的解是所有模态的叠加，并应该为实数。

1) 运动模态和动态稳定性

考虑典型机动的一小部分飞行轨迹，如转到新航向或从一个飞行高度上升到另一个飞行高度。飞行员通过激发一个或多个模态来实现从一个平衡飞行状态到另一个平衡飞行状态的变化，然后通过抑制模态来终止机动。运动模态也可能被外部扰动激发。这些运动模态的特性决定了**动态稳定性**，**动态稳定性**是指飞机在配平状态受到扰动后运动随时间的变化。这意味着飞机飞行和操纵品质可以用少量参数来描述，即模态特性：频率、阻尼和时间常数。

定义**频率** $f = \dfrac{\omega}{2\pi}$ 为每秒的循环次数。

阻尼比 ζ 是衡量运动衰减的指标,定义为具有两个特征值 λ_1 和 λ_2 的实数二阶系统。

$$\zeta = -\frac{\lambda_1 + \lambda_2}{2\sqrt{\lambda_1 \lambda_2}}$$

ζ 需要成对使用特征根,这对有一对复数共轭特征值的振荡模态来说是很容易的,此时下式成立:

$$\zeta = \frac{\eta}{\sqrt{\eta^2 + \omega^2}}, \quad |\zeta| \leqslant 1$$

当特征值都是非正实数时,模态是强阻尼的, $\zeta > 1$;否则系统是**不稳定的**。

运动的**时间常数**是飞机回到平衡状态的时间,如回到初始扰动振幅的 1%, $T = \frac{\ln(0.01)}{\eta}$。

飞机运动模态的阻尼对飞行品质有深刻的影响。如果阻尼太小,模态就很容易被飞行员无意的操作或是大气湍流所激发;如果阻尼太大,飞机在控制输入后的运动发展缓慢,飞行员可能会将飞行性能描述为"迟缓"。飞行任务也会决定最佳的动态稳定性特性。

2) 重要运动模态

为了得到式(10.10)的完整解集,运动模态的数量必须等于方程的阶数,但只有以下描述的 5 个模态是重要的,其余模态都会很快衰减。这就是通常在飞行中观察到的标准模态的集合。根据飞机的布局不同,可能还有其他重要的运动模态或是这些模态的组合。

(1) **长周期模态**。Lanchester 和 Bryan 已经分析过,这种模态的特点是俯仰角和速度 (θ, V) 振荡非常缓慢,并且攻角几乎恒定,如非定常纵向运动的小节所述。根据参考文献[9],其周期和阻尼系数大致如下:

$$T = \frac{\pi \sqrt{2} V}{g}, \quad \zeta = \frac{C_D}{\sqrt{2} C_L} \tag{10.11}$$

要激发这种模态,首先要把飞机调整到平飞状态。稍微向后拉动操纵杆,保持或增加升降舵的配平力矩。这将使飞机抬头到爬升状态。随着飞机爬升,它失去速度和升力,导致飞机逐渐低头并进入俯冲状态。在俯冲过程中,飞机获得速度和升力,使其重新进入爬升状态。

这个运动通常有很长的周期,对波音 747 来说约为 93 s。因此对飞行员驾驶飞机来说,这个模态并不是迅速衰减的。该周期与飞机的特性和高度无关,几乎只取决于配平的空速。

(2) **短周期模态**。这种模态的特点是在空速几乎恒定的情况下,攻角围绕着几乎恒定的飞行轨迹快速振荡,正如非定常纵向运动的小节所述。快速偏转升降舵可能是这种模态的最佳激活方式。其频率和阻尼在评估飞机操纵性方面非常重要。通常该模态是迅速衰减的;对波音 747 来说,周期约为 7 s,而将扰动振幅减半的时间只需 1.86 s。短周期模态的频率与飞机的静稳定裕度密切相关;在直线运动的简单情况下,其频率与 $\sqrt{-\dfrac{C_{m,\mathrm{CG},\alpha}}{C_L}}$ 成正比。

描述飞机横向运动的动态模态包括**横滚模态**(通常是无趣的)、**荷兰滚模态**和**螺旋模态**。

(3) **横滚模态**。这种滚转模态几乎由纯滚转运动组成,通常是非振荡运动,显示了滚转运动是如何衰减的。

(4) **荷兰滚模态**。这种模态是飞机适度、快速的侧向摇摆,涉及倾斜、偏航和侧滑角的振荡。在飞行状态显示中,荷兰滚模态可以由速度矢量圆从一边到另一边的摆动表示。耦合的滚转和偏航运动通常没有快速衰减来实现良好的操纵。因此运输机通常需要主动偏航阻尼器来抑制这种运动。高方向稳定性(大 C_n)倾向于稳定荷兰滚模态,同时降低螺旋模态的稳定性。相反,由侧滑引起的大滚动力矩 $C_{l,\beta}$ 在破坏荷兰滚模态稳定性的同时,可以稳定螺旋模态。由于机翼后掠角可以产生有效的上反角,并且由于下单翼飞机通常需要较大的上反角以改善离地间隙,所以通常荷兰滚模态在后掠下单翼飞机的衰减效果很差。

(5) **螺旋模态**。这种模态非常缓慢,可能是稳定的或不稳定的。它可以通过使用副翼或方向舵使飞机在平飞中轻微倾斜来观察得到。当副翼和方向舵复位时,飞机会在稳定螺旋模态下恢复水平飞行,或者产生越来越大的倾斜角并伴随俯冲运动:螺旋发散。我们通常使用衰减到一半振幅的时间来评估螺旋模态。与长周期模态类似,螺旋模态通常是非常缓慢的,对飞行员驾驶的飞机来说通常不是很重要。波音 747 具有非振荡的螺旋模态,典型条件下在 95 s 内衰减至半振幅,而许多飞机具有不稳定的螺旋模态,需要飞行员不时地输入以保持航向。

线性化模态还可以预测涉及不同自由度的操纵问题,如**反向偏航**,这是使用副翼进行滚转运动时可能出现的操纵特性。为了执行平稳的左转弯,飞行员会放下右侧副翼,抬起左侧副翼,使飞机向左滚转。但由此产生右侧额外的升力也会产生更多的阻力,导致飞机向右偏转,这就是反向偏航。因此,飞行员必须通过使用左方向舵(可能也使用升降舵)来抵消向右的反向偏航,以平衡垂直作用在滚转机翼上的升力减少。

10.2.2　纵向运动

让我们把模型限制在垂直平面内的运动。这将提供有关纵向行为的重要信息,即俯仰运动的特征(见图 10.5)。使用通常的力和力矩系数的定义,在图 10.5 中运动中可以将式(10.1)简化为二维运动方程。

$$m\dot{u} + mqw = QSC_x + T - mg\sin\theta$$
$$m\dot{w} - mqu = QSC_z + mg\cos\theta \tag{10.12}$$
$$I_y\dot{q} = QS[c_{ref}C_{m,ref} - (x_{ref} - x_{CG})C_z + (z_{ref} - z_{CG})C_x]$$
$$\dot{\theta} = q$$

式中,Q 为动压;m 为飞机质量;x_{ref} 为俯仰力矩系数的参考点;x_{CG} 为重心(CG)的 x 坐标;I_y 为通过 CG 绕 y 平行轴的惯性矩;C_x,C_z 为通过 α 旋转的 $C_L(\alpha, \delta_e)$,$C_D(\alpha, \delta_e)$。

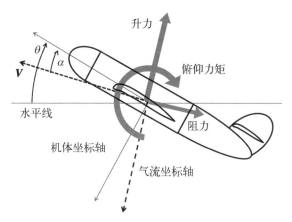

图 10.5　速度矢量 $\boldsymbol{V}$、姿态角 θ、攻角 α、升力和阻力

1) 注释

我们假设推力矢量通过重心,并与飞机的 x 轴平行。

飞行力学机体坐标系与我们用来描述飞机几何的坐标系相差 $180°$。

姿态旋转率 q 造成的力矩由旋转增量 $q(z - z_{cg}, -x + x_{cg})$ 对(x, z)处的速度决定。如果力和力矩是由绕另一参考点旋转计算的,则对重心的平移速度产生影响，$\Delta u = q(z_{ref} - z_{cg})$，$\Delta w = -q(x_{ref} - x_{cg})$，在评估力和力矩之前要将其加到重心速度上，但在式(10.13)中与全局位置的运动学关系中则不需要。

线性化系统只有长周期模态和短周期模态。

为了描述地球固定参考系(X,Z)中的轨迹，需要增加运动学关系来修正式(10.12)。

$$\frac{\mathrm{d}X}{\mathrm{d}t} = U = -u\cos\theta - w\sin\theta$$

$$\frac{\mathrm{d}Z}{\mathrm{d}t} = W = u\sin\theta - w\cos\theta \qquad (10.13)$$

2) 水平直线飞行

假设飞机以空速$V = \sqrt{u^2 + w^2} = u$水平直线飞行，从而可以定义动压。那么$q=0$，$\theta = \alpha$，我们必须找到推力T，攻角α，因此有

$$0 = QSC_x + T - mg\sin\theta$$
$$0 = QSC_z + mg\cos\alpha \qquad (10.14)$$
$$0 = c_{ref}C_{m,ref} - (x_{ref} - x_{CG})C_z + (z_{ref} - z_{CG})C_x$$

有三个参数可以选择：α、δ和T，以及三个分别针对状态变量u、w和θ的条件，这是可行的。质量分布（即重心位置）有可能通过泵送燃料来改变，但这个变化速度很慢。气动力和力矩可以通过偏转升降舵来改变，这主要影响力矩，对整体升力和阻力的影响较小。

那么大致上对小α来说，可以执行以下内容：

(1) 选择α，使升力平衡重力。

(2) 根据α选择δ_e，使$C_{m,CG}$为0。

由于δ_e也会改变升力和阻力，因此必须迭代这些步骤来求解非线性方程组。最后，选择推力T来平衡x方向的力。以上方法给出了通过迭代求解弱影响因素从而产生唯一解的过程。当然，使用牛顿法可以在极短时间内求解这些方程。

在$T=0$的情况下，我们可以计算出固定升降舵的滑行坡度。

3) 非稳态纵向运动：俯仰与沉浮运动

现在考虑在几乎恒定速度下水平直线飞行时可能出现的小幅偏移。图10.6说明了两个重要的运动：俯仰和浮沉。

（1）俯仰：速度矢量方向（即飞机姿态角 θ 振荡，而 α 保持不变），类似于长周期模态运动。

（2）沉浮：姿态角 θ 保持固定，但飞机通过变化的 α 产生的升力变化而轻微爬升和俯冲，与短周期模态运动类似。

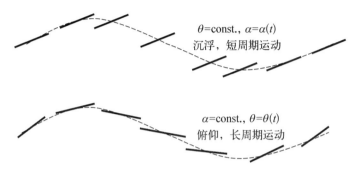

$\theta=$const., $\alpha=\alpha(t)$
沉浮，短周期运动

$\alpha=$const., $\theta=\theta(t)$
俯仰，长周期运动

图 10.6　（a）α 随时间变化的沉浮运动；（b）姿态 θ 随时间变化的固定攻角俯仰运动

飞行力学的教科书通过数值求解四次判别方程，通过理论分析找到线性方程的特征值。同时，经验显示长周期模态主要是俯仰运动，短周期模态则主要是攻角振荡。于是，这些信息被编码进相关的特征向量中，使得特征向量能够反映这些特点，同时也能反映出相关的速度 u、w 的微小变化和因 u、w 变化而产生的海拔高度的微小变化。

4）增稳系统

如果运动模态的定杆衰减过程非常慢，那么飞行员必须通过操纵面的驱动来主动衰减振荡，这会增加飞行员的工作量。我们可以使用反馈控制器来缓解这种情况，如增稳系统（SAS）。如图 10.7 所示的"俯仰阻尼器"，它将驱动升降舵，使俯仰运动跟随飞行员的输入变化，为此它使用陀螺仪感知俯仰速率。俯仰阻尼器的输出被添加到飞行员的升降舵指令 δ_{p} 中。在力矩方程中，$kC_{m,e}\dot{\theta}$ 反映了俯仰速率的影响。为了给短周期模态提供合适的阻尼比，我们需要合理地选择增益 k：过大的阻尼会使飞机反应迟钝，而过小的阻尼则需要飞行员高度关注。诸如短周期模态的图形化特征可以将定杆飞行模式的特性与飞行员的评价联系起来。

5）飞行模拟和 Cooper-Harper 量表

满意的飞行品质要求飞机既稳定又可控。在给定的飞行任务中，稳定性和操纵性的最佳组合应该是飞机设计师的最终目标。但是构成良好飞行品质的影

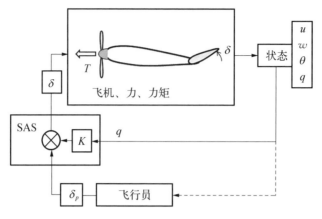

图 10.7　具有俯仰速率反馈控制器的系统

响因素通常并不明显,目前已经有一些尝试来量化飞行员对可接受的操纵品质的评价。主观飞行品质评价通常用来区分"好飞"和"难飞"的飞机,如 Cooper - Harper 量表(见图 10.8)。由于人的表现是复杂的,因此从定量的数学模型中预

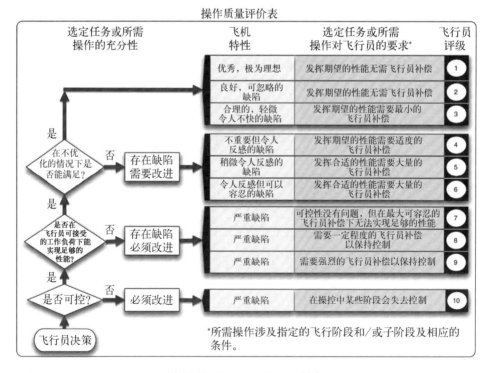

图 10.8　Cooper - Harper 量表

(来自 NASA 报告 http://history.nasa.gov/SP-3300/fig66.htm,NASA 公有领域)

测飞行员的评级也是复杂的,主观的评级必须转化为定量的标准。我们可以通过描述运动模态的数字来描述飞行动力学行为,从而建立主观评价与定量标准间的联系(见 10.2.1 节);这些数字可以与飞行员在访谈中的Cooper‐Harper 量表上的评分相关联。Cooper‐Harper 量表由 NACA 开发,并于 1969 年出版[6](见图 10.8)。自公布以来,它已经成为飞行员对飞行和操纵品质进行量化评价的公认标准。测试过程通过要求飞行员飞行给定的"任务"来完成,如缓慢转弯到新的航向、俯冲和拉升、保持机头对准移动的"目标"等。

通过将飞行轨迹的参数与 Cooper‐Harper 评级相关联,可以在运动参数的图表上绘制等值线(见 10.2.1 节)。这些参数与飞机振荡、加速度等的阻尼和频率有关。例如,图 10.9 显示了飞行员对短周期模态从"满意"到"不可接受"的评级。该模态采用其"无阻尼"频率 $\omega_n = \sqrt{\omega^2 + \eta^2}$(rad/s)和阻尼比 ζ 来进行表征。注意阻尼比采用对数尺度。飞行模拟还可以分析更剧烈的机动,而小运动的模型不适用于这些机动,这有助于进一步发展飞行控制系统,使其能够在整个飞行包线内有效运行。

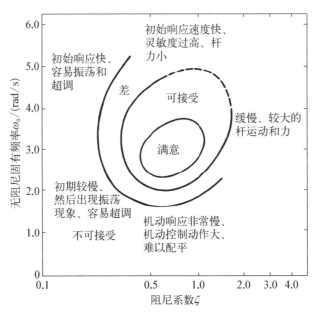

图 10.9 不同操纵质量的短周期特性

(来自 F. O'Hara[26],经许可转载)

10.3　用于设计评估的飞行模拟

一个通用的飞行模拟器，我们称之为 FlightSim，可以将空气动力学者（即我们）、重量与平衡以及推进"研究室"提供的数据集成在式(10.1)的方程组中。我们将在后面讨论如何制作力和力矩系数表。重量与平衡是指质量、惯性和重心数据，以及用于定义系数的参考数据。推进模型需要给出对油门输入和飞行状态的真实响应（推力）；FlightSim 通常会配备一个内部的推进模型，其中包含一些参数，如响应时间。为了进行性能分析，更先进的发动机模型可以作为外部软件模块提供。同样，FlightSim 软件包括参数化的 FCS 供用户提供参数，甚至包括优化其参数的设计选项。FlightSim 的任务如图 10.10 所示。

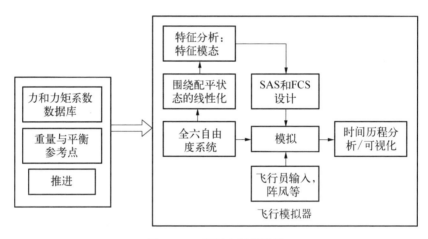

图 10.10　通用飞行模拟器

(1) 稳定性分析。

线性化模型的特征分析，定杆，有无 FCS/SAS。

(2) 六自由度飞行模拟。

a. 测试飞行，包括配平响应；

b. 阵风响应；

c. 时间历程识别（非线性模型）。

(3) FCS 和 SAS。

(4) 性能预测。

(5) 其他：数据检查，结果检查，交叉绘图等。

学术界的两个典型软件：华沙大学的 Goetzendorf‐Grabowski 开发的静态

和动态稳定性分析器(SDSA),是一个独立的 C++ 软件包[16];荷兰国防学院(NLDA)的 Voskuijl 开发的 PHALANX 代码是建立在 Matlab 多体动力学和航空航天模块组 Simulink 软件包基础上的[10]。

侧重于真实图形显示的飞行模拟器很受欢迎,例如 DogFight 游戏,它们也获得了商业上的成功。但力和力矩的计算往往是烦琐的,很难靠一个人的工作提供详细的气动数据,而这也是设计中所需要的数据。FlightGear(www.flightgear.org/)是一个通用公共许可证(GPL)的开源项目,可以使用美国空军(USAF)的数字软件 DATCOM(1.1.4 节)来计算有限数量的飞机几何形状的 L0 级保真度的气动数据。

飞机制造商为其生产的每架飞机建立了非常详细的飞行力学模型。力和力矩数据是由 CFD、风洞试验和飞行试验创建的。对于飞机上的每一个新特性,如增升装置、副油箱和武器装备、燃料量、有效载荷等,气动数据都必须进行更新。

10.3.1 力和力矩系数及其导数

稳定性分析可以通过扰动分析将力和力矩对瞬时状态的依赖线性化。与飞行状态相关的系数导数(如 $C_{m,\alpha}$)为飞行动力学家提供了很多信息,因为它们在配平时的值直接进入线性化动力学系统,正如前文所述。导数值表明气动系数对各种自变量的依赖程度。基于这一概念,我们建立了一个大型知识库以帮助设计者完成他们的工作。有些飞行力学的书籍专门使用这种导数来描述力和力矩。

然而,只有在给定飞行状态的小扰动下它们才是常数。对于较大范围内的飞行模拟,它们的值必须由瞬时飞行状态决定,并随着飞行状态的变化而变化。

在飞行模拟中我们需要知道许多导数。刚性飞机的状态向量有三个速度、三个角速度和三个姿态角,由三个气动力和三个气动力矩驱动。当飞机加速穿过流体时,与流动扰动相关的加速度带来了单纯的气动力,这并不是不合理的假设。因此,在建立飞机数学模型时,我们还期望需要六个力和力矩相对于状态和控制的导数,通常是三个操纵面和油门。这总共是 $6 \times (9+4) = 78$ 个导数,比大多数飞行品质分析中使用的导数要多得多。如下文所述,飞行模拟所需的力和力矩数据集可能变得非常大。

导数可以分为以下三类:

(1) **静态**导数:与 α 和 β 有关的导数,以及与旋转速率 p,q,r 有关的**准静**

态或**旋转**导数。

（2）**动态**或**非稳态**导数：可能有很多,但通常仅限于与 α 和 β 的时间变化率有关的导数。

（3）**控制**导数：由控制驱动力产生,通常限于三个控制通道和油门。

稳定性导数提供关于动态系统的**刚性**和**阻尼**属性的信息。例如,**阻尼导数**表示力和力矩相对于角速率的变化。

我们以俯仰力矩系数 C_m 为例,在低速飞行的二维情况下,该系数只取决于攻角、俯仰率、攻角变化率和升降舵偏角：$C_m = C_m(\alpha, q, \dot{\alpha}, \delta_e)$。该模型表示飞机水平直线飞行时在配平状态 $\alpha = \alpha_0$, $q = \dot{\alpha} = 0$, $\delta_e = \delta_{e0}$ 附近的小偏移。

$$C_m(t) = C_{m0}(=0!) + C_{m,\alpha}[\alpha(t) - \alpha_0] + C_{m,q}q(t)\frac{c}{2V} \quad 静态和准静态$$

$$+ C_{m,\dot{\alpha}}\dot{\alpha}(t)\frac{c}{2V} \quad 动态 \qquad (10.15)$$

$$+ C_{m,\delta_e}[\delta_e(t) - \delta_{e0}] \quad 控制$$

式中,δ_e 为升降舵偏角;c 为机翼弦长;$\dot{\alpha} = \dfrac{d\alpha}{dt}$;$V$ 为真实空速。

1）表格表示法

静态和准静态数据可以表示为力和力矩系数（或导数）与六个状态参数（攻角、马赫数、侧滑角和旋转速度分量）的（一组）多维数组。

我们为三个控制通道（偏航、俯仰和滚转）定义了一组类似的数组。飞机可能有更多的操纵面,但它们必须由三个控制通道以适当的组合来操作。例如,经典的副翼以反对称方式偏转用于控制滚转,而升降舵用于控制俯仰。无尾飞翼布局的升降舵可以协调偏转以同时提供俯仰和滚转力矩。此外,必须至少有一组其他的装置（如扰流板）用于偏航。

最后,对于不同的马赫数和 α,我们可以提供依赖于 $\dot{\alpha}$、$\dot{\beta}$ 等的非稳态导数表。但是获得这些数据比较麻烦,因此对于不太重要的慢速机动,这些数据经常被忽略。

2）表格式模型的维度灾难

例如,在表示刚性飞机的力和力矩系数时,我们需要 6 个维度为 9 或更高的表格,这取决于可用的控制通道的数量。如果有 9 个独立变量,并且每个变量离散成为 5 点,那么在离散状态空间中就有 $5^9 \approx 2 \times 10^6$ 个不同的点。正如 10.5.6

节中 JAS-39 的示例所示,5 个点可能远远达不到现实模型所需的分辨率。高维度灾难使得用蛮力的方法来汇编数据是不可行的。即使利用权衡研究(见10.4.1~10.4.4 节),通过 CFD、风洞实验和飞行试验来编制数据表格也是一项严肃的工作,对评估飞行和操纵质量至关重要。由此产生的气动数据集必须在布局的全生命周期内(通常是几十年)进行管理和更新,以适应数据的增加和设计的修改。

10.3.2　分解成低维表

我们可以通过近似线性化和弱相关性进行近似和简化[见式(10.16)],从而缓解表格表示法的维度灾难。因此,数据通常可以由一组低维表格来近似表示。如 SDSA 模型使用三维表格表示。这些表格可以通过线性化来使用(见 10.3.1节),也可以通过插值和适当组合成低维表格集的结果来使用,注意:导数×参数增量=函数增量。例如,考虑对俯仰力矩系数进行评估:$C_m(t) = f[M(t), \alpha(t), \beta(t), q(t), p(t), r(t), \delta_e(t), \delta_a(t), \delta_r(t)]$。

这个由 9 个变量组成的函数可以由三维表格组合而成,具体如下:

$$
\begin{aligned}
C_m(t) = &f[M(t), \alpha(t), \beta(t), 0, 0, 0, 0, 0, 0] + \\
&f[M(t), \alpha(t), 0, q(t), 0, 0, 0, 0, 0] - \\
&f[M(t), \alpha(t), 0, 0, 0, 0, 0, 0, 0] + \\
&f[M(t), \alpha(t), 0, 0, p(t), 0, 0, 0, 0] - \\
&f[M(t), \alpha(t), 0, 0, 0, 0, 0, 0, 0,] + \\
&\cdots
\end{aligned}
\tag{10.16}
$$

如果 $f(\cdot)$ 实际上是三个变量的函数之和,那么它就是精确的;特别是当它是仿射函数的时候。

对于二维情况,式(10.15)中的评估可以从表格表示法中完成:

$$
\begin{aligned}
C_m(t) = &C_m[\alpha(t), q(t), 0, \delta_e] \quad 静态,准静态,控制 \\
&+ C_m[\alpha(t), q(t), \dot{\alpha}(t), 0] - C_m[\alpha(t), q(t), 0, 0] \quad 动态
\end{aligned}
\tag{10.17}
$$

假设将四维表分解为两个三维表,一个与 α, q, $\dot{\alpha}$ 相关,另一个与 α, q, δ_e相关。

1) 注意事项

样本数据必须足够密集,从而能够捕捉实际的变化,即使在飞行包线的边缘

也需如此。如果表格过于稀疏,那么飞行模拟将无法与飞行试验数据相匹配。在探测整个包线的飞行试验中,总有可能出现令人不满意的结果。失速构型上的大范围非定常分离流是很难计算的,其影响无法通过仅包含"非稳态"导数的表格来准确捕捉。只有当 CFD 能够可靠地预测分离流时,飞行模拟才能够预测极端情况下的飞机行为。然而,即使没有这种能力,飞行模拟也非常有用,可以模拟趋于包线边缘的健康流动的轨迹,然后可以开发控制系统和进行飞行员培训,使得飞机避开这些轨迹从而防止失去控制。表 10.1 给出了分解表的示例。

表 10.1 典型系数表格格式

(a) 稳定性系数表

α	Ma	β	q	p	r	C_L	C_D	C_m	C_Y	C_l	C_n
x	x	x	—	—	—	x	x	x	x	x	x
x	x	—	x	—	—	x	x	x	x	x	x
x	x	—	—	x	—	x	x	x	x	x	x
x	x	—	—	—	x	x	x	x	x	x	x

(b) 控制系数表

α	Ma	δ_e	δ_r	δ_a	C_L	C_D	C_m	C_Y	C_l	C_n
x	x	x	—	—	x	x	x	x	x	x
x	x	—	x	—	x	x	x	x	x	x
x	x	—	—	x	x	x	x	x	x	x

(c) 非稳态系数表

Ma	$C_{m,\dot{\alpha}}$	$C_{Z\dot{\alpha}}$	$C_{X\dot{\alpha}}$	$C_{Y\dot{\beta}}$	$C_{l\dot{\beta}}$	$C_{n\dot{\beta}}$
x	x	x	x	x	x	x

注:表中的"x"表示需要填入数据;"—"表示不需要填入数据。

三个控制通道是升降舵(δ_e)、方向舵(δ_r)和副翼(δ_a)。这些表格是由包含 α、M 和第三个参数[β,q,p 和 r,δ_e,δ_r 或 δ_a 其中之一,见式(10.16)]的三维表格建立起来的。

2) 通过插值查询

剩下的就是在三维表中进行插值。如果自变量集是一维网格的笛卡儿积，那么该步骤就很快了：我们只需搜索合适的区间，然后插值到三维区间的八个角点。最简单的方案是 $a_0 + a_1 x_1 + a_2 x_2 + a_3 x_3 + a_{12} x_1 x_2 + a_{23} x_2 x_3 + a_{31} x_3 x_1 + a_{123} x_1 x_2 x_3$ 形式的三线性插值，正好有 8 个待定系数。得到的函数是连续的，但导数不连续。最合适的办法是设置为 7 个线性插值的序列。如果要计算具有连续导数的插值函数还需要做**更多**的工作，即需要处理具有 64 个系数的分段三次函数。

10.3.3　重量与平衡，重心与惯性矩

通过对气动布局和安定面（无论是鸭翼还是尾翼）的适当排列，我们可以确定可接受的飞机重心前后极限。燃油系统设计的任务之一是移动燃油以帮助保持重心在设计前后限之间。质量 m 的分布影响着重心（或质心）的位置 x_{CG} 和绕 x_{CG} 的惯性矩 I：

$$x_{CG} = \int x \, \frac{\mathrm{d}m}{m}, \quad m = \int \mathrm{d}m$$

对于 $i, j = 1, 2, 3$，有

$$I_{ij} = \left(\sum_k a_{kk} \right) \delta_{ij} - a_{ij}, \quad a_{ij} = \int (x_i - x_{CG, i})(x_j - x_{CG, j}) \mathrm{d}m$$

为了完成该模型，我们必须由重量与平衡研究室预测 m、x_{CG} 和 I。这可以通过使用简单形状的公式和应用现有飞机的数据，将布局各个部分的贡献相加来获得。关于此部分工作，本书的网站上有一个关于玩具滑翔机和纸飞机基础知识的教程。

10.4　建立气动数据表

假定力和力矩是速度、控制面偏角和其速率的瞬时值的函数。其中可以包括"动态"系数，但可能没有考虑空气惯性对快速机动的显著动态影响。例如在风洞实验中，在执行谐波俯仰的机翼段，将显示出与相同攻角下进行抬头和低头不同的力，即滞后效应。在一定程度上可以用动态导数来模拟小振幅的振荡，但对于大振幅的运动，即使没有大范围的失速，也无法进行模拟。

准稳态和非稳态导数的估计：准静态数据

准稳态效应是通过考虑旋转产生的局部流速增加来实现的。CFD 代码中

使用的一种方法是求解飞机静止时旋转坐标系中的流动方程,即在地面固定系统中,通过使飞机的重心飞行一个圆圈(偏航率),在环形的底部稳定上拉(俯仰率,见图 10.11),或滚转(滚转率)来获得准稳态效应影响。离心力和科里奥利力被计算的压力抵消,所以飞机上力的总和可以像水平飞行一样处理。注意飞行轨迹是强制的,因此不需要考虑飞机的姿态或操纵面的偏转,因为它们在"真实"飞行中才可能需要。旋转中心由所需的载荷系数 n 决定:

$$r = \frac{V_\infty^2}{(n-1)g} \tag{10.18}$$

计算中,我们必须通过将旋转中心设置在计算域之外,避免计算域中的扰动反复循环。

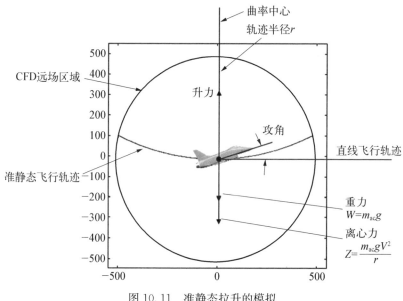

图 10.11　准静态拉升的模拟

(由 M. Tomac 提供[35],经许可转载)

(1) 非稳态导数。

随升力面而来的尾流携带着截至"现在"的所有时间环量,因此非定常涡格法(VLM)模型可以计算非稳态导数。对有尾翼的飞机的影响是主翼的干扰到达尾翼的时间延迟。因此这些影响不能使用定常 CFD 计算。

(2) 控制导数。

为了准确计算操纵面的力,我们必须将操纵面的偏转纳入 CFD 模拟。目前已有一些求解控制导数的技术可以应用。

（3）网格再生。

一个简单但昂贵的方法是为每个操纵面的偏转生成一个新的网格。操纵面的变形或偏转可以通过操纵面的实际运动或自由变形技术(FFD)改变飞行器表面模型(计算辅助设计)，如第 5 章所述。前一种方法必须考虑控制面周围的间隙的打开和封闭。自由变形技术不会出现缝隙，所以偏转的表面将通过网格与静止部分相连。表面变形之后进行表面网格和体网格的再生。自由变形技术也可以应用于现有的表面网格，然后进行体网格再生。

（4）间隙效应。

正如第 9 章所述，主翼部件和偏转表面之间的间隙是非常重要的。其中一个效应是通过前缘缝隙的加速气流将能量注入吸力面的边界层。传奇飞机设计师凯利·约翰逊在 Super Electra 机翼的前缘下游设置了固定的缝隙，以允许在更高攻角和更高升力下保持机翼不失速。在 10.5.5 节关于 SF340 升降舵的设计说明了缝隙中的气流对操纵面的影响。

（5）网格变形。

表面网格的变形可以通过许多机制传播到体网格中，包括弹簧力平衡模型，或是求解坐标扰动的椭圆或抛物线形偏微分方程。为了解决边界层问题，网格的壁面法线方向尺度非常小，因此即使是非常小的偏角也会使表面单元移动超过许多单元厚度，从而无法保证仅对现有单元的体网格进行小扰动。

（6）仅法向偏转：速度蒸发条件。

无黏流动模型(即 VLM 和欧拉)要求速度的法向分量为 0，从而实现滑移边界条件。一个以前常用的技巧是在不改变几何形状的情况下，通过使表面上的法线方向旋转运动来施加这一边界条件。VLM 代码 AVL[8]采用了这种方法，EDGE 求解器也是这样。但这种方法的主要缺点是只能适用于控制面偏转角度较小的情况。

10.4.1　表格的有效总量

计算成本是必须考虑的问题，想要对表格中的每个条目进行 CFD 计算的蛮力方法尤其如此。这些数据条目可能有几千条，在详细设计的后期阶段甚至会更多。好在我们可以使用一些方法来减少计算成本。在气动数据的采样、重建和数据融合的基础上，前人已经提出一些替代蛮力求解的方法。参考文献[12]中给出了针对不同应用的此类代理模型技术的介绍。本书使用的方法是

Kriging 和 Co‐Kriging,以南非矿山工程师 Danie Krige(1919—2013)命名,由地理统计学先驱 Georges Matheron(1930—2000)在 20 世纪 60 年代正式确定。

假设有一个低保真度的飞机模型和计算成本低廉的工具来计算其气动数据,图 10.12 中显示了一个特定的表格构建工具的示意图。

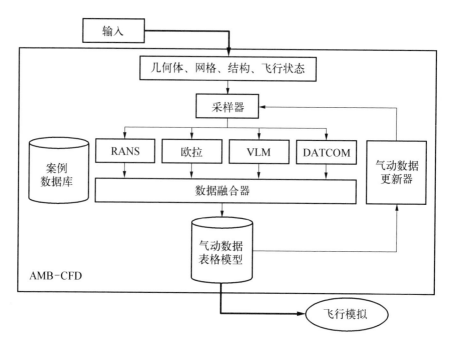

图 10.12 典型的气动数据集生成器 AMB‐CFD 的结构和功能

低保真度的估计值可以被高保真度的数据所补充,数据融合将这两类数据集结合到单一的数据库中。一旦表格数据构建完成,我们甚至可以在飞行时实时查询数据表,使飞机在表格所涵盖的包络线内飞行。

10.4.2 Kriging 和 Co‐Kriging

气动数据 F——现在代表使用的所有系数——在某个状态 s 下,例如 $\hat{F}(s)$,必须用一个有限的数据集合 $S = \{s_i, f_i\}$ $(i = 1, \cdots, N)$ 来近似估计。这是一个"散点数据"的插值问题,是大数据管理的基本要素,我们将在第 11 章再次讨论。首先,我们必须在**训练**阶段构建插值器,然后在**使用**或**评估**阶段使用这个插值器。评估的数量非常大,因此训练阶段会花费很多精力。很自然地,对该插值算法有以下要求:

- 它必须与散点数据集 S 共同作用,而不是要求算法本身就是数据集,例如表示几何形状的标准样条插值中的张量乘积算法。

- $\hat{F}$ 是光滑函数。
- $\hat{F}$（几乎）可以完全返回已有观测点的观测值，$\hat{F}(s_i)=f_i(i=1,\cdots,N)$。
- 训练和使用阶段的计算量不会随着 s 维度的增长而呈指数级增长。
- 该算法在 N 很大时也能够高效地评估 $\hat{F}$。
- 集合 S 可以逐步递增的方式进行扩展。

该方法将 F 视为具有平稳但未知均值 μ 和未知方差 σ 的高斯随机场，其位置之间的相关性为 $\mathrm{corr}[F(s_1),F(s_2)]=\gamma(s_1,s_2)$（变差函数），对于重合的点取值为 1，并随着点之间的距离衰减。考虑这些假设和参数值来定义 γ（·，·），选择 $\hat{F}$ 是为了获得实际观察数据的最大似然。

$$\hat{F}(s)=\mu+\boldsymbol{\psi}^{\mathrm{T}}\boldsymbol{\Psi}^{-1}(\boldsymbol{f}-\mu\boldsymbol{1}) \tag{10.19}$$

其中

$$\boldsymbol{1}=\begin{bmatrix}1 & 1 & \cdots & 1\end{bmatrix}^{\mathrm{T}},\quad \boldsymbol{f}=\begin{bmatrix}f_1 & f_2 & \cdots & f_N\end{bmatrix}^{\mathrm{T}}$$

$$\psi_i=\gamma(s,s_i),\quad \Psi_{ij}=\gamma(s_i,s_j),\quad i,j=1,\cdots,N$$

这保证了插值特性和零偏移。

对于固定的变差函数，这就是对数据和其平均值之间的差量的插值。然而，我们必须选择合适的变差函数使其能够更好地表示观测数据，因此最终 Kriging 估计量的构建也需要对变差函数参数（即 $\boldsymbol{\Gamma}$ 矩阵）进行似然优化，这是一项非线性优化任务，由于微分过程过于复杂，因此通常使用不含梯度的搜索算法进行优化。

现在，力和力矩数据集的"平均值"变化非常清晰了，因此 Kriging 方法能够捕捉其变化趋势，这种方法常用于计算数据和标准回归模型（如二次多项式）之间的差异。

1) 训练阶段

(1) 构建回归模型 R，例如使用最小二乘近似法 $R(s_i)\approx f_i(i=1,\cdots,N)$，并记录 $r_i=R(s_i)$。

(2) 搜索变差函数参数空间。

针对每个候选 γ（·，·）：

a. 构建 $\boldsymbol{\Psi}$ 矩阵。

b. 计算最大似然，这需要求 $\boldsymbol{\Psi}^{-1}$。

（3）记录参数和 $\boldsymbol{\Psi}$ 矩阵。

2）评估/使用阶段

对于每一个新数据 s，进行如下计算：

$$\psi_i = \gamma(\boldsymbol{s}, \boldsymbol{s}_i), \quad i = 1, \cdots, N$$

$$\hat{F}(\boldsymbol{s}) = R(\boldsymbol{s}) + \mu + \boldsymbol{\psi}^{\mathrm{T}} \boldsymbol{\Psi}^{-1}(\boldsymbol{f} - \boldsymbol{r} - \mu \boldsymbol{1}) \tag{10.20}$$

DACE Matlab 工具箱[22,23]于 2002 年出现，在 Kriging 进行工程散点数据插值方面赢得了广泛的认可，即使这个模型还没有随机基础。DACE 算法在 ooDACE[7]等软件包中重新实现，类似的工具也可以在 Python 中获取[27]。γ 函数的选择可能是至关重要的，尤其是其随点间距离的衰减率。DACE 和类似工具为这种方法内部参数的优化提供了有效算法。应该注意的是，当点 s_i 在插值区域内分布均匀时，Kriging 效果很好；但当分布密度是各向异性时，该方法就存在问题。

3）Co‑Kriging

这种技术使用来自低保真度但廉价的模型 f_c 的 f 值作为基础，再由昂贵的高保真度数值 f_e 进行修正。Co‑Kriging 利用精细和粗糙模型数据之间的相关性来提高预测精度。ooDACE 工具箱使用 Kennedy 等人的自回归 Co‑Kriging 模型[12]。考虑两组样本：$\{\boldsymbol{S}_c, \boldsymbol{f}_c\} = \{\boldsymbol{s}_{ci}, f_c(\boldsymbol{s}_{ci}), i = 1, \cdots, N_c\}$ 和 $\{\boldsymbol{S}_e, \boldsymbol{f}_e\} = \{\boldsymbol{s}_{ei}, f_e(\boldsymbol{s}_{ei}), i = 1, \cdots, N_e\}$。

首先，构建粗糙数据 $\{\boldsymbol{S}_c, \boldsymbol{f}_c\}$ 的 Kriging 模型 $\hat{\boldsymbol{F}}_c$。随后，在精细和粗糙数据 $\boldsymbol{S}_e, \boldsymbol{f}_e - \rho \cdot \hat{\boldsymbol{F}}_c(\boldsymbol{S}_e)$ 的残差上构建第二个 Kriging 模型 $\hat{\boldsymbol{F}}_{CO}$。参数 ρ 是作为第二个 Kriging 模型的最大似然估计的一部分来估计的。请注意，两个 Kriging 模型的配置（相关函数、回归函数的选择等）可以分别针对粗糙数据和残差进行调整，由此得到的 Co‑Kriging 插值的定义与式（10.20）类似。

图 10.13 显示了参考文献[12]和 ooDACE 的 Matlab 工具箱中一维示例的 Co‑Kriging 近似值。相关函数 $\gamma(\cdot, \cdot)$ 是高斯分布的，回归模型 $R(\cdot)$ 是线性的，并提供 $N_e = 4$ 个高保真 $\boldsymbol{s}_e, \boldsymbol{f}_e$ 样本。其中两个位于参数空间的边界，以避免外推。许多低保真度数据的预测是通过在目标函数上增加一个光滑的误差来产生的。Co‑Kriging 仅使用四个高保真样本就能产生对目标的极佳近似。这些样本的作用是修正低保真度样本的值，而低保真度样本的作用是提供关于相关性的信息。相比之下，仅使用四个高保真样本的 Kriging 方法所得的结果较差。

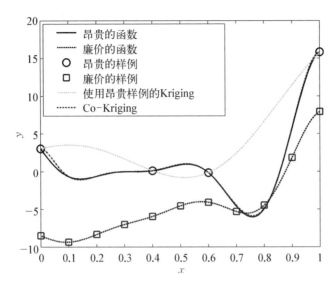

图 10.13　参考文献[12]和 DACE Matlab 工具箱中的单变量 Co‐Kriging 示例

10.4.3　基于 Kriging 法的气动数据制表框架

如图 10.12 所示,通过以下步骤生成空气动力学表:

(1) 规定自变量及其范围,并使用初始采样程序,通过低保真方法(如 VLM)对整个参数空间的气动数据进行快速分析。

(2) 产生基于 Kriging 方法的代理模型 $\hat{F}_c$。

(3) 通过自适应采样迭代细化参数空间:在未探索的区域增加样本点,以提高精度并验证代理模型的鲁棒性。

(4) 当低保真度代理模型完成后(即通过误差估计的测试),将生成高保真数据并进行 Co‐Kriging 构建。使用预测的期望方差的反馈来选择新的高保真样本。这是一个"工程师在回路"的过程(见 10.4.2 节)。

VLM 只对低速附着流计算比较准确。对于更高速度,我们需要使用 L2 级的预测(欧拉 CFD)来模拟可压缩流动;对于有边界层相互作用或明显的流动分离的情况,我们需要用 RANS 或 DES 来进行 L3 级预测。工程师们知道,只有 Ma_∞ 足够高的情况才需要欧拉 CFD,只有接近和超过失速 α 的情况才需要 RANS(或 DES)。因此,将昂贵的高保真度样本 N_e 限制在已知预测器 $\hat{F}_c$ 不准确的子域中,可以减少其样本数量。

Co‐Kriging 预测器 $\hat{F}_{co}$ 的修正会随着与高保真数据集的距离增加而自动衰减。工程师应该检查低保真度预测模型是否与他认为的可信区域中的高保真度模型相匹配。

1）自适应采样

使用随机场模型，Kriging 可以估计其预测器的方差。因此，即使对低保真度预测器来说，从粗糙的集合 S 开始，找到方差估计较大的区域，并在该区域用新样本来增加 S，这种方法是很有意义的。这种使用统计方法的实验设计（DOE）在实验活动的计划和解释中发挥了重要作用。这一领域的经典著作有 Box 等[2]以及 Fisher 的开创性书籍（目前已经是第九版[11]）。Kriging 可以为采样方案提供反馈，目的是生成使预测误差满足所需置信度的最廉价的预测器。

2）数据融合

数据融合是将不同来源的气动数据结合到单一的代理模型中。Kriging 可以使用通过简单合并而融合的数据集 S，也可以将保真度更高的结果通过 Co‑Kriging 转化至单一 Kriging 预测器中。这些工具必须允许回溯，以便模型的谱系始终是确定的。

10.4.4　Co‑Kriging 使用示例

本节显示了低保真 VLM（L1）和高保真欧拉 CFD（L2）在参考构型上分析得出的融合气动系数。这些结果来自 AGILE 项目[4]。

图 10.14(a)显示了融合后的 $C_L(Ma, \alpha, \delta)$ 结果在 Ma - α 坐标的曲面，在飞行包线上升降舵偏转 $\delta = 0°$，点代表低保真度样本，叉代表欧拉样本。如高保真度样本所示，Co‑Kriging 预测了较高攻角下的非线性行为。

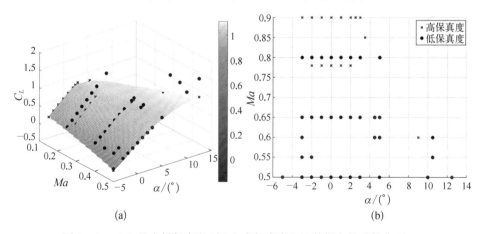

图 10.14　(a) 具有低保真度（点）和高保真度（叉）数据点的系数曲面；
(b) 攻角与马赫数组合的低保真度和高保真度样本的最终集合
（由 Zhang 提供[24]，经许可转载）

max(RMSE)＝0.048%,表明代理模型是可靠的。用于构建代理模型的最终 Ma、α 样本集如图 10.14(b)所示,有 22×3 个高保真样本和 35×3 个低保真样本,升降舵偏转为 $-3°$、$0°$和 $+3°$。对于每个升降舵偏度,样本都在相同的攻角和马赫数位置。

10.5　应用:布局设计和飞行品质

10.5.1　机翼定位

重心位置(CG)相对于飞机气动中心的位置是至关重要的,而升力面合适的轴向位置对于良好的纵向稳定性非常必要。机翼的上反角影响横向和滚转的动力学行为。来自 SimSAC 项目的两项研究说明了在布置升力面时的权衡。我们首先讨论 TCR 的机翼位置,然后讨论 Alenia SMJ 喷气式客机的机翼和尾翼位置的优化。亚声速带尾翼(非鸭翼)的飞机通常为了保持平衡,将使其 CG 接近单独机翼的气动中心,也就是机翼平均气动弦长 MAC 的 25%位置附近。尾翼的贡献使飞机的气动中心进一步向后移动,可以提供合适的静稳定裕度。

另一方面,无尾飞机的 CG 必须在单独机翼气动中心的前面,这样才能保持固有的静稳定性。如果机翼是后掠式的,则伴随着后缘向上偏转,能够在较高的升力系数下进行配平。所需的静稳定裕度与获得的最大升力系数是相互关联的。

鸭式布局飞机的气动中心比机翼 MAC 的 25%位置要靠前很多。鸭式布局的鸭翼提供升力配平,这意味着主翼可以产生较少的升力,从而减少总诱导阻力,并且它还必须安装得足够靠后以提供合适的静稳定裕度。

10.5.2　改善 TCR 飞机的配平特性

L0 级设计工具(如 USAF DATCOM,见第 1 章)预测[见图 10.15(a)]中的基准 TCR 需要过大的升降舵偏角来配平,本节将介绍为确认这一现象而进行的低速刚体飞机的配平分析,以及进行布局重新设计考虑的因素。在基准 T 形尾翼的几何构型下,气动数据是用 Tornado L1 级的 VLM 代码计算的。使用飞行模拟器 SDSA 进行配平和动态稳定性分析,证实了手册预测的在海平面速度为 $160\text{ m/s}(Ma\approx0.47)$ 和攻角为 $3.5°$时,尾翼需要偏转 $20°$进行配平。我们计算发现尾翼需要偏转 $18°$用于配平。

该布局需要进行重新设计,以减少操纵面偏转及其相应的配平阻力。此外,从 L1 级气动弹性模型中发现(见第 11 章),T 形尾翼很容易发生颤振,因

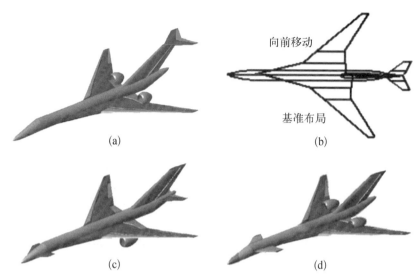

图 10.15 TCR 的设计演变

(a) Saab 的基准 T 形尾翼布局；(b) 机翼前移 5%的机身长度以减少配平阻力；(c) 第一次将 T 形尾翼基准布局重新设计为三翼面布局；(d) 第二次将 T 形尾翼基准布局重新设计为鸭式布局，TCR－C－basic，进一步发展为最终的 TCR－C15

（来自欧盟项目 SimSAC[29]，经许可转载）

此提供了进一步的理由来重新设计基准构型。图 10.15 总结了俯仰控制设计的演变过程，从基准 T 形尾翼布局到移动主翼，再到三翼面布局，最后到全动鸭式布局。

1) 机翼的重新定位

将主翼向前移动 5%的机身长度［见图 10.15(b)］，可以将配平偏角降低到约 13°，但这仍然过高，因此仅仅移动机翼并不是解决配平阻力问题的可选方案，也不是解决颤振问题的可行方案。

2) 三翼面布局

接下来考虑带有鸭翼、主翼和水平尾翼的三翼面布局［见图 10.15(c)］，但其因复杂性和缺乏可用的设计指南而被舍弃。值得注意的是，三个升力面提供了一个额外的自由度，因此飞机可以在优化另一个变量（如阻力）的同时进行配平。

3) 全动鸭式布局

最后考虑的布局是配备全动式鸭翼的飞机布局［见图 10.15(d)］。

鸭式布局有几个优点：它可以通过鸭翼提供升力来配平，与尾翼配平相比减少了诱导阻力。它还能提供更好的失速响应。如果设计合适,鸭翼会在主翼之前失速,并引起机头向下的俯仰力矩,从而减少攻角,缓解主翼失速。

纵向稳定性是确定鸭翼尺寸的关键因素,临界飞行状态是低速状态,因为在跨声速飞行中气动中心向后移动,从而增加了飞机的稳定裕度。

4) TCR 鸭翼布局的尺寸选择

使用 VLM 进行权衡研究,保持主翼的平面形状和面积固定,改变以下三个设计参数:主翼前缘点位置 $\dfrac{x_w}{l}$,鸭翼前缘点位置 $\dfrac{x_c}{l}$,以及鸭翼面积 S_c,其中 l 是机身长度。静稳定裕度 K_n 表示为平均气动弦长 MAC=11.88 m 的百分数。

表 10.2 给出了四种最有潜力的设计,其中显示了攻角、配平所需的鸭翼偏角 δ 和在海平面以 160 m/s 飞行时的静稳定裕度 K_n。

表 10.2　TCR‑C: 在海平面处以 160 m/s 飞行时配平的布局参数

设计	$x_w(-)$	$x_c(-)$	S_c/m^2	$\alpha/(°)$	$\delta/(°)$	$K_n/\%$
TCR‑C2	0.26	0.130	65	2.4	6.6	4.42
TCR‑C8	0.26	0.017	47	2.2	6.6	4.64
TCR‑C15	0.26	0.120	72	3.2	5.9	3.12
TCR‑C17	0.26	0.017	65	2.2	4.2	−2.65

TCR‑C2 和 TCR‑C15 的鸭翼位于机身最前端,以使其对 CG 的力臂最大,而 TCR‑C8 和 TCR‑C17 的鸭翼位于机头锥。后者会干扰安装在机头锥内的系统,如气象雷达。而在前一种方案中,舱门不能安装在前机身内。

从表 10.2 可以得出一些一般性的结论。当鸭翼向前移动时,力臂增加,绕 CG 的给定力矩所需要的配平升力较小,因此所需偏转角度较小。然而飞机的气动中心也会向前移动,从而削弱纵向稳定性。TCR‑C17 的鸭翼和主翼之间的距离较大,在配平时需要较小的鸭翼偏转角,但在俯仰方向上是静不稳定的。

由于鸭翼的力臂长度和面积的乘积出现在配平力矩中,因此增加鸭翼面积也会产生类似的效果。在比较 TCR‑C8 和具有较大鸭翼面积的 TCR‑C17 时可以看到这一点。最终 TCR‑C15 被选为最合适的布局:在操纵面配平偏角的减小与稳定裕度降低之间达到了平衡。

传统按照尾容量的尺寸选型。Raymer[28]对鸭翼容量系数的定义如下：

$$c_C = \frac{l_C S_C}{\text{MAC} \cdot S}$$

式中，l_C为鸭翼的力矩臂。他建议在仅考虑鸭翼外露面积时，容量系数约取为0.1。

TCR-C15的鸭翼力臂为28 m，外露鸭翼面积为60 m²，平均气动弦长为11.77 m，扩展机翼面积为489 m²。由此得出的鸭翼容量系数为0.29。当主翼的几何形状冻结后，可以通过减少鸭翼和主翼之间的距离或减少鸭翼面积来降低鸭翼容量系数。

这两种方法都会导致较差的配平能力，与实际设计的目标相反。因此人们得出结论，操纵面容量的经验法则不适用于像鸭式TCR布局这样的非常规设计。事实证明，VLM工具对于飞机设计文献中较少提及的非常规布局是很有用的。

5）压缩性引起的跨声速配平变化

（1）背景：自动俯冲。

当加速或减速接近甚至超过马赫数1时，纵向配平的变化会产生机头向下的趋势，该现象称为**自动俯冲**。Lockheed P-38和它同时代的飞机都有这个严重的问题，20世纪40年代初，英国通过高速俯冲对该问题进行了长时间的研究。自动俯冲使得从陡峭的俯冲中拉起非常缓慢，所以俯冲前必须具有足够的海拔高度。在跨声速飞行时有几个非线性因素对此起作用，其中一个是由激波向后运动引起的$C_{L,\alpha}$的变化，如第6章中翼型特性所示，此外对$C_{m,\alpha}$的影响也与气动中心后移有关。

在马赫数接近1时，这种机头向下的纵向配平特性变化是美国海军在20世纪50年代使用的宽三角翼Douglas F4D-l（后称为F-6）会出现的问题。该飞机有全动力的升降舵控制，但没有马赫数带来的配平变化补偿。马赫数配平更容易安装在水平尾翼上，就如现代喷气式客机尾翼一样，除了携带升降舵外，还可以使用全动平尾。20世纪50年代末的McDonnell-Douglas F-4具有复杂的带动力马赫数配平系统，可以向飞行员提供力反馈。

（2）TCR-C15气动中心的跨声速偏移。

静稳定裕度K_n通常以平均气动弦长MAC的百分比给出，在10.2节中由式(10.6)定义。在 x_{CG} 距离机头 38.33 m 的情况下，K_n 的值在表 10.3 中给出，表格显示了气动中心的移动和静稳定裕度随 Ma_∞ 增加的变化。

表 10.3　TCR‑C15：气动中心(AC)和静稳定裕度(K_n)随 Ma_∞ 增加时的变化，其中 x_{CG}＝38.33 m，MAC＝11.77 m

Ma_∞	AC/m	K_n/%
0.12	38.90	4.70
0.65	39.93	13.63
0.85	40.62	19.46
0.97	42.12	32.20

静稳定裕度超过 32% 表明，在高速飞行状态下，TCR‑C15 非常稳定，对鸭翼偏转的响应很慢。这显示了与跨声速飞行相关的设计问题之一，即如何适应气动中心从低速到高速的巨大变化。一个可能的答案是放宽低速时的纵向稳定性要求，但这将带来增稳的需求，同时也会带来适航取证的挑战。

6) 跨声速配平和稳定性

图 10.16 显示了在跨声速巡航高度的配平条件和相关的 SDSA 预测的短周期模态特性。在接近声速之前，偏转角基本保持恒定，而达到声速时鸭翼偏角 δ 从 10° 显著增加到 15°，然后在更高的速度下又恢复到与初始偏角大约相同。这种自动俯冲的现象是可控的。在 11 km 高度上以 Ma_{cruise}＝0.97 的速度巡航需要大约 12° 的鸭翼偏角。短周期模态特性良好。长周期模态(未显示)具有很强的阻尼，正如式(10.11)中的粗略近似所预期的那样，阻尼比与 $\dfrac{D}{L}$ 成正比。与当前以稍低马赫数飞行的客机相比，TCR 巡航时的 $\dfrac{D}{L}$ 很大。

随着马赫数的增加，机翼的升力和俯仰力矩发生了巨大的变化。特别是在 CG 后面的外翼段上，上翼面的流动速度从 $Ma＝0.85$ 大幅跃升至 $Ma＝0.92$，从而产生了低头力矩。这就是图 10.16 所示的鸭翼偏角"凹陷"中所示的俯冲的来源。

10.5.3　Alenia SMJ 改进后的荷兰滚特性

SimSAC 研究了 Alenia 公司的 70 座支线客机布局概念 SMJ。在高速和高海拔条件下，基准构型不符合 JAR23 的荷兰滚要求，并且在配平时有过大的升

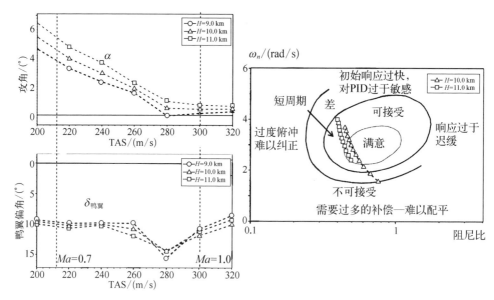

图 10.16　跨声速下 TCR‑C15 的配平条件和短周期模态特性

（来自欧盟项目 SimSAC[30]，经许可转载）

降舵偏角。可以通过改变如下几何参数来改善其稳定性和操纵特性：

（1）机翼上反角——从 7.25°减少到 3.0°。

（2）机翼纵向位置——向前移动机身长度的 2%。

（3）平尾的上反角——从 6.0°减少到 0°。

（4）平尾的攻角——从 0°改变为 −3°。

新布局产生的变化如图 10.17 所示。

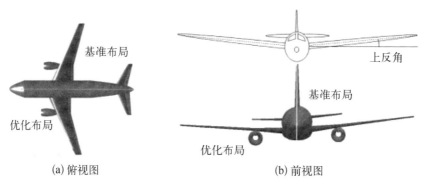

图 10.17　SMJ 的优化布局和基准布局的对比

（来自欧盟项目 SimSAC[29]，经许可转载）

10.5.4　尾翼、鸭翼布局和评估

尾翼和鸭翼可以稳定飞机并提供机动和配平所需的力矩。但它们增加了浸润面积和结构重量,这部分增量应该尽可能减小。直的梯形尾翼的铰链线为恒定的百分比弦长,这种布置方式已经成为大多数飞机的标准。一般来说,操纵面的尺寸是基于所需的控制效率(即它们对俯仰力矩 $\dfrac{\Delta C_m}{\Delta \delta_e}$ 和偏航力矩 $\dfrac{\Delta C_n}{\Delta \delta_r}$ 的贡献)确定的。

1) 水平尾翼

水平尾翼一般用于在一系列飞行条件下提供配平和控制,如起飞抬头、进场配平和失速附近的机头向下加速。对于所有允许的 CG 位置,我们都必须考虑这些情况。例如对于使用前三点式起落架的飞机,起飞抬头时重心位于最前面的位置;而对于后三点式起落架的飞机,重心位于最尾部的位置。

在巡航过程中,平尾的载荷通常是向下的,对一些飞机来说平尾的载荷可能高达飞机重量的 5%。如果应用主动控制方式放宽稳定性,那么尾翼的尺寸和尾翼向下的载荷都可以减少,同时重量和润湿面积都会减少,从而提高飞机性能。尾翼的大小通常由控制效率决定。

2) 垂直尾翼

对老式的和现在的飞机来说,在确定垂直尾翼的尺寸时,我们需要关注荷兰滚模态稳定性的要求。对采用电传飞行控制的飞机来说,垂直尾翼的尺寸不需要考虑荷兰滚模态,尾翼尺寸只需要能给控制系统足够的权限来稳定飞机。为此我们设计方向舵的目标是使飞机在任何高度上都能够从 10° 的侧滑角扰动中回到平衡。在双发飞机的非加速直线飞行中,垂直尾翼的关键尺寸约束是,所提供的控制力矩能够在一个发动机不工作产生风车阻力,而另一个发动机提供最大推力的情况下,能够平衡左右推力差异带来的偏航力矩。

10.5.5　控制面

1) AGILE 设计布局 1 中的升降舵尺寸设计

一些非常大的飞机的巡航配平特性是至关重要的。在俯冲马赫数下,尾翼尺寸应为无抖振或不出现阻力发散的。当安定面的吸力侧出现强激波时,高气动载荷和跨声速下可能出现的气动弹性效应会导致操纵反效,阻力发散可以作为升降舵可能出现操纵反效的指示。升降舵进一步增加偏角会增加载荷,并可能导致升降舵的结构变形,最终导致操纵反效。

具体的示例是设计布局 1(DC1)的练习,这是 AGILE 项目中一种类似 A320 的布局。该项目参与者用 L1 级 Tornado 和 L2 级 SU2 工具计算了气动系数和导数,包括升降舵的偏角,并将结果融合到纵向飞行模拟的气动数据库中。升降舵的偏角是由 SU2 的自由变形技术(FFD)工具箱实现的,通过围绕升降舵铰链线的旋转使网格偏转。在可接受的网格单元变形范围内,偏转角度最大为 5°。

Tornado 在现代笔记本电脑上进行 VLM 分析通常少于 1 min,而 SU2 的欧拉求解器在 32 核工作站上进行参考飞机的求解大约需要 4 min,计算成本相比 Tornado 至少是 128 倍(前提是 SU2 的并行计算速度是线性的)。因此,即使是非常密集的 L1 级样本计算也是可以接受的。

2)从融合数据预测飞行品质

AGILE 项目参与者使用 PHALANX 分析了飞行性能和飞行动力学,并将 Co‐Kriging 使用 L1 级+L2 级融合数据得到的结果与完全使用 L1 级数据得到的结果进行了比较。PHALANX Matlab 工具大量使用 Simulink© 平台和 Simscape© 环境以及自身的工具箱来模拟物理系统。

有了必要的重量、惯性和发动机推力的输入数据,仿真模型就可以评估配平条件(如预测飞行包线限制和所需功率与马赫数的关系),以确定各种飞行条件下的飞行品质。

图 10.18(a)显示了在 10 km 高度的整个马赫数范围内,配平飞行时的攻角和升降舵偏角的变化。L1 级+L2 级和 L1 级数据库对攻角的预测结果相似。对于亚临界速度,正如预期的那样,L1 级和 L1 级+L2 级的升降舵偏角一致,但在更高的马赫数下存在偏差。在跨声速状态下,后掠翼的气动中心向后移动,VLM 并没有模拟出这种影响。绕 CG 的力矩减少,从而需要更小的升降舵升力来配平。注意图 10.18(b)中升降舵上表面 C_p 等值线上的激波,以及升降舵和尾翼之间的"连接板"。

3)非对称双发飞机布局的方向舵尺寸设计

对双发飞机来说,要求方向舵能够在一个发动机不工作的情况下控制飞行。为了减少抵消轴对称推力所需的方向舵偏角,Raymer[28] 提出了图 10.19 所示的非对称概念,据他本人所说:其灵感来自 Burt Rutan 的非对称回旋镖。问题是这一概念的方向舵尺寸在一台发动机失效时是否有足够的控制能力? 在 L2 级模拟下,EDGE 软件可以通过速度蒸发边界条件(见 10.4 节)计算操纵面偏转的气动特性,在非偏转的操纵面上要求流动与偏转面相切。这种方法避免了网格的变形,因此一个网格就可以适用于所有偏转情况。

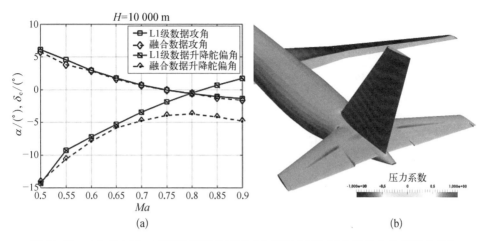

(a)　　　　　　　　　　(b)

图 10.18　(a) 在 10 km 高度的配平飞行下，L1 级和 L1 级＋L2 级融合数据的攻角和升降舵偏角，作为马赫数的函数；(b) 水平尾翼上的 C_p 等值线，来自 SU2 欧拉解，$Ma=0.78$，$\alpha=0°$，升降舵偏角 $\delta=4°$。升降舵偏转是通过网格 FFD 变形来模拟的

（来自 AGILE 欧盟项目[4]，私人通信）

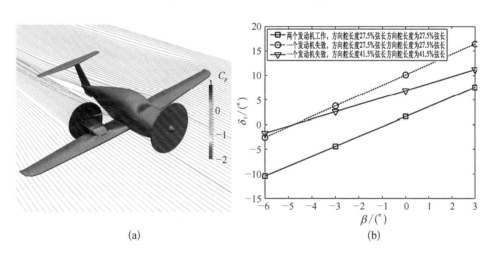

(a)　　　　　　　　　　(b)

图 10.19　气动力矩和力，由 L2 级欧拉 EDGE 计算，$Ma=0.282$，$\alpha=0°$，$\beta=3°$
(a) 单发动机工作飞机的压力和流线；(b) 偏航配平中的侧滑角 β 与方向舵偏角 δ_r 关系
（由 Zhang 提供[24]，经许可转载）

在 Sumo 中，螺旋桨被模拟成一个"非常短"的短舱，以使网格能够模拟桨盘。通过在桨盘上施加特定的质量流和动量，提供跨越桨盘的压力跃变。螺旋桨的推力用来平衡巡航阻力，图 10.19(a) 显示了机头螺旋桨不工作时的表面压

力和流线。

分析预测结果显示,在两个发动机都工作的情况下,非对称飞机在配平时不会产生侧滑角,方向舵偏角约为 1.6°[见图 10.19(b)中的方形符号线],以抵消固有的机头向左偏航。如果机头发动机发生故障,那么偏心的推力会使飞机进一步向左偏航。这时的配平条件就是图 10.19(b)中的圆形符号线。零偏航飞行需要方向舵偏转 10°左右。

但这样的偏转是有问题的,因为补偿强侧阵风需要额外的偏航力矩控制能力,这时方向舵失速就是一种让人不满意的可能性。增强方向舵的控制能力有两种方法:一种方法是增大整个尾翼面积,从而减小 $\beta=0$ 时 C_n 的大小;另一种方法是增加方向舵在尾翼的占比,以增大控制导数 $C_{n,\delta}$。调整方向舵使其比基准构型大 50%(从 27.5%弦长到 41.5%弦长)可以提高配平的能力。调整后零侧滑飞行的方向舵偏角从 10°变成了 7°[见图 10.19(b)中的三角形符号线],这与线性空气动力学给出的结果一致。

4) Saab 2000 副翼滚转时间模拟

图 10.20(b)定义了由副翼偏转 δ_a 产生的铰链力矩系数 C_h 和滚转力矩系数 C_l 的方向。

副翼应具有如下特点:

(1) 对滚转力矩 C_l 有足够大的影响,即更大的 $C_{l,\delta}$,并在其整个工作范围内,控制力和飞机响应之间具有接近线性的关系。

(2) 可接受的较小的铰链力矩 C_h,从而使轮力不会太大。

流场图显示了副翼周围的二维理想化的流动。该研究的重点是副翼和主翼部件之间以及副翼和后缘调整片之间的间隙。实际生产飞机的机翼要复杂得多,涉及许多细节,包括必须满足飞行适航认证要求的驱动和联动装置。导向轮力的预测在飞机气动设计中具有重要作用。而预测气动力是一项艰巨的任务,因为气流对操纵面和主翼之间的间隙大小以及雷诺数和马赫数都比较敏感,使得很难在狭缝和间隙附近获得准确的 CFD 解。

Soinne 在他的博士论文[32]中结合 CFD 和飞行力学模拟对 Saab 2000 支线客机的副翼偏转轮力进行了详细的研究。规章要求在最小爬升速度到最大工作速度的空速下,从稳定的 30°盘旋转弯处翻滚 60°的时间不能超过 7 s。

副翼间隙对轮力的影响是通过对两个副翼截面上的二维 RANS 计算得到的。内侧部分通过副翼调整片处计算(见图 10.20),外侧部分通过副翼外铰链处计算。将两个部分的数值进行加权,从而得到三维副翼效能和铰链力矩系数。

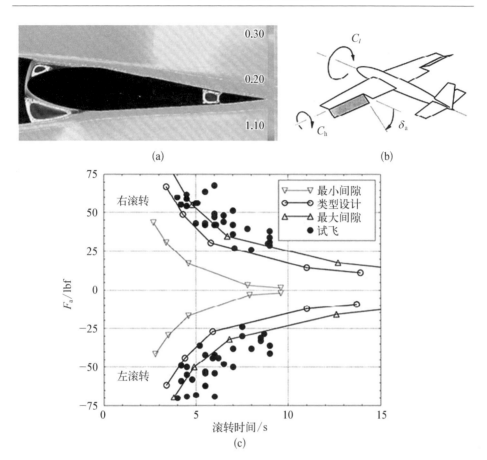

图 10.20　(a) Saab 2000 副翼周围的计算马赫数分布和流线，$\delta_a = 0°$，$Ma_\infty = 0.298$，$Re = 1.07 \times 10^7$；(b) 副翼偏转 δ_a 时的铰链力矩系数 C_h 和滚转力矩系数 C_l；(c) 控制轮力 F_a 与 139 m/s 滚转 60°的时间

（由 Erkki Soinne 提供[31]，经许可转载）

计算时采用了正常制造公差产生的最小标称和最大间隙尺寸。Soinne 利用计算出的气动数据(包括动导数)，对飞机的机械控制系统进行了模拟。Saab 公司内部的六自由度系统 FORMIC 可以模拟将气动铰链力矩传递到控制轮上，还能够考虑由摩擦、齿隙、定心凸轮、断开和弹簧单元以及副翼差动偏转等产生的非线性因素。图 10.20 显示了在 139 m/s 的最大工作速度下，轮力与滚转 60°所需时间的关系。公差在高动压(即高速)下的影响最为显著。在较快的滚转中，飞行员所需的轮力 F_a 增加到约 50 lbf[①]，滚动时间为 7 s。在实际生产飞机的飞行

————————

① lbf：磅力，1 lbf＝4.45 N。——译注

测试中,测得的所有允许生产公差引起的轮力值都可以用于验证该模型。

10.5.6 飞行测试中发现的气动问题

在原型飞行器的飞行测试刚刚开始时或测试过程中,气动问题就会(经常)出现。问题的出现有各种各样的原因,补救措施有两个方向:调整 FCS 中的控制律以抵消不良影响,或者改变气动外形以避免问题发生。对于 α 或 β 的力矩曲线斜率突然变化甚至改变符号的情况,对控制律来说是很难处理的。在这种情况下我们最好修改飞行形状,这里给出两个此类示例。

1) 小型无人作战飞机的 $C_{l,\alpha}$ 曲线在侧滑状态的拐折

Saab 公司已经对一款名为 SHARC(瑞典高度先进研究布局)的小型无人作战飞机(UCAV)验证机进行了飞行测试。SHARC 计划的主要目标是演示攻击任务、低雷达反射特征、高生存能力和强自主性,并测试其适航性。为此,SHARC 设计了一个扁平的机身,机身两侧有棱脊,发动机进气口在两个尾翼之间,以减少雷达反射截面。对候选布局的风洞测试显示,滚转和偏航力矩对侧滑角的变化趋势不理想。此处的结果见参考文献[21]。图 10.21(a)显示在侧滑角 $\beta = 15°$ 时滚转力矩 C_l 与攻角 α 关系曲线的 V 形趋势,曲线在 $\alpha = 15°$ 时发生拐折。

在侧滑角为 15° 时,流场显示和压力分布如图 10.21 所示。图 10.21(c)和(d)比较了攻角为 12° 和 15° 时的流场。来自 UCAV 左侧的侧风[见图 10.21(c)和(d)的右侧]对机体涡旋的形成有较大的影响。这个机体旋涡可以用修正的翼面有效后掠角来解释:机体背风侧的后掠角较大,而迎风侧的后掠角较低,因此两个机体旋涡的位置完全不同。在迎风侧,旋涡靠近机翼,并且比直线飞行时更靠近下游;在背风侧,旋涡更靠近机头,并从机身升起,离开机体。

这种不对称的流动使得背风侧的旋涡撞击尾翼。在图 10.21(c)中攻角为 12° 的情况下,旋涡主要位于尾翼下方,但撞击机翼前缘。随着攻角的增加,旋涡向上移动,在攻角为 15° 时撞击尾翼[见图 10.21(d)],在更高的攻角下旋涡会从尾翼上方经过。攻角为 15° 时迎风侧的旋涡也开始上升,但位置靠近机翼,导致在 $\alpha > 15°$ 时 UCAV 的后部形成了非常复杂的分离流。在侧滑角为 15° 的情况下,稳态迭代的收敛解是不确定的,表明流动是非定常的。

压力分布也存在不对称性。在 $\alpha = 12°$ 时,背风侧旋涡很弱,无论在机身上还是机翼上都没有明显的痕迹[见图 10.21(b)],随着攻角的增加机身上的旋涡变得更加明显。在迎风侧,即使在攻角为 12° 时,旋涡下方的低压区也是明显存在

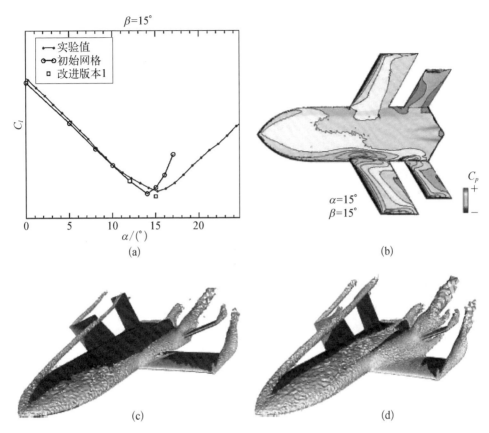

图 10.21 在 $\alpha=12°$ 和 15°、侧滑角 $\beta=15°$ 时的 UCAV 流场

（a）滚转力矩系数 C_l 与 α 的关系（$\beta=15°$）；（b）$\alpha=15°$ 和 $\beta=15°$ 时上表面的压力分布 C_p；（c）$\alpha=12°$ 和 $\beta=15°$ 时的涡流显示；（d）$\alpha=15°$ 和 $\beta=15°$ 时的涡流显示

（由 Y. LeMoigne 提供[20]，经许可转载）

的,但是最低压力出现在靠近机翼前缘的地方,在那里旋涡上升离开翼面。迎风侧的尾翼也显示了旋涡的低压标志,正如在没有侧滑角情况下的结果所示。背风侧旋涡与尾翼的相互作用对飞行器的稳定性有很大影响,在下一段落将详述。

气动特性的预测。通过计算,我们可以很好地预测出带侧滑角情况下的 V 形滚转力矩曲线[见图 10.21(a)]。在攻角达到 15°之前滚转力矩的下降是由背风侧旋涡越来越强导致的,并在左侧产生吸力,而在攻角达到 15°之后吸力就会减少,尤其是在飞行器的后部。在攻角大于 15°时,背风侧旋涡对尾部的影响也可能是造成该角度处力矩斜率突然变化的一个原因。在这种情况下,数值结果与实验曲线在攻角 14°之前是一致的。更细的网格可以使得数值结果与实验曲线在攻角达到 15°时也保持一致,此处达到最小的 C_L。

力矩系数的强非线性无疑使得控制律设计变得更复杂。其非线性的原因很难详细解释,但尾翼被旋涡撞击在其中起着重要作用。对风洞试验结果的分析要求我们在布局进入飞行测试前必须对尾翼布局进行调整。

2) Saab JAS-39 的边条翼缓解 $C_{n,\delta_{canard}}$ 的拐折

控制系统的设计可以减缓力和力矩随飞行状态和操纵面偏转的不期望的变化趋势。JAS-39 战斗机与同时代的其他战斗机一样,在俯仰上不稳定;这可以改善转弯性能,并可以采用电传操纵系统控制。早期有迹象表明,在大攻角情况下,某些鸭翼偏角会导致不光滑偏航行为,因此设计师们决定在获得足够的气动数据后,通过调整控制律来解决这个问题。最初的飞行测试十分顺利,但在后续测试中,由于严重的俯仰振荡,原型机在进场时坠毁,并在美国国家电视台上播出。因此人们不得不重新审视控制律。坠机后的修改过程中开展了详细的风洞测试,结果显示偏航力矩在几度偏角变化的瞬间突然出现了非常大的下降。这对控制系统来说太难处理了,因此空气动力学专家通过修改外形来缓解此现象,在鸭翼的上方和后方安装了一个非常小的边条以稳定涡流,称为"边条"。图 10.22 中的曲线图取自 Saab 工程师 Teige[34] 发表的回忆录,它显示了在攻角 $\alpha=28°$、侧滑角 $\beta=10°$ 时的偏航力矩曲线,修改之前的实线有非常严重的下凹现

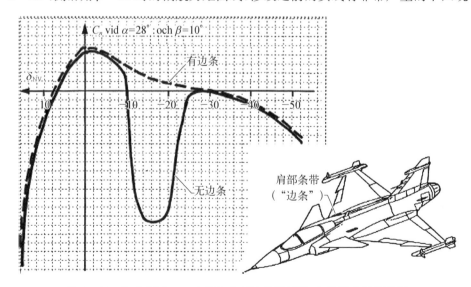

图 10.22　Saab JAS-39 飞机在有无边条的情况下,偏航力矩随鸭翼
偏角的变化曲线。边条位于鸭翼后缘的后方

（由 K. Nilsson 提供,Saab 公司,经许可转载）

象,而修改之后的虚线则十分光滑。瑞典语的标题声称:"鸡冠①让公鸡与众不同——对飞机也是如此!"事实上,JAS - 39 的同代战斗机 Eurofighter 和 Panavia l 也使用了肩部边条。

　　我们已经初步完成了对刚性飞机飞行品质的研究。接下来,我们需要确定飞行过程中受载后的机翼形状,这就是下一章的主题。

10.6　通过计算学习更多知识

　　通过使用在线资源,获得本章主题的计算工具的实践经验。练习、教程和项目建议可以在书中的网站 www. cambridge. org/rizzi。例如,使用 VLM 工具来分析由静稳定裕度测量的 TCR 低速稳定性。计算示例的软件可以从 http://airinnova. se/education/aero-dynamic-design-of-aircraft 处获取。

参考文献

[1]　R. Bellman. *Stability Theory of Differential Equations*. McGraw-Hill,1953. Reprinted Dover Publications, Inc. ,1969.

[2]　G. E. P. Box,W. G. Hunter, and J. S. Hunter. *Statistics for Experimenters: Design, Innovation, and Discovery*,2nd edition. Wiley,2005.

[3]　G. H. Bryan. *Stability in Aviation. An Introduction to Dynamical Stability as Applied to the Motions of Aeroplanes*. Macmillan and Company,Ltd,1911.

[4]　P. D. Ciampa and B. Nagel. AGILE the next generation of collaborative MDO: Achievements and open challenges. Presented at 2018 Multidisciplinary Analysis and Optimization Conference, June 2018. AIAA-Paper-2018 - 3249.

[5]　M. V. Cook. *Flight Dynamics Principles: A Linear Systems Approach to Aircraft Stability and Control*. Elsevier Aerospace Engineering Series,3rd edition. Elsevier,1997.

[6]　G. E. Cooper and R. J. Harper. The use of pilot rating in the evaluation of aircraft handling qualities. Technical report TN D-5153. NASA,1969.

[7]　I. Couckuyt, T. Dhaene, and P. Demeester. ooDACE toolbox: A flexible object-oriented kriging implementation. *Journal of Machine Learning Research*,15:3183 - 3186,2014.

[8]　M. Drela. *Flight Vehicle Aerodynamics*. MIT Press,2014.

[9]　B. Etkin and L. D. Reid. *Dynamics of Flight — Stability and Control*. John Wiley and Sons,1995.

---

　　①　英文里 cock's comb 一词既可指"边条",也可指"鸡冠"。——译注

[10] T. Fengnian and M. Voskuijl. Automated generation of multiphysics simulation models to support multidisciplinary design optimization. *Advanced Engineering Informatics*, 29: 1110 – 1125, 2015.

[11] R. A. Fisher. *The Design of Experiments*, 9th edition. Macmillan, 1971.

[12] A. I. J. Forrester, A. Sobester, and A. J. Keane. *Engineering Design via Surrogate Modelling: a Practical Guide*, Volume 226 of *Progress in Astronautics and Aeronautics*. John Wiley & Sons, Ltd, 2008.

[13] M. Ghoresyshi, K. J. Badcock, A. DaRonch, D. Vallespin, and A. Rizzi. Automated CFD analysis for the investigation of flight handling qualities. *Mathematical Modelling of Natural Phenomena*, 6(3): 166 – 188, 2011.

[14] M. Ghoreyshi, D. Vallespin, A. DaRonch, K. J. Badcock, J. Vos, and S. Hitzel. Simulation of aircraft manoeuvres based on computational fluid dynamics. Presented at AIAA Guidance, Navigation and Control Conference, Toronto, Ontario, 2010. AIAA-2010 – 8239.

[15] T. Glad and L. Ljung. *Control Theory*. Taylor & Francis, 2000. Reprinted by CRC Press, 2010.

[16] T. Goetzendorf-Grabowski, D. Mieszalski, and E. Marcinkiewicz. Stability analysis in conceptual design using SDSA tool. Presented at Special Session of the AIAA AFM Conference, Toronto, 2010. AIAA.

[17] H. W. M. Hoeijmakers and S. J. Hulshoff. Numerical simulation of the unsteady aerodynamic response of a complete aircraft. Presented at ICAS Congress, Melbourne, 1998.

[18] W. -H. Jou. A systems approach to CFD code development. Presented at ICAS Congress, Melbourne, 1998.

[19] F. W. Lanchester. *Aerodynamics, Constituting the First Volume of a Complete Work on Aerial Flight*. A. Constable and Co. , Ltd, 1907.

[20] Y. LeMoigne. *Adaptive Mesh Refinement and Simulations of Unsteady Delta-Wing Aerodynamics*. PhD thesis, Aeronautical and Vehicle Engineering, KTH Royal Institute of Technology, 2004.

[21] Y. LeMoigne. Adaptive mesh refinement sensors for vortex flow simulations. In P. Neittaanmäaki, T. Rossi, K. Majera, and O. Pironneau, editors, *Proceedings of the ECCOMAS 2004 Congress*. University of Jyväskylä Press, 2004.

[22] S. N. Lophaven, H. B. Nielsen, and J. Søndergaard. DACE, a Matlab Kriging toolbox. version 2. 0. Technical report. Technical University of Denmark, 2002.

[23] S. N. Lophaven, H. B. Nielsen, and J. Søndergaard. Aspects of the Matlab toolbox DACE. Technical report. Technical University of Denmark, 2002.

[24] Z. Mengmeng. *Contributions to Variable Fidelity MDO Framework for Collaborative and Integrated Aircraft Design*. Doctoral thesis, Engineering Sciences, KTH Royal Institute of Technology, 2015.

[25] R. C. Nelson. *Flight Stability and Automatic Control*, 2nd edition. WCB/McGraw-Hill, 1998.

[26] F. O'Hara. Handling criteria. *Journal of the Royal Aeronautical Society*, 71(676): 271 – 291, 1967.

[27] F. Pedregosa et al. Scikit-learn: Machine learning in Python. *Journal of Machine Learning Research*, 12: 2825 – 2830, 2011.

[28] D. P. Raymer. *Aircraft Design: A Conceptual Approach*, 6th edition. American Institute if Aeronautics and Astronautics, 2018.

[29] A. Rizzi. Modeling and simulating aircraft stability and control — the SimSAC project. *Progress in Aerospace Sciences*, 47(8): 573 – 588, 2011.

[30] A. Rizzi, P. Eliasson, T. Goetzendorf-Grabowski, J. B. Vos, M. Zhang, and T. S. Richardson. Design of a canard configured transcruiser using ceasiom. *Progress in Aerospace Sciences*, 47(8): 695 – 705, 2011.

[31] E. Soinne. *Aerodynamic and Flight Dynamic Simulations of Aileron Characteristics*. PhD thesis, Dept. Aeronautics, KTH, 2000.

[32] E. Soinne. Aerodynamically balanced ailerons for a commuter aircraft. *Progress in Aerospace Sciences*, 37: 497 – 550, 2001.

[33] G. Strang. *Introduction to Applied Mathematics*. Cambridge-Wellesley Press, 1986.

[34] U. Teige. Aerodata -vad är det? In *Saabminnen Del 22* SAAB Veteran's Club, 2012, pp. 92 – 97 (in Swedish).

[35] M. Tomac. *Towards Automated CFD for Enginerring Methods in Airfcraft Design*. Doctoral thesis, KTH School of Engineering Sciences, 2014.

[36] W. G. Vincenti. *What Enginees Know and How They Know It: Analytical Studies from Aeronautical History*. Johns Hopkins University Press, 1990.

第 11 章 气动载荷-结构的相互作用和气动弹性效应

> 对于具有较细长的大展弦比机翼的飞机,传统的方法……认为结构是类似于梁的构件,然后用梁来表示飞机的主要部件……

——Jonathan Cooper

到目前为止,我们一直假设飞机是刚性的,并对其飞行构型进行所有的空气动力学计算。本章将讨论制造构型(型架构型)如何变形为飞行构型。

所有机翼都是弹性的,在载荷作用下会变形为飞行构型。本章的总体目标是说明如何确定给定飞行条件下的机翼形状。空气动力学家运用计算流体动力学(CFD)提供气动载荷,并在多学科团队中分析该相互作用的问题。利用CFD计算得出的气动载荷,结构工程师可以在**气动弹性循环**的迭代过程中提供特定机翼的**尺寸**结构模型,以找到飞行构型的变形。根据本书的范围,我们仅考虑在气动设计早期阶段进行气动-结构团队的合作。本章气动弹性循环主要以低亚声速气流中的静气动弹性分析为例,如机翼的静态变形、发散和操纵反效等。

在 11.4 节中,在软件层面上以**松耦合框架**的**分区**方法(称为 AeroFrame)对流体-结构相互作用进行概述展示。它演示了 CFD 和计算结构力学这两个学科的相互作用,以及团队成员所做的工作和所需的数据交换。

在两个案例研究中,11.5 节展示了 AeroFrame 在以下方面的应用:

(1) 风洞中经历的机翼发散和操纵反效的简单模型;

(2) 确定无人机在拉升和下降机动过程中的飞行构型。

在这两个案例中,我们团队的结构专家是 Aaron Dettmann,当时他正在完成硕士论文[6]。

11.1　引言

气动弹性考虑的是气流与柔性结构的相互作用。航空领域中使用的承载结构是轻质柔性的设计。结构尽管被设计用于承受运行期间遇到的载荷,仍可能会发生较大的弹性变形。

机翼在承受气动载荷时会发生弯曲和扭转。根据结构和流动特性,这种形状和载荷的变化可能会导致**稳定性**问题,这些问题可分为静态与动态(即涉及振荡)。

动态现象涉及非定常气动载荷和结构动力学,如颤振和抖振。非定常载荷不断向结构输入能量,使其在振荡运动中不断加速。因此,不仅弹性特性会影响响应,质量分布也会对响应造成一定的影响。

11.1.1　气动载荷使飞行构型变形并影响气动特性

具有大展弦比(AR)机翼的客机变形可能会很大;在巡航过程中,波音 787 梦想飞机的翼尖弯曲在气动力和重力作用下可达到约 10 ft,而在最大起飞重量下的 2.5g 拉升过程中可达到 26 ft[见图 11.1(a)]。

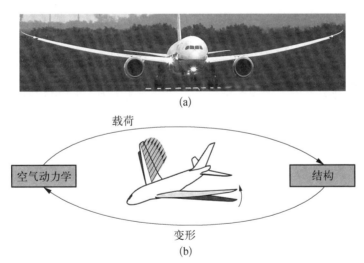

(a)

载荷

空气动力学　　　　　　　　　　　　　　结构

变形

(b)

图 11.1　(a) 波音 787 梦想飞机机翼在飞行中明显变形;(b) 弹性机翼在载荷作用下变形

[(a)由 M. Bogdan 提供,Cargospotter YouTube 频道,经许可转载;(b)由 A. Dettmann 提供[6],经许可转载]

如 1.4.2 节所述,气动载荷数据可以用于评估飞机结构。进行该分析需要创建力学模型[如结构有限元(FE)模型],从而将力和力矩转化为变形和应力。

应力在评估使用寿命、疲劳、失效模式等方面十分有用。在预测实际巡航和机动性能时，或至少在确定气动弹性形状的变化是否显著时，我们需要考虑变形的影响。下一代客机的机翼很可能具有更大的展弦比，因为大展弦比机翼可以有效减少阻力，因此飞行中的机翼变形是十分重要的问题。对于高性能滑翔机和高海拔飞机，如 Lockheed-Martin 公司的 U-2 侦察机，机翼变形始终都是重要的问题。

由于支持机翼弯矩所需的结构重量有限，因此设计更大翼展机翼的趋势很难继续发展，并且这种机体的设计需要结构和气动设计的紧密结合。

静态和动态的气动弹性效应通常都是有害的。"机翼发散""抖振""颤振"和"副翼反效"都是限制飞行包线的效应，因此我们必须加以防范。

例如，第一次世界大战中的福克 D-8 单翼机出现了许多机翼故障，当时人们认为这些故障是由机翼结构弱点造成的。该事件在参考文献[14]中有所提及。军方要求对机翼结构进行加固，然而经过改造的第一架飞机在第一次出航时就因机翼故障而坠毁。福克公司利用沙包加载实验发现，当机翼在载荷作用下弯曲时，翼尖倾角显著增加。在飞行中，翼尖扭转增加了气动载荷，导致更大的扭转等影响，于是在高速下会导致结构故障。

为什么会发生这种现象呢？可以从图 11.2 中看到问题。我们在第 3 章中计算了机翼载荷，并可以评估机翼弯矩，但机翼在载荷作用下也会发生扭转。机翼截面上的升力可以用大约作用于 1/4 弦线处的力来表示，所以对大多数机翼截面结构来说，截面的弯轴在 1/4 弦线处的后面，因此截面在升力作用下向上扭转[见图 11.2(a)]，这又会使升力增加，从而产生更大的扭转。因此结构必须有足够的刚度，从而能够限制包线内所有飞行状态的气动弹性弯曲和扭转。

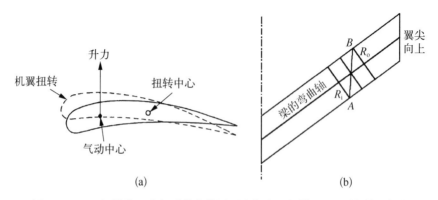

图 11.2　(a) 机翼截面在气动载荷作用下头部向上扭转；(b) 后掠翼的弯曲

D-8改装加强了**后梁**的支柱。这也使弯轴进一步向后移动，从而为升力提供了更大的力臂，其总效果是扭转使得变形发展为结构失效，而不是弯曲。

载荷作用下的大多数变形对飞行品质都有负面影响，但通过精确的分析和巧妙的设计，有可能通过"气动弹性剪裁"来减轻负面影响，即调整承载结构的**刚度分布**和机翼的型架构型。

后掠翼的弯曲和扭转

由于单纯的几何原因，与平直翼相比，前掠翼的发散趋势更强，后掠翼的发散趋势则更弱。我们可以观察图 11.2(b)中代表机翼的梁和机翼表面上与流动平行的片条。当翼尖向上弯曲时（朝向读者），外侧翼肋 R_o 比内侧翼肋 R_i 高，所以 B 点比 A 点高。如果机翼前掠（即朝向页面顶部），B 点位于前缘，则其效果是平行片条的上升使升力增加导致头部向上扭转。后掠翼相反。

11.1.2　气动弹性循环：流体与结构的相互作用

计算模型提供了分析气动弹性效应的工具，从而帮助识别并改进存在问题的设计。如果气动弹性分析工具是由**独立**的空气动力学(CFD)和计算结构力学(CSM)模型建立的，那么这两个学科就需要交换变形和载荷数据，这也是一种普遍的做法。

图 11.3 显示了结构和气动是如何通过飞机表面形状进行交互的。它还描述了一个大概的概念，从而使得相互独立的 CFD 和 CSM 求解器共同作用，以解决流体-结构相互作用问题。

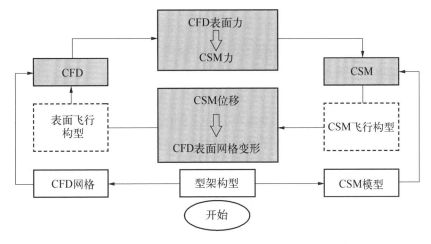

图 11.3　流体-结构相互作用的流程图，显示**气动弹性循环**中的信息交互过程

从未变形状态(如机翼型架形状)开始计算气动载荷,随后将其映射到结构模型上以获得变形。然后更新气动模型的形状以反映这些变形,从而改变气动载荷,如此进行循环。

载荷和变形的数据交换是在计算**气动弹性循环**中实现的。

运行循环可以产生两种结果:以较小的变形收敛到结构**平衡状态**,表明结构有足够的刚度来平衡气动力;或者变形持续增长,最终大到难以接受。

后一种结果只是表明这种耦合问题的特殊迭代方式失败了,其他算法可能会做得更好。其他算法通常可以从小的动压开始,当迭代保证收敛时可以逐步增加动压,就像在 MSES(见第 7 章)中设置的攻角和马赫数的扫描一样。通过这种方式,就可以得到变形随动压的增长。

在稳定平飞以及准静态飞行机动中,如稳定的爬升和下降、拉升或转弯,气动载荷都可以认为是定常的。但在其他情况下,载荷可能会快速变化(如在强阵风中)。随后变形会迅速发生,因此惯性力开始发挥作用,所以我们需要对结构进行动态分析,最终也需要对流动进行非定常分析。

在已知气动力和重力载荷后,飞机设计师可以确定主要结构部件的尺寸(即强度、刚度),这可以定义飞机的整体刚度和部分质量分布。但载荷也取决于质量分布,所以又出现一个耦合问题,因此需要求解一些方程。临界载荷位于飞行包线的边界。实际上,随着飞机的结构设计与质量分布的推进,预期的包线可能受到限制。

11.1.3 气动弹性效应的几种情形

考虑气动弹性循环(见图 11.3),下面我们将讨论一些能够体现气动弹性效应的情形。这些情形要么是**静态**的,只涉及稳定的气动力和重力;要么是**动态**的,具有随时间变化的力和流体运动以及机体的惯性效应。

1) 静态变形

气动载荷和结构响应可能会收敛到静态的气动弹性平衡状态,其中变形后形状的气动载荷与内部弹性力平衡。很可能气动载荷和变形结构上的力比未变形结构上的力大,事实上这种情形也是非常常见的。当气动力超过结构允许的最大恢复力时,机翼在扭转和弯曲时就会发生变形失控,称为**气动弹性发散**,从而导致结构失效,如福克 D-8 单翼机一样。影响这一现象的主要因素是动压和机翼扭转刚度。正如前文所述,前掠翼对发散特别敏感。传统的做法是**设计飞行构型**(即气动弹性变形后的构型),随后制造构型(型架构型)通过使用相应的已知载荷条件从所需的变形构型逆向计算来确定。这个过程需要有一个定义明确的单独设计载荷工况,对应可以执行型架构型转换的飞行条件(如巡航状态)。实际上,机翼的设计、优化和制造是为了使其变形后的飞行构型为最小阻力布局。这也是 Martins 等[10]在通用研究模型(CRM)机翼上所做的工作。

2) 控制效率和反效

由于机翼是柔性的,操纵面的作用在不同飞行速度下有不同的效果。因此,我们必须估计机翼的扭转和控制效率是否符合预期的飞行包线要求。

当后缘操纵面向下偏转时,在靠近后缘的地方(即弯轴后方)会产生额外的升力,从而产生使前缘向下偏转的力矩。这使得通过偏转襟翼获得的升力减小,从而降低了**控制效率**。实际操纵面带来的净升力增量随着飞行速度的增加而下降,即效率下降,直到**反效速度**时升力增量消失。超过该速度,操纵面的作用将产生与预期相反的效果,称为**操纵反效**。虽然其结果不一定是灾难性的,但这种现象是不希望出现的,因为当操纵面失效时,飞机在反效速度附近的控制性能极差。

11.1.4　本章的目标和范围

本章的总体目标是说明在给定的飞行条件下,如何通过多学科团队在气动弹性循环中分析相互作用问题,用于确定机翼的形状。在低亚声速气流中静气动弹性分析的应用可以显示气动弹性循环的作用,如确定静态机翼变形、发散和操纵反效。虽然框架是通用的,而且这些影响可以由更高保真度的 CFD 和 CSM 模型以及合适的求解算法来解释,但非定常气动载荷、可压缩性的影响以及结构动力学在本章没有进行处理。对于更广泛和更深入的气动弹性现象和计算工具的学习,读者可以参考专门研究气动弹性的教科书[7, 14, 19]。

飞机设计中气动-结构团队的工作需要在应用大量计算资源的软件框架中进行。

与此相反,为了与标准气动弹性课程保持一致,我们首先考虑一个简单的建模,从而建立分析气动弹性的模型。静态解可以用迭代的方式计算,事实证明,当进行迭代时机翼恰好会出现发散。

本章还给出了对具有线性流动和结构模型的静气动弹性问题的分析,并初步讨论了动态问题。

本章在软件层面上以**分区**的方式展示流体-结构的相互作用,因为这正好可以说明 CFD 和 CSM 两个学科的相互作用、团队成员的工作以及所需的数据交换。本章提出一种**松耦合模块化框架**,其中明确规定了流程中对描述力和变形共享状态的数据的作用。

正如必须为干净机翼的气动设计制作尺寸化基准布局(见第 1 章)一样,结构尺寸设计也需要由结构工程师来完成。工程师需要确定 CSM 模型中的具体参数,使得结构能够承受最坏情况下的气动载荷和重力载荷,以及由阵风或跑道上的颠簸产生的其他载荷。

读者可以阅读专业文献[5,9,13]以深入研究飞机结构设计。

最后,两个案例的信息将使用 AeroFrame 框架应用于气动弹性循环。所处理的两个案例是风洞中经历发散和操纵反效的机翼模型(见 11.5.1 节),以及确定无人机(UAV)在拉升和推降机动中的飞行构型(见 11.5.2 节)。在这两个案例中,我们团队的结构专家都是 Aaron Dettmann,那时他正在完成他的硕士论文[6]。有关 CSM 的进一步细节可以参考他的这篇硕士论文。

11.2　带扭转的机翼截面模型

为了进一步推进学习进程,我们需要将气动弹性循环(见图 11.3)变成具体的计算或分析模型。此处的例子是一个经典教科书示例[19]:风洞中带扭转角的机翼截面(见图 11.4)。该截面可以围绕由扭转弹簧约束的扭转轴自由旋转。与传统机翼的情况一样,扭转轴在气动中心后面。当你考虑机翼设计的影响时,要清楚该模型有如下局限:

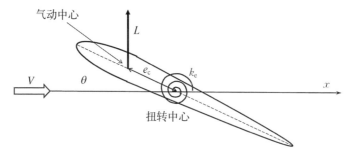

图 11.4　单自由度扭转翼型

- 真实机翼的发散同时包括扭转和弯曲。
- 空气动力学通常是由用于稳定性分析和飞行模拟的"系数"来建模的,这在大攻角和非定常流动下是比较粗糙的,因为忽略了失速和迟滞效应。
- 弹簧-阻尼模型是一种为真实结构提供的阻尼效应的粗略近似。

虽然许多实际的气动弹性分析都是用类似的线性模型进行的,但同学们不应该过多相信其定量预测。它的目的只是为了说明概念。下一节中我们将讨论更现实但也更抽象的方法。

考虑图 11.4 中的对称刚性翼型,其弦长为 c,仰角为 θ,作用在气动中心的升力与弯(扭转)轴的**距离**为 e_c,单位翼展的**扭转刚度**为 $k_e[(\text{N} \cdot \text{m})/\text{rad}]$。迎面而来的气流与 x 轴平行。升力引起的力矩与动压 $q = \dfrac{1}{2}\rho V^2 (\text{N}/\text{m}^2)$ 成正比:

$$M = qe_c^2[C_L(\theta, \dot{\theta})\cos\theta + C_D(\theta, \dot{\theta})\sin\theta] \tag{11.1}$$

现在,M 减去弹簧恢复力矩后会加速扭转。引入结构阻尼项($D > 0$)之后,可以作为非线性谐波方程建立模型。升力和阻力系数会与俯仰的速率(即气动阻尼项,见 10.1.2 节)有关。设置弹簧在 $\theta = \theta_0$ 时力矩为 0,并以较小动压获得非零升力,于是结构模型变为如下形式:

$$J\ddot{\theta} + D\dot{\theta} + k_e(\theta - \theta_0) = M \tag{11.2}$$

式中,J 为围绕扭转中心的单位翼展的惯性矩。

式(11.1)和式(11.2)将流体与结构的相互作用问题描述为一个取决于位置和速度的非线性力驱动的波动方程,所以解的分叉和非唯一性是可以预料的。限制小仰角 θ 条件下的分析仍是很有意义的,这时可以忽略阻力并在公式中近似 $C_L(\theta, \dot{\theta}) \approx a\theta + b\dot{\theta}$,$a = C_{L,\alpha}(\alpha = 0, \dot{\alpha} = 0)$,$b = C_{L,\dot{\alpha}}(\alpha = 0, \dot{\alpha} = 0)$。

Etkin 和 Reid[8] 讨论了这种近似的有效性,并发现该方法并不准确;然而,这样做可以得到小马赫数和缓慢的截面运动,以及 $b > 0$ 时的结果。为方便起见,定义参数 $p = e_c^2$,动态系统变成 θ 的线性振动方程:

$$J\ddot{\theta} + (D - pqb)\dot{\theta} + (k_e - pqa)\theta - k_e\theta_0 = 0 \tag{11.3}$$

11.2.1　静力学问题

由式(11.3)的平衡状态(即 $\dot{\theta}, \ddot{\theta} \equiv 0$)可以得到如下线性方程:

$$(k_e - pqa)\theta = k_e\theta_0 \tag{11.4}$$

考虑 q 增大时的解,只有当 $q < q^*$ 时,$\theta^* = \dfrac{\theta_0}{1 - \dfrac{q}{q^*}}$,$q^* = \dfrac{k_e}{pa}$ 才是有效的。

并且可以预测在 $q = q^*$ 时出现发散,这就是**机翼截面扭转发散**的著名结果。注意在上述 Cooper 的参考文献中，对 θ 的定义是不同的，因此公式也有差异。

如图 11.3 中的气动弹性循环的**交替迭代**，可以通过空气动力学(CFD)和计算结构力学(CSM)的交替计算来求解平衡状态。它可以应用于求解式(11.4)，过程如下：

对于 $n = 0, 1, \cdots$

- CFD 通过式(11.1)计算力矩，给定偏转 θ_n：$M_n = pqa\theta_n$。

- CSM 通过式(11.4)计算 M_n 产生的偏转：$\theta_{n+1} = \theta_0 + \dfrac{M_n}{k_e}$。

该过程只在 $q < q^*$ 时收敛，而在 $q > q^*$ 时发散，并且可以准确预测发散动压。通常迭代过程的发散可能会发生在真正的机翼发散之前；但**如果**迭代收敛，动压就会低于发散动压。

11.2.2　动力学问题

式(11.3)是标准的常系数振动方程，其稳定性与平衡状态无关。它在以下情况下是**稳定**的：$D - pqb > 0$ 和 $k_e - pqa > 0 \Leftrightarrow q < q^*$。

随着动压 q 的增加，当 $q > \dfrac{D}{pb}$ 或 $q > q^*$ 时(无论哪一项先达到)，都会出现不稳定性。

后者是**静态发散的极限**：如果 $q > q^*$，则无论阻尼大小，发散都是非振荡性的增长。

前者是纯粹的动态振荡，其振幅呈指数增长，被称为颤振。这种模型比拟计算的准确性是值得怀疑的，因为真正的升力面颤振通常是持续的振荡，振幅随动压的增长而增长。这样的过程需要进行适当的非线性处理，如在模型中引入硬化弹簧，而上面的模型描述过于粗糙。

11.3　气动弹性布局模型

本节概要性地给出待求问题的数学公式，但并不涉及数值细节。该公式适用于任何 CFD 和 CSM 模型，但它假定读者熟悉结构力学要素，如直接刚度公式。11.3.4 节给出了 AeroFrame 中使用的梁模型的具体内容，CFD 涡格法(VLM)模型见第 3 章。

11.3.1　静力学问题

我们希望确定给定动压下的变形以及静态发散的临界动压。后者是与前者相关的特征值问题,接下来将展示它如何在有限自由度的线性流动和结构模型中求解。在以下描述中出现的矩阵都与变形有关,如果忽略它们会使方程变得几乎只有一阶精度。特别要注意的是,标准流程中需要计算未变形结构的刚度矩阵和下洗矩阵,计算时仅考虑位移对流动切线的影响。在 VLM 中,这是自由来流与表面单位法线方向的乘积标量 $V_\infty \cdot \delta\hat{\boldsymbol{n}}$。但将变形影响纳入矩阵后,这些做法可能会发生变化。

假设结构位移为 $\boldsymbol{\delta}^S$。由此得到的气动外形的位移矢量 $\boldsymbol{\delta}^A = \boldsymbol{L}_F^{S \to A}\boldsymbol{\delta}^S$。矩阵 $\boldsymbol{L}_D^{S \to A}$ 将位移(平移和旋转)从结构转移到气动模型。它由一个适应于结构和气动形状自由度的特定形式构成,将在 11.3.3 节中详细讨论。还有一个类似的矩阵 $\boldsymbol{L}_F^{A \to S}$ 将力从气动自由度传递至结构。变形表面上的气动力可以由动压 q 的线性流动模型计算:$\boldsymbol{F}^A = \boldsymbol{F}_0 + q\mathbf{AIC}\boldsymbol{\delta}^A$,其中 $\boldsymbol{F}_0 = q\boldsymbol{h}_0$ 是未变形形状上的力,与 q 成正比;$\mathbf{AIC}$ 是从位移到力的气动影响系数矩阵,这可以用 VLM 模型中已经用到的矩阵来计算(见第 3 章)。结构对力的响应也假设为线性的,由刚度矩阵 $\boldsymbol{K}$ 来表示:$\boldsymbol{K}\boldsymbol{\delta}^S = \boldsymbol{L}_F^{A \to S}\boldsymbol{F}^A$,公式重新排列如下所示:

$$(\boldsymbol{K} - q\boldsymbol{B})\boldsymbol{\delta}^S = \boldsymbol{L}_F^{A \to S}\boldsymbol{F}_0$$
$$\boldsymbol{B} = \boldsymbol{L}_F^{A \to S}\mathbf{AIC}\boldsymbol{L}_D^{S \to A} \tag{11.5}$$

如果结构模型受到适当的约束,如 11.5.1 节风洞中机翼的例子,则 $\boldsymbol{K}$ 为非奇异的。对于自由飞行,刚体模态构成了 $\boldsymbol{K}$ 的零空间,并且必须向外投影,这在无人机 OptiMale 的应用中有示例(见 11.5.2 节)。由此可见,对小动压来说方程存在唯一的解,但当 q 接近 $\boldsymbol{K} - q\boldsymbol{B}$ 的最小的实正特征值 q^* 时,解就会发散。

对于足够小的 q,迭代 $\boldsymbol{K}\boldsymbol{u}_{n+1} = q\boldsymbol{B}\boldsymbol{u}_n + \boldsymbol{L}_F^{A \to S}\boldsymbol{F}_0$ 将收敛。但对于所有 $0 < q < q^*$ 的情况,迭代是否会收敛是值得怀疑的。

我们可以在气动弹性循环中,寻找到只使用矩阵向量乘积($\boldsymbol{K}\boldsymbol{u}$、$\boldsymbol{K}^{-1}\boldsymbol{u}$ 和 $\boldsymbol{B}\boldsymbol{u}$)的 $\boldsymbol{\delta}^S$ 和 q^* 的迭代算法,而无须计算矩阵 $\boldsymbol{K} - q\boldsymbol{B}$;11.4.1 节给出了示例。在这种情况下,根据算法的不同,有可能包括矩阵对变形依赖性的高阶效应。

11.3.2 偶极子格网法模型的气动弹性力学

为模拟缓慢变化的气动弹性力学问题,可以直接用惯性和阻尼项来扩展约束结构模型。但是,除非还进一步对空气的动力学行为进行建模(如在机翼截面示例中以 $b = C_{L,\dot{\alpha}}$ 的形式出现),否则耦合模型无法出现颤振,用处不大。

Rodden 的教科书[14]中所描述的偶极子格网法(DLM)已经成为动气动弹性低速建模的标准方法,它利用非定常势流的下洗在频域中进行表示,其影响系数矩阵取决于谐波运动的频率 ω。我们可以改变两个参数来寻找可以得到无界解的组合:无量纲缩减频率 $k = \dfrac{b\omega}{V}$ 和动压 q。

11.3.3　通过网格耦合气动和结构模型

气动模型计算表面上由结构位移引起变形产生的表面力,而结构模型计算结构上由载荷引起的挠度。只有在设计循环后期完成所有部件设计后,我们才有可能对实际的应力进行详细分析。但是我们可以使用简单的模型计算近似的挠度,引用 Rodden 书中的话:

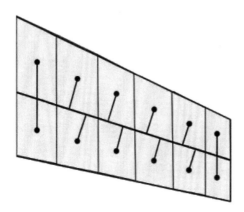

"将升力面结构理想化为弹性轴以简化气动弹性分析是一种传统的方法,在初步设计中仍然非常有用。"

图 11.5 显示了 Rodden 描述的弹性轴的布置以及通过刚性连接件传递的气动力和变形。

"……后掠弹性轴由刚性杆连接到气动弹性分析中的气动控制点。刚性杆与弹性轴的连接方向与内部弦向结构相适应:如果翼肋是顺流向的,则为流向;如果翼肋是后掠的,则与弹性轴垂直。"

图 11.5　后掠机翼平面、梁弹性轴和连接气动点的刚性连接件

(参考 Rodden[14])

气动弹性循环的迭代是通过对结构变形 $\boldsymbol{\delta}^{\mathrm{S}}$ 的连续近似值之间的差量进行监测来终止的。

1) 气动弹性耦合:位移和力的传递

流体和结构求解器的耦合构成了分区求解方法的核心内容。整个流体-结构系统有意义的物理表示需要**耦合边界条件**,根据牛顿第三定律,在流体-结构界面处的变形和载荷必须相等。此外,**所有气动载荷必须从流体转移到结构域,流体对表面所做的功必须等于转移到结构模型上的力所做的功。**

当 CFD 和 CSM 模型都具有共同的外表面("蒙皮")时,对应的是从表面上的一组位置到另一组位置的三维散点数据的插值。

模拟承重结构的梁模型是非常有用且特殊的。AeroFrame 的 CFD 和 CSM 模型如图 11.6 所示，VLM 使用片状网格，而梁模型使用线状网格。很明显，两个模型网格之间存在着差异，梁模型在拓扑结构上甚至都不接近蒙皮，也不接近 VLM 片状网格。蒙皮上的气动力必须映射到作用在梁上的力和力矩。同样地，梁的变形（平移和旋转）也必须转换为表面的变形。

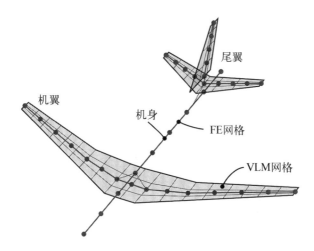

图 11.6　VLM 与 FE 梁模型的连接概念。飞机部件在空气动
力学和结构分析中使用单独模型和离散化。对于某些
部件（如机身）可能没有相应的 CFD 网格

（由 A. Dettmann 提供[6]，经许可转载）

2）力转化中的功守恒

考虑在表面 S 上的一组点 x_i^A，表面 S 上的气动力为 F_i^A，结构上传递力 F_i^S 的一组点为 x_i^S。表面点在载荷作用下的位移为 $\boldsymbol{\delta}_i^A$。在表面和结构上做功如下：

$$W_A = \sum_i F_i^{A^*} \boldsymbol{\delta}_i^A = W_S = \sum_i F_i^{S^*} \boldsymbol{\delta}_i^S$$

转换过程（通常）是线性映射，例如：

$$F_i^S = \sum_j T_{ij}^{A \to S} F_j^A$$

所有 $T_{ij}^{\cdots}$ 的矩阵定义了映射 $L_F^{A \to S}$（见 11.3 节）。

当 S 接近结构模型的表面时（结构模型必须包含壳或板单元），其映射本质上是散点数据的插值。功守恒只要求：

$$\boldsymbol{\delta}_j^{\mathrm{A}} = \sum_j \boldsymbol{T}_{ij}^{\mathrm{A} \to \mathrm{S}^*} \boldsymbol{\delta}_i^{\mathrm{S}}$$

定义了力的传递映射后,位移的传递如下:

$$\boldsymbol{T}_{ij}^{\mathrm{S} \to \mathrm{A}} = \boldsymbol{T}_{ji}^{\mathrm{A} \to \mathrm{S}^*}$$

作为力传递矩阵的转置。

梁模型的力和位移。梁是一维物体,将表面压力传递到作用在梁上的力和力矩并不容易。同样也必须定义梁变形到表面法向位移的传递。这两个过程都不能通过散点数据插值的一般方法来完成,软件算法的设计必须适应这种情况。

梁单元上的点必须指定到表面"单元"上,这样当梁上的所有点进行转换时,整个表面才能都被覆盖。通常情况下梁是由施加在节点上的离散点的力和力矩来加载的。图 11.7 显示了梁节点 P 和其指定的表面单元 ΔS,通过矢量 $\boldsymbol{l}$ 连接。节点 P 上的载荷为 $\boldsymbol{F}^{\mathrm{S}} = \boldsymbol{F}^{\mathrm{A}}$,力矩为 $\boldsymbol{M} = \boldsymbol{l} \times \boldsymbol{F}^{\mathrm{A}}$。气动力所做功为 $\mathrm{d}W_{\mathrm{A}} = \boldsymbol{F}^{\mathrm{A}} \cdot \boldsymbol{\delta}^{\mathrm{A}}$,结构上的功为 $\mathrm{d}W_{\mathrm{S}} = \boldsymbol{F}^{\mathrm{S}} \cdot \boldsymbol{\delta}^{\mathrm{S}} + \boldsymbol{M} \cdot \dot{\boldsymbol{\delta}}^{\mathrm{S}}$。因此功守恒要求 $\boldsymbol{\delta}^{\mathrm{A}} = \boldsymbol{\delta}^{\mathrm{S}} + \boldsymbol{l} \times \dot{\boldsymbol{\delta}}^{\mathrm{S}}$。指定表面单元的位移是与 P 刚性连接的物体的平移和旋转时的位移。

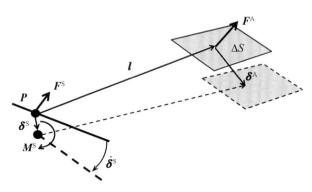

图 11.7 梁节点及其指定表面单元的力和位移

当机翼曲面可以由曲线段扫掠给出时,将曲面指定给梁是很容易的,可将每个面片分配给梁上的一点。通常情况下为了与梁模型的设计保持一致,曲线段的分段应与梁正交。这就是带有展向翼梁和翼肋的机翼结构的常见建模方式。然而,当梁具有拐折时,这种方法并不可行(见图 11.8)。图 11.8 的阴影区域要么没有被扫掠覆盖到,要么被多次覆盖,因此要使用特定的规则进行一对一的传递。一种常见的替代方法是选择采用弦向分段,这时只需要特别注意翼尖区域。

另一种方法是将梁的载荷点指定为梁上离气动力点最近的点。

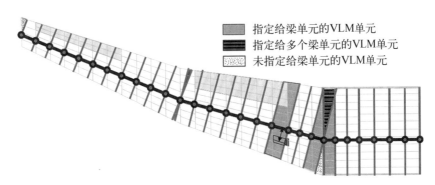

指定给梁单元的VLM单元
指定给多个梁单元的VLM单元
未指定给梁单元的VLM单元

图 11.8　将 VLM 的单元分配到翼梁上

（由 K. Seywald 提供[16]，经许可转载）

11.3.4　梁的 CSM 模型

飞机通常由细长结构组成，如机翼和机身。对于低保真度的分析，这种结构可以通过三维梁理论进行合理的建模，这也是本书采用的 FE 公式的方法。梁模型的计算成本很低，因此被广泛应用于气动弹性分析，计算时通常与 VLM 和 DLM 相结合，如参考文献[14]。

本节利用欧拉-伯努利（Euler - Bernoulli）梁理论，也称为经典梁理论。Euler - Bernoulli 梁模型在文献中有很详细的介绍，因此在此仅做简要概述。

梁的（直的）弹性（x）轴在 xz 平面内弯曲的微分方程如下：

$$\frac{d^2}{dx^2}\left(EI_y\frac{d^2u_z}{dx^2}\right)+\frac{dm_y}{dx}+q_z=0 \tag{11.6}$$

式中，u_z 为 z 方向位移；E 为材料的弹性模量；I_y 为垂直于弹性轴的截面上围绕 y 的表面惯性矩；$q_z(x)$ 为横向载荷；m_y 为单位长度的作用力矩。具体示例将在 11.5.1 节给出。三维梁的标准离散化方法是具有 12 个自由度的两节点单元，每个节点都含有位移 u_x，u_y，和 u_z 以及旋转角 Θ_x，Θ_y 和 Θ_z 的自由度。假设旋转角度很小并确定了端点切线，并且第三个旋转角是梁的扭转（见图 11.9）。

$$\Theta_y=-\frac{du_z}{dx},\quad \Theta_z=\frac{du_y}{dx} \tag{11.7}$$

该单元将 xz 面的弯曲刚度[式(11.6)]与 xz 面的弯曲、沿 x 方向的拉伸和

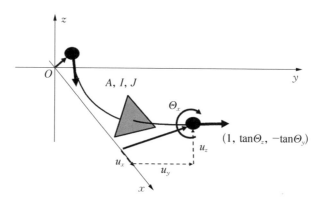

图 11.9　两节点,12 个自由度的三维梁单元

扭转相结合为下式:

$$\frac{\mathrm{d}^2}{\mathrm{d}x^2}\left(EI_z\frac{\mathrm{d}^2 u_y}{\mathrm{d}x^2}\right)+\frac{\mathrm{d}m_z}{\mathrm{d}x}-q_y=0$$

$$\frac{\mathrm{d}}{\mathrm{d}x}\left(AE\frac{\mathrm{d}u_x}{\mathrm{d}x}\right)+q_x=0 \tag{11.8}$$

$$\frac{\mathrm{d}}{\mathrm{d}x}\left(GJ\frac{\mathrm{d}\Theta_x}{\mathrm{d}x}\right)+m_x=0$$

式中,A 为横截面积;$G=\dfrac{1}{2}\dfrac{E}{(1+\nu)}$ 为剪切模量;I_z 为关于当地 z 轴的面积惯性矩;J 为扭转刚度参数。

　　该理论使用了大量的简化和假设。其中假设法向平面截面**保持平面**,并**垂直于变形的梁轴**。认为材料是各向同性的,应力和应变之间具有胡克线弹性关系。对于诸如纤维复合材料或铝材,这一假设意味着应该限定为小应变情况。对于小位移该模型变为线性的,也可以扩展到包含几何非线性(即大位移),但仍包含小应变限定。由于轴向力对任何弯曲载荷都没有贡献,因此整体屈曲现象无法体现。

　　人们发现,在高保真度 FE 壳体模型中,具有真实几何形状机翼的变形与简单梁模型之间的差异不超过 $\pm5\%$。这些差异主要是由剪切变形和约束翘曲的影响而产生的,这两种效应都可以在 FE 壳模型中有所反映,但在简单梁模型中无法体现。

由于简化假设,式(11.6)和式(11.8)是完全解耦的,所以关于 y 轴和 z 轴的弯曲是不耦合的(没有斜向弯曲)。在直接刚度公式中,考虑单元、力和约束的组合可以得到以下线性方程:

$$K\delta^S = F^S \qquad (11.9)$$

式中,K 为刚度矩阵;F^S 为载荷向量,可以由作用的力和力矩计算得出。

11.4　气动弹性循环的模块化框架

我们可以将计算气动弹性循环的方法分为**整体式**(如上文机翼截面模型)和**分区式**。整体式在单个方程组中编译和求解包括流体和结构动力学在内的控制方程;而分区式是基于 CSM 和 CFD 领域的独立软件模块,它们在气动弹性循环环境中交互作用。

松耦合分区方法的主要优点是能够保持清晰的界限,将完全不同的模型、求解方法等彼此分开(流体和结构),因此成熟的建模、离散化和求解方法可以交互应用。这种方法实现了 CFD 和 CSM 模块的"即插即用"。

CFD 软件已在前几章中介绍。许多教科书[2,4,17]中都充分介绍了计算结构力学的 FE 技术。力和变形的对应关系取决于 CFD 和 CSM/FE 模型的具体情况,需要通过软件包装器和应用程序接口(API)进行数据传递处理。

AeroFrame 气动弹性模块化框架

AeroFrame 的计算框架如图 11.10 所示,它为 CFD 计算提供 VLM 代码 PyTornado,为 CSM 提供 Euler - Bernoulli 梁 FE 代码 FramAT。求解器可以访问共享的载荷和变形数据,以便在求解过程中对一个常见的飞机模型进行操作。

从未变形的状态开始进行第一次 CFD 分析,计算得到的载荷在框架内是共享的。随后通过读取共享载荷,将其应用于结构模型进行结构分析。计算的变形再次在框架内共享,并用于 CFD 分析;因此可以计算变形后飞机的流场……

交替循环进行气动和结构分析,包括共享载荷和变形,直至结构变形收敛。

下面我们展示 Saad 和 Schultz[15] 的 GMRES 算法如何在气动弹性循环中运行,用以求解 $(K - qB)u = b$ 或 $u - K^{-1}Bu = K^{-1}b$(见 11.3 节),其中逆矩阵只是以 K 为系数的线性方程的解的符号简写。K 是稀疏的,不需要计算其逆矩阵。该算法建立并使用 Krylov 子空间[即 $U = (u^n)$, $n = 0, 1, \cdots, N$,其中 $u^{n+1} = u^n - K^{-1}Bu^n$,$u^0$ 是初始猜测,例如 $K^{-1}b$]。然而,$K^{-1}Bu^n$ 是 CFD 计算的结果,其中位移 u^n 是 CSM 分析的结果(即基本循环的一次迭代)。u^n 是小位移,可以

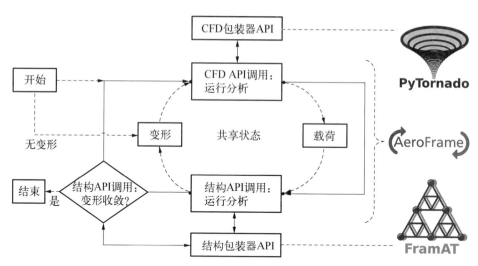

图 11.10　寻找静态平衡状态的气动弹性循环的概念实现

（由 A. Dettmann 提供[6]，经许可转载）

在不改变算法结果的情况下将其缩放到小位移。此外，特征值问题（如寻找 q^*）可以通过 Arnoldi 算法使用 Krylov 子空间并使用公开的软件（见参考文献[11]）高效求解。

图 11.11 显示了共享数据和包装器任务的示例。

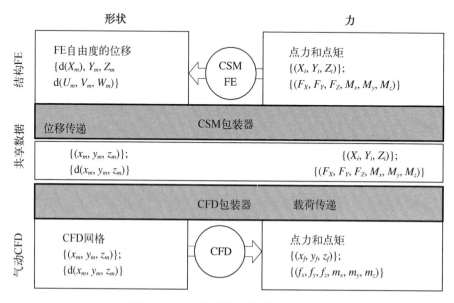

图 11.11　共享数据和包装器任务的示例

模块计算的数据是共享的,因此其他模块可以直接访问数据而并不需要知道它们是如何计算的。本例中的 CFD 包装器负责将 CFD 网格中的表面力传递给结构模型的点力和力矩,它必须知道 FE 点的位置,如果使用随动载荷则 FE 点在每次迭代中都会发生变化,因此必须重新输出和读取。同样地,FE 包装器负责将 FE 自由度的位移传递到 CFD 网格上,它只需要知道它的目标:即变化的 CFD 网格点,FE 包装器给出的网格位移增量是对这些坐标的响应。

每个 CSM 和 CFD 代码都需要自己的包装器,用于以定义的格式访问和输出数据。包装器还提供用于运行分析、管理输入和输出文件、执行控制变量等的脚本。

还需要关注数据的格式问题,AeroFrame 可以共享通用参数化飞机配置方案(CPACS)格式的数据(见 5.1.1 节),该格式能够存储飞机的所有数据,它还为当前实现的 VLM 和梁 CSM 求解器提供了特定的"主干"数据格式。

为了实现 CFD 和 CSM 代码的即插即用,共享数据格式还应该遵循广泛接受的标准,如 CFD 通用符号系统(CGNS)[1]用于交换基于网格的数据。CGNS 可以通过与 C、Fortran90、Fortran77、Python 和 Matlab 绑定,既提供数据格式的定义,也提供操作这些数据的函数库。大多数 CFD 代码都有 CGNS 接口,但 CGNS 在 FE 领域的接受程度并不高。

实施

CFD 和 CSM 工具都是作为独立的工具开发的,对其他工具一无所知。AeroFrame 的实际核心是一个框架,它包含共享数据并执行脚本,通过其他模块定义的 API 交互运行,它并不需要知道关于其他模块的任何实施细节。框架的模块化设计与松耦合的理念密切相关,使得 CFD 和结构工具可以替换,换句话说即可以插入任何公开相同 API 的其他求解器。

11.5　案例研究: 机翼静气动弹性效应

两个案例的研究验证了气动结构 AeroFrame 框架及其低保真度 CFD Tornado 和 CSM FramAT 模块在执行气动弹性循环中的效果,以探索静态机翼变形的效果。在第一个案例中,即机翼安装在风洞壁上的理论示例中,用来预测发散和操纵反效的临界空速。第二个案例是更真实的飞行情形,即高空飞行的无人机,应用软件预测两种飞行条件下的飞行构型。这两个案例都需要气动-结构的团队合作。然而,本章只涉及空气动力学方面的工作细节,CSM 的工作仅做简要概述。CSM 任务的全部细节可以参见 Aaron Dettmann 的硕士论文[6],

包括两个案例中机翼的结构尺寸。

11.5.1 案例研究一：机翼带副翼的发散和操纵反效

KTH 的气动弹性课程中包括一个简单的平板机翼模型的风洞实验,并收集了颤振、操纵反效和发散的实验数据。将实验数据与 AeroFrame 的计算结果进行对比,可以证明静气动弹性风洞实验是可以模拟的。经验丰富的用户可以轻松地开展模拟。

图 11.12 显示了半翼展为 1 600 mm、弦长为 350 mm 的矩形平面机翼,沿后缘有弦长为 60 mm 的副翼。机翼从风洞试验段的顶部垂直吊起,机翼在根部夹紧,并在风洞中承受自由来流密度为 ρ 和速度为 V_∞ 的低速气流的作用。由于模型是垂直悬挂,因此重力的影响可以忽略不计。

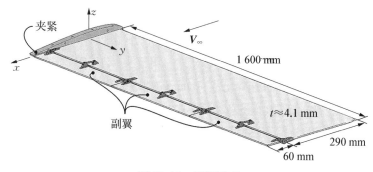

图 11.12　风洞模型

(由 A. Dettmann 提供[6],经许可转载)

机翼和副翼的结构是由玻璃纤维-环氧树脂复合材料板制成的,其厚度 $t \approx$ 4.1 mm,材料密度为 ρ。材料的纤维沿展向和弦向正交,因此不会因为复合材料而产生弯曲-扭转耦合。进一步假设材料是线弹性的,沿展向有弹性模量 E 和剪切模量 G,材料阻尼的影响可以忽略不计。

副翼沿展向被分成相同的三段,用一个(几乎)无力矩的金属铰链轴连接到机翼上。副翼截面不会因为主翼板的小偏转而发生弹性变形,它们对惯性力和气动力有贡献,但对机翼的刚度没有贡献。因此,可以进一步假设平板横截面的变形可以忽略不计。

具有弯曲刚度 EI 和扭转刚度 GK 的梁的弹性轴沿机翼的剪切中心放置。I 是面积惯性矩,K 是机翼截面的扭转常数。

Dettmann 在地面振动试验中确定了玻璃纤维增强聚合物(GFRP)复合板

的基本材料特性。对弹性模量 E、剪切模量 G 和密度的初始猜测值进行了调整，以便使只有机翼法向弯曲和扭转自由度的 FE 梁模型与干净 GFRP 参考平板和机翼模型上测量的特征频率相匹配(见表 11.1)。

表 11.1　风洞模型的估计材料参数。总质量 m_{total} 包括平板材料以及所有铰链和接头，但不包括图 11.12 中所示的夹具[6]

弹性模量 E	剪切模量 G	密度 ρ	m_{total}
32.5 GPa	5.1 GPa	1 960 kg/m³	4.856 kg

实验结果和仿真结果的比较

对于发散的模拟，设定攻角为 0.1°，模拟一个小的初始扰动，所有副翼的偏转角 δ_a 保持为 0°。对于反效分析，所有的副翼偏转角 δ_a 设置为 1°、5° 和 10°，主翼的攻角为 0°。在连续增加空速 V_∞ 的条件下运行模拟，直到发散和反效点。图 11.13(a)显示了翼尖变形 u_z 和扭转角 Θ_y 与空速 V_∞ 的关系。发散模拟显示，机翼变形率 $\dfrac{\mathrm{d}u_z}{\mathrm{d}V_\infty}$ 随空速的增加而增加。在速度 24～25 m/s 之间，翼尖的挠度超过了翼展的 10%。

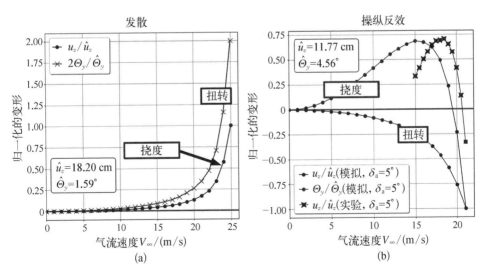

图 11.13　风洞模型的发散和操纵反效。归一化后的翼尖挠度和扭转

(由 A. Dettmann 提供[6]，经许可转载)

类似地,图 11.13(b)描绘了操纵反效模拟中的翼尖挠度。对所有三个副翼偏转,设置 δ_a、翼尖挠度 u_z 和其围绕展向轴的扭转角 Θ_y 以相似的方式变化。随着流速的增加,机翼最初向上偏移,$u_z > 0$,并在前缘向上扭转。挠度达到最大后,随着空速的进一步增加,挠度逐渐下降至几乎为 0。据此可以确定操纵反效的速度为 19.5 m/s 左右。更高的速度使机翼向下弯曲。发散速度接近 23.5 m/s,所以操纵反效发生在发散之前。

图 11.14 显示了伴随操纵效率损失的机翼是如何变形的。副翼偏转角度的增量 δ_a 产生滚转力矩系数增量 ΔC_l,因此相关的控制导数 $C_{l,\delta_a}(q) \approx \dfrac{\Delta C_l}{\Delta \delta_a}$(见第 10 章)。操纵效率为 $\dfrac{C_{l,\delta_a}(q)}{C_{l,\delta_a}(0)}$,此处,$C_l \equiv \dfrac{M_x}{q_\infty S_{ref} b_{ref}}$,其中 M_x 是翼根处的滚转力矩,q_∞ 是自由来流动压,$S_{ref} = 0.56 \ \mathrm{m^2}$,$b_{ref} = 1.6 \ \mathrm{m}$。在接近于零翼尖挠度的空速时,副翼的输入将不起作用;在更高的速度下,副翼甚至会产生反向的力矩(见图 11.14)。根据 AeroFrame 分析可以得出 $\delta_a = 1°$ 和 $\delta_a = 5°$ 的曲线。图 11.13(b)还显示了在副翼偏转角设置为 5°(正方形)的实验中测得的反效实验的翼尖挠度。挠度数据来自对三个标记点的光学测量,在校准中存在不确定性,从而导致在纵坐标中存在未知的漂移。然而,这些数据能够清楚地显示与模拟相似的变形行为,并且是在相似的来流速度下。

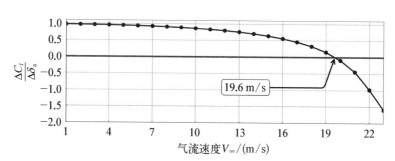

图 11.14　随着速度增加的操纵效率的损失

（由 A. Dettmann 提供[6],经许可转载）

由于操纵反效中的载荷情况相当复杂,寻找平衡点需要多次迭代。所有循环都是基于未变形状态进行初始化的,在反效模拟的情况下,初始猜测是向上偏移并且与空速无关的负扭转。直到最终可能出现负挠度时,才对解进行迭代改进。最后结论是临界反效速度大于或等于 21 m/s。

在实验的课程中使用 Theodorsen 片条理论和三自由度 FE 梁模型来估计发散和反效速度。Theodorsen 片条理论是一个线性模型,其中的局部气动载荷是根据弦向机翼片条的局部攻角来计算的,该结构模型使用了与 AeroFrame 相同的材料参数和相同的弯曲和扭转刚度数据。表 11.2 总结了 Theodorsen 模型和 AeroFrame 预测的临界速度和实验中观察到的临界速度。

表 11.2　模拟和测量的临界速度(Theodorsen 片条理论)

临界速度	片条理论	VLM	实　验
发散速度/(m/s)	20.6	25.0	23.5
反效速度/(m/s)	18.9	20.5	≥21

与 VLM 模型相比,片条理论没有考虑任何由有限翼展造成的影响,而且无疑高估了翼尖的载荷分布。因此基于 VLM 模型的结果更接近于实验结果,这应该是合理的。

AeroFrame 的结果至少在定性上与实验结果一致,临界速度的预测完全在实验设置和简单计算模型所能预期的精度范围内。

11.5.2　案例研究二:OptiMale 长航时无人机飞行构型

OptiMale 飞机最初是在德国 AeroStruct 研究项目中开发的,是一种传统下单翼布局、中等飞行高度的长航时(MALE)无人机,带有 T 形尾翼、两台后置涡扇发动机以及两个外置的机翼油箱(见图 11.15)。可以在 15 km 或更高的高度巡航,参考模型的翼展约为 33 m,大展弦比约为 20,最大起飞质量为 10 t。

图 11.15　OptiMale 无人机

(由 D. Charbonnier 提供,AGILE 欧盟项目[3],经许可转载)

本节总结我们对 OptiMale 无人机的气动-结构分析,展示 AeroFrame 对更完整的全弹性飞机模型的分析能力。AGILE 项目中使用高保真度欧拉方程 CFD 和详细的 FE CSM 进行分区气动弹性分析,以获得 OptiMale 的最小重量设计[12]。图 11.16 显示了在 3g 拉升和－1.5g 下降时,AGILE 软件框架(与 AeroFrame 类似)计算出的变形情况。我们下面将 AeroFrame 的预测结果与这些预测结果进行比较。

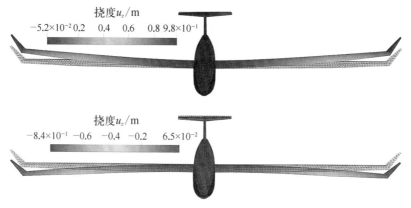

图 11.16 使用 AGILE 项目中的高保真模型计算出的 3g 拉升和 －1.5g 下降时的变形 u_z

(由 A. Dettmann 提供[6],经许可转载)

1) CSM 模型生成

AGILE 项目研究确定了两种对结构最关键的飞行机动动作,即负载系数 $n_z = 3$ 的准静态拉升和 $n_z = -1.5$ 的下降。这两个动作都是在海平面条件下以 $Ma = 0.367$ 进行的。根据刚性飞机的力平衡,我们可以估计出这些准静态飞行机动所需的升力系数 C_L(在最低/最高点)。

Dettmann 使用 Seywald[16] 提供的气动-结构尺寸分析工具 dAEDalus 来估计所需的梁的材料特性,该工具通过关键的准静态飞行机动动作中的气动力和惯性载荷来确定飞机主翼的尺寸。表 11.3 列出了模拟中使用的梁的材料特性参数。

表 11.3 **OptiMale 结构模型的估计材料特性参数,总质量 m_{total} 包括整个梁模型**

弹性模量 E	剪切模量 G	密度 ρ	m_{total}
68.9 GPa	26.0 GPa	2 800 kg/m³	10 000 kg

2) 飞机自由飞行的惯性释放处理

与案例研究一中的风洞模型不同,使自由飞行的飞机进行加速的力同时也使其发生变形。在 FE 公式中,整体刚度矩阵 K 是奇异的,其零空间由刚体运动所张成。这种"自由飞行"和"自由弯曲"的组合动态系统可以用参考文献[18]中描述的"惯性释放"方法来处理。常用的方法是保持加速度项:

$$M\ddot{\delta}^{\mathrm{S}} \tag{11.10}$$

在力平衡方程中,认为 $\delta^{\mathrm{S}}(t)$ 是所有自由度的刚体运动,M 是 FE 模型的质量矩阵。这就得到了六个新的未知数,即刚体加速度,这可以从力平衡方程的零阶和一阶矩中计算得到,记住在刚体运动中所有的弹性力都消失了。然后就可以求解气动载荷和重力载荷、惯性载荷[即式(11.10)中的加速度项]和内部弹性载荷之间的静态平衡方程,从而求解获得变形。FE 模型像往常一样受约束以消除刚体运动;约束处的反作用力应该为 0。

惯性释放法可以应用于拉升或下降飞行的分析,在这种情况下,飞机的加速度和惯性载荷是从机动动作中获得的。可以通过校准整体攻角和升降舵的偏转来达到所需的配平状态,该过程考虑了来自升力面的俯仰力矩贡献,但没有考虑来自其他部件的贡献(如发动机)。

3) 与高保真度模型的对比

利用完全组装好的飞机结构梁模型,AeroFrame 模拟了配平飞行条件下的拉升和下降机动动作。图 11.17 显示了 3g 拉升的数据,使用 Tornado 计算的压力分布如图 11.17(a)所示,离散的载荷分布被映射到梁模型上[见图 11.17(b)]。使用 FramAT 计算结构变形[见图 11.17(c)],随后转化为 VLM 网格变形[见图 11.17(d)]。表 11.4 列出了拉升和下降机动动作中翼尖变形的比较。

表 11.4　在低保真度和高保真度分析中计算的变形。在 AeroFrame 模型中,
　　　　　在有无重力和惯性载荷作用下的变形

模　　型	$u_z(n_z = 3)$/cm	$u_z(n_z = -1.5)$/cm
高保真度(AGILE)	98	−84
低保真度(考虑质量)	118	−82

AeroFrame 预测的变形量与 AGILE 高保真度模型的变形量相似(见图 11.16)。拉升时的挠度估计值相差 20 cm,下降时的估计值只相差 2 cm。造成

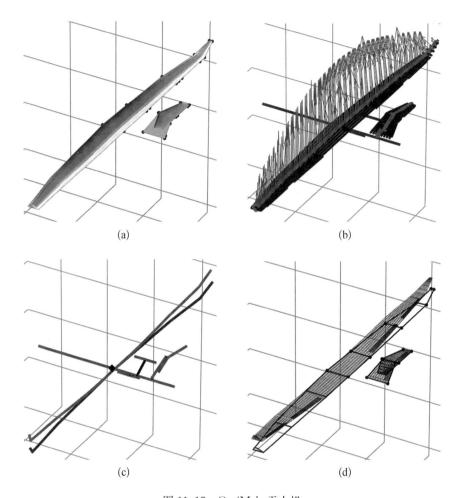

图 11.17 OptiMale 无人机

(a) 未变形状态下的压力分布；(b) 传递到梁节点上的气动载荷(忽略了节点力矩和惯性载荷)；(c) FE 梁模型的变形；(d) 变形后的 VLM 网格

(由 A. Dettmann 提供[6]，经许可转载)

这种差异的原因很多，最明显的是表示气动和结构的模型不同。该案例研究中最困难的部分是生成较为真实的梁和质量分布模型。

OptiMale 研究是很不常见的，因为所研究飞机的详细几何和结构的描述已经给出了，而使用 VLM 和梁理论进行的低保真度分析只是一项验证和确认工作。

飞机概念设计过程通常从飞机的粗略定义和低保真度分析开始，以确定尺寸和细化的基准配置。一旦估算出最初的尺寸参数，我们就可以开发用于后续设计循环的更高保真度的模型。在这种情况下,我们当然希望有更准确的低保真度模型,以便在后续设计循环中保持较小的变动。

至此,我们就完成了在最后四章中对飞机气动设计的初步阐述:从翼型开始,然后是独立的干净机翼,布局的初步设计,飞行品质,最后是确定其飞行构型。接下来读者的任务就是自己尝试重新运行我们的示例了:访问本书的网站,沉浸在练习和教程中。

11.6 通过计算学习更多知识

通过使用在线资源,获得本章主题的计算工具的实践经验。练习、教程和项目建议可在本书网站 www. cambridge. org/rizzi 找到。例如,研究气动弹性循环迭代如何逐渐改变在风洞测试中的矩形机翼(见图 11. 12)的形状。用于计算示例的软件可以从 http://airinnova. se/education/aero-dynamic-design-of-aircraft 获得。

参考文献

[1] CGNS home page. Available from https://cgns. github. io/WhatIsCGNS. html

[2] K. J. Bathe. *Finite Element Procedures*, 2nd edition. Prentice Hall, 2014.

[3] P. D. Ciampa and B. Nagel. AGILE the next generation of collaborative MDO: Achievements and open challenges. Presented at 2018 Multidisciplinary Analysis and Optimization Conference, June 2018. AIAA-Paper-2018 – 3249.

[4] R. D. Cook, D. S. Malkus, M. E. Plesha, and R. J. Witt. *Concepts and Applications of Finite Element Analysis*, 4th edition. Wiley, 2002.

[5] J. Cutler. *Understanding Aircraft Structures*, 3rd edition. Blackwell Science, Ltd, 1999.

[6] A. Dettmann. *Loosely Coupled, Modular Framework for Linear Static Aeroelastic Analyses*. Diploma thesis, KTH School of Engineering Sciences, 2019.

[7] E. H. Dowell. *A Modern Course in Aeroelatsicity*. Solid Mechanics and Its Applications, 3rd edition. Kluwer Academic Publishers, 1995.

[8] B. Etkin and L. D. Reid. *Dynamics of Flight — Stability and Control*. John Wiley and Sons, 1995.

[9] D. Howe. *Aircraft Loading and Structural Layout*. Aerospace Series. Professional Engineering Publishing, Ltd, 2004.

[10] G. K. W. Kenway and J. R. R. A. Martins. Multipoint aerodynamic shape optimization investigations of the Common Research Model wing. *AIAA Journal*, 54 (1): 113 – 128, 2016.

[11] R. B. Lehoucq, D. C. Sorensen, and C. Yang. *ARPACK Users' Guide: Solution of Large-Scale Eigenvalue Problems with Implicitly Restarted Arnoldi Methods*. SIAM, 1998.

[12] R. Maierl, A. Gastaldi, J.-N. Walther, and A. Jungo. Aero-structural optimization of a MALE configuration in the AGILE MDO framework. In *ICAS 2018*, 2018. Available from www. agile-project. eu/cloud/index. php/s/p55SINI9eJBJYoP.

[13] T. H. G. Megson. *Aircraft Structures for Engineering Students*. Elsevier Aerospace Engineering Series, 4th edition. Elsevier, Ltd. 2007.

[14] W. P. Rodden. *Theoretical and Computational Aeroelasticity*, 1st edition. Crest Publishing, 2012.

[15] Y. Saad and M. B. Schultz. GMRES: A generalized minimal residual algorithm for solving nonsymmetric linear systems. *Siam Journal on Scientific and Statistical Computing*, 7(3): 856 – 869, 1986.

[16] Klaus Seywald. *Impact of Aeroelasticity on Flight Dynamics and Handling Qualities of Novel Aircraft Configurations*. Dissertation, Technische Universität München, München, 2016.

[17] I. M. Smith, D. V. Griffiths, and L. Margetts. *Programming Finite Element Computations*. 5 edition, 2014.

[18] J. Wijker. *Mechanical Vibrations in Spacecraft Design*. Springer Berlin Heidelberg, Berlin, Heidelberg, 2004.

[19] J. R Wright and J. E Cooper. *Introduction to Aircraft Aeroelasticity*. John Wiley & Sons, Ltd. , 2008.

缩 略 语 表

(C, E, I, T) AS	(calibrated, equivalent, indicated, true) airspeed	(校准、当量、指示、真实)空速
AC	aerodynamic center	气动中心
ADODG	AIAA Aerodynamic Design Optimization Discussion Group	AIAA气动设计优化讨论组
AFWAL	Air Force Wright Aeronautical Laboratory (Wright-Patterson Air Force Base, OH)	空军怀特航空实验室(美国俄亥俄州怀特-帕特森空军基地)
AIAA	American Institute of Aeronautics and Astronautics	美国航空航天学会
AMR	adaptive mesh refinement	自适应网格细化
AoA	angle of attack	攻角
API	application program interface	应用程序接口
AR	aspect ratio	展弦比
ARSM	algebraic RSM	代数雷诺应力模型
BAE	British Aerospace	英国宇航公司
BSL	baseline (turbulence model)	基线(湍流模型)
CAD	computer-aided design	计算机辅助设计
CFD	computational fluid dynamics	计算流体力学
CFL	Courant-Friedrichs-Lewy	柯朗-弗里德里希斯-列维条件
CFSE	computational fluid and structures engineering	计算流体与结构工程
CG	center of gravity	重心

CGNS	CFD general notation system	CFD 通用符号系统
CP	center of pressure	压力中心
CPACS	common parametric aircraft configuration schema	通用参数化飞机配置方案
CRM	common research model	通用研究模型
CSM	computational structural mechanics	计算结构力学
CST	class-shape function transformation	类别-形状函数变换技术
DATCOM	data compendium	数据简编
DES	detached-eddy simulation	分离涡模拟
DLM	doublet lattice model	偶极子格网法
DLR	German Aerospace Center	德国宇航中心
DNS	direct numerical simulation	直接数值模拟
DOC	direct operating cost	直接运营成本
DOF	degree of freedom	自由度
DOE	design of experiment	实验设计
DRSM	differential Reynolds stress model	微分雷诺应力模型
DVL	Deutsche Versuchsanstalt für Luftfahrt	德国航空研究所（德语）
EARSM	explicit algebraic Reynolds stress model	显式代数雷诺应力模型
FAR	Federal Aviation Regulations	美国联邦航空条例
FAS	full approximation scheme	完全近似格式
FCS	flight control system	飞行控制系统
FDS	flux-difference splitting	通量差分分裂
FE	finite element	有限元
FFA	Swedish Aeronautical Research Establishment	瑞典航空研究院
FFD	free-form deformation	自由变形技术
FOI	Swedish Defence Research Agency	瑞典国防研究院
FV	finite volume	有限体积

GD	general dynamics	通用动力（公司）；普通动力学
GMRES	generalized minimal-residual algorithm	广义最小残差
GPL	general public license	通用公共许可证
GUI	graphical user interface	图形用户界面
HCST	high-speed civilian transport	高速民用运输
Hi-Fi	high fidelity	高保真度
HSR	high-speed research program	高速研究计划
ICAO	International Civil Aviation Organization	国际民用航空组织
IGES	initial graphics exchange specification	初始图形交换规范
JAR	Joint Aviation Requirements	联合航空法规
JAS	jakt attack spaning（intercept attack recon）	拦截、攻击、侦察（瑞典语和英语）
KTH	Royal Institute of Technology	瑞典皇家理工学院
LCO	limit cycle oscillation	极限环振荡
LES	large-eddy simulation	大涡模拟
LEX	leading-edge extension	前缘延伸
LU‑SGS	Lower-upper symmetric Gauss-Seidel	上下对称高斯-赛德尔
Lo-Fi	low fidelity	低保真度
MAC	mean aerodynamic chord	平均气动弦长
MDO	multidisciplinary optimization	多学科优化
Me	Messerschmitt	梅塞施密特
MIT	Massachusetts Institute of Technology	麻省理工学院
MTOW	maximum takeoff weight	最大起飞重量
MUSCL	monotone upstream scheme for conservation laws	基于守恒律的单调迎风格式
NAA	North American Aviation	北美航空公司
NACA	National Advisory Committee on Aeronautics	美国国家航空咨询委员会
NASA	National Air and Space Administration	美国国家航空航天局
NLF	national laminar flow	自然层流
NLR	Netherlands Aerospace Center	荷兰航空航天中心

NURBS	nonuniform rational B-spline	非均匀有理B样条
ODE	ordinary differential equation	常微分方程
OEI	one engine inoperative	单发失效
ONERA	French National Aerospace Research Center	法国国家航空航天研究中心
PG	Prandtl-Glauert	普朗特-格劳特
PDE	partial differential equation	偏微分方程
RAE	Royal Aircraft Establishment	英国皇家航空研究院
RAF	Royal Air Force	英国皇家空军
RANS	Reynolds-averaged Navier – Stokes	雷诺平均纳维-斯托克斯方程
RSM	Reynolds stress model	雷诺应力模型
RMS(E)	root mean square（error）	均方根（误差）
SA	Spalart-Allmaras	Spalart-Allmaras 湍流模型
SAS	stability augmentation system	增稳系统
SBLI	shock-boundary layer interaction	激波-边界层干扰
SCID	streamline curvature iterative displacement	流线曲率迭代位移
SDSA	static and dynamic stability analyzer	静态和动态稳定性分析器
SGS	sub-grid scale	亚格子尺度
SST	shear stress transport （turbulence model）	剪应力输运（湍流模式）
STEP	standard for the exchange of product data	产品数据交换标准
TCR	Transonic Cruiser	跨声速巡航者
TKE	turbulence kinetic energy	湍动能
TVD	total variation diminishing	总变差下降
U(C)AV	unmanned (combat) aerial vehicle	无人(作战)飞行器
USAF	US Air Force	美国空军
VLM	vortex lattice method	涡格法
XML	extensible markup language	可扩展标记语言

索　引